식품
독성학

FOOD TOXICOLOGY

이 책을 펴내면서

현대사회를 위험사회라고 정의한 울리히 벡 교수는 2008년 봄 한국에 와서 "한국은 아주 특별하게 위험한 사회이다." 라고 진단하였다. 사회의 다양한 위험요인 중 하나로 먹거리 위험은 이미 우리 가까이 와 있어, 현 정부에서도 4대 사회악 중 하나로 부정·불량식품을 꼽고 있다. 우리나라에는 식품에 약이라는 이름을 붙이곤 하는 오랜 관습이 있으며 게다가 2000년대 들어 건강기능식품의 합법화로 식품의 기능성이 강조되어 식품의 본래 목적인 영양공급에 대한 인식은 간과되고 있다. 식품에는 영양소 이외의 수많은 비영양 물질인 이물질이 존재하기 때문에 이들의 작용과 기능, 독성을 정확히 파악하여야 식품 안전을 확보할 수 있다.

우리나라는 2000년대 들어 경제력이 커짐에 따라 각종 식품 수입이 증가해서, 2012년 농림수산식품 수출입 통계를 보면 수출은 약 80억 달러인데 비해, 수입은 약 334억 달러로 무역수지 약 254억 달러의 적자를 기록하고 있다. 그러나 최근 수입은 어느 정도 포화된 상태로 크게 늘지 않고 있는 반면, 식품수출 증가 속도는 괄목할 만하다.

그간 우리나라 특화 농수산물 개발과 식품가공기술의 발전으로 1억 달러 이상의 수출을 하는 식품산업 분야도 크게 늘고 있다. 정부도 수출 1억 달러 이상 품목을 2017년까지 23개로 늘린다는 야심찬 계획을 세우고 있다. 이와 같이 세계를 향한 식품 수출이 계속 성장하기 위해서는 전통만 내세워서는 안 되며, 과학적인 합리성을 바탕으로 생산·가공하여 국제기준을 만족시키고 세계인의 입맛을 선도하는 농산물 및 가공식품을 지속적으로 개발하여야 한다.

식품을 수입하고 수출하는 데는 식품의 위해요인을 정확히 파악하고 위해정도에 따라 규제와 조치가 있어야 함은 당연하다고 할 수 있다. 그러나 위해성이 있는 식품을 무조건 금지하거나 회피만 할 수는 없는 것이 식품독성의 독특한 문제이다. 예를 들면, 우리의 대표적인 전통식품의 하나인 된장에 아플라톡신이 생성된다는 것은 주지의 사실이지만 식품의 기호는 사회적, 개인적 선택에 따라 달라질 수 있으므로 무조건 금지할 수는 없는 것이다.

우리나라의 식품안전 분야는 역사가 일천하고 전문가가 부족한 실정이다. 대학에 마땅한 교재 또한 없는 실정이어서 본서를 집필하게 되었다. 저자 최석영 교수는 서울대학교 약학대학을 졸업하고 한국과학원(현 KAIST)에서 독성학을 전공한 후, 30여 년간 식품영양학과에서 위생 및 독성학 강의를 하고 있다. 1992년 한국 최초로 〈독성학〉, 1994년에는 각종 인간 활동 및 환경 오염으로 인해 식품이 오염되는 문제를 다룬 책인 〈식품 오염〉을 저술하였다. 최근에는 식품에 존재하는 천연독성물질의 독성에 관심을 가져왔다. 저자 강소은 박사는 울산대학교 식품영양학과에서 박사를 졸업하고 10년째 대학 강단에서 강의를 하고, 식품영양생리/안전에 대한 연구를 하고 있다.

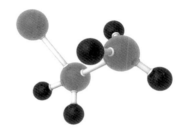

　식품안전성 입장에서 식품은 놀이기구에 비유할 수 있겠다. 즉 어린이, 노약자들도 안전하게 탈 수 있는 '코끼리열차', 위해성은 조금 크지만 약간의 안전조치로 즐길 수 있는 '청룡열차', 위해성이 매우 커서 거기에 따른 충분한 안전조치가 있어야 하며, 일부 사람만이 즐기는 '번지점프'로 예를 들 수 있겠다. 식품 문화의 다양성을 위해 번지점프가 위해성이 크다고 무조건 법으로 금지해서는 안 되며, 위해성이 큰 것에 상응하는 충분한 안전조치를 하여 즐길 수 있게 하는 것도 중요하다. 그러나 식품과 놀이시설의 가장 큰 차이점은 식품의 위해성이 직접적으로 보이지 않는다는 것이다. 눈에 보이지 않는다고 위해성이 없는 것이 아니고, 또 위해성이 있다고 금지조치 하는 것만이 능사는 아닌 것이다. 따라서 식품독성학의 주제는 식품의 독성이란 무엇인가, 그리고 위해성을 어떻게 정량화할 것인가? 그리고 정량화한 위해성을 사회구성원과 어떻게 공유하여 안전성을 확보할 것인가? 하는 문제로 귀착된다.

　이 책은 식품독성학을 소개하고 이를 바탕으로 우리 식생활의 안전성을 확보하려는 노력의 일환으로 기획되었다. 우리네 식생활의 다양성은 세계적으로도 손색이 없다고 해도 과언이 아닐 것이다. 이제는 한류 바람과 더불어 우리의 식문화도 세계로 진출하여야 한다. 그러기 위해서는 식품의 영양성, 안전성, 건전성이 확보되어야 함은 물론이다. 우리 국민의 식생활과 건강을 윤택하게 하고, 우리 식품의 고유성을 유지 · 발전시키고 우리의 우수한 식품문화 및 식품산업이 세계 속으로 뻗어나가는데 자그만 보탬이 되었으면 하는 바람이다.

　이 책은 식품 및 영양 관련 전공인, 식품 관련 산업 종사자 그리고 식품 안전에 관심이 많은 독자들을 위해 썼다. 이 책을 쓰는 데 있어 용어는 대한화학회에서 발간한 무기 및 유기 화합물 명명법, 시사영어사의 랜덤하우스 영한대사전(1992)을 참고로 하였고, 그밖에 널리 사용되는 식품학, 영양학, 의학, 약학, 화학 용어를 이용하였으며, 독자의 이해를 돕기 위하여 괄호 안에 한자어 또는 영문을 삽입하였다.

　이 책의 1부 식품독성학 개론, 2부 천연독성물질, 3부 식품첨가물 및 잔류 물질, 4부 식품 오염 물질로 구성하였고 마지막으로 식품의 안전성 확보 방안으로 식품위해성 홍보 및 소통에 관해 다루었다.

　끝으로 이 책의 출판을 기꺼이 받아주신 도서출판 효일의 김홍용 사장님과 임직원분들의 노고에 심심한 감사를 드린다. 아직도 미비한 점이 많은 이 책에 대해서 독자 여러분들의 아낌없는 지도와 편달을 고대하며, 저자들은 앞으로도 식품독성학과 식품안전 분야에 더욱 더 정진해 나갈 것을 약속드린다.

저자 씀

식품독성학 Contents

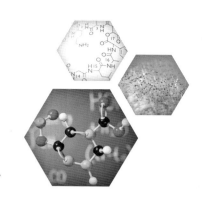

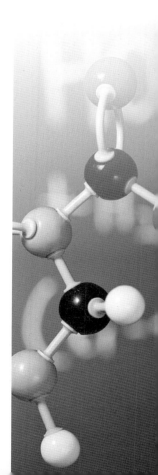

식품독성학 Contents

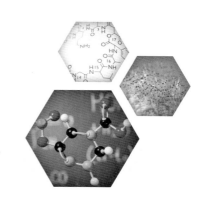

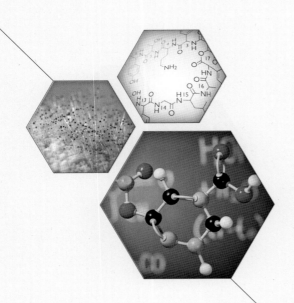

식품독성학

제 1부
식품독성학
개론

자신이 재배한 식품을 자신이 가공하여 먹던 시절에 비하면 현대는 식품의 종류, 가공ㆍ조리법이 다양해지고 각종 식품첨가물, 농약, 환경 오염물질의 수도 엄청나게 증가하여 새로운 화학물질에 노출되고 있다. 식품독성학은 식품과 관련된 위해요인을 파악하고 그 위해성을 제어하여 식품의 안전성을 확보하기 위한 학문이다. 이 장에서는 독성학과 식품독성학의 범위 및 역사, 그리고 독성물질의 관리에 대해서 알아본다.

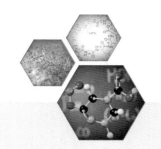

제 1장

식품독성학 서론

1. 독성학의 정의

독성학(toxicology)이란 생물에 대한 화학물질의 독성(유해성)에 관해 연구하는 학문으로 "독성물질의 검출, 출처, 특성, 영향 및 규제에 관한 학문"이라고도 정의할 수 있다. 그러나 실제적인 면에서는 화학물질의 독성 자체가 중요한 것이 아니라, 그 사용에 따른 유해성(위험성)과 그 유해성이 나타날 확률 즉, 위해성이 더욱 중요하다. 아무리 독성이 큰 물질도 그것에 노출되지 않으면 유해성은 없고, 유해성이 큰 물질도 사용하기에 따라 안전하고 유용하게 사용할 수 있다. 유해성이 일어나지 않을 가능성이 바로 안전성이므로, 독성학은 결국 화학물질의 안전성에 관한 학문이 된다.

(1) 독성의 의미

독성이란 생물체에 대해 유해한 영향을 나타낼 가능성이 있는 화학물질의 특성으로 녹는점이나 끓는점 등과 같이 그 물질 자체의 고유한 특성이며, 반수치사량(LD_{50}), 만성독성, 발암성, 생식독성 등을 일컫는다. 즉, 독성은 어떤 주어진 상태나 숙주 및 기관에 따라 달라지므로 투여기간, 작용기간 또는 발현기간에 따라 급성 또는 만성독성으로 구분하며, 실험동물에 대한 개략적인 효과를 일컫는 일반독성과 특수한 형태의 특수독성으로 나누기도 한다. 또 그 작용에 따라 발암성, 최기형성, 돌연변이 유발성, 간 손상 등으로, 작용하는 표적장기에 따라 간독성, 폐독성, 신장독성, 안독성 등으로 구분하기도 한다.

독성물질은 독성을 유발하는 화학적 · 물리적 인자를 말하는데, 모든 물질(인자)은 용량과 기간에 따라 유해할 수 있으며 아무리 맹독성 물질이라도 극미량에서는 무해할 수 있으므로 양적인 개념으로 이해해야만 한다. 용량이 중요한 까닭은 필수영양소임에도 고용량에서는 독성이 있을 수 있기 때문이며, 이는 무기질에서 분명하게 나타난다. 소금은 필수영양소인 나트륨과 염소의 대표적인 급원이지만 과다섭취는 고혈압, 신장장애 등을 초래할 수 있고, 과량 투여 시 사망에 이르게 할 수도 있다. 또한 철, 구리, 마그네슘, 코발트, 망간 그리고 아연은 식사에 너무 적거나(결핍증 유발), 적당량(건강 유지), 또는 과량(독성 유발)으로 들어 있을 수가 있다. 염화비닐은 영양소도 아니며 고용량에서는 강력한 간독성 물질이고, 저용량으로도 장기적으로는 발암 물질이지만, 극미량에서는 영향이 없다.

독성을 측정하는 것도 간단하지는 않다. 독성이 급성이거나 만성일 수 있고 기관마다 다를 뿐 아니라 연령, 성별, 식사, 생리적 상태, 건강 상태에 따라 다르다. 반수치사량(LD_{50})조차도 실험실마다 크게 다르기도 한다. 독성물질의 독성은 소화관, 폐, 피부를 통한 신체로의 도입과정에 따라 다를 수가 있고 정맥주사, 복강주사, 근육주사, 피하주사에 따라 독성이 크게 달라져 투여경로에 따라 독성이 10배 이상 차이가 나기도 한다.

(2) 유해성과 위해성

독성은 그 물질 자체의 고유한 특성이며 독성과 함께 반드시 고려해야 할 사항은 유해성(hazard)과 위해성(risk)이다. 독성이 크다고 반드시 우리에게 미치는 유해성이 큰 것은 아니며, 독성이 아무리 큰 물질이라 하더라도 접촉할 기회가 없으면 유해성은 없다. 그러므로 접촉할 기회 혹은 폭로될 기회가 많을수록 그 물질의 유해성은 커진다. 또한 유해성이 큰 물질도 적절한 예방 및 안전조치, 안전교육 및 홍보를 통해 그 위험으로부터의 피해를 없애거나 줄일 수 있다. 이러한 피해 정도를 위해성이라고 한다. 그러므로 독성 자체를 규정하는 것도 중요하지만, 유해성을 파악하여 최종적인 위해성을 결정하는 것이 안전 확보에는 더욱 중요하다. 예를 들어 어린이의 세발 자전거도 사용에 따라 위해성이 클 수 있으며, 위험물질을 가득 실은 특장차도 위험물질의 특성, 안전설비, 법적 규제, 안전운행 등을 통해 그 위해성을 크게 줄일 수 있다. 또한, 강력한 독을 가진 복어도 그 독소의 특성, 체내분포 및 소재를 파악하고, 특수조리자격자만이 취급하게 함으로써 매우 훌륭한 식품이 되는 것도 한 예이다.

위해성의 반대 개념은 안전성이며 위해성을 평가하는 목적은 안전성을 확보하기 위한 것이다. 세계보건기구(WHO)에서는 식품의 안전성을 '의도된 용도에 따라 식품이 조리되거나 섭취되었을 때 소비자에게 해를 일으키지 않는다는 확신이 보장된 것'이라고 정의하고 있다. 경제개발기구(OECD)도 '섭취할 때 위해가 발생하지 않을 합리적 확실성이 있으면 그 식품은 안전하다.'고 하고 있다.

식품의 안전성 문제를 다루는데 있어 우리나라의 의식 수준은 아직도 후진적이라 할 수 있다. 독성·발암물질이라 하면 금세 사회적 이슈가 되다가도, 조금만 지나면 공공기관조차 폭로량 조사 및 안전에 관한 법적 장치도 마련하지 않고 흐지부지 되는 일이 비일비재하다. 또한 우리나라의 식품에 관한 법적규제는 미국이나 일본 등의 것을 원용하는 경우가 많은데, 그들 사회에서의 사용량 및 폭로량은 우리 실정과 상이한 경우가 허다하므로 우리 사회의 사용형태에 관한 연구도 필요하다.

(3) 독성물질

독성물질은 필요성과 관심도, 용도에 따라 나눌 수가 있다. 독성물질들을 그들의 작용 및 효과(급성독성물질, 발암물질, 최기형물질, 돌연변이원)와 그 표적기관(간독성물질, 신장독성물질, 폐독성물질)의 견지에서 나누기도 하고, 폭로경로와 용도별로 독성화학물질들을 나눌 수도 있다. 대표적으로 천연독성물질, 의약품, 대기 오염물질, 수질 및 토양 오염물질, 작업환경물질, 식품독성물질 등이 있다.

2. 식품독성학

(1) 식품의 의의

식품이란 먹을 것을 지칭하며 통상 〈먹거리〉를 말한다. 바람직한 먹거리, 즉 식품이란 과연 어떤 것인가? 향신료, 착색료 등을 비롯하여 맛이나 냄새, 또는 색을 아름답게 하려고 사용하는 식품도 있지만, 식품 섭취는 가장 일차적으로 영양공급이 목적이다. 우리가 살아가는데 섭취하여야 할 영양소는 탄수화물, 단백질, 지방, 비타민 그리고 무기질이다. 여기에 물을 포함시켜 6대 영양소라고 한다. 사용하는 양과 섭취하려는 영양소를 기준으로 주식과 부식으로 나눈다. 주식은 가장 많은 양을 차지하며 대개는 3대 영양소(탄수화물, 단백질, 지방) 공급이 주목적이다. 부식은 3대 영양소보다는 적은 양으로 무기질, 비타민, 그밖에 섬유질 등을 공급하는 것이 주목적이다. 또한 양념류는 영양소 공급보다는 식사의 맛과 향미 등을 제공하며, 대부분 강한 향과 맛 성분을 가지고 있다.

최근에는 섬유질도 중요한 영양소로 취급되어 섬유질 음료까지 유행하고 있지만, 섬유질은 거의 소화·흡수되지 못하고 대변으로 배설되어 버리므로, 독성학적으로는 그리 중요하다 할 수 없다. 그러나 대부분 소화·흡수되어 대변을 만들지 못하는 식품인 설탕, 육류, 우유, 달걀 등을 장기 섭취하는 경우에는 섬유질의 섭취 문제가 영양학적으로 중요해진다. 김치 등의 야채와 곡류를 많이 섭취하는 사람에게 섬유질 섭취는 별 문제가 되지 않는다.

그렇다면 식품 속에 위에 언급한 영양소만 있으면, 우리가 살아가는데 충분한가? 또한 각종 식품에는 영양소 이외에 다른 물질은 들어 있지 않은가? 영양소 자체가 맛과 향, 색깔을 가지는 경우도 있지만 대부분의 맛과 향, 색깔을 내는 성분은 영양소가 아니며, 영양학에서는 식품 중에 있는 영양소 이외의 물질을 비영양소라고 한다.

이론적으로 물을 포함한 6대 영양소만 있으면 인간은 충분히 생(生)을 영위할 수 있다. 예를 들어 실험용으로 사육되는 동물은 사료만으로도 수십 세대 이상을 별 탈 없이 잘 자란다. 아기가 태어나서 상당기간 섭취하는 모유나 우유에는 인간에게 필요한 모든 영양소를 가지고 있어 완전 영양소라 부른다. 그러나 성장함에 따라 필요한 영양소의 양을 모유나 우유만으로는 충당할 수 없게 되고 이에 따라 이유식으로 전환하게 된다.

식품독성학에서는 식품 중 영양소 이외의 모든 물질을 이물질(xenobiotics)이라 한다. 그러므로 이물질에는 식품 중의 비영양소뿐만 아니라 각종 첨가물 및 오염물질이 포함된다.

영양소는 인류가 진화를 거듭하면서 이미 그 대사양식을 획득하여, 정상대사경로로 에너지원 또는 신체 구성 성분 등으로 이용된다. 그러나 이물질은 정상대사경로가 아닌 이물질대사경로(또는 약물대사경로라고 함)로 대사되어 체외로 배출되어야만 한다.

우리나라 사람들이 즐겨 먹는 마늘을 예로 살펴보자. 마늘의 성분을 살펴보면 가식부 100g에 대해서 열량은 145kcal, 탄수화물 32g, 단백질 3.0g, 철 1.6g, 칼슘 32mg, 비타민 B_1 0.33mg, 비타민 B_2 0.53mg, 비타민 C 10mg 등이 들어 있다. 그러나 어느 누구도 영양소를 섭취할 목적으로 마늘을 먹지는 않는다. 마늘의 주성분은 알리신이며 그밖에 수백 종의 이물질이 함유되어 있다. 마늘은 주식이나, 부식이 아닌 향신료에 해당한다. 마찬가지로 인스턴트 커피콩 100g에는 열량 354kcal, 탄수화물 51.6g, 단백질 14.5g, 지질 10.5g, 칼슘 181mg, 철 3.6mg 등이 함유되어 있지만, 커피는 주성분인 카페인의 맛과 향을 즐기기 위한 기호식품이며 카페인은 의약품으로 각성제, 진해거담제 등에 처방되기도 한다.

(2) 식품독성학의 특징

식품독성학은 식품의 유해성분의 규명, 독성메커니즘 규명, 독성시험, 식품위해성 평가, 그리고 적절한 식품 규제 및 안전 사용에 관한 교육을 수행하는 분야라 할 수 있다. 식품독성학 분야가 타 독성 분야와 구별되는 특징으로 다음을 들 수 있다.

첫째, 하나의 식품에는 영양소는 물론 이물질을 포함하여 수백 가지 물질이 혼재되어 있다는 점이다. 의약품, 환경독성물질, 산업독성물질은 대개 그 출처가 분명하고, 대상물질이 한정된 경우가 많으므로 그 독성, 유해성, 위해성을 평가하기가 비교적 간단한 편이다. 그러나 식품에는 식품 자체의 영양소 및 천연독성물질뿐 아니라 각종 첨가물, 오염물 등이 혼재되어 있어 원인물질의 특성 규명, 분석, 폭로경로 등이 복잡한 것은 물론 그 섭취양태도 달라 여러 요인을 고려해야 하므로 위해성을 평가하기가 그리 간단하지 않다.

둘째, 대상자가 남녀노소 모든 사람이 될 수 있다는 점과 거의 평생 섭취하게 된다는 점, 특히 감수성이 예민한 임산부, 노약자까지도 대상이 되므로 다양한 폭로군을 고려해야 된다.

셋째, 식품 및 음식물은 그 자체의 정체성과 더불어 역사, 사회 인식, 경제상태 등이 어우러져 과학적이고 객관적인 척도를 바로 적용하기가 어렵다는 것이다. 예를 들어, 우리의 대표적인 전통식품 중 하나인 된장에 아플라톡신이 생성될 수 있다는 것은 주지의 사실이지만, 식품의 기호는 사회적, 개인적 선택에 따라 달라질 수 있으므로 무조건 금지할 수는 없는 것이다.

넷째, 식품의 복잡한 성분, 비과학적이고 개인적, 사회적, 종교적, 역사적 인식이 뒤엉켜 있기 때문에 다른 나라의 위해성 평가나 규제방식을 우리에게 그대로 적용할 수가 없다. 따라서 합리적인 위해성평가나 안전성 확보를 위해서는 식품학자, 영양학자, 독성학자를 비롯하여 입법행정가, 소비자 등 다양한 분야의 사람들이 참여해야 하는 분야이기도 하다.

식품독성학의 목적은 식품 중 독성물질의 특성을 파악하고, 여러 조건에서의 유해성의 특성과 강도를 평가한 후 그 식품의 사용으로 인한 위해성을 결정하여 식품의 안전성을 확보함으로써 국민의 안전과 건강을 증진시키는 것이다. 또한 전통식품의 우수성을 재발견함으로써 우리의 정체성을 확보하는데 기여하며 나아가 우리의 식품산업이 세계를 향해 나아가는데 밑거름이 된다.

(3) 식품독성물질

식품 중의 독성물질들은 그 종류가 다양하며 다음과 같이 구분할 수 있다.

① 천연식품에 원래 존재하며 그 식품의 정상적인 구성성분인 천연독성물질, 발암물질, 알레르기 유발물질

② 농작물의 재배과정에 사용하는 살충제, 살균제, 제초제 등의 농약이 식품에 잔류하여 인체로 들어오는 잔류독성물질

③ 식품에 의도적으로 첨가하는 첨가물

④ 식품의 가공처리, 포장 과정에 의도적 또는 우발적으로 혼입되거나 오염되는 독성물질

⑤ 식품의 저장 중, 기생·번식하는 미생물이 만드는 독성 대사산물 등의 독성물질

⑥ 각종 배기가스 등 대기 오염물질, 폐기물의 불완전한 처리와 방출, 수질 오염, 토양 오염 등을 통해 식품으로 들어오는 환경독성물질 등

대부분의 규제기관에서는 이러한 분류에 따라 식품독성물질에 대한 규제방법을 달리하고 있다.

1) 천연독성물질

① 식물독소: 청산배당체, 프타퀼로사이드, 사프롤 등

② 동물독소: 복어독, 어류독소, 조개독소 등

③ 조류독소: 삭시톡신, 베네루핀, 오카다산, 스루가톡신 등

④ 버섯독소: 아마니타톡신, 팔로톡신, 무스카린, 실로신 등

2) 첨가물 및 잔류물질

① 직접식품첨가물: 인공감미료, 발색제, 보존료, 착색료 등

② 잔류농약: 살충제, 제초제, 살균제 등

③ 동물의약품 및 항생제: 페니실린, 테트라사이클린, 암피실린 등

④ 포장 재료로부터의 혼입물질: 납, 주석, 염화비닐, 내분비장애물질 등

3) 식품 오염물질

① 세균 독소: 엔테로톡신, 보툴리눔독소 등

② 곰팡이 독소: 아플라톡신, 오크라톡신, 시트리닌, 파툴린 등

③ 중금속: 수은, 카드뮴, 납, 비소, 6가 크롬 등

④ 가공·조리 시 만들어지는 물질: 벤조피렌, 아크릴아마이드 등

⑤ 환경 오염물질: PCB, 다이옥신 등
⑥ 세척과정 오염물질: 세제, 소독제
⑦ 방사능물질: 세슘 137, 요오드 131, 스트론튬 90

3. 식품독성학의 역사

(1) 원시시대

인류는 원시시대부터 과식이나 중독되었을 때에는 건강에 영향이 있다는 것을 인지하였을 것이다. 또한 어떤 식물 등을 섭취하였을 때 강력한 생리활성이 있다는 것을 인식하게 됨에 따라 독으로 기피하거나 약물로 사용하기 시작하였다.

(2) 고대

인류의 가장 오래된 약전은 BC 1,500년경의 이집트의 파피루스 〈에버스〉이다. 그리고 BC 400~250년경에 만들어진 히포크라테스, 아리스토텔레스, 테오프라스투스 등의 의학저술에는 독에 관한 기록이 있다. 고대 그리스의 시인인 니칸더는 그의 시에서 식물독과 동물독에 대한 해독제 등에 관해 언급하고 있다. AD 50년경 네로황제 밑에서 일한 그리스인 디오스코리디스는 최초로 식물을 그 독 작용과 치료 작용에 따라 분류하였다.

미국의 사회학자 길필란은 로마의 귀족사회가 납중독으로 심하게 고통을 받았다고 주장하고 있다. 납은 여러 경로로 로마사회에 사용되었는데 포도주 상인들은 포도주에 종종 납 테두리를 한 깊은 냄비에서 끓인 방부용 시럽을 첨가하였다. 부유층에서는 납으로 만든 냄비 또는 주석 70%와 납 30%를 합금시켜 만든 백랍용기들을 사용하였다. 그 증상들은 당시 로마 귀족사회를 묘사하는 상황과 일치하는 경우가 많은데, 식욕의 감퇴와 입에서 금속 취가 났다는 것이 바로 그것이다.

(3) 중세

서양사에서 중세를 암흑시대라고 하듯이 갈렌(Galen, AD 131~200년)과 파라셀수스(Paracelsus, 1493~1541년) 사이에는 의학뿐 아니라 독성학에서도 거의 진전이 없었고 오히려 신비적이고 종교적인 면이 강조되었다. 서기 857년 독일에서 맥각중독이 발생하여 수천 명이 사망하였다는 기록이 있다. 오염된 빵을 먹고 심한 복통, 정신착란, 괴저, 사망을 일으켰다. 이를 9세기경에는 중독자들이 정신이상을 일으키므로 성스러운 불 또는 성 안토니오의 불이라고 불렀다. 이 시대에는 콜레라의 대유행으로 검역소를 설치하여 이환이 의심 가는 사람을 일정 기간 격리하여 전염병을 예방하였다.

(4) 근세

문예부흥과 더불어 독성학에도 큰 진전이 있었다. 독성학 발전의 기초를 마련한 사람은 파라셀수스로, '모든 물질은 독이며 독이 아닌 것은 없다. 올바른 용량만이 독이냐 약이냐를 결정 짓는다.'라는 그의 말은 독성학에 있어 큰 이정표가 되었다. 또한 실험이 중요하다는 그의 주장으로 많은 미신과 전설들이 타파되는 계기가 되었다. 그러나 당시에는 식품성분에 대한 지식이 부족하여 동종요법이 횡행하였다. 즉, '동물의 심장을 먹으면 심장이 강해지고, 피를 먹으면 자신의 피가 된다.'라는 황당하기까지 한 미신이 유행하기도 한 시기였다.

(5) 근대

자연과학의 발전과 더불어 식품성분에 대한 이해도 함께 발전하기 시작하였다. 1819년 독일의 룽게에 의해 커피에서 카페인이 분리되었다. 1836년 네덜란드의 뮬더는 단백질이 독특한 물질이라는 것을 밝히고 가장 중요하다는 의미의 그리스어 proteios를 인용하여 단백질(protein)이라는 용어를 제안하였다. 이 용어는 중국에서 달걀의 흰자위를 뜻하는 蛋白質(단백질)이라고 명명되었다. 근대에는 탄수화물, 지방은 물론 무기질 등 대부분의 식품 성분들의 발견이 이루어졌다.

스페인 사람인 오르필라(Orfila, 1787~1853년)를 현대독성학의 아버지라고 한다. 오르필라는 독성학을 하나의 독립된 학문으로 확립하였고, 1815년 독성학에 관한 최초의 저서를 썼다. 또한 산업혁명의 여파로 대량생산과 자본주의 사상이 팽배해짐에 따라 대도시 빈민 계층을 중심으로 빈곤, 쇠약, 비위생적인 면이 대두되었고 식품의 대량생산을 위한 식품첨가물 사용의 증가, 식품의 위화문제가 대두되기 시작되었다.

독일 태생의 화학자인 아쿰은 1820년 영국에서 〈식품의 위화와 주방의 독에 관한 보고서〉를 간행하여 최초로 식품의 위화에 관해 과학적으로 분석하여 고발하였다. 식욕을 돋우기 위한 피클의 녹색은 구리로 만든 것이고, 사탕과 캔디의 무지개색은 독성이 강한 구리와 납염으로 만든 것이라는 것 등이다. 그는 격분한 식품제조업자 및 양조업자들에 의해 영국에서 추방되었다. 그러나 그러한 방해에도 불구하고 1850년대 하살과 레서비는 영국의학지인 란셋에 런던의 여러 상점에서 무작위로 산 식품에서 발견되는 유해한 물질들에 관해 발표하였다.

(6) 현대

20세기에 들어서 독성학은 기술적인 학문에서 메커니즘 연구가 주가 된 학문으로 바뀌었고, 독성물질의 화학적 성상, 중독의 치료, 독성물질과 독성의 분석, 작용방식과 해독작용 등에 관해 열거할 수 없을 정도로 많은 진보가 이루어졌다.

식품안전에 대한 관심과 규제에 있어 획기적인 진전은 미국에서 시작되었다. 1906년 싱클레어의 〈정글〉이 출간되어 시카고 식육공장의 부조리와 비위생을 고발하였는데, 큰 반향을 일으켜 그해 순정식품의약품법(pure food and drug act)이 제정되었다. 이 법에서는 다음 두 가지의 판매를 금지하였다. 하나는 보건 상 해로울 수 있는 유독하거나 유해한 물질을 첨가한 식품의 판매를 금지하고 있다. 두 번째는 첨가하지 않은 독성물질(즉 천연 농작물)을 함유하여 보건 상 유해한 식품의 판매를 금지하고 있다. 2차 세계대전 후 식품 독성물질의 규제에 있어 획기적인 발전과 국제적인 노력이 시작되었다. UN 산하기구인 WHO와 FAO를 중심으로 식품첨가물, 농약 등에 관한 국제적인 규제가 시작되어 식품의 안전성과 인류의 보건향상에 크게 이바지하게 되었다. 여기에는 새로운 분석방법의 진보, 탈리도마이드 사건 이후에 강화된 약물시험과 최기형성시험의 강화, 카슨의 〈침묵의 봄〉 발간 이후에 강화된 농약시험, 그리고 유해폐기물 독성에 관한 공공의 관심 증대 등이 그 밑거름이 되었다. 1989년 소련의 붕괴로 '하나뿐인 지구'라는 모토와 함께 국제적인 통일 원칙이 세계적인 주류가 됨에 따라 환경뿐 아니라 화학물질의 관리, 통상 등에 있어서도 국제적인 통일규격이 필요하게 되었다.

(7) 한국의 역사

우리나라에는 삼국시대부터 〈백제신집방〉, 〈신라법사방〉, 〈고려노사방〉 등의 의학서가 있었다는 기록이 있으나 전해지지는 않는다. 그러나 인삼을 위시한 고구려, 백제, 신라의 약제 11종이 당시 중국의 본초경에 기재되어 있는 것으로 미루어 이미 상당히 본초학이 발달하였고, 중국과의 교류도 긴밀하였음을 알 수 있다. 고려 초 고종 연간(1214~1259년)에 향토산 약제로 위급한 질환의 치료를 위하여 대장도감에서 〈향약구급방〉을 간행하였는데, 이것이 독성에 관한 우리나라 최초의 기록이다. 여기에는 180종의 약재를 식물, 동물, 광물의 순서로 나열하였고, 각각마다 그 독성을 무독, 유소독, 유독으로 분류하였다. 조선에 들어서도 약제를 중심으로 그 독성을 다룬 의서들이 계속 간행되었는데, 세종 15년 (1433년) 세종의 명에 의해 편찬된 총 85권의 〈향약집성방〉이 대표적이다. 이 책에서는 여러 중독과 구급 등에 관해서 각기 증상과 처방 예 등을 수록하고 있고, 향약본초편에서는 약 700종의 약재에 대해 각 약재마다 유·무독을 구별하고 있다.

1613년 허준이 편찬한 〈동의보감〉에는 약재로서의 동·식·광물을 탕액편 3권에 총 1,400여종을 다루고 있고, 각 약재에 대해 유·무독을 나타내고 있다. 그러나 동의보감의 탕액편과 향약집성방의 향약본초편을 비교해보면, 약 200년이 경과하고 약재의 종류는 약 2배로 증가되었으나, 독성학적인 지식에 있어서는 별다른 진전이 없었다. 반면에 동의보감은 우리나라 전통의학 및 민간의식에 끼친 영향이 너무 강하여, 모든 식품이 약이 된다는 과장된 인식이 현재까지 팽배해 있어 약과 식품의 구분에 있어 혼란을 일으키고 있으며, 식품의 영양보다는 기능성·약성이 지나치게 강조되어 있어 식품안전면에서는 오히려 장애요인이 될 수 있다고 할 수 있다.

일제 강점기에는 식품위생과 안전을 단속을 위주로 경찰행정기구에서 담당하였으며, 당시의 법규도 '음식물 기타 물품 취급에 관한 법률', '위생상 유해음식물 및 유해물품 취급규칙' 등 일제의 규정을 가지고 식품위생행정을 수행하였다. 일제 경찰은 전염병 관리와 식품 위생, 식수와 분뇨 관리, 의료인과 의약품 단속 등 광범위한 위생업무를 맡았다.

해방과 더불어 미군정청 법령 1호로 위생국을 설치하였으며 이어 보건후생국, 보건후생부로 개칭되었다. 대한민국 정부 수립 후에는 사회부로 출발하였다가 1949년 보건부가 분리·독립되었고, 다시 1955년에는 보건사회부로 통합되어 오늘날에 이르고 있다. 1962년에는 식품위생법이 제정되었으며 현재 식품안전에 관한 사항은 주로 식품의약품안전처에서 관장하고 있다. 그밖에 농림축산식품부, 환경부, 해양수산부 등도 식품안전분야에 직·간접으로 관여하고 있다. 또한 보건복지부 산하의 국립보건연구원, 농림축산식품부 산하의 농업진흥청, 농림축산검역본부, 국립농산물품질관리원, 환경부 산하의 국립환경과학원, 그 밖에 소비자보호원 등이 발족하여 식품, 식품첨가물, 농약 등의 안전성에 관한 관리를 하고 있다. 최근에는 농약의 사용, 수입농산물의 안전성 평가에 있어 국가 간의 차이로 인한 국제적 문제 등이 제기되고 있다.

4. 식품독성물질의 환경 내 동태

(1) 환경 내 동태

환경으로 배출된 수많은 독성화학물질이 배출지점에서는 대기오염물질, 배출수에서는 수질 오염물질이 된다. 세균이나 곰팡이 분해를 받아 쉽게 해독되고 탄소와 질소순환으로 들어갈 수 있는 물질들로 분해되기도 하지만, 할로겐 화합물은 토양에 오염물질로 장기간 잔류한다. 이들은 먹이사슬로 들어가 고위단계의 영양단계로 이전되거나 수확한 농수축산물에 오염물질로 잔류한다. 예를 들면, DDT와 DDE는 이들 모든 경로에 혼재되어 있어 사용을 금지한 지 수십 년이 지난 현재에도 곳곳에서 발견되고 있다.

생물 간의 이동은 농도를 증가시키거나 생물농축이 일어난다. 즉 지용성 독성물질은 쉽게 흡수되거나 신속히 대사되지 않고 체조직에 잔류하므로 영양단계를 거침에 따라 독성물질의 농도는 증가하게 된다. 독성물질은 일정 단계에 이르면 유해작용을 나타내는데 특히 더 민감할 생물에서 유해작용이 더욱 심하게 나타난다. 독수리와 매와 같은 맹금류에서 알껍데기가 얇아져 번식불능이 되는 것은 DDT가 먹이사슬을 따라 이동되고, 또 특히 이들이 DDT에 대한 감수성이 크기 때문이다.

이러한 화학물질의 이동은 수생먹이사슬과 육상먹이사슬 모두에서 일어날 수가 있다. 그러나 수생먹이사슬에서 어류는 아가미의 면적이 넓고 물과 직접 접촉하며 다량의 물이 통과되기 때문에, 주변 수생환경으로부터 직접 다량의 독성물질을 축적할 수가 있다.

(2) 생물농축과 먹이사슬

해조류 특히 다시마 등의 갈조류는 해수 중의 요오드를 흡수하여 다량으로 저장하고, 차는 불소를, 십자화과 식물 특히 무는 흙 속의 셀레늄을 흡수한다. 어패류 중 보리새우는 비소를 선택적으로 흡수하는 성질이 있으며, 멍게와 해삼 등은 바나듐을 흡수·섭취하는 성질이 있다. 이와 같이 생물에 의해 특정 원소 또는 화합물이 선택적으로 흡수, 섭취, 저장되어 농축되는 현상을 생물농축이라고 한다.

수중에 용해되어 있는 미량의 DDT, BHC, PCB 등은 어패류에 의해 흡수되어 고농도로 지방층에 용해된다. 알킬수은과 중금속염은 어패류는 물론이고 세균과 플랑크톤의 단백질과 결합하여 해수중의 농도보다 수만 배로 농축·저장되므로 최종식품으로 사용될 때에는 상상 이상의 고농도 유독물을 섭취하게 되므로 DDT, BHC, PCB, 수은, 카드뮴중독을 일으키는 원인이 된다.

생물은 생장증식하기 위해 약육강식의 원리에 따라 다른 생물을 포식한다. 예를 들면, 미세생물인 플랑크톤, 보리새우, 소동물, 치어는 생존경쟁 중에 약자를 포식하여 생장하고 치어, 소형어는 참치, 가다랑어, 바다포유동물, 바닷새 등의 영양단계에 따라 점차 큰 동물로 이행하고, 큰 동물은 다량의 먹이를 섭취하므로 유독물질의 축적은 급격히 일어난다. 이와 같은 먹이사슬을 따라 해수 중에는 PCB가 0.00001ppm이어도 치어, 소형어에서는 0.001~0.01ppm으로 농도가 증가하고, 이것을 먹은 정어리 등의 체내에서는 0.01~10ppm에 이르고 참치, 방어, 가다랑어 등의 대형어에서는 1~100ppm까지 증가된다. 이와 같은 현상은 수생생물은 물론이고 육상에서도 일어나기 때문에 자연계에서 일어나는 생물농축과 먹이사슬은 우리가 먹는 식품을 오염시키고 독성화 하는 가장 큰 원인이다.

사람은 먹이사슬의 최종소비자로서 농축된 독성화학물질을 섭취할 가능성이 크며, 특히 모유를 먹는 유아의 경우 더욱 농축된 독성물질을 섭취할 가능성이 크다는 점을 유념해야 한다. 인체는 이물질을 효소작용에 의한 가수분해 및 환원 반응 등을 행하여 무독화 하는 해독작용이 있기 때문에 독성 오염물질이 그 자체의 형태로 체내에 잔류하는 경우는 드물지만, 해독배설작용도 그 자체의 한계가 있어 그 유독물의 특성, 안정성, 그 양에 따라 체내축적이 다른 것은 당연하다. 따라서 이를 피하는 방법 중 하나는 같은 종류, 같은 계통의 식품을 계속하여 장기적으로 섭취하지 않는 것이 위험방지에는 상당히 유효하고, 소극적이지만 오염식품으로부터 자신을 방어하는 수단이 된다.

표 1-1   중금속의 생물농축

원소	농축계수	
	해조류	어류
구리	700~2,800	400~12,500
납	50,000~100,000	400,000
망간	1,500~26,000	100
비소	200~6,000	900
수은	10~30	100~200,000
주석	4,000~12,000	–
철	1,000~130,000	3,700~40,000
카드뮴	200~600	7,500
크롬	16,000~50,000	20~14,000

5. 식품독성물질의 관리

식품은 누구나 일생동안 섭취해야 하므로 안전성 문제는 개인적인 문제일 뿐 아니라 전 국민의 건강과 직결되어 있으며, 국제 문제로 비화되기도 한다. 따라서 식품의 안전성문 제는 식품독성학의 최종 목표가 될 뿐 아니라 각국의 보건당국, UN을 위시한 각종 국제기 구 등에서 중요한 문제로 심도 있게 다루고 있다. 식품독성물질로 인한 독성, 유해성, 위 해성을 평가하여 그 식품의 허용 여부 등을 결정한 후 국민들에게 홍보하여 식품안전을 확 보하는 것이 중요하다.

(1) 식품독성물질의 위해성 평가

위해성 평가란 인체건강에 잠재적인 유해영향을 일으킬 수 있는 식품 등에 잔류하는 화 학적, 미생물학적, 물리적 요소 및 상태 등의 위해요소에 노출되었을 때 발생할 수 있는 유해영향과 발생확률을 과학적으로 예측하는 일련의 과정으로 유해성 확인, 유해성 결정, 노출평가, 위해성 결정 등의 일련의 단계를 말한다. 국제식품규격위원회(CODEX)는 위해 성 평가를 사람이 식품 유래 위해요소에 노출됨으로써 발생하는 알려진 또는 잠재적인 유 해 작용을 과학적으로 평가하는 것으로 정의하고 있다.

유해성 확인은 특정 위해요소와 관련된 알려진 혹은 잠재적인 건강상의 영향을 과학적 으로 확인하는 과정을 말한다. 유해성 결정은 동물독성자료, 인체독성자료 등을 토대로 위해요소의 인체노출허용량 등을 정량적 또는 정성적으로 산출하는 과정을 말한다. 노출 평가는 일어날 가능성이 있는 식품의 섭취를 통하여 노출되는 위해요소를 정량적 또는 정 성적으로 인체 노출 수준을 산출하는 과정이다. 위해성 결정은 유해성 확인, 유해성 결정 및 노출평가 결과 등을 토대로 산출하여 현 노출수준이 건강에 미치는 유해영향 발생 가능 성을 판단하는 과정을 말하며, 있을 수 있는 불확실성의 평가를 포함한다. 화학물질인 경 우에 노출량/반응평가가 수행되어야 한다.

이와 같은 일련의 과정으로 위해성 평가가 이루어지면, 위해성 관리 및 위해성 홍보를 행한다.

(2) 일일섭취허용량 및 잔류허용량 설정

위해성을 관리하는 방법은 일일섭취허용량을 설정하고, 식품 중의 잔류허용량이나 허용 수준을 설정하여 식품의 안전을 확보하는 것이다.

식품첨가물 또는 농약 등의 일일섭취허용량을 산정하기 위해서는 우선 실험동물을 이용한 급성독성시험을 시행한다. 급성독성시험 중 가장 기본적인 것은 실험동물을 이용한 반수치사량(LD_{50})을 구하는 것이다. 그리고 나서 투여기간을 연장하여 아만성 시험을 행하는데, 아만성 시험 결과로부터 만성독성시험을 시행하여 최대무작용량(NOAEL)을 설정한다. 최대무작용량은 실험동물에서 아무런 장애를 발견할 수 없는 최고 용량[mg/kg(체중)]을 의미한다. 실험동물에서 얻은 최대무작용량으로부터 사람의 일일섭취허용량(acceptable daily intake, ADI)을 산정한다. 한 물질(식품첨가물, 농약, 잔류물질 등)의 일일섭취허용량(mg/kg, 체중)을 나타내는 ADI는 인간이 일생동안 아무런 장애 없이 섭취할 수 있는 최대의 양인데, 최대무작용량을 안전계수(대개 100)로 나눈 값이다. 즉,

$$\text{ADI(mg/kg, 사람의 체중)} = \frac{\text{NOAEL(mg/kg, 실험동물의 체중)}}{\text{안전계수(대개 100)}}$$

동물실험 데이터를 사람에 적용하는데 있어서 여러 가지 불확실성을 보정하기 위해 안전계수를 적용한다. 즉, 동물과 사람간의 차이 뿐 아니라 사람과 사람간의 차이를 감안하여 동물실험에 얻어진 최대무작용량보다 100배의 안전계수를 적용한다.

ADI, 성인체중(60kg), 식품계수(food factor, 매일 소비하는 식품의 양) 등을 고려하여 1인당 일일최대섭취허용량(maximal permissible intake per day, MPI)과 식품 중의 최대잔류허용량(maximal permissible level, MPL)을 산정한다. 우리나라의 경우 농약의 일일최대섭취허용량은 성인 체중(50kg)을 고려하여 산정한다. 식품 중의 최대잔류허용량은 해당 식품의 섭취량을 고려하여 산정되는데, 이는 국가나 사회에 따라 그 식품의 섭취량이 달라지기 때문에 나라마다 다르게 설정된다.

$$\text{잔류허용량(ppm)} = \frac{\text{1일 섭취허용량} \times \text{국민평균체중(50kg)}}{\text{1일 1인 식품(농산물) 평균 섭취량}}$$

여기서 간과해서는 안 될 사항이 있다. 첫째, 최대잔류허용량은 국민들의 평균 섭취량으로 산정되므로 비록 그 물질이 잔류허용량 미만이라 하더라도 해당 식품을 각별히 선호하는 사람은 과량의 농약을 섭취할 가능성이 있게 된다. 둘째, 체중 50kg을 기준으로 산정된 것이므로 어린이나 청소년은 과다 섭취할 가능성이 있게 된다. 셋째, 한 가지 식품에 대한 잔류허용량이므로 일반적으로 여러 식품군을 복합적으로 섭취하는 경우 모두 합산해

야 하므로 이 경우에도 일일섭취허용량을 초과할 가능성이 있게 된다. 따라서 개인적으로 농약 등의 독성으로부터 회피하는 방법의 하나는 똑같은 종류, 같은 계통의 식품을 장기적으로 계속 섭취하지 않는 것이 위해 방지에 상당히 유효하고, 소극적이지만 자신을 방어하는 수단이 될 수 있다.

(3) 발암물질의 규제

발암성 및 돌연변이 유발성이 판명된 소위 발암물질에 대해서는 일일섭취허용량이 설정되지 않을 뿐 아니라 식품에서의 사용이 매우 제한된다. 이는 1958년 미국의 식품첨가물 개정법의 델라니 조항에 근거하고 있는데, 그 조항이 너무 엄격하다는 학계와 식품산업계에서 비판의 소리가 높아 최근에는 거의 적용하지 않지만, 그동안 대부분의 관련 학자 및 일반인들의 의식에 발암물질이라고 하면 무조건 거부하게 만드는 계기가 되었다.

델라니 조항에서는 식품첨가물로 인한 발암 위험에 대해 '인간과 동물에서 암을 유발한다고 알려진 물질 혹은 식품첨가물로서 안전하다고 인정되었지만 그 후 여러 가지 실험을 통해 인간과 동물에게 암을 유발하는 것으로 판명되는 물질은 안전한 식품첨가물이라고 할 수 없다.'라고 하여 식품에서 발암성 물질의 사용을 규제하였다. 이러한 델라니 조항의 가장 치명적인 문제점은 양적인 개념이 언급되어 있지 않아, 과량으로 장기간 투여하면 발암성이 나타나는 식품 성분이 너무 많아진다. 많은 화학물질들이 엄청난 양을 장기간 섭취하여 발암성이 의심되면 식품첨가물에서 퇴출되곤 하였다. 그 여파로 가장 피해를 입은 것으로는 MSG와 사카린이 있다. 따라서 1962년 동물사료에 사용하는 약물이 비록 발암물질이라고 하더라도, 그 약품이 동물의 가식부에 잔류하지 않을 경우에는 동물사료에 혼합할 수 있다는 델라니 수정안이 채택되었다. 그러나 천연식품에도 다양한 발암물질이 존재하는 것이 밝혀지자, 델라니 조항은 천연식품에 대해서는 적용할 수 없기 때문에, 천연식품의 안전성에 관해 델라니 조항은 무의미해졌다. 이에 천연식품에 함유된 발암물질은 허용수준(tolerance level)을 설정하여 델라니 조항을 보완하고 있다. 예를 들면, 미국은 옥수수의 총아플라톡신 허용수준을 20ppb로 정하고 있고, 우리나라는 장류, 곡류, 두류 등의 총아플라톡신 허용수준을 15ppb로 정하고 있다. 최근 미국 환경보호청은 수질 오염물질 및 대기 오염물질 중 발암물질의 발암성을 나타내는데 '단위 위해도(unit risk)'개념을 도입하고 있다. 단위 위해도는 일생동안 섭취(1mg/L) 혹은 흡입($1\mu g/m^3$) 시 그 폭로로 기대되는 백만분의 1의 암 발생 증가를 나타낸다. 단위 위해도의 상한추정치(upper bound estimates)를 단위 위해도 추정치(unit risk estimate, URE)로 사용한다. 즉,

$$URE = 1.5 \times 10^{-6} \text{ per} \mu g/m^3$$

공기 중 $1\mu g/m^3$로 평생 폭로되면 최대 백만 명당 1.5명 이상의 암 발생이 기대된다는 의미이다. 또 3,3'-디클로로벤지딘의 단위 위해도 추정치가 다음과 같다면

$$\text{EPA calculated an oral unit risk estimate} = 1.3 \text{ H } 10^{-5} \text{ (mg/L)}^{-1}$$

3,3'-디클로로벤지딘이 0.08fg/L이 들어 있는 물을 평생 마실 때, 그 사람이 이론적으로 백만분의 1 이상 암 발생을 일으키지 않는다. 마찬가지로, 0.8fg/L의 물은 10만분의 1 이하, 8.0fg/L의 물은 만분의 1 이하의 암 발생을 일으킨다는 의미가 된다.

(4) 식품위해성 관리 및 위해성 홍보

식품은 수많은 성분을 함유하고 있고, 다양한 형태로 사용될 뿐 아니라 개인적, 사회적, 종교적, 역사적 인식이 뒤엉켜 있기 때문에 식품 안전 확보를 위해서는 규제기관의 규제만으로는 달성하기가 어렵다. 식품학자, 영양학자, 독성학자를 비롯하여 규제기관, 식품 생산자, 소비자 등 다양한 분야의 사람들이 참여해서 사회적인 공통의 합의점을 찾아야 한다.

최근에 식품의약품안전청이 식품의약품안전처로 승격되어 식품의 건전성과 안전성을 확보하기 위하여 관계 법령을 정비하고, 생산자에 대한 지도·감독을 강화하고 대국민 홍보에도 심혈을 기울이고 있다. 또한 과학적으로 타당한 안전성 평가기술을 지속적으로 개발하고 있다. 식품생산에 있어서도 GMP, HACCP 등이 정착하는 단계에 이르고 있다.

최근에는 생활의 다변화로 인해 다양한 화학물질의 사용량이 급증하고, 새로운 기술이 적용된 식품이 개발됨에 따라 소비자는 각종 식품 정보의 홍수 속에 휩싸여 있다. 더구나 소비자들은 거의 매스컴에 의존하여 식품안전에 대한 정보를 획득하고 여과 없이 받아들이고 있어 정책당국은 이에 적절히 대응하기 위해서 많은 노력을 기울여야 한다. 식품의 안전을 확보하고 최종 선택자인 소비자를 보호하기 위해서는 식품생산과 유통 과정에 대한 정보를 충분하고 정확하게 공개되어, 소비자들이 안심하고 신뢰할 수 있는 여건을 조성해야 한다.

식품의 위해성 관리는 국제기구는 물론 각국 정부도 큰 관심을 가지고 국민의 생명과 안전 확보에 만전을 기하고 있다. 특히 식품첨가물 및 농약, 동물용 의약품에 대해서는 사용자가 분명하므로 규제하기도 쉬운 편이고 안전관리도 비교적 적절히 수행되고 있다. 그러

나 전통식품·천연식품에 대해서는 독성 유무가 밝혀지지 않은 것이 많고, 전통과 어우러진 민간 약 등과 혼재하는 경우가 있어 법적으로 규제하기는 쉽지 않다. 미국 FDA도 이러한 천연식품의 독성에 대해서는 규제보다는 사용상의 주의와 권고에 주력하고 있다. 현재 우리나라의 경우 아직도 식약동원이라는 전통적 개념이 뿌리 깊게 퍼져 있고, 각종 건강식품과 건강기능식품, 생약 및 민간 약이 어우러져 천연식품의 안전성에 대해서는 규제 당국도 효과적인 규제 방법을 찾지 못하고 있다.

마지막으로 소비자들은 기본적인 식품 및 영양학적 지식을 습득하고, 식품 및 건강기능식품 등의 라벨 확인 방법을 숙지하여 생활화 하여야 하며, 식중독 예방을 위해서 식품의 보관, 조리 방법, 개인위생 등에도 선구적인 시민의식을 갖추어야 한다.

식품의 안전성 확보는 국민의 안전과 건강을 증진시키는데 초석이 될 뿐만 아니라 우리 전통식품의 우수성을 재발견함으로써 우리의 정체성을 확보하고, 우리의 식품이 세계로 뻗어나가는 데 가장 기초적이고 필수적임을 명심하여야 한다.

제 2장
식품독성물질의 흡수·분포·대사·배출

식품독성물질은 대부분 경구로 흡수되며 일부 방향 성분 등은 호흡기로도 흡수될 수 있다. 그리고 최근 바르는 화장품 등 천연식품재료를 사용한 화장품이 유행하고 있는데 이럴 경우 피부로도 흡수될 수도 있다. 또한, 식품제조공장 등의 근로자는 제조과정 중에 호흡기로 폭로되기도 한다. 흡수된 독성물질은 체내로 들어와서 표적부위에 이르러 독성을 발휘한다. 그리고 최종적으로는 체외로 배출되는데, 체외로 배출되는 방법은 주로 요, 담즙, 땀 등이기 때문에 수용성 물질로 전환되어야 한다.

1. 독성물질의 흡수와 분포

독성물질은 각 침투 부위에 따라 침투속도가 달라진다. 일반적으로는 호흡계가 가장 빠른 침입경로이고 그 다음 경구에 이어 피부가 가장 느린데, 전체 침입속도는 물질의 양과 상피조직의 포화도에 좌우된다.

체내로 침입하는 기회는 독성물질의 형태와 환경에서의 소재와 관계된다. 기체상태의 화학물질은 호흡기 침입의 가능성이 크지만, 물에 잘 용해되는 기체는 육상생물에서 소화관 독성, 수생동물에서는 피부나 아가미 침입이 문제가 된다. 또한 휘발성 물질들은 주로 폐를 통해 흡수되지만, 물에 용해되어서도 상당한 거리까지 이동될 수가 있다. 따라서 이들은 물에 용해되어 섭취 시 소화관에 문제가 되고, 마지막 단계에서는 다시 호흡독이 된다. 예를 들면, 드럼통에 안전하게 담긴 폐기장의 휘발성 물질이 드럼통이 삭아 용출된 후

지하수로 들어가서 결국에는 폐기장에서 수 킬로 떨어진 가정에 만성적으로 소량씩 계속 방출될 수가 있게 된다. 독성작용 시 일어나는 사건들은 매우 동적이다. 많은 화학물질이 체내에서 독작용을 나타내기도 전에 대사되고 배출되기도 하지만, 어떤 경우에는 흡수되어 작용부위로 수송되어 유해작용을 나타내는 독성물질이 된다.

(1) 흡수에 영향을 미치는 요인

1) 세포막의 특성

세포막은 세포의 울타리 역할을 하여 외부환경으로부터 세포를 보호하고 외부 신호의 수용체로 작용할 뿐 아니라 세포질과 외부환경 사이의 물질수송 통로이며, 또한 세포막 자체에 많은 효소 단백질이 있어 물질대사에도 관여한다.

모든 세포막은 인지질의 이중지질층으로 되어 있는데, 여기에 단백질들이 다양한 방법으로 붙어 있다. 세포막의 종류에 따라 단백질의 종류뿐 아니라 지질층에서의 단백질의 위치도 다르고, 심지어 같은 세포막이라 하더라도 단백질의 위치, 질, 양 등이 시시각각으로 바뀐다. 이것은 마치 인지질 위에 단백질이 떠다니고 있는 것에 비유할 수 있다. 이와 같은 세포막에 대해 현대적인 개념을 유동 모자이크 모델이라 한다[그림 2-1].

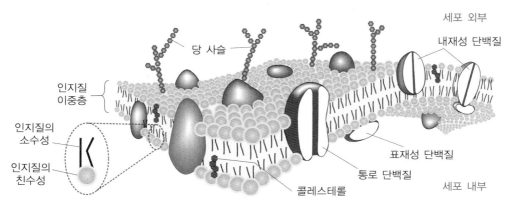

[그림 2-1] 유동 모자이크 모델에 의한 세포막의 구조

세포막의 지질로는 인지질과 콜레스테롤이 가장 많고 그다음으로 스핑고지질이 많다. 대표적인 인지질은 포스파티딜콜린(레시틴), 포스파티딜세린, 포스파티딜에탄올아민인

데, 지방산의 탄화수소 사슬이 비극성 부분이 된다. 불포화 지방산은 막의 유동성을 크게 해준다. 세포막의 가장 큰 특징은 선택적 투과성이다. 수용성 물질은 일반적으로 통과시키지 않는데, 선택적으로 통과시키는 운반체가 있는 경우에는 통과할 수 있다. 주로 영양소인 당, 아미노산, 비타민, 무기질 등은 선택적으로 투과시킨다. 그러나 신장 사구체의 여과막은 선택성이 없으며, 구멍의 지름이 4.5nm 정도로 분자량 50,000달톤에 달하는 거대분자도 쉽게 통과시킨다. 세포막은 이온화된 극성이 큰 물질에 대해서는 장벽 역할을 한다. 여러 가지 지질의 존재 유무, 표면 지질의 양, 단백질의 크기와 모양의 차이, 결합력 등과 같은 막의 차이가 막의 투과성의 차이를 일으킨다.

2) 독성물질의 지용성

세포막 침투에 영향을 주는 가장 큰 요인 중의 하나는 독성물질의 지용성이다. 세포막은 지질이중층으로 되어 있으므로 지용성(분배계수)이 큰 물질이 세포막을 빠르게 통과한다. 예로 알코올에서 탄소 수가 많아짐에 따라 지용성이 커지고 세포막을 잘 통과한다[표 2-1].

표 2-1 알코올의 분배계수

알코올	분자식	분자량	분배계수
메탄올	CH_3OH	32.04	0.01
에탄올	C_2H_5OH	46.07	0.03
n-프로판올	C_3H_7OH	60.09	0.13
n-부탄올	C_4H_9OH	74.12	0.58
n-아밀알코올	$C_5H_{11}OH$	88.15	2.00

3) 독성물질의 이온화도

지질이중층인 세포막은 수용성이 큰 이온화된 물질보다 비이온화된 물질을 잘 통과시킨다. 이온형과 비이온형의 양은 그 물질의 pKa와 용액의 pH에 따라 좌우된다. 용액의 pH가 용질의 pKa와 같으면 절반은 이온화 형태로 절반은 비이온화 형태로 존재하게 된다. 약전해질의 비이온형은 지용성 막에 잘 확산하므로, 약산은 산성 환경에서 잘 확산하고 염기는 알칼리 환경에서 잘 확산한다.

(2) 독성물질의 침입기전

1) 확산

세포막을 통과하는 데 있어 지용성 물질들의 이동속도를 결정하는 요인은 주로 단순 확산인데, 그 이동속도는 세포막 양쪽의 농도 기울기에 좌우된다. 이온형의 화합물은 수용성이 커서 확산으로는 세포를 잘 통과하지 못한다. 이온화되면 막에서의 확산에 있어 필수조건인 지용성이 작아지기 때문이다.

2) 여과

과거에는 세포막에는 분자량 100 이하인 물, 이온이 쉽게 지날 수 있는 구멍이 있다고 생각하였었다. 그러나 물 채널 단백질인 아쿠아포린(구멍 크기 0.3nm)이 10여 종 잇달아 발견됨으로써 물(크기 2.8nm)도 세포막을 자유롭게 통과하지 못한다는 것이 밝혀졌다. 따라서 수용성 물질은 확산이나 여과 과정으로 세포 안으로 침투되는 경우는 없다.

3) 능동수송

농도 기울기나 전기적인 기울기에 거슬러 물질이 이동하는 데에는 에너지와 운반체 단백질이 필요하며, 이와 같은 수송을 능동수송이라고 한다. 특히 능동수송은 소화관에서 포도당, 아미노산 등 영양소의 흡수에서 중요하다. 운반체 단백질은 막의 한쪽으로부터 다른 쪽으로의 이동을 촉진시키고 다른 편에서는 단백질로부터 유리시킨다. 능동수송은 단순 확산보다 빠르고, 막 양쪽의 농도의 평형점 이상으로도 일어난다.

능동수송 메커니즘은 독성물질의 화학구조가 영양소 및 내인성 생리물질의 화학 구조와 유사할 때 중요하게 된다. 즉 5-플루오로우라실은 피리미딘 수송계로 수송되고, 납은 칼슘 수송계로 이동될 수 있다. 능동수송은 수용성이 커서 정상적으로는 지질 막을 잘 통과 못하는 독성물질을 이동시킨다는 점에서 중요하다.

4) 내포작용

막이 함입되거나 독성물질의 주위를 둘러싸 막을 통해 쉽게 이동시키는 특수한 수송방법으로 음세포작용과 식세포작용이 있다. 내포작용은 고분자물질의 흡수에서 중요한 역할을 하는데, 카라기난(분자량 약 40,000달톤)의 흡수에서 중요한 역할을 한다고 알려져 있다. 특히 폐에서는 폐의 식작용이 잘 일어난다.

(3) 침투속도

비극성 · 비이온성 독성물질들의 침투는 확산으로 일어나는데, 마우스에서 여러 가지 농약의 흡수를 비교해보면 분배계수, 투여경로 간에는 큰 상관성이 보이지 않는다[표 2-2]. 이러한 이론과 실제와의 차이는 흥미롭다. 또한, 동물에 따라 상당한 차이가 나는 것은 말할 나위도 없다. 피부나 표피는 고등동물들 간에도 차이가 크며, 표피면적도 비슷하다고 간주하기에는 상당히 곤란한 점이 많다(털이 없는 피부와 있는 피부, 또는 포유동물의 표피와 조류의 피부). 더구나 경피 투여와 경구 투여는 매우 다른 양식을 나타낸다. 경구 투여는 피부보다 장의 표면적이 훨씬 크고 독성물질이 위장액에 빨리 확산되며 장 내용물과 결합할 가능성도 있어 훨씬 복잡하다. 그러므로 어떤 종이나 투여경로로 얻은 독성물질의 침투속도는 오차가 큰 추정치일 뿐 다른 동물에 그대로 적용하기에는 어려움이 있다.

표 2-2 　농약의 물리적 특성과 마우스에서의 침투 비교

농약	분자량	용해도 (ppm)	분배계수 올리브/물	$T_{0.5}$(분)		%침투	
				피부	경구	피부	경구
카바메이트계							
카바릴	203	40	46	12.8	17.0	71.7	68.7
카르보푸란	221	700	5	7.7	10.0	76.1	67.4
유기인계							
말라티온	330	145	56	129.7	33.5	24.6	88.8
클로로피리포스	350	2	1,044	20.6	78.1	69.0	47.2
파라티온	292	24	1,738	66.0	33.3	31.9	56.8
유기염소계							
DDT	355	0.001	1,775	105.0	62.3	34.1	55.1
디엘드린	384	0.02	282	71.7	42.1	33.7	63.2
기타							
니코틴	162	잘 녹음	0.02	18.2	23.1	71.5	82.9
퍼메트린	390	0.07	360	5.9	177.6	79.7	39.1

(4) 침투경로

식품독성물질의 체내로의 침투방식은 주로 식품 섭취로 인한 경구침투이다. 그러나 물질에 따라서는 피부를 통한 경피 침투, 호흡기를 통한 호흡기 침투도 일어난다.

1) 경구(소화관) 침투

식품독성물질의 침투에 있어 가장 중요한 것은 경구섭취이다. 경구로 섭취된 독성물질은 대부분 위와 장으로 들어간다. 경구침투는 독성물질의 우발적인 섭취로도 중요하다. 일부 약물의 경우 구강이나 직장으로 투여하기도 하며, 니코틴은 구강으로 쉽게 흡수되고, 코카인은 비점막으로 잘 흡수된다.

① 소화기의 구조

소화기[그림 2-2]는 점막으로 보호되고 있는 단층의 원주세포로 싸여 있는데, 점막은 흡수작용에서 거의 역할을 하지 않는다. 외막으로부터 혈관계까지는 수송이 쉽게 일어난다. 위나 장으로부터의 정맥혈은 흡수한 물질들을 간 문맥을 거쳐 간으로 이동시킨다. 장에는 미세융모가 있어 장의 흡수 표면적을 엄청나게 늘려준다.

② 경구침투의 특징

일반적으로 소화관 흡수가 경피 흡수보다 빠르다고 생각하지만, 마우스로의 시험에서 경구와 피부 침입은 약간 차이가 나거나 거의 차이가 없다고 한다.

장은 표면적이 크기 때문에 위보다 흡수가 많으나, 먼저 위로 들어가며 위에 머무는 동안 흡수되기도 한다는 것을 명심하여야 한다. 소화관내에서의 pH의 변화는 투과성의 변화를 일으킨다. 위는 산성이어서 이온성 물질의 흡수에 영향을 준다. 피부와는 달리 소화관에서는 독성물질의 능동수송도 일어난다. 또한, 능동수송으로 침투하는 물질과 구조가 비슷한 독성물질들의 침투는 증대된다. 예를 들면, 코발트는 철의 능동수송기전으로 함께 흡수된다. 또 하나의 소화관의 특징은 큰 분자의 침투과정이다. 세균 내 독소, 아조색소, 카라기난 등과 같은 물질들이 내포운동 기전으로 흡수된다.

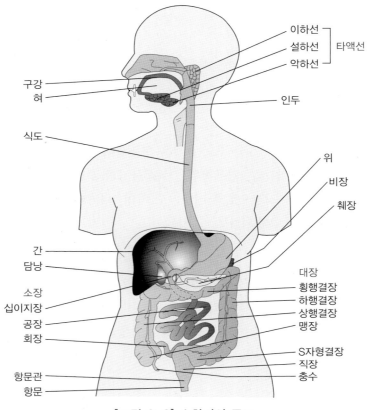

이하선 ┐
설하선 ├ 타액선
악하선 ┘

구강
혀

인두

식도

위
비장
췌장

간
담낭

대장
횡행결장
하행결장
상행결장
맹장

소장
십이지장
공장
회장

항문관
항문

S자형결장
직장
충수

[그림 2-2] 소화기의 구조

③ 경구침투에 영향을 미치는 요인

가. 장 내용물과의 혼합: 장 내용물에 독성물질이 용해되면, 상피세포와의 접촉이 크게 증대된다.

나. 입자의 크기, 용매효과, 유화제의 유무, 용해속도

다. 미생물의 유무, pH, 장 내용물에 대한 결합, 위를 지나는 속도, 내용물의 온도, 장 운동, 식사와 건강 상태, 소화관 분비 등

라. 장간순환: 간에서 포합된 대사산물은 담관을 거쳐 장으로 배설된 후 장내세균 등에 의해 수용성이던 대사산물이 다시 극성이 작은 물질로 바뀌어 장에서 재흡수 되어 간 으로 들어간다. 이렇게 장간순환 하는 독성물질은 체내 체류기간이 길어지게 된다.

2) 경피침투

식품독성물질이 경피로 침투되는 경우는 드물지만, 농약 살포 시와 천연식품재료를 사 용한 화장품을 이용할 시에는 피부로도 흡수될 수도 있다.

① 피부의 구조와 기능

성인 남자의 피부 표면적은 약 18,000cm²이고 중량은 체중의 10%를 차지하는 하나의 기관으로 인체 피부의 모식도를 [그림 2-3]에 나타내었다. 피부는 표피, 진피, 피하층 총 세층으로 구성되어 있는데 독성물질의 침투에 있어 중요한 층은 표피이다. 일반적으로 혈관계는 피부 바깥층으로부터 100㎛ 이상 떨어져 있다. 최외각층인 표피는 다층조직으로 두께는 약 0.1~0.8mm 정도이다. 피부의 두꺼운 곳은 얇은 곳보다 케라틴의 농도가 높다. 기저세포들은 증식과 분화를 하며 바깥쪽으로 이동한다. 원주세포들은 각질층으로 이동함에 따라 둥글고 평평해진다. 각질층은 8~16층의 편평하고 케라틴이 많은 세포로 구성된다. 두께는 25~40㎛이고 피부표면에 평행으로 놓이며 불투과성의 판자 같은 층을 형성하는데 이 층은 두께가 약 10㎛이다. 기저층에서 각질층으로 세포가 이동하는 데에는 약 26~28일이 걸리며, 결국에는 각질층은 탈락된다. 피부에는 부속기관으로 모낭, 피지선, 땀샘(에크린선, 아포크린선), 손발톱 등이 있다.

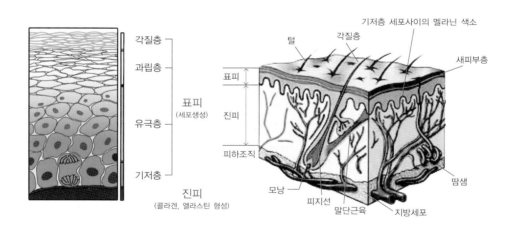

[그림 2-3] 인체 피부의 모식도

진피에는 혈관조직이 많아 표피나 부속기관을 통해 들어온 물질들은 수송이 잘 된다. 진피의 혈액공급은 신경성 조절과 체액성 조절을 받는데, 그 온도도 독성물질의 침투와 분포에 영향을 미친다. 피하층은 지방이 풍부해 충격의 흡수, 절연작용, 에너지 저장 등의 역할을 한다. 피부의 pH는 4~7 사이인데 수화작용에 크게 영향 받는다.

피부는 확산에 대한 장벽 역할을 할 뿐 아니라 국소적으로 적용한 물질을 전신순환되기 전에 대사시키는 기능도 한다. 피부에서의 전체 대사활성은 간에 비해 낮지만(간의 2~6%), 표피층은 활성이 간만큼 활발하고, 독성물질에 따라서는 몇 배 더 활발한 경우도 있다. 대개 피부대사는 불활성화하는 것이지만 일부 발암물질의 경우에는 활성화시키기도 한다. 피부에 있는 효소는 유도될 수도 있다. 따라서 침투가 빠른 물질의 경우에는 피부의 대사적 변환작용이 그리 중요하지는 않지만, 흡수가 느린 물질에 있어서는 피부는 1차 대사기능을 갖게 된다.

② 경피침투에 영향을 미치는 요인

가. 표피의 손상: 표피 손상은 침투를 증대시킨다.

나. 신체부위: 신체 부위에 따라 침투속도가 크게 다르다[표 2-3]. 두피, 목, 겨드랑이 등이 흡수가 잘 일어나는 부위이다.

다. 적용부위를 붕대, 의복, 연고제 등으로 피복하면 흡수가 크게 증대된다.

라. 계면활성제나 비누도 침투에 영향을 준다. 유기용제는 세포막을 변화시켜 투과성을 증대시키는 유해종류(아세톤, 메탄올, 에테르, 헥산)와 침투를 저하시키는 무해종류(긴 사슬의 에스테르류, 올리브유, 고급 알코올류)로 나눈다.

마. 동물종: 원숭이, 돼지, 쥐는 인체 피부와 침투양식이 비슷하고, 마우스와 토끼는 인체보다 독성물질을 훨씬 빨리 흡수한다.

바. 기타 요인: 독성물질의 농도, 동물의 나이, 온도, 투여 회수, 피부상태, 상대습도, 적용 면적, 충혈 등

표 2-3 ❀ 인체 부위별 하이드로코르티손의 침투율								
부위	팔	발	발목	손바닥	등	두피	이마	음낭
침투율	1.0	0.14	0.42	0.83	1.7	3.5	6.0	42.0

3) 호흡기 침투

식품 중 방향 성분 등은 조리·가공 시, 농약 살포 시, 주정 공장에서 알코올 등은 호흡기로도 흡수될 수 있다. 따라서 식품제조공장, 농약제조공장 등의 근로자는 제조과정 중에 폭로될 수 있으므로 직업중독의 주제가 되기도 한다. 알코올 제조 종사자들의 알코올의

호흡기 침투는 대표적인 예이다.

① 호흡기의 특징

호흡기계는 오염된 공기와 접촉할 수밖에 없는 기관이므로 많은 오염물질들을 피하기 위한 여러 가지 메커니즘이 있다. 그렇지만 호흡기계는 두 가지 면에서 특히 손상받기 쉽다.

가. 가스교환이 순환계로부터 $1 \sim 2 \mu m$밖에 떨어지지 않은 곳에서 일어나며, 수 초 내에 일어난다.

나. 폐의 표면적은 $50 \sim 100 m^2$ 정도로 엄청나게 커서 체표면적의 50배가량 된다. 가스교환에서 주요한 요인의 하나가 잔기용적인데, 최대호기 후에도 폐에 남아 있는 공기의 양을 말한다. 이 용적 때문에 가스 상의 독성물질은 한 번에 제거되지 않으며 잔류독성물질을 제거하기 위해서는 여러 번 호흡을 하여야만 한다.

② 호흡독성물질

호흡독성물질은 기체상물질과 입자상물질로 나눈다.

가. 기체상물질: 기체법칙에 따르는 물질로 용제, 증기, 기체 등이다. 이들은 쉽게 폐포부위에 도달한다. 이러한 물질들의 이입속도는 폐포의 환기속도에 크게 좌우된다.

나. 입자상물질: 입자형태이기 때문에 기체법칙에 따르지 않으며 에어로졸, 운무, 입자, 흄 등이 있다.

③ 입자상물질의 침투

입자와 에어로졸의 이입에서 가장 중요한 요인은 입자의 크기이다. $5 \mu m$ 이상의 입자는 대개 비인두강 부위에 침착한다. $2 \mu m$ 이하의 입자들은 기관과 기관지 부위에 침착하는데 섬모를 덮고 있는 점액에 의해 상부로 제거된다. 반감기(1mm/분으로 이동)가 5시간 이내인데 폐에서 제거되는 80%는 이 방법으로 일어난다. 입자들은 코 안에 일시적으로 잡혀 있거나 성문으로 이동되어 식도로 들어갈 수 있다. 이것이 소화관으로의 흡수를 일으킬 수가 있다. 폐의 식작용은 호흡기의 상부와 하부 모두에서 매우 활발하다. 또한 대식세포는 삼킨 독성물질을 림프로 보내기도 한다.

④ 폐포에서의 침투

기관지를 지난 $1 \mu m$ 이하의 입자들은 폐포 부위로 침입한다. 일부 입자들은 떨어져 나오지 않고 증식하여 진애성 결절을 형성하고 망상구조의 섬유로 발전하기도 한다. 매우 작은 입자와 기체상의 독성물질은 폐포 부위에서 흡수된다.

혈액 속으로 또는 밖으로의 방출은 혈액에 대한 용해도에 좌우된다. 용해도가 작은 물질의 소량만이 폐로부터 혈액으로 제거된다.

혈액에 잘 녹는 기체는 매 호흡 시마다 상당부분이 혈액으로 수송되므로 폐포에는 거의 남지 않게 된다. 독성물질의 용해성이 크면 클수록 혈중에서 평형에 도달하는 시간이 더 걸린다. 따라서 혈액과 평형을 이루는데 요하는 시간은 용해성이 낮은 가스(약 1시간)보다 용해성이 큰 가스가 더 길어진다. 용해성이 큰 가스의 흡수에 있어 주요한 제한요인은 호흡속도이다. 얇은 수용액 층이 폐포 벽을 적시고 있어 폐포 공기에 있는 독성물질의 초기 흡수를 돕는다.

(5) 체내분포

1) 분포에 영향을 미치는 요인

① 분포용적

성인의 체액은 체중의 약 60%를 차지한다. 이는 다시 세포내액(2/3)과 세포외액(1/3)으로 나뉘는데, 세포외액은 다시 혈장(약 20%)과 세포간질액(약 80%)으로 구분된다. 흡수된 독성물질의 체내분포에 있어 혈액은 중요한 역할을 하는데, 혈액의 약 53%는 혈장이다. 폭로된 후 독성물질의 혈중농도는 그 분포용적에 따라 좌우된다. 독성물질이 혈관 안에만 분포된다면 혈장 중의 농도는 높을 것이고, 반대로 동량의 독성물질이 간질액과 세포내액에도 분포된다면 혈관조직내의 농도는 훨씬 낮아질 것이다.

② 혈장 성분과의 결합

많은 물질은 혈액에 용해되기도 하지만, 이물질은 대개 혈장 단백질에 결합되어 수송된다. 적혈구와 같은 세포성분도 수송에 관여하지만, 그 역할은 미미하다. 림프에 의한 독성물질의 수송은 혈류보다 훨씬 느리게 순환되기 때문에 별로 중요하지는 않지만, 때에 따라서는 중요한 경우도 있다. 수용성이 큰 독성대사산물들이 혈장 단백질에 결합되어 신장으로 수송된다. 혈장 단백질 중 알부민이 독성물질의 결합에 가장 중요하다. 지용성 독성물질은 혈장의 지질 단백질이 중요한 역할을 한다.

③ 저장 부위에의 저장

독성물질들은 표적부위 또는 저장부위에 분포되거나 저장된다. 지용성 독성물질들은 지방조직에 용해되거나 단백질 등의 조직성분에 결합하여 격리되기도 한다. 만일 독성물질이 지방에 PCB, 뼈에 납이 저장되는 것과 같이 작용부위에서 멀리 떨어진 풀에 저장된다면 유해 작용은 곧 나타나지는 않는다. 조직과 혈액 간에 평형을 이루고 있으면, 풀로부터의 방출 양은 그리 많지 않다. 그러나 많은 양이 저장되면 잠재적으로 유해하다. 따라서 독성물질이 갑자기 동원되어 만성이든 급성이든 유해 작용을 나타낼 기회는 상존한다.

2) 리간드-단백질 상호작용

리간드-단백질 상호작용의 경우에 있어 독성물질이 수송되고 조직에서 해리된다.

① 리간드와 단백질의 결합양식

가. 공유결합은 필수 성분을 변형시키기 때문에 심각한 영향을 줄 수 있다. 그리고 공유결합한 복합체는 매우 느리게 해리된다.

나. 비공유결합한 리간드는 쉽게 떨어져 나오기 때문에 분포에 있어 가장 중요하다. 드문 경우지만 비공유결합도 공유결합만큼 안정할 수도 있다. 비공유결합에는 이온결합, 수소결합, 반데르발스힘, 소수성 상호작용 등이 있다.

② 지용성

독성물질은 비이온성이고 지용성이 큰 것이 많다. 지용성이 크게 다른 농약의 결합에 관한 연구 결과를 보면 알부민과 지질 단백질에 대한 친화도는 지용성에 비례한다[표 2-4]. 염화탄화수소는 알부민에도 결합하지만 지질 단백질에는 더 강하게 결합한다. 지용성이 큰 유기인계는 두 단백질 모두에 결합하는 반면에, 수용성이 큰 물질은 알부민에 먼저 결합한다. 수용성이 아주 큰 물질은 수용액 상태로 수송된다.

표 2-4 알부민과 지질 단백질에서의 농약의 상대적인 분포

농약		결합한 농약의 %	결합한 농약의 분포(%)		
			알부민	LDL	HDL
염화탄화수소	DDT	99.9	35	35	30
	디엘드린	99.9	12	50	38
	린덴	98.0	37	38	25
유기인계	파라티온	98.7	67	21	12
	다이아지논	96.6	55	31	14

카바메이트계	카바릴	97.4	99	⟨1	⟨1
	카르보푸란	73.6	97	1	2
	알디캅	30.0	94	2	4
기타	니코틴	25.0	94	2	4

* 주) 아래로 갈수록 수용성이 커진다.

벤조피렌과 같은 지용성 물질의 지질 단백질 사이의 이동도 결합현상의 동적 특성을 나타내준다[표 2-5]. 이러한 분포 결과는 '풀'이 궁극적으로 독성을 결정한다는 것을 말해준다. 예를 들면, DDT는 지방조직에 침착하는데 반해, 클로르데콘(케폰)은 간에 침착하므로 독성학적 영향은 판이하다.

표 2-5 지질 단백질에서의 벤조피렌의 분포변화

벤조피렌			분포(%)		
배양전			배양후		
VLDL	LDL	HDL	VLDL	LDL	HDL
100	0	0	61	35	4
0	100	0	60	36	4
0	0	100	63	34	3

* 방사능표지 벤조피렌을 각 지질 단백질에 넣고, 다른 지질 단백질들과 섞어 21시간이 지난 후, 각각의 지질 단백질을 재분리 하여 각 분획 중의 %를 구하였다.

③ 단백질 결합의 특성

분자량이 적은 독성물질이 혈장 단백질과 같이 큰 분자에 부착하는 데는 여러 가지 결합 가능성이 있게 된다. 독성물질−단백질 상호작용은 크게 특이적 · 고친화성 · 저수용 능력과 비특이적 · 저친화성 · 고수용 능력의 두 종류로 나눈다. 대부분의 비극성 독성물질은 비특이적 · 저친화성으로 결합한다.

단백질의 수용 능력은 단백질 분자당 결합하는 리간드 분자의 수(v)와 최대 결합부위의 수(n)로 나타낸다. 또 하나의 고려할 사항은 결합의 친화도($K_{binding}$ 또는 $1/K_{diss}$)이다. 만일 단백질에 독성물질의 결합부위가 하나만 있다면, 하나의 $K_{binding}$값이 반응의 강도를 나타낸다. 하나 이상의 부위가 있으면 각 부위는 고유한 결합상수 K_1, K_2, ……, K_n을 갖는다. $K_1 = K_2 = …… = K_n$인 경우에는 하나의 값이 모든 부위에서의 친화도를 나타내게 된다. 결합부위의 3차원적 구조, 단백질의 주변 환경, 단백질 분자 내에서의 위치, 알로스테릭 효과 등이 결합에 영향을 주는 요인이다.

④ 경쟁적 결합의 영향

단백질의 동일한 부위에 대한 경쟁적인 결합은 독성학적으로 중요한 의미가 있다. 이미 다른 독성물질이 차지한 부위에 대하여 또 다른 독성물질의 경쟁이 일어난다면 치환이 일어날 수 있다. 응고방지제인 와파린은 심장병 치료에 있어 유용하나 여러 지방산과 약물이 똑같은 부위에 대해 결합하기도 한다. 진통소염제인 페닐부타존을 와파린과 동시에 처리하면 와파린을 치환하여 결국 유리형 와파린이 증가하는 결과를 초래하게 되어 응고방지 효과가 너무 커지게 된다. 또한 여러 가지 금속들은 금속결합 단백질인 메탈로티오네인에 경쟁적 결합을 한다.

(6) 독물동력학

화학물질은 체내로 들어오자마자 소재, 농도 그리고 화학적 특성이 바뀌기 시작한다. 순환계를 통해 이동되기도 하며 조직으로 흡수되거나 저장되기도 하며 해독되거나 활성화되기도 한다. 모화합물이나 그 대사산물은 신체 성분과 반응하기도 하고 저장되거나 제거된다. 이들 각각의 과정은 속도상수로써 나타내어질 수 있다. 안정된 상황은 어느 때도 존재하지 않으며 지속해서 변하고 있다.

이 과정에 관여되는 동력학은 독성학 분야 중 아주 특수한 분야이다. 생리적인 견지에서 신체를 구획으로 나누는데, 그것은 혈액, 간, 요 등을 의미하며, 또는 분포나 생체 내 활성화에 관여하는 조직들의 모임을 나타내는 수학적 모델이다. 보통 약물동력학적 구획들은 해부학적·생리학적으로는 관계가 없다. 구획이란 한 독성물질의 동력학에 있어 비슷한 특성을 갖는 신체 내의 모든 장소(부위)를 말한다. 독성물질이 침입한 후의 개별 속도과정을 나타내는데 간단한 1차 반응식이 사용된다. 모델의 풀이에는 궁극적으로 본질적인 독성에 관계되는 정보를 주는 흡수, 분포, 생체변환, 배설 등에 관한 수학적인 추정(시간의 함수로서)이 필요하다. 이 복잡한 변환에는 화학적·생물학적 과정뿐 아니라 확산, 용해, 수용체 부위와의 물리적 상호작용 등과 같은 물리적인 과정도 고려되어야만 한다.

 따라서 가장 단순한 1 구획의 경우일지라도 복잡하기는 마찬가지이다. 혈액과 요 속의 산물들을 측정하는 것이 가장 간단하고 쉬운 방법이다. 그러나 그것조차도 상황은 간단치가 않다. 방사능 표지 물질을 사용하였을 때 방사능은 모화합물에 있느냐? 대사산물에 있느냐? 그 물질은 결합하여 있는가? 그러면 몇 개의 1차 고분자와 결합하여 있는가? 어느 정도의 변화가 어떤 조직에서 일어나고 있는가? 도입속도, 생리적 요인, 소화관의 기능, 막의 차이 등의 여러 가지 요인들이 독성물질의 동력학에 영향을 미칠 수가 있다.

 흡수의 첫 단계에서의 각 요인이 1차 반응속도로 변화를 일으키는데, 분포와 기타 요인이 작동함으로써 그 단계들은 수많은 동시다발적인 1차 반응의 합이 된다. 모든 투여경로에 대한 완벽한 속도론적 분석은 드물고, 혈액이나 요의 모니터링이 가장 간단한 방법인데 독성작용의 발현과 지속시간에 대해 유용한 정보를 제공한다.

 여러 가지 식 중 자주 쓰이는 식은

$$\ln \frac{a}{a-x} = kt$$

 인데 여기에서 a는 초기농도를 나타내며 x는 t시간에 반응한 양, k는 속도상수이다. 시료 채취 시간에 대하여 여러 시간 간격으로 측정한 농도의 자연로그를 도식하면 기울기 k인 직선이 되고 절편은 원래 농도의 자연로그값이 된다. 직선이 되므로 반응은 1차식이 된다. $t_{0.5}$는 $t_{0.5} = 0.693/k$ 이라는 관계식으로부터 구할 수가 있다.

 상황이 복잡해짐에 따라 모델도 적절히 수정해야 하는데, 유사한 과정으로 2 구획, 3 구획 모델에 대한 식도 만들 수 있다[그림 2-4].

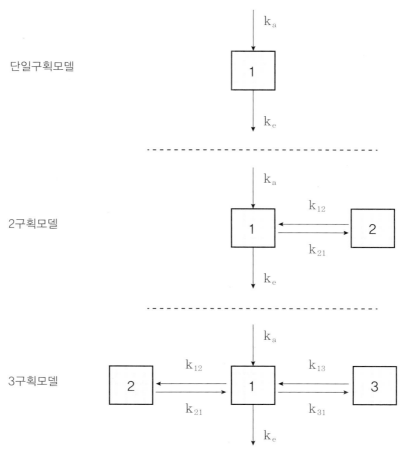

[그림 2-4] 독물동력학에 관한 구획모델

k_a는 흡수속도상수이고 k_e는 배설속도상수이다.
다른 속도상수 예를 들면 k_{12}는 1 구획 에서 2 구획으로의 속도상수를 나타낸다.

2. 식품독성물질의 생체대사

생체에 들어온 모든 물질은 생체에서 대사되어 배출되는데, 3대 영양소로 에너지 급원인 탄수화물, 단백질, 지방은 해당과정→시트르산회로→전자전달계를 거치면서 물과 이산화탄소로 대사되어 각각 요와 호기로 배출된다. 또한 단백질의 질소는 간에서 요소로 합성되어 요로 배설된다. 그 밖의 비타민, 각종 식품독성물질 등 유기물질은 이물질대사경로를 통해 수용성이 커져서 요로 배출된다.

이물질대사는 두 단계로 이루어진다[표 2-6]. 제 1단계에서는 이물질 분자에 극성 반응기를 도입하고, 제2단계에서는 1단계 반응산물에 글루쿠론산과 같은 내인성 물질을 포합시켜 수용성이 큰 최종 대사산물을 만들게 된다. 즉, 수용성을 크게 하여 요나 담즙을 통해 쉽게 배설되도록 하는 것이다. 이물질의 생체대사과정은 일반적으로는 수용성을 증대시켜 생체 내에서의 반감기($t_{1/2}$)를 감소시키는 해독과정이지만, 때로는 모화합물보다 독성이 더 크고 활성이 큰 중간 대사산물을 생성하는 활성화과정이 되기도 한다. 즉, 활성중간체들은 강력한 친전자성이어서 생체 고분자(예: 단백질 또는 핵산)와 반응·결합하여 발암성 등 독성을 나타내게 된다[그림 2-5].

표 2-6 제1단계 반응과 제2단계 반응의 예

제1단계 반응		
효소	대표적인 반응	예
Cytochrome P-450	N,S,P-산화 반응	Thiobenzamide
	Nitro, Azo 환원 반응	Nitrobenzene
	N,S,O-탈알킬화 반응	P-Nitroanisole
	수산화 반응	Benzo(a)pyrene
Flavin containing Monooxygenase	N,S,P-산화반응 Desulfuration	Nicotine
Esterase/Amidase	가수분해 반응	Parathion
Epoxide hydrolase	가수분해 반응	Benzo(a)pyrene oxide
Alcohol dehydrogenase	산화 반응	Ethanol
제2단계 반응		
효소	대표적인 반응	예
Glucuronyl transferase	Glucuronide conjugation	1-Naphthol
Sulfotransferase	Sulfate conjugation	Estrone
Methyltransferase	N,O,S-메틸화	Nornicotine
Glutathione transferase	N,S,P-산화	Chloromethylbenzene
Cysteine conjugate-lyase	Cysteine conjugation	비아세틸화 된 Cysteine conjugate
N-Acetyl transferase	Acylation	Benzidine

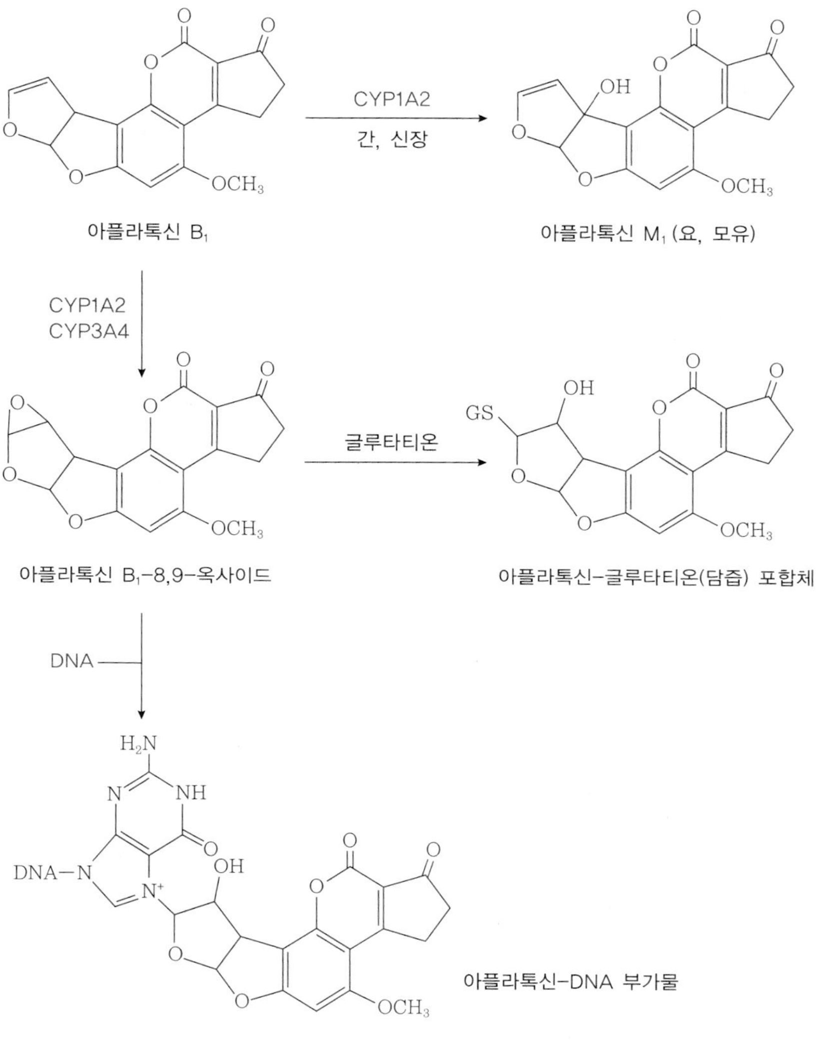

아플라톡신 B₁

아플라톡신 M₁ (요, 모유)

CYP1A2
간, 신장

CYP1A2
CYP3A4

아플라톡신 B₁-8,9-옥사이드

글루타티온

아플라톡신-글루타티온(담즙) 포합체

DNA

아플라톡신-DNA 부가물

[그림 2-5] **아플라톡신의 활성화 과정 및 포합 반응**

(1) 제 1단계 반응

제 1단계 반응(phase I Reaction)에는 마이크로솜 일산소화 반응, 세포질과 미토콘드리아의 산화 반응, 프로스타글란딘 합성 반응과의 공산화 반응, 환원 반응, 가수분해 반응, 에폭시화물 수화 반응 등이 있다. 이물질의 일산소화 반응은 시토크롬 P450 의존성 일산소화효소계(cytochrome P450 dependent monooxygenase)나 FAD 함유 일산소화효소

(flavin-containing mono oxygenase, FMO)에 의해 촉매된다. 이 두 효소계는 세포 내 소포체에 위치하고 있다. 일산소화 반응은 모화합물에 극성기를 도입시키는데, 대부분의 경우 이 극성기는 제 2단계 반응에서 포합된다.

1) 마이크로솜 일산소화 반응

마이크로솜 일산소화 반응은 특히 시토크롬 P450이 가장 연구가 많이 되었다.

마이크로솜은 세포를 균질화하여 미토콘드리아를 원심분리한 후 그 상층액을 초원심 분리하여 얻는 소포체 분획을 일컫는다. 이렇게 얻은 마이크로솜은 유리형의 리보솜, 글리코겐

$$R-H+O_2 \xrightarrow{\quad NADPH \quad NADP^+ \quad} R-OH+H_2O$$

과립, 미토콘드리아나 골지체 등의 단편들이 섞여 있는 막으로 된 소포이다.

일산소화 반응은 산소 분자 중 원자 하나는 기질에 들어가고 다른 산소 원자는 물로 환원되는 산화 반응이다. 시토크롬 P450이나 FAD의 환원에 관여하는 전자들은 NADPH로부터 유래하기 때문에 전체 반응을 다음과 같이 쓰기도 한다(RH는 기질을 나타낸다).

2) 시토크롬 P450 의존성 일산소화효소계

① 시토크롬 P450

시토크롬 P450은 마이크로솜 중에 있는 일산화탄소(CO)-결합 색소인데, 시토크롬 b형의 헴단백질이다. 전자전달계의 시토크롬은 환원형의 최대 흡광도에 따라 a, b, c 등으로 이름 짓는데 반해, 이물질 대사에 관여하는 시토크롬 P450은 환원형의 CO 복합체가 450nm에서 최대흡광도를 나타내기 때문에 시토크롬 P450이라고 하며, 간단히 P450이라고 한다. 현재 까지 400종 이상의 P450이 알려지고 그 유전자와 cDNA가 중요해짐에 따라 유전자에는 *CYP*(혹은 마우스 유전자의 경우는 *cyp*)이라는 어두를 사용한다. 그리고 나서 유전자군 (gene family)을 나타내는 아라비아 숫자를, 그리고 유전자아군(gene subfamily)를 나타 내는 영문자, 그리고 마지막에는 개별 유전자를 나타내는 숫자를 쓴다[표 2-7]. 유전자의 이름은 이탤릭체로, 유전자 산물인 단백질(효소) 이름은 그대로 쓴다.

표 2-7 P450 유전자와 유전자 산물의 표현의 예

유전자	유전자 산물	생물종
CYP1A1	P4501A1 혹은 CYP1A1	사람, 쥐
cyp1a-1	P4501A1 혹은 CYP1A1	마우스
CYP1A2	P4501A2 혹은 CYP1A2	사람, 쥐
cyp1a-2	P4501A2 혹은 CYP1A2	마우스

② 인간 시토크롬 P450에 의해 활성화 되는 식품독성물질의 예

각 독성물질의 대사에 관여하는 시토크롬 P450은 [표 2-8]에서 보는 바와 같이 서로 다르다. 각 개인의 유전자에 따라 시토크롬 P450도 달라지므로 식품독성물질의 대사 양식은 사람마다 달라질 수 있다.

표 2-8 시토크롬 P450에 따른 식품독성물질

Cyt P450	식품독성물질
CYP1A1	벤조피렌 등 다환 방향족 탄화수소
CYP1A2	아미노산분해산물, 아세트아미노펜
CYP2A6	N-니트로소디에틸아민
CYP2B6	6-아미노크리센
CYP2E1	아크릴로니트릴, 벤젠, 사염화탄소, 클로로포름, 디클로로메탄, 에틸렌디브로마이드, 이염화에틸렌, 이브롬화에틸렌, 에틸카바메이트, 스티렌, 염화비닐
CYP3A4	아플라톡신 B_1과 G_1. 벤조피렌 7,8-디하이드로디올, 세네시오닌

(2) 제 2단계 반응

제 1단계 반응산물뿐 아니라 수산기, 아미노기, 카르복시기, 에폭시기, 할로겐기 등을 가지고 있는 이물질들은 내인성 포합제와 포합하는데, 이 포합 반응을 제 2단계 반응(phase II reaction)이라고 한다. 포합에 사용되는 포합제는 당, 아미노산, 글루타티온, 황산염 등이다. 이렇게 만들어진 물질을 포합체라고 하는데, 대부분의 포합체는 원래 화합물보다 독성은 작아지며, 극성이 커지고 수용성이 증대되어 더 쉽게 배설된다. 이른바 해독 반응이 된다.

1) 글루쿠론산 포합

글루쿠론산 포합에는 우리딘 2인산 글루쿠론산(uridine diphosphate glucuronic acid, UDPGA)[그림 2-6]의 생성이 우선 필요하다. 기질과 UDPGA의 포합 반응은 UDP-글루쿠로닐 전달효소(UDP-glucuronyl transferase)가 촉매 하는데, 이 효소는 세포의 가용성 분획에 있다. 그 활성화 과정과 포합 반응의 예를 [그림 2-7]에 나타내었다.

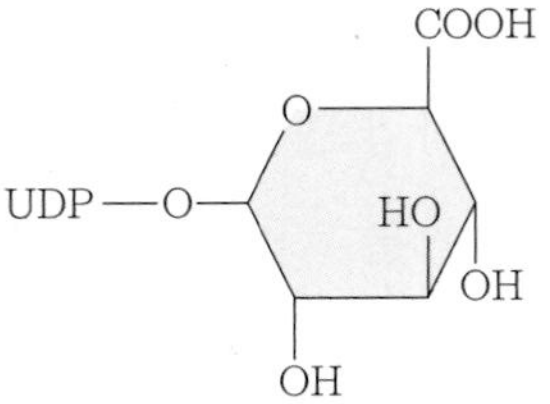

우리딘 2인산 글루쿠론산

[그림 2-6] UDP-글루쿠론산

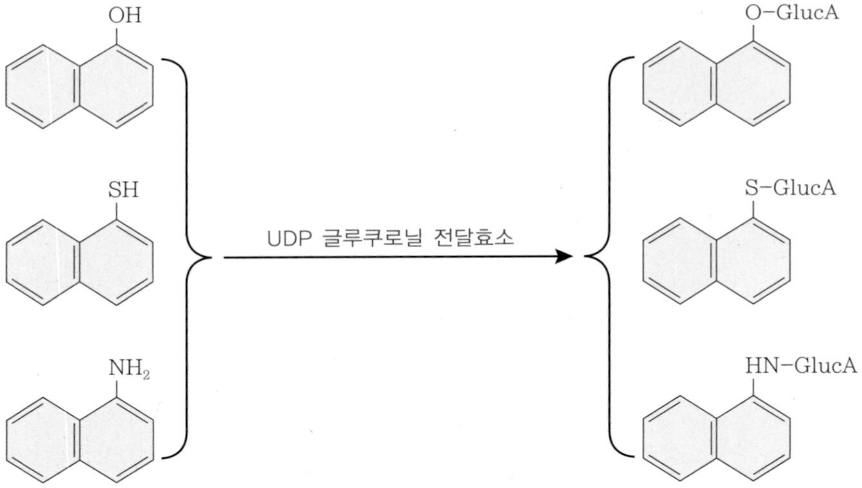

[그림 2-7] 글루쿠론산 포합 반응

2) 황산 포합

황산 포합(sulfate conjugation)은 알코올, 아릴아민, 페놀 등이 황산전달효소 (sulfotransferase)에 의해 황산 에스테르를 생성하는데, 수용성이어서 쉽게 배설된다[그림 2-8].

SO_4^{2-} + 2 ATP ⟶ 3′-포스포아데노신-5′-포스포황산

NH2
HNSO3H
+ PAPS
황산전달효소
+ PAP

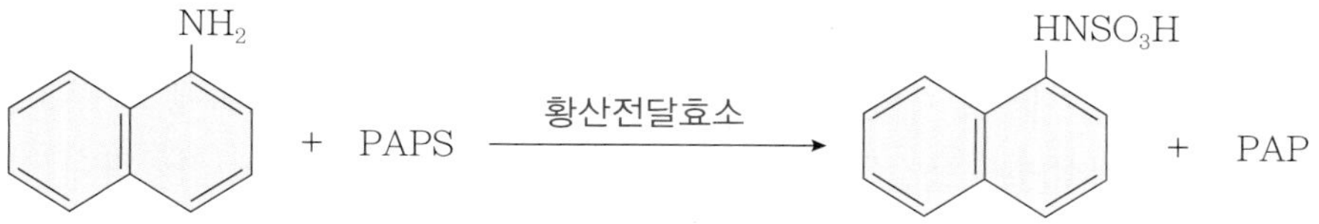

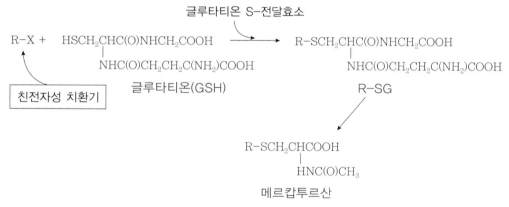

[그림 2-8] **황산포합 반응**

3) 글루타티온 포합과 메르캅투르산 생성

글루타티온 S-전달효소(glutathione S-transferase)는 포유동물의 간세포의 가용성 분획에 있지만, 마이크로솜에서도 발견된다. 촉매 하는 반응의 예는 알킬기 전달 반응, 아릴기 전달 반응, 아라알킬기 전달 반응, 알켄기 전달 반응, 에폭시드 전달 반응 등이다. 글루타티온 포합 반응의 최종생성물은 이물질의 N-아세틸시스테인 포합체인 메르캅투르산으로 요로 배설된다[그림 2-9].

글루타티온 S-전달효소
R-X +
HSCH2CHC(O)NHCH2COOH
NHC(O)CH2CH2C(NH2)COOH
글루타티온(GSH)
친전자성 치환기
R-SCH2CHC(O)NHCH2COOH
NHC(O)CH2CH2C(NH2)COOH
R-SG
R-SCH2CHCOOH
HNC(O)CH3
메르캅투르산

[그림 2-9] **글루타티온 포합과 메르캅투르산 생성**

3. 식품독성물질의 배출

체내로 들어온 모든 물질은 반드시 체외로 배출되어야 하므로 생명 유지에 필요한 영양소는 물론 호르몬 등 내인성 물질을 배출하기 위한 배설계는 지구상의 모든 생명체에서 진화와 더불어 발달되어 왔다. 식품독성물질도 배설계로 배출되는데, 주로 요와 담즙을 통해 배설된다. 그 밖의 배출경로는 호기, 땀, 모발, 모유 등이다.

(1) 요 배설

신장은 요소 등 대사 노폐물뿐 아니라 극성 이물질 및 수용성 대사산물도 소변으로 배설 (urinary excretion)시킨다. 신장의 기능단위는 네프론인데 [그림 2-10]에 그 구조를 나타 내었다. 신장에서 배설되는 물질들은 혈액에 용해되거나 혈장 단백질에 결합하여 신장으로 수송된다.

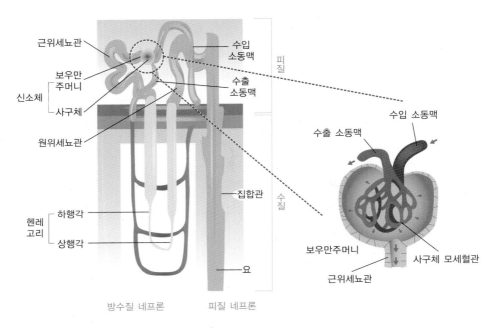

[그림 2-10] 신장 네프론 구조

요 생성의 첫 단계는 사구체 여과이다. 혈장은 직경이 7~19nm인 사구체 여과공을 통 과하면서 여과된다. 여과압은 혈압에 의해서 제공된다. 성인의 사구체 여과속도는 일일 평균 180L다. 여과공을 통과하는 주 인자는 분자량(즉, 분자의 크기)이므로 여과공을 통 과할 수 있는 혈장 내 모든 용질이 여과된다. 여과공보다 분자의 크기가 크거나 단백질에 결합한 물질들은 여과되지 않는다.

두 번째는 세뇨관에서의 재흡수 과정이다. 사구체 여과액에는 물, 아미노산, 포도당, 무 기염류들이 포함되어 있으므로, 이들은 여과액으로부터 다시 회수되어야만 한다. 대부분 의 재흡수 기전은 근위세뇨관에서 일어나는데, 여기서 사구체 여과액의 약 75%가 재흡수 된다. 그러므로 많은 재흡수 독성물질의 작용부위는 근위세뇨관이 된다. 능동기전과 수동

기전 모두 일어날 수 있는데, 아미노산, 양이온, 포도당, 펩티드, 유기산 등은 능동적으로 흡수된다. 물과 염소이온 등은 나트륨과 칼륨이 능동수송 될 때 생기는 삼투압과 전기화학적인 기울기에 따라 수동적으로 재흡수 된다. 나머지 물과 이온의 재흡수는 원위세뇨관과 집합관에서 일어난다.

신장 배설에서 세 번째 주요 기전은 세뇨관 분비이다. 이 기전으로 용질은 세뇨관 세포 내액에서 세뇨관 내강 안으로 이동되는데, 이 과정은 능동적이거나 수동적일 수 있다. 능동기전에는 글루쿠론산이나 황산 포합체 등의 유기산들을 분비시키는 능동기전과 강염기류들을 분비시키는 능동기전으로 두 가지가 있다. 약산성과 약알칼리성의 유기물은 pH 차이에 의해 수동적으로 일어난다. 비이온형은 세뇨관 벽을 통해 쉽게 확산된다. 세뇨관 내강의 pH에서 그들은 이온화하므로 세포벽을 통한 역확산이 불가능하게 된다. 이 '확산 방지'기전은 요의 pH의 변동에 아주 민감하여, 중탄산소다 등을 경구 투여하여 요의 pH 를 바꾸어 유해물질을 배출시키는 데 이용되기도 한다.

(2) 담즙배설

식품독성물질의 또 다른 주요한 배출경로는 담즙배설(biliary excretion)이다. 담즙으로 배설되는 내인성 성분은 담즙산염, 빌리루빈, 콜레스테롤, 인지질 및 일부 단백질이다. 그 외에 200여 가지 이상의 이물질이 담즙을 통해 배설된다.

1) 간의 특성

간장은 소화계와 순환계 사이에 위치해 있어, 외인성 및 내인성 물질의 대사에 큰 영향을 미친다. 대사산물은 순환혈류로 들어가기도 하고, 담즙으로 배설되기도 쉽다. 간에는 두 층 정도의 간세포들이 판상으로 배열되어 있는데[그림 2-11], 이 판들은 간정맥 말단가지 주위에 배열되어 있으며, 정맥동에는 정맥혈과 동맥혈이 흐르고 있다. 정맥동벽은 상당히 큰 분자도 잘 투과시킨다. 용질들은 능동과정과 수동과정으로 간세포로부터 담즙이나 혈액으로 이동된다. 그러나 지용성 물질들은 수용성이 커지기 전에는 거의 수송되지 않는다.

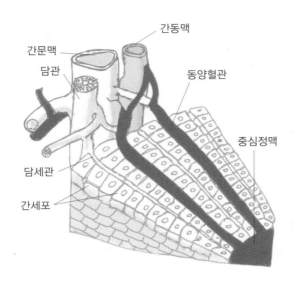

[그림 2-11] 간의 중심정맥과 담관, 문맥, 동맥간의 관계

2) 담즙배설

담즙으로 능동적으로 분비되는 물질들은 대개는 양친매성 물질이다. 내인성 양친매성 물질의 대표적인 예는 담즙산이고, 수많은 지용성 독성물질의 포합체는 양친매성들이다.

담즙으로 배설이 내인성 물질은 담즙산염, 빌리루빈 글루쿠로니드, 크레아틴 등이 대표적이고, 식품 관련 이물질로는 비타민 E, BHT, BHA, 아플라톡신, 납, 비소, 수은, 망간 등이 알려져 있다.

3) 담즙배설에 영향을 미치는 요인

배출경로를 결정하는 주요인은 그 물질의 분자량이다. 임계분자량보다 작은 물질은 주로 요로 배설되고 그보다 큰 물질은 담즙으로 배설되는데, 쥐에서 분자량에 따라 요와 대변으로 배설되는 비율이 다름을 알 수 있다[표 2-9]. 동물에 따른 임계분자량은 쥐는 325, 기니피그는 400, 토끼는 475, 사람은 500~700이다. 분자량만이 절대적인 결정요인은 아니기 때문에 분자량이 1000 이상이라 하더라도 수용성이 큰 물질은 요로 배설되는 경우도 있다.

표 2-9	분자량에 따른 배설경로		(쥐)

이물질	분자량	총배설량 중 %	
		소변	대변
Biphenyl	154	80	20
4-Monochlorobiphenyl	188	50	50
4,4'-Dichlorobiphenyl	223	34	66
2,4,5,2',5'-Pentachlorobiphenyl	326	11	89
2,3,6,2',3',6'-Hexachlorobiphenyl	361	1	99

일산소화효소계가 유도되면 대개 담즙배설이 증대되고, 간 중량, 담즙량 모두가 증대된다. 성과 연령에 따라서도 담즙배설은 달라진다.

4) 장간순환

담즙배설에서 중요한 면은 장간순환이다. 흡수되어 간으로 이동된 후 비극성이던 독성물질은 대사된 후 포합된다. 이 포합체는 담즙을 거쳐 장으로 들어가 장내세균 등에 의해 다시 가수 분해된다. 다시 극성이 적어진 물질은 장에서 흡수되어 문맥을 거쳐 간으로 되돌아 들어간다. 이 과정은 수없이 되풀이되기도 하며 그 물질의 생물학적 반감기와 간에 대한 유해한 영향을 크게 증대시키는 결과를 초래한다[그림 2-12]. 장간순환을 하는 독성물질의 경우, 장에서 가수분해 되는 물질과 결합하는 물질을 투여함으로써 배설을 촉진시켜 해독할 수 있다. 메틸수은중독에도 이러한 치료법이 응용되며, 폴리티올 수지를 이용하여 지용성 독성물질을 제거하여 독성을 줄일 수 있다.

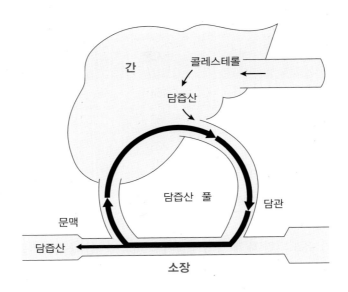

간

콜레스테롤

담즙산

담즙산 풀

담관

문맥

담즙산

소장

[그림 2-12] 장간순환

(3) 호기 배출

휘발성 물질은 호기로 배출된다. 폐는 얇고 혈관이 풍부한 수많은 폐포로 구성되어 있어 표면적이 엄청나게 넓고 O_2와 CO_2를 교환한다. 이 교환은 일차적으로는 수동적인데 휘발성 독성물질도 수동적으로 배출된다. 알코올이 좋은 예인데 음주 측정에 이용되고 있다. 휘발성 독성물질의 배출속도는 혈액에 대한 용해도, 호흡속도, 폐의 혈류량에 좌우된다. 에테르와 같이 혈액에 대한 용해도가 큰 물질은 심호흡으로 더 빨리 배출될 수 있다. 그러나 에틸렌과 같이 용해도가 낮은 물질은 심호흡도 별로 도움이 되지 않는다. 호기로 배설되는 대표적인 물질은 마취가스들인데, 그 밖에 훈증제 농약, 휘발성 유기용제, 비휘발성 독성물질의 휘발성 대사산물 등도 폐를 통해 배출된다.

(4) 부차적인 배출경로

1) 모유

모유는 지용성이 큰 물질(DDT와 PCB)의 주요한 배출경로 중 하나이다. 지방조직과 혈액 간에는 독성물질의 교환이 일어나고 독성물질은 유선조직을 잘 통과한다. 모유에서 발견되는 유해 물질로는 카페인, 알코올, 각종 약물, 비타민, 호르몬, 농약 등이 있다. 모유는 지용성이고 반감기가 긴 물질의 주요한 배출기전이 될 수 있다. 예를 들면, 소에서 염소계 농약은 투여용량의 25% 이상이 우유로 배출된다. 남아메리카에서는 모유 속의 DDT 함량이 WHO 권장 일일섭취허용량에 이르고 있다고 한다. 이 경우 유아에 대한 영향은 알려지지 않았지만, 모체가 고용량의 헥사클로로벤젠이나 PCB에 폭로된 경우 상당수의 어린이에서 중독수준을 나타낸다는 것이 보고되었다.

2) 소화관 배출

지용성 물질은 소화관의 소화관강으로 배출되기도 한다. 페니실린이 타액선으로, 암모니아 화합물이 장으로 능동수송 된다. 그러나 소화관으로의 수동적인 배출과정으로는 아주 소량의 독성물질이 배출되지만, 주요한 배출경로가 되는 경우도 있다. 즉, 클로르데콘은 주로 장으로 배출된다. 클로르데콘중독 치료에서 콜레스티라민을 투여하여 클로르데콘과 결합해 재흡수(장간순환)되는 것을 방지함으로써 독성을 감소시킨다.

3) 그 외의 배출경로

모발, 피지, 땀, 피부탈락 등도 소량의 지용성 물질의 배출에 관여한다. 모발과 관계되는 독성물질로 수은, 셀레늄, 비소 등이 대표적이다. PCB의 경우에도 모발의 성장이 주요한 배출경로로 작용한다. 땀은 구리, 아연, 니켈과 카드뮴의 주요 배출경로이다.

4. 식품독성물질의 환경 내 거동

일부 독성물질은 생태계 내 생물농축을 통해서 식품에 따라 농도가 매우 높게 되어 식품 안전에 예상하지 못한 위해를 줄 수 있다. 농축 원인에 따라 다음과 같이 세분하기도 하지만, 원인이 불분명한 경우도 있어 총괄적으로 생물농축이라 한다.

생물축적 (bioaccumulation)	한 개체에서 먹이를 통해 체내에 축적되는 현상이다. 특히 배출이 느린 물질이 수명이 긴 생물에서 중요한 역할을 한다. (예: 카드뮴, 납)
생물농축 (bioconcentration)	한 개체에서 비식이 경로를 통해 체내에 축적이 일어나는 현상으로 식물에서의 농축이 예이며, 어류의 아가미에 독성물질 농축되는 경우 등이 예이다.
생물확대 (biomagnification)	먹이사슬을 통해 상위 단계의 생물로 이동하면서 독성물질의 생체 내 농도가 점차 증대되는 현상으로 먹이사슬의 최상위단계에 있는 생물이 피해를 받게 된다. (예: 수은, DDT)

(1) 생물축적

생물축적이나 생물농축은 체내로 유입되는 속도보다 배출되는 속도가 낮을 때 일어난다. 즉 지용성이 큰 물질이 지방조직에 저장되거나 수은처럼 단백질의 −SH기에 공유결합하게 되면 배출이 매우 느리게 일어나고, 결국은 체내 축적이 일어나게 된다.

어패류 특히 보리새우는 비소를 선택적으로 흡수하는 성질이 있으며, 멍게와 해삼 등은 바나듐을 흡수 · 농축하는 성질이 있다.

(2) 생물농축

해조류 특히 갈조류는 해수 중의 요오드를 흡수하여 다량으로 저장하고, 차(茶)는 불소를, 무는 흙 속의 셀레늄을 흡수한다. 미국에서는 무를 사료로 한 돼지에서 셀레늄중독이 발생한 일이 있다.

(3) 생물확대

수중에 용해되어 있는 미량의 DDT, BHC, PCB가 어패류에 의해 흡수되어 지방층에 고농도로 용해되고, 알킬수은 및 중금속은 세균, 플랑크톤, 어패류의 단백질과 결합하여 먹이사슬의 최상위의 생물은 해수 중의 농도보다 수만 배로 확대 · 저장되므로, 이들은 상상 이상의 고농도의 유독물을 섭취하게 되어 DDT, BHC, PCB, 수은, 카드뮴중독을 일으키는 원인이 된다. 식품의약품안전처는 참치 등의 수은 유해성에 대해 '임산부, 가임여성, 수유부는 주 1회 100g 이하로 현명하게 섭취하는 것이 좋다.'고 주의를 당부하고 있다.

제 2부
천연독성물질

최근 가공식품의 범람 및 식품첨가물에 대한 거부감으로 자연식품을 선호하는 경향이 많아지면서 천연독소에 의한 사고가 빈발하고 있다[표 II-1]. 표의 자료는 식품의약품안전처에 보고된 사항만을 집계한 것으로 실제로는 이보다 훨씬 많은 수의 중독사고가 있으리라고 생각된다. 천연독성물질로 인한 중독 원인은,

- 유독한 동식물을 식용해도 되는 것으로 잘못 아는 경우(독버섯, 독꼬치 등)
- 유독 부위가 제대로 제거되지 않은 경우(복어, 감자 등)
- 특정 환경조건이나 특정 시기에 유독화 되는 것을 모르는 경우(조개, 미숙한 과실)

세간에서 자연식품에 독이 있더라도 물로 우려내거나 데치거나 끓이면 독이 없어진다고 하는 경우가 많은데, 이는 독성분의 화학적·물리적 특성을 무시하고 언급하는 경우가 대부분이다. 의심되는 자연식품을 섭취할 때는 반드시 영양사나 의사, 약사 등 전문가에게 자문을 받아 조리·섭취하여야 한다. 식품에 원래 천연으로 존재하는 식품독성물질은 이를 그 출처에 따라 식물성 독성물질과 동물성 독성물질, 버섯독소 그리고 조류독소로 나눌 수 있다. 버섯과 곰팡이는 분류학적으로 진균류에 속하는데, 버섯은 식품으로 섭취하지만, 곰팡이 독소는 식품에 오염되는 것이므로, 버섯독소는 천연독성물질로 그리고 곰팡이 독소는 식품 오염물질로 취급한다. 조류독소는 주로 동물성식품 특히 어패류가 문제가 되므로 여기서는 조류독소를 동물성 독성물질과 함께 다룬다.

표 II-1 자연독에 의한 식중독 사고 예
(2003~2010년)

구분	원인식품	건수(건)	환자수(명)
식물성 자연독 (14건)	독버섯	6	41
	원추리	2	104
	박새풀	1	47
	자리공(장록)	1	14
	산마늘	1	8
	독미나리	1	4
	여로	1	4
동물성 자연독 (9건)	자리공	1	10
	복어	8	26
	영덕대게알	1	4
총계		23	262

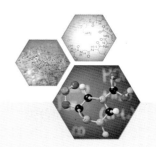

제 3장

식물성 독성물질

식물에는 수많은 물질이 함유되어 있다. 인류가 야생 식물을 식품으로 이용해 오는 과정에서 알칼로이드와 같이 그 약리작용을 응용하여 약용식물, 생약으로 사용하고 나아가 의약품으로 개발한 것도 많다.

또한, 가공식품의 범람과 그로 인한 식품첨가물의 남용, 위화물의 첨가, 잔류농약, 사료첨가물, 기타 오염물 등에 대한 우려의 소리가 커짐에 따라, 자연식품에 대한 조건 없는 선호를 나타내고 있는 것도 오늘의 현실이다. 그러나 식품의 주 섭취목적인 영양공급 면에서는 일상적인 식품을 섭취하는 데는 별문제가 없으나, 식물성 식품 전반을 살펴보면 소위 자연식품, 건강식품에는 수많은 기능성 및 약성이 있는 미지물질이 함유되어 있을 수 있다.

식품성 독성물질은 숫자도 많고 종류도 다양하여 화학적으로 그룹 지을 수 있는 것들을 먼저 설명하고, 그 밖의 물질에 대해서는 식품별로 설명한다.

1. 알칼로이드류

알칼로이드는 질소(N)를 함유하는 염기성 유기화합물을 총칭하는데, 아미노산으로부터 합성되며, 염기성을 띠고 생리활성과 독성이 강하며 쓴맛을 내며, 의약품으로 사용하기도 한다. 알칼로이드는 식물체 내에서 유기산과 염을 형성하여 존재한다. 이때 산은 아세트산과 시트르산이 가장 일반적이다. 식품 중의 대표적인 알칼로이드는 솔라닌, 피롤리지딘 알칼로이드, 카페인, 테오브로민, 무스카린, 리코닌, 토마틴 등이다.

(1) 스테로이드계 알칼로이드

① 솔라늄 알칼로이드

가지과 식물 중 솔라늄속의 식물에 함유되어 있는 알칼로이드를 솔라늄 알칼로이드라고 하는데, 솔라닌과 차코닌이 대표적이다. 솔라닌 및 차코닌의 아글리콘은 솔라니딘이고 포도당, 갈락토오스, 람노오스 등과 배당체를 이루고 있다. 감자에는 솔라늄 알칼로이드의 함량이 수 ppm 밖에 안 되지만, 부패한 감자나 감자 싹에는 농도가 매우 커서 심각한 중독을 일으킬 수 있다. 감자 싹에는 3~6mg/100g 정도 함유되어 있는데, 일반적으로 20mg/100g을 안전 한계로 본다. 솔라늄 알칼로이드는 감자 이외에도 까마중, 배풍등 등에도 함유되어 있다. 솔라닌은 물에 녹지 않으며, 비교적 안정하여 보통 조리법으로 파괴되지 않는다. 토끼에 대한 경구 투여 LD_{50}은 450mg/kg이다. 사람에서의 중독량은 25mg, 치사량은 400mg이다.

독작용은 콜린에스테르 가수분해효소의 작용을 저해함으로써 발휘되는데, 중독증상은 섭취 후 수 시간 뒤에 나타나며, 목 부분이 타는 듯하고, 피로, 권태감, 구토, 두통, 설사, 위장장애, 복통, 혀의 경직, 중증에서는 현기증, 졸음, 환각, 의식장애를 일으킨다. 최기형성도 알려졌다.

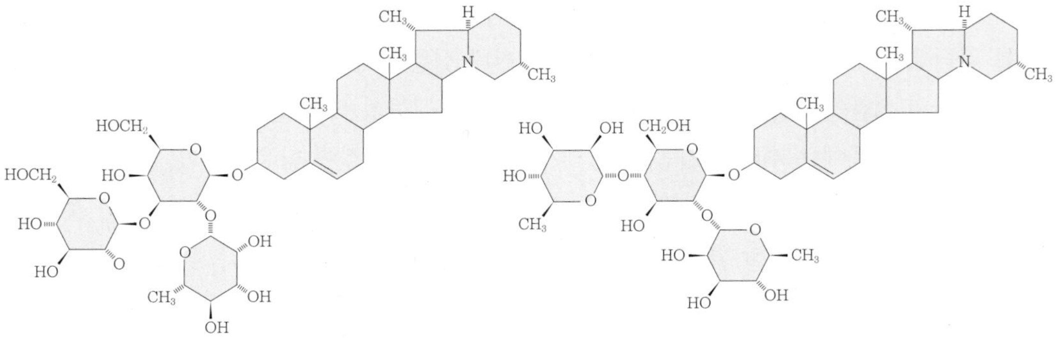

[그림 3-1] 솔라닌(좌)과 차코닌(우)

② 베라트룸 알칼로이드

백합과 여로속 식물에 함유되어 있는 알칼로이드를 베라트룸 알칼로이드(veratrum alkaloid)라고 하는데, 베라트라민, 시클로파민, 제르빈 등 50여 종의 물질을 총칭한다. 베라트룸 알칼로이드를 함유하는 식물은 여로와 박새가 대표적이고 이들은 독초로 식용하지 않지만, 이와 유사한 형태인 산마늘이나 원추리로 오인하여 중독이 자주 일어난다. 베라트룸 알칼로이드는 신경세포 및 근육세포의 나트륨 통로의 투과성을 증대시켜, 신경세포 및 근육세포를 흥분시키고 흥분된 상태를 지속시킨다. 증상은 섭취 후 30분~4시간 사이에 구토, 메스꺼움, 복통이 일어난다. 또한 심혈관계 작용으로 서맥, 저혈압이 일어나며, 중증의 경우에는 심전도 이상과 사망을 초래한다.

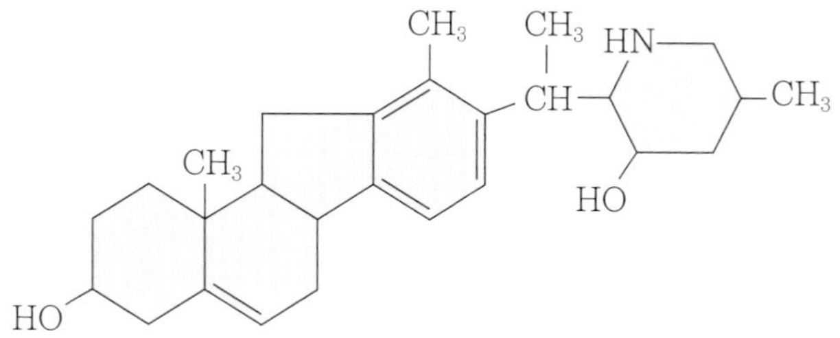

[그림 3-2] 베라트라민의 구조

(2) 피롤리지딘 알칼로이드

국화과 금방망이속의 100종 이상의 식물의 씨에 함유되어 있는 알칼로이드를 피롤리지딘 알칼로이드(pyrrolizidine alkaloid) 또는 세네시오 알칼로이드(senecionine alkaloid)라고 한다. 대표적인 것은 모노크로탈린, 세네시오닌, 라시오카르핀, 페타시테닌 등이다. 또한 이들은 콩과의 활나물속 식물의 씨에도 함유되어 있다. 이들이 혼입된 사료를 먹은 가축의 성장이 지연되거나 달걀 생산이 저하되기도 할 뿐 아니라 혼입된 밀로 만든 빵을 먹고 빵중독을 일으키기도 한다.

피롤리지딘 알칼로이드는 다량에서는 급성 간 장애를 일으키고, 만성으로는 만성 간 장애와 진행성 폐 손상을 초래하며, 간암, 폐암 등의 종양 유발성과 최기형성도 알려져 있다.

대표적인 봄나물 중 하나인 머위는 피롤리지딘 알칼로이드인 페타시테닌(petasitenine, 일명 머위독소)을 함유하는데, 페타시네닌을 실험쥐에게 물에 0.05%로 먹일 때 72일 이내에 모든 쥐에서 간경화, 출혈, 담도 팽윤이 일어났고, 0.01%로 먹일 때 160일 이내에 10마리 중 8마리에서 종양 발생이 일어났다는 보고가 있다.

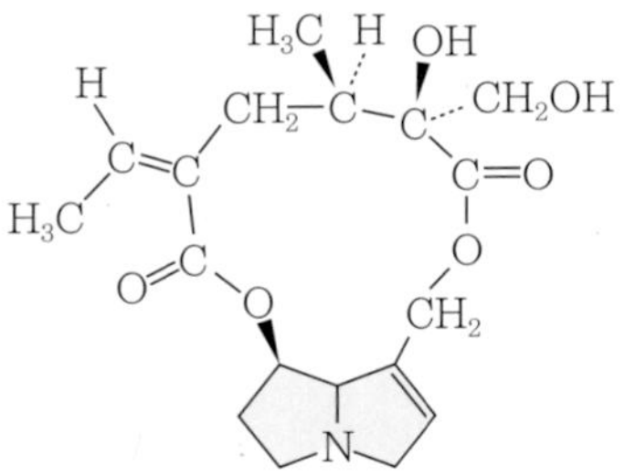

세네시오닌

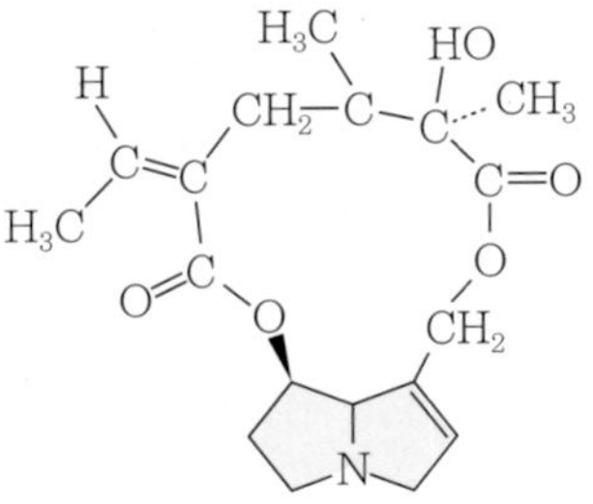

모노클로탈린

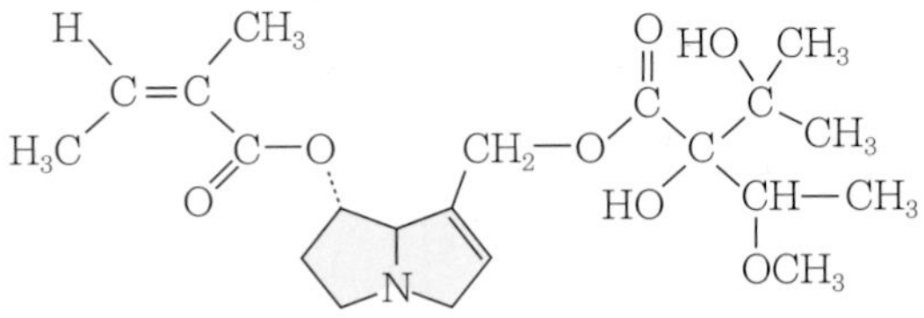

라시오카르핀

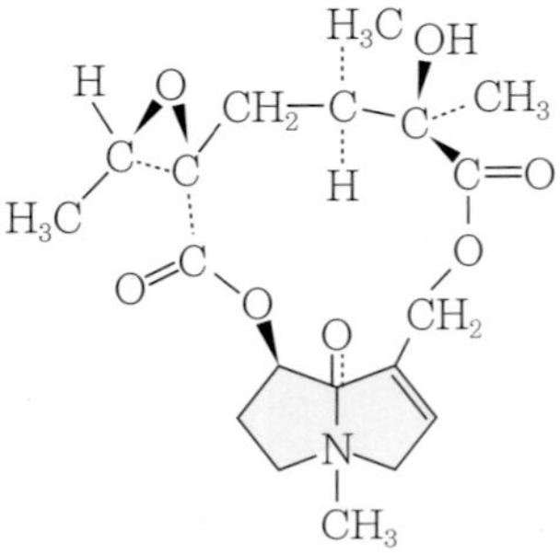

페타시테닌

[그림 3-3] 피롤리지딘 알칼로이드

컴프리는 차, 부침, 민간에서는 잎과 뿌리를 감부리라 하여 건위 효과가 있고 소화 기능을 향상시키며, 위산과다·위궤양·빈혈·종기·악창·피부염에 좋다고 하는데, 컴프리는 세네시오닌을 함유하여 급성으로는 간 기능 손상, 만성으로는 간 장애와 폐 손상뿐 아니라 간암 및 폐암을 유발하는 것이 밝혀져 식품 및 건강기능식품에는 사용할 수 없는 원료로 지정되어 있다.

(3) 콜치신

콜치신(colchicine)은 백합과 식물인 콜키쿰(*Colchicum autumnale*)의 씨앗이나 구근에 포함되어 있는 알칼로이드이다. 또한 콜치신은 향신료인 사프란, 생약으로 쓰는 여로와 산자고, 관상용 식품인 글리오리사에도 함유되어 있다. 콜치신은 치사량은 쥐에서 복강주사 시 LD_{50} 6.1mg/kg으로 그 독성이 청산가리에 버금간다. 급성중독 증상은 섭취 2~5시간 후 구강 및 목의 작열감, 발열, 구토, 설사, 복통이 일어난다. 콜키쿰은 건강기능식품의 원료로 사용하지 못하는 물질로 규정되어 있다. 콜치신은 세포분열을 방해하여 2배체, 4배체 씨 없는 수박을 만드는 데 사용한다. 또한, 호중구의 운동능과 활성을 억제하는데, 이를 응용하여 통풍 치료제(콜킨)로 사용되기도 한다. 이와 같이 세포분열을 방해하는 물질은 생식세포(정자, 난자) 및 태아에는 특히 위험성이 크다.

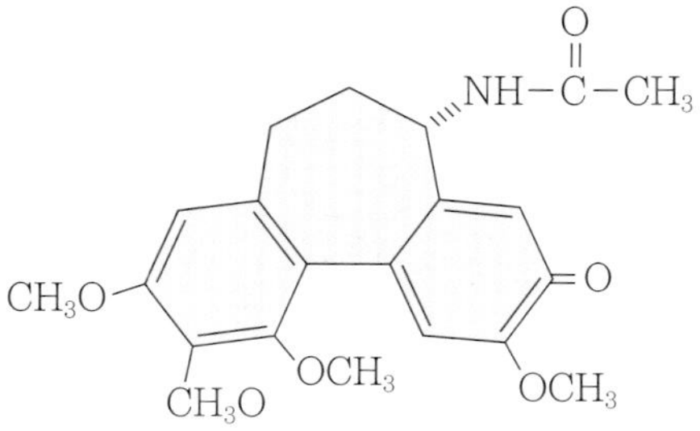

[그림 3-4] 콜치신의 구조

원추리는 넘나물이라 하여 봄철에는 어린 싹을, 여름에는 꽃을 따서 김치를 담가 먹거나 나물로 무쳐 먹는다. 또한 원추리는 각종 천연화장품, 베이비로션의 성분 및 원료로도 사용된다. 원추리의 독성성분은 콜치신으로 임신부들이 '각별히 유의해야 하는 식품'이다. 성장이 빠른 시기인 어린이, 청소년도 먹어서는 안 되는 식물이다.

(4) 피리돈 알칼로이드

아주까리(피마자) 씨에서 아주까리기름, 즉 피마자유를 짜낸 후의 피마자박은 양질의 단백질 자원이지만, 그 속에는 유독 알칼로이드 성분으로 리시닌(ricinine)을 함유한다. 리시닌의 LD_{50}은 마우스에서 19~20mg/kg인 맹독성 물질이다. 리시닌은 섭취하면 구토를 일으키고, 간 및 신장의 손상, 진전, 저혈압, 사망까지 일으킬 수 있다. 아주까리 어린잎은 쌈으로 이용하기도 하고 삶아서 나물로 먹기도 하는데 각별한 주의가 필요하다.

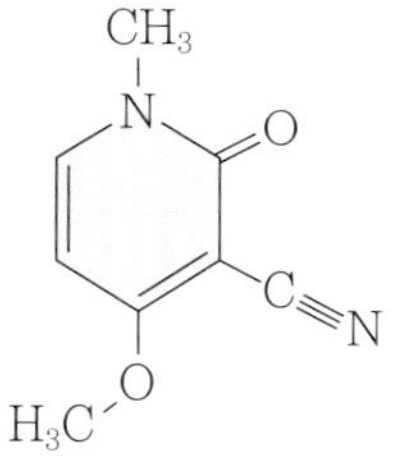

[그림 3-5] 리시닌의 구조

(5) 트로판 알칼로이드

트로판 알칼로이드(tropane alkaloid)는 아트로핀, 히소시아민, 스코폴아민, 코카인 등 강력한 생리활성을 가져 식품으로는 사용하지 않고 주로 의약품으로 사용된다. 디오스코린(dioscorine)은 참마(dioscorea)속의 참마, 마, 도꼬로마, 얌에 함유되어 있다. 마우스에서 LD_{50}(복강)은 65mg/kg이고 급성독성으로 중추신경 억제작용 및 경련, 진전을 일으킨다. 사람에서 입과 목의 작열감, 복통, 구토, 설사, 언어장애를 일으키며, 심한 중독의 경우 3~168시간에 사망하기까지 한다.

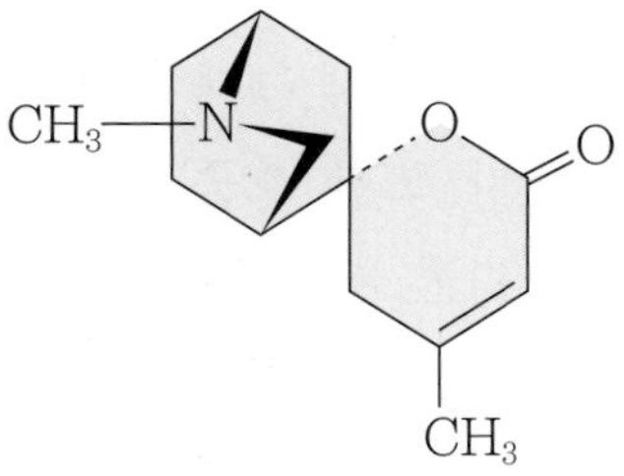

[그림 3-6] 디오스코린의 구조

(6) 피리미딘 알칼로이드

잠두(누에콩)에는 배당체 형태의 알칼로이드인 비신과 콘비신이 들어 있는데, 이것이 장내 세균의 β-글리코시다제의 작용으로 가수분해 되어 만들어지는 디비신, 이소우라밀로 인해 중독이 일어나는 것을 잠두중독(favism)이라 한다.

잠두중독 증상은 잠두를 먹은 후 글루코오스-6-인산탈수소효소 활성과 혈구 글루타티온 농도가 저하되며, 혈액의 용혈성은 커진다. 그래서 발열, 혈뇨, 황달이 일어나며, 급성용혈성빈혈로 인해 사망에 이르기도 한다.

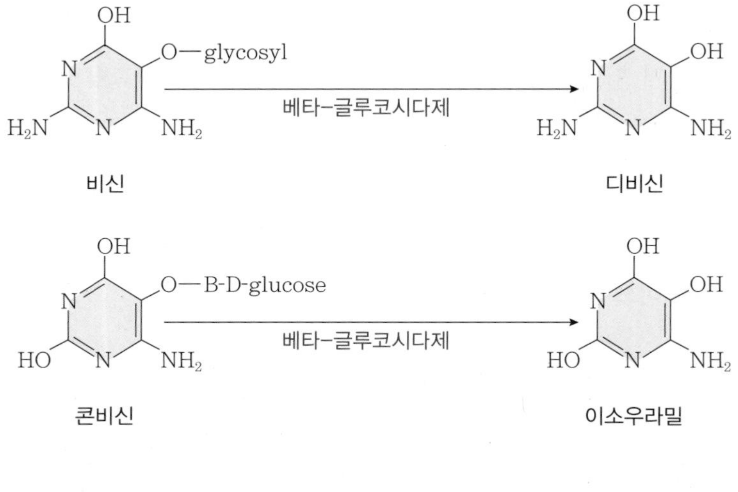

[그림 3-7] 비신과 콘비신의 가수분해작용

2. 독성 아미노산 · 단백질

두류는 식물성 식품 중 단백질이 우수한 식재료지만, 독성 아미노산 및 단백질을 함유하고 있다. 그러나 이들 대부분은 가열로 독성을 파괴시킬 수 있으므로, 두류는 날로 먹지 말고 가급적 가열하여 먹어야 한다.

(1) 독성 아미노산

1) L-미모신

동남아시아, 하와이 등의 콩과식물 점베이(*Leucaena leucocephala*)의 열매에는 독성을 가진 아미노산인 L-미모신(L-mimosine)이 발견된다. 미모신은 3,4-디히드록시피리딘으로 분해되며, 갑상선 호르몬인 티록신 생산을 방해한다. 또한 미모신은 DNA 복제의 개시를 억제하여 마지막 G_1 단계에서 세포 분열을 막고, 비반추성 동물(말, 돼지, 토끼)의 탈모를 일으킨다. 따라서 잎, 씨, 깍지를 수프로 만들어 먹는 인도네시아에는 대머리가 많다고 한다. 작용기전은 피리독살-함유 아미노기전달효소, 티로신 탈탄산효소, 시스타티오닌 분해효소 등을 저해하는데, 시스타티오닌 분해효소는 모발의 생성에 중요한 시스테인 합성에 중요하다. 또한, 마우스에서 모발생성세포의 기질을 파괴한다.

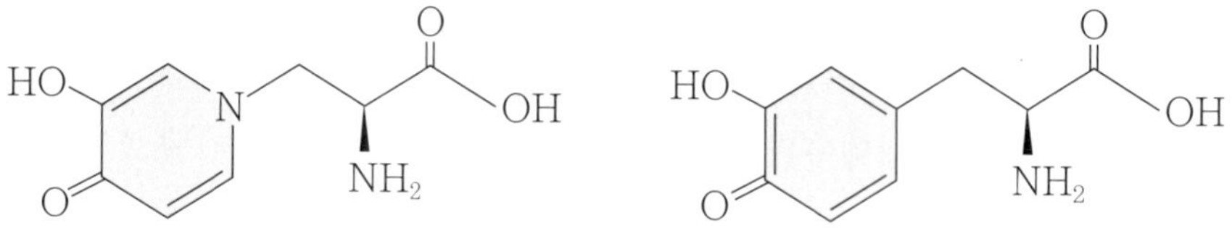

[그림 3-8] L-미모신(좌)과 L-DOPA(우)

2) L-DOPA

작두콩(누에콩), 벨벳빈(*Mucuna pruriens*), 밀, 오트밀 등에는 아미노산인 L-DOPA(L-3,4-dihydroxyphenylalanine)가 함유되어 있는데, 출혈성 빈혈을 초래한다. 벨벳빈은 최근 무쿠나라는 건강식품으로 L-DOPA를 함유하고 있어 활력을 올려준다며 팔리고 있다. L-DOPA는 신경전달물질인 도파민, 에피네프린의 전구체로 파킨슨씨 질환이나 도파민-감수성 근육긴장이상 치료에 사용되는 약물이다. 부작용으로 고혈압, 부정맥, 위장출혈, 탈모 등이 일어날 수 있다.

3) 라티로젠

라티로젠(lathyrogen)은 콩과의 연리초속의 풀완두콩에 함유되어 있는 독성분으로 그 중독증을 갯완두중독증(lathyrism)이라고 한다. 방글라데시, 인도, 네팔, 에티오피아 등에서 자주 발생한다. 유독성분은 베타-옥살릴-L-알파(β-oxalyl-L-α), 베타-아미노프로피온산(β-diaminopropionic acid, ODAP)이다. 중독증상은 혈관, 관절, 뼈의 허약과 이상과 함께 경련성 마비, 동통, 지각이상 등의 신경장애를 일으킨다.

4) 셀레노아미노산

셀레늄이 많이 함유된 토양에서 재배된 곡류, 옥수수, 땅콩의 아미노산에는 셀레늄이 함유되어 있어 셀레노아미노산(selenoamino acids)이라 하는데, 셀레노메티오닌, 메틸셀레노시스테인, 셀레노시스타티오닌, 셀레노시스틴 등이 있다. 이 셀레노아미노산 및 셀레노단백질을 장기간 섭취하면 셀레늄중독 증상인 탈모, 발굽의 부스럼을 일으킨다.

(2) 독성 단백질

1) 단백분해효소 저해물질

단백분해효소 저해물질(protease inhibitors)은 소화효소 중 단백분해효소인 트립신이나 키모트립신을 저해하여 소화 장애를 초래한다.

① 대두의 단백분해효소 저해물질

대두에 있는 여러 트립신 저해물질 중에 가장 잘 알려진 것은 쿠니츠 저해물질이다. 대두의 또 다른 저해제인 BBI(bowman-birk inhibitor)는 트립신과 키모트립신을 동시에 저해한다. 단백분해효소 저해물질은 단백분해효소의 구조를 변형시키며, 실험동물들의 성장을 억제한다. 그러나 이들 단백분해효소 저해물질들은 가열처리에 의해 그 활성을 잃는다.

② 그 밖의 두류의 단백분해효소 저해물질

리마콩과 강낭콩에 있는 단백분해효소 저해물질은 트립신과 키모트립신을 모두 저해하는데, 열, 산, 알칼리에 상당히 저항성이 크다.

2) 헤마글루티닌

당에 친화성을 갖는 일군의 단백질을 헤마글루티닌[hemagglutinin(PHA), lectin]이라 하는데, 적혈구를 응집시킨다.

① 아주까리(피마자)의 리신

아주까리씨에서 아주까리기름, 즉 피마자유를 짜낸 후의 찌꺼기로 만든 가루는 양질의 단백질 자원이지만, 그 속에는 여러 유독성분이 들어 있다. 그 중 단백질인 리신(ricin)은 열에 약하지만, 독성이 매우 강하여 쥐에서의 LD_{50}이 $5\mu g/kg$이다. 리신은 아주까리씨뿐 아니라 많은 식물의 잎, 뿌리, 구근 등과 특히 콩과식물의 종자에 널리 분포하고 있다.

② 그 밖의 헤마글루티닌

브라질의 잭콩(jack bean)과 아시아의 작두콩(sword bean)에는 Con A(concanavalin A)가 들어 있고, 팥에는 아브린(abrin)이 함유되어 있다. 대두 헤마글루티닌의 경우에 쥐에서의 LD_{50}은 약 $50mg/kg$(복강)으로, 성장을 지연시키고 간 손상을 초래하며 영양소의 흡수를 방해한다.

3. 배당체

(1) 시안배당체

시안배당체(cyanogenic glycosides)란 묽은 산, 또는 가수분해효소의 작용으로 시안산(HCN), 당류, 알데히드나 케톤을 형성하는 물질들을 총칭한다. 시안산(청산)의 급성독성은 경구 LD_{50}이 $0.5{\sim}4.5mg/kg$로 맹독성의 물질로 세포호흡효소인 시토크롬 산화효소를 저해한다. 소량 섭취 시에는 두통, 목과 가슴의 압박감, 심계항진, 근무력증을 일으키고, 다량섭취 시에는 수 분 내에 사망하는데, 생존자의 경험에 의하면, 말초감각상실, 의식혼명, 혼미, 현기증, 청색증, 연축과 강축, 혼수를 경험하였다고 한다. 만성독성으로는 만성췌장질환, 다발성 척수염, 골수염, 약시, 시력장애 등이 일어난다. 청산중독을 예방하는 방법은 조리한 물을 버리고, 중독 시에는 비타민 B_{12}를 먹이고 황-함유 아미노산을 많이 섭취한다. 특히 여성들에서 미용식품이라 하여 살구씨를 복용하는 경우가 있는데, 다량 혹은 장기간의 섭취는 크게 위험하다.

이와 같은 시안산을 유리할 수 있는 식물의 종류는 1,000 여종에 달하는데, 그중 대표적인 것은 [표 3-1]과 같다.

표 3-1 여러 식품 중의 시안화물

식물		HCN 함량(mg/100g)
죽순	어린 싹	800
	어린 줄기	300
살구씨, 은행, 아몬드		250
수수		250
카사바	근피	245
	잎	104
리마콩(오색두)		210
아마인		53
지채		77

1) 아미그달린

아미그달린(amygdalin)은 장미과에 속하는 많은 식물에 분포하고 있는데, 청매(미숙 매실), 살구씨 등이 대표적이다. 아미그달린은 만델로니트릴, 즉 벤즈알데히드 시아노히 드린의 β-배당체로서, 가수분해 되면, 포도당과 벤즈알데히드 및 시안산을 생성한다[그림 3-9]. 시안 배당체를 함유한 식물 대부분은 자체 가수분해효소를 가지고 있다.

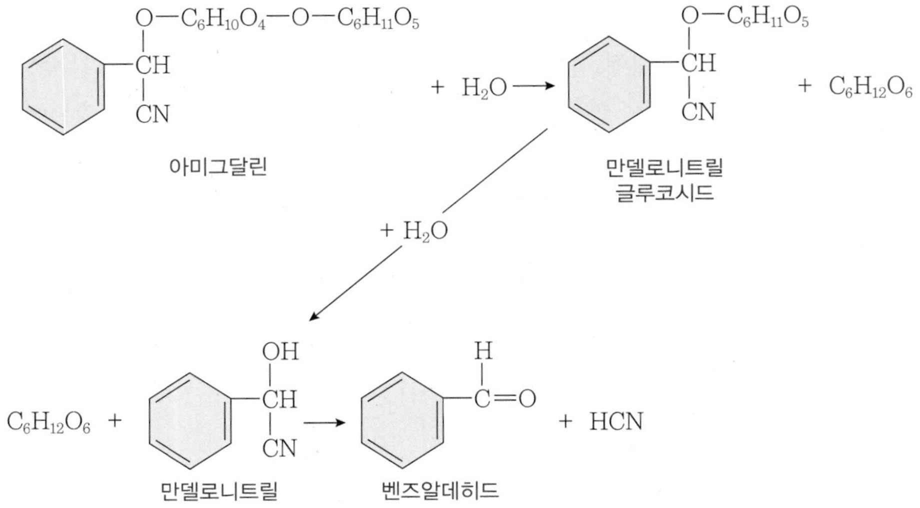

[그림 3-9] 아미그달린의 가수분해

2) 듀린

듀린(dhurrin)은 수수에 함유되어 있는 시안 배당체로 아글리콘은 파라히드록시만델로니트릴이다. 듀린의 이성질체인 지렌도 여러 식물에서 발견된다. 수수류의 푸른 잎에는 시안산의 함량이 비교적 많다. 가장 많을 때에는 시안산으로 건조중량의 0.2%에 달한다.

3) 리나마린

리나마린(linamarin)은 리마콩, 강낭콩, 아마, 카사바에 들어 있는 아세톤 시아노히드린의 시안배당체로, 리마콩에는 시안산으로 0.05~0.27% 들어 있다. 리나마레이스 효소에 의해서 아세톤 시아노히드린과 당으로 가수분해 된 후, 아세톤 시아노히드린은 옥시니트릴레이스 효소에 의해서 아세톤과 시안산으로 가수분해 된다.

(2) 글루코시놀레이트

글루코시놀레이트(겨자배당체, 갑상선종 유발 배당체)는 겨자, 고추냉이 등에 함유되어 있다. 글루코시놀레이트는 β-D-티오글루코오스와 아글리콘으로 구성되어 있는데[그림 3-10], 티오글루코시드 글루코하이드롤라아제(일명 미로시나아제)에 의해 글루코오스, 황산이온, 아글리콘으로 분해되어 자극적인 냄새와 매운맛을 낸다. 이들의 아글리콘은 니트릴(N≡), 이소티오시아네이트(CN-), 티오시아네이트(NCS-), 옥사졸리딘-2-티온 등이다.

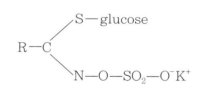

[그림 3-10] 글루코시놀레이트의 구조

글루코시놀레이트중독 증상은 체중저하, 발육부전, 간 비대, 갑상선종 등을 일으키므로 갑상선종 유발 배당체라고도 부른다. 또한 글루코시놀레이트는 젖이나 태반을 통과한다.

4. 페놀성 화합물

(1) 고시폴

고시폴(gossypol)은 면실에 들어 있는 독성물질이다. 면실유는 샐러드오일, 마가린, 쇼트닝, 마요네즈 등에 사용되는데, 그 정제과정에서 대부분의 고시폴은 제거된다. 면실가루는 값싼 양질의 식물성 단백질이지만 고시폴을 함유한다.

고시폴의 급성독성은 비교적 약한 편이어서 쥐의 LD_{50}이 2,600~3,340mg/kg이다. 그러나 만성독성은 식욕 감퇴, 체중 저하, 폐부종, 심부전 등을 일으켜 사망에 이르게 한다. 특히 거위, 기니피그, 토끼가 가장 민감하며, 고양이와 개는 저항성이 중간 정도이고, 쥐와 가금류는 저항성이 상당히 크다. 고시폴은 염료(황색), 산화방지제, 안정제 등으로 사용되고 있다. 또한 민간약으로 통경제, 살충제, 남성불임제 등으로 사용되고 있으나, 쥐와 사람에서 고환의 병리학적 변화, 비정상정자, 웅성불임 등을 유발하는 것으로 알려져 있으므로 전문가와 상의한 후 사용하여야 한다.

(2) 우루시올

우루시올(urushiol)은 옻나무의 주성분으로 피부는 물론 전신에 강렬한 가려움, 발진, 수포를 일으킬 뿐 아니라 간과 신장에 부종 등 치명적 손상을 주는 물질이다. 이렇게 강력한 독성물질을 옻순, 옻닭으로 먹는 나라는 우리나라 밖에 없다. 우루시올은 옻닭 조리 시 가열을 통해 약간 파괴되기도 한다. 옻닭 등을 먹은 사람들에 의하면 속에서 열이 나서 그런대로 좋았다고 하기도 한다. 그러나 이는 내장 상피세포들에서 약한 알레르기가 일어남으로써 일어나는 현상이다. 식품의약품안전처에서는 옻나무 사용기준으로 옻나무는 우루시올 성분을 제거한 옻나무물 추출물 형태로 옻닭 또는 옻오리 조리용으로만 사용할 수 있게 하고 있다.

(3) 하이퍼리신

하이퍼리신(hypericin)은 고추나물속의 물레나물, 서양고추나물 등에 함유되어 있는 성분으로 0.5mg/kg에서 광민감성을 일으키는데, 피부가 가렵고, 작열감이 일어나며, 한랭 및 온감에 대한 감수성도 증대시킨다. 서양고추나물은 세인트존스워트라는 이름으로 행복감 증대, 긴장 증대, 생식력 증대, 활력 증대, 사회성 증대, HIV의 불활성화, 항바이러스제, 항우울약, 바디오일, 건강식품 등으로 선전되며 팔리고 있다. 우리나라에서 물레나물은 약용으로 사용하기도 하고 어린잎을 나물로 먹기도 한다. 하이퍼리신은 모노아민산화효소(MAO)의 저해제로 작용하므로 항우울제와 함께 섭취해선 안 된다. 2005년 4월 영국의 식품·의약품안전위원회는 경구피임약, 항우울제, 에이즈 치료제 복용 시에는 세인트존스워트와 함께 복용하지 말 것을 권고하였다.

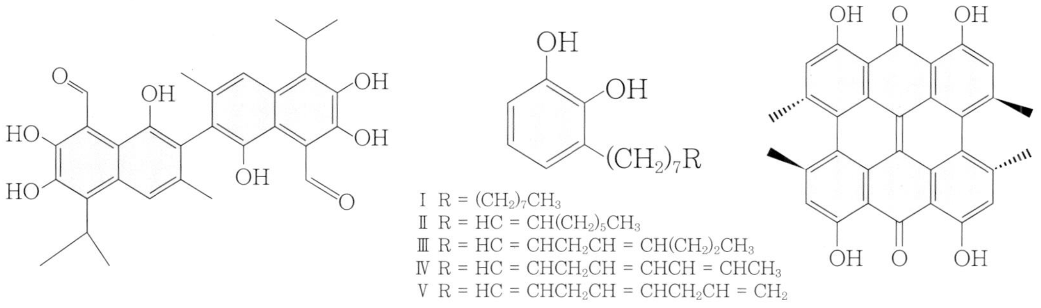

고시폴

우루시올

$$I\ R = (CH_2)_7CH_3$$
$$II\ R = HC = CH(CH_2)_5CH_3$$
$$III\ R = HC = CHCH_2CH = CH(CH_2)_2CH_3$$
$$IV\ R = HC = CHCH_2CH = CHCH = CHCH_3$$
$$V\ R = HC = CHCH_2CH = CHCH_2CH = CH_2$$

하이퍼리신

[그림 3-11] 페놀성 화합물 고시폴, 우루시올, 하이퍼리신의 구조

(4) 푸로쿠마린

셀러리, 감귤류 등에 미량 존재하는 솔라렌, 이소핌피넬린(isopimpinellin) 등 푸로쿠마린(furocoumarin)계 화합물은 섭취 후 자외선을 쪼이면 피부광감작을 일으켜 피부의 심한 수포 및 피부염을 유발하는데, 셀러리나 라임 등을 자주 다루는 사람에서 셀러리 피부염, 바텐터 피부염을 일으킨다. 또한 이들은 피리미딘 염기에 결합하여 DNA 합성을 저해한다.

표 3-2 광피부염 유발 식품

과명	식물명	학명
운향과	레몬	*Citrus lemon*
	라임	*Citrus aurantifolia*
	베르가모트	*Citrus bergamia*
	시트론	*Citrus medica*
뽕나무과	무화과	*Ficus carica*
산형과	셀러리	*Apium aurantium*
	딜	*Anethum graveolens*
	회향	*Foeniculum vulgare*
	안젤리카	*Angelica archangelica*
	파스닙	*Pastinaca sativa*
	야생당근	*Dacus carota*

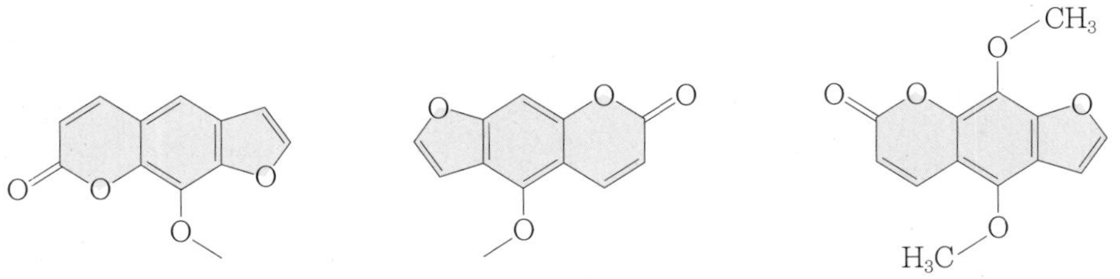

8-메톡시솔라렌   5-메톡시솔라렌   이소핍피넬린

[그림 3-12] 대표적인 푸로쿠마린의 구조

5. 이소프레노이드

이소프레노이드(isoprenoid)는 이소프렌으로부터 합성되는 생체물질을 총칭하는데, 각종 테르펜, 비타민 A, D, E, K 등의 지용성 비타민, 각종 식물성 스테롤류, 클로로필의 피톨(phytol), 식물성 정유 성분, 폴리프레놀(polyprenol), 고무 등 다양한 식물성 물질들이 포함된다.

테르펜계 화합물은 탄소 수에 따라 헤미-(C_5), 모노-(C_{10}), 세스키-(C_{15}), 디-(C_{20}), 트리-(C_{30}) 및 폴리테르펜(C_{40}이상)이라고 한다. 이중 트리테르펜 및 스테로이드가 배당체로 존재하는 것을 사포닌이라고 한다. 사포닌은 산이나 효소로 가수분해하면 사포제닌(sapogenin)과 당을 생성한다. 사포닌은 쓴맛이 있으며 물을 가하여 흔들면 거품을 내고 계면활성작용이 있다. 사포닌은 대두에 약 0.5% 존재하며, 그밖에 알팔파, 땅콩, 시금치, 팥, 도라지, 도토리, 사탕무, 아스파라거스 등 다양한 식물에 함유되어 있다.

대두에는 전술한 단백질 분해효소 저해물질 외에도 사포닌을 함유한다. 멕시코 얌은 사포닌으로 디오스제닌(diosgenin)을 함유하는데, 그 스테로이드를 DHEA(dehydroepiandrosterone)나 프로게스테론 제조 원료로 사용한다. 이 같은 사실을 이용하여 야생 얌에 항진경작용과 항염증작용이 있다거나 DHEA를 함유하고 있다고 일부 인터넷 등에서 건강식품이나 화장품으로 팔리고 있는데, 디오스제닌은 체내에서 DHEA나 프로게스테론으로 변환되지 않는다.

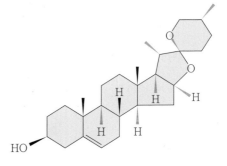

[그림 3-13] 디오스제닌의 구조

세간에서 어떤 식품에 사포닌이 있어 건강에 좋다고 하는데, 사포닌은 일군의 화학물질을 일컫는 것으로 인삼 사포닌을 의미하지 않는다. 각 식품의 사포닌은 그 사포제닌에 따라 신체작용이 달라진다는 것을 명심하여야 한다.

6. 지방 화합물

(1) 시쿠톡신

독미나리는 미나리와 모양이 비슷하여 미나리로 오인하여 중독이 일어날 수 있다. 독성분은 시쿠톡신(cicutoxin)으로 고도불포화 고급알코올인데, 주로 지하경에 많이 들어 있는데 성인의 경우 근경 하나로 사망하기도 한다. 섭취 후 수분 늦어도 2시간 이내에 발병하며, 경과가 빠르면 10~20시간 후에 사망한다. 중독 증상은 심한 위통, 구토, 현기증, 경련 등을 일으키며, 예전에는 독화살의 촉에 발라 사용하기도 하였다.

7. 기타 식물성 독성물질

(1) 혈압 증진성 아민

여러 과실류에는 세로토닌, 포도주에는 히스타민, 바나나에는 노르에피네프린, 레몬즙에는 옥토파민, 치즈에는 티라민과 트립타민 등의 아민류가 존재하는데, 이를 혈압 증진성 아민 혹은 바이오제닉 아민이라고 한다. 이들은 강력한 혈관수축작용으로 혈압을 상승시킨다. 또한 히스타민은 알레르기를 일으킬 수 있는 물질이다. 과다섭취하면 발진, 알레르기, 구토, 설사, 저혈압, 복통 등 부작용이 일어날 수 있다. 또한 히스타민은 고등어, 꽁치, 정어리, 참치와 같은 등 푸른 생선이 부패하면 생성될 수도 있다.

표 3-3 식품 중의 혈압 증진성 아민류

식품	함유 아민류	함량(mg/100g)
바나나	도파민	66~70
	노르에피네프린	10.8
	세로토닌	2.5~8.0
	티라민	6.5~9.4
아보카도	도파민	0.4~0.5
	세로토닌	1.0
	티라민	2.3
파인애플	세로토닌	5.0~6.0
오렌지	티라민	1.0
토마토	세로토닌	1.2
적자두(Red plum)	세로토닌	1.0

(2) 프타퀼로사이드

터키와 영국에서 소의 비뇨기, 장의 출혈을 특징으로 하는 급성 고사리중독이 일어났는데, 쥐, 마우스, 햄스터 등의 실험동물에서 방광과 장의 암을 일으켰다. 고사리 발암성분은 프타퀼로사이드(ptaquiloside)인데, 마우스에서 최기형성도 인정되고 있으며 줄기보다는 뿌리와 엽상체에 많이 들어 있고, 유즙과 태반을 잘 통과한다. 고사리는 또한 티아민 가수분해효소작용도 나타내 티아민 결핍증을 초래한다.

고사리의 독성에 관해서는 이미 오래전부터 알려졌다. 3백 년 전 영국의 식물학자 존페퍼는 '고사리를 먹으면 기생충은 박멸할 수 있으나 임산부가 먹으면 태아가 죽는다.'라고 하였고, 미국을 비롯한 구미 각국의 약전에는 독초로 분류하고 있다. 또한, 명의 본초강목에도 '고사리를 오래 먹으면 눈이 어두워지고, 코가 막히며, 머리털이 빠질 뿐 아니라 아이들은 다리가 허약해져 걷지도 못하게 된다. 특히 남자가 먹으면 양기를 죽인다.'라고 적고 있다. 프타퀼로사이드는 열안정성이 있어, 끓는 물에서 고사리의 발암성은 감소하지만, 없어지지는 않는다.

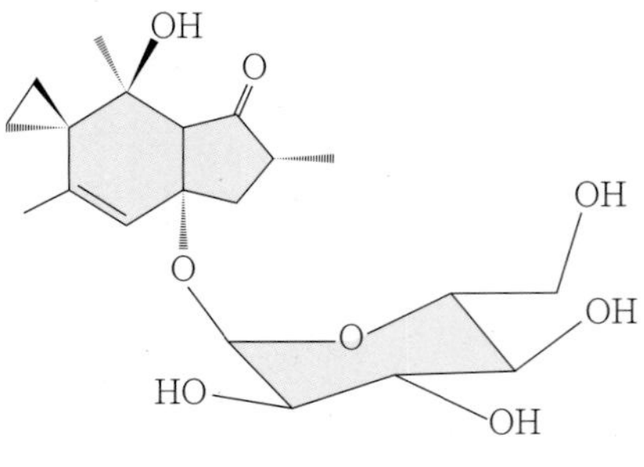

[그림 3-14] **프타퀼로사이드의 구조**

(3) 사프롤

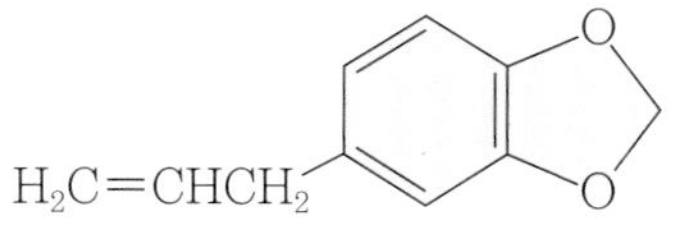

사프롤(safrole)은 사사프라스의 뿌리에 함유된 대회향유 (사사프라스유)의 주성분으로 간 종양을 일으킨다. 측쇄의 이중결합의 에폭시화와 잇달아 일어나는 DNA의 알킬화가 독작용이라고 생각되고 있다.

[그림 3-15] **사프롤의 구조**

그밖에 녹나무에서는 장뇌와 장뇌유을 얻는데, 이 장뇌유에도 함유되어 있다. 그리고 한방에서 진해, 진통, 이뇨제로 사용하는 세신(족도리풀), 민족도리풀의 뿌리에도 함유되어 있다.

(4) 캅사이신

고추에는 캅사이신(capsaicin)이 들어 있는데, 캅사이신은 강력한 자극제로서 접촉한 조직의 작열감을 초래하며, 고용량에서의 중독증상으로 전신경련, 호흡곤란, 피부발적 등이 있다. 지각신경세포를 파괴한다는 보고도 있다. 마우스에서 LD_{50}은 47.2mg/kg으로 매우 강력한 독성을 가진다. 고추는 우리나라 사람들이 제일 많이 먹는 양념으로 식욕을 돋아주는 역할을 하지만 너무 맵게 먹는 것은 지양하는 것이 바람직하다.

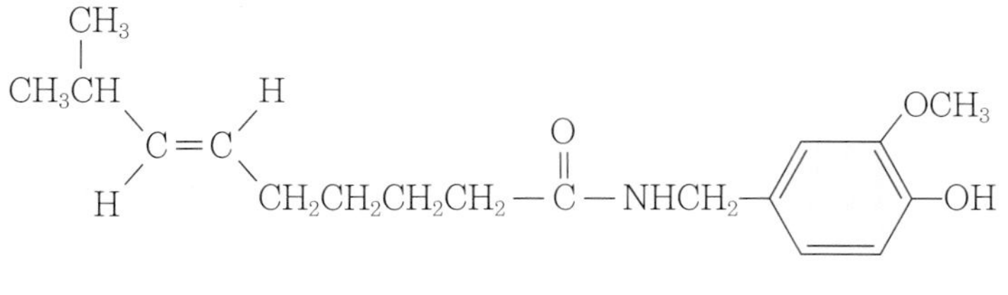

[그림 3-16] **캅사이신의 구조**

(5) 트레메톨

서양등골나물(white snakeroot)을 먹은 젖소의 우유를 마시는 사람들에게서 소위 우유중독(milk sickness)이 일어나는데, 이는 서양등골나물 중의 트레메톨(tremetol) 때문이다. 우유중독증상은 식욕감퇴, 복통, 심한 구토, 섬망, 현기증, 사망에까지 이를 수 있다. 링컨의 어머니는 링컨이 10살 때인 1818년에 서양등골나물을 먹은 소에서 짠 우유를 마시고 우유중독으로 34세의 젊은 나이에 세상을 떠났다는 일화가 있다.

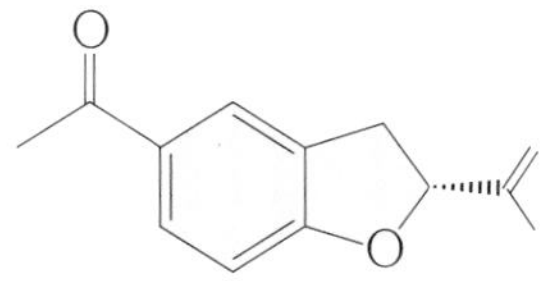

[그림 3-17] **트레메톨의 구조**

(6) 미리스티신

딜, 셀러리, 파슬리, 파스닙 등의 야채와 육두구에
는 환각성 페놀화합물인 미리스티신(myristicin)이
함유되어 있는데, 중독증상은 메스꺼움, 변비, 빈맥,
지각마비 등을 일으키고, 고독감, 비현실감, 인격이
탈감, 사고집중불가, 사고능력저하, 빛과 소리에 대
해 환각작용, 다행감, 그리고 갑자기 운 뒤에 깊은 잠
에 빠지는 등 정서과민증에 빠진다.

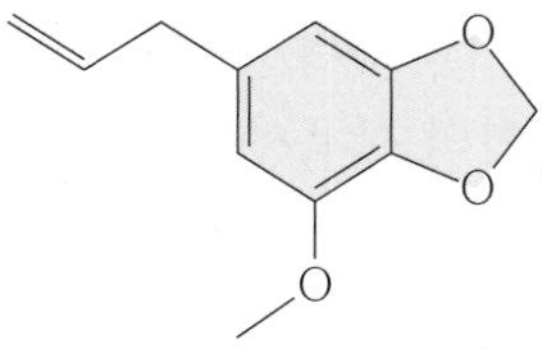

[그림 3-18] 미리스티신의 구조

(7) 피트산

콩류, 나무의 열매, 곡류의 외피에는 피트산(phytic
acid)도 들어 있는데, 이 피트산은 칼슘, 마그네슘, 아
연, 구리, 철 등의 필수무기질과 결합하여 불용성의 복
합체를 형성하여 무기질의 장에서의 흡수를 방해하여
무기질 결핍을 초래할 수 있다. 식품첨가물로서 피트
산은 발효 조성제, 금속봉쇄제로 통조림, 음료, 발효식
품, 연제품, 면류에 사용된다. 건강기능식품 및 특수영
양식품에 사용해서는 안 된다.

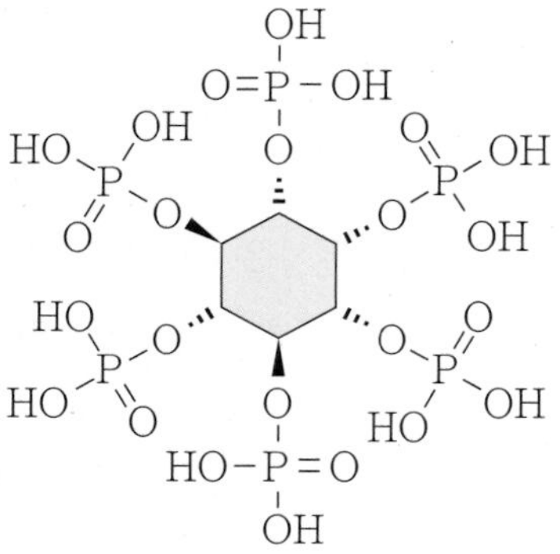

[그림 3-19] 피트산의 구조

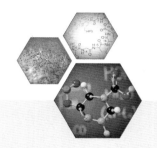

제 4장

동물성 독성물질

　동물은 고착성인 식물에 비해서는 독성물질을 함유하는 경우는 적지만, 많은 동물이 독소(toxin)를 만든다. 그러나 어떤 종은 단순히 수동적으로 독을 품고 있기도 하지만 다른 종은 능동적으로 침을 쏘거나 물어서 독을 주입시킨다. 전자를 유독하다(poisonous)고 하고 후자를 독을 분비한다(venomous)고 한다. 따라서 식품독성학에서 다루는 동물성 독성물질은 주로 독을 품고 있는 것이 주제가 된다. 고등동물인 조류나 포유동물은 독소를 생산하지 않는다.

　동물성 독소는 효소와 신경독성, 심장독성인 펩티드나 단백질 등에서부터 아민, 알칼로이드, 배당체, 테르펜 같은 저분자물질에 이르기까지 매우 다양하다.

　우리나라에서 가장 많이 일어나는 동물성 독성물질 중독으로는 복어중독이 대표적이다. 그리고 우리나라 주변 해역에서 서식하는 어류의 독성은 그리 알려지지 않았고, 과거에는 특히 열대 해양의 어류에 의한 중독은 별 관심거리가 되지 않았으나, 근래 우리 원양어업의 신장, 건강식품에 대한 무분별한 선호, 해외여행의 확산, 지구온난화의 영향으로 동물성 식품에 의한 중독 문제는 국내적인 문제만이 결코 아니게 되었다. 또한 과거 동종요법 등의 영향으로 야생동물이나 특수 부위가 건강식품으로 인식되어 식품으로 사용되는 경우가 있어, 식품공전에는 안전성 및 혐오감 때문에 식품에 사용할 수 있는 식품을 규정하고 있다.

표 4-1 🔷 동물독소의 분포

동물문	식품 분류			식품	예
원생동물				와편모조류	고니오톡신
해면동물				해면	–
강장동물				히드라, 고깔해파리, 해파리, 말미잘	–
				산호	팔리톡신
극피동물				해삼	홀로투린
연체동물	갑각류			새우, 게, 가재	–
	연체류	패류		조개류	마비성조개독소, 설사성조개독소, 기억상실성조개독소, 신경성조개독소
				수랑	네오수루가톡신
				물레고둥	테트라민
		두족류		문어	–
		기타		달팽이	–
환형동물	–			지렁이, 거머리	–
절지동물	–			곤충, 거미류	–
척추동물	어류			복어	테트로도톡신
	양서류, 파충류			–	–
	조류, 포유동물			–	–
				–	–

1. 어류

어류 독소는 독소의 소재에 따라 다음과 같이 분류한다.

① 어육독(ichthyosarcotoxin): 근육, 피부에 농축된 독소

② 어란독소(ichthyootoxin): 어류의 알에 함유된 독소

③ 어혈독소(ichthyohemotoxin, 혈청독): 어류의 혈청에 함유된 독소

(예-뱀장어, 붕장어, 곰치)

④ 어간독소(ichthyohepatotoxin): 어류의 간에 함유된 독소

(1) 복어독

동양에서는 수천 년 전부터 여러 종류의 복어(puffer fish, 豚魚)가 독성이 있다는 사실이 알려졌다. 복어는 복어과에 속하는 어류로, 세계적으로 100여종이 분포하는데, 우리나라 근해에는 약 20여종이 서식한다[표 4-2]. 이외에도 대모리복, 흰복, 불룩복, 강복, 동가지복, 나시복 등이 알려져 있다.

복어독에 대한 연구는 1894년 일본의 타하라가 결정으로 얻어 테트로도톡신(tetrodotoxin)이라 명명하였으나 화학구조는 1964년에 쓰다(津田), 우드워드(Woodward) 등에 의해 밝혀졌다. 그 분자식은 $C_{11}H_{17}N_3O_3$인데, 분자량은 319이다.

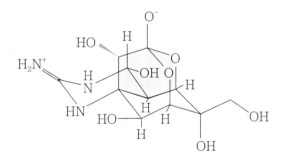

[그림 4-1] 테트로도독신의 구조

복어독은 약염기성의 물질로서 물에 잘 녹지 않고 산성수에 잘 녹는다. 열에 저항성이 강해 100℃ 끓는 물에서 30분 끓여도 20% 밖에 파괴되지 않고, 220℃ 이상에서 흑색으로 변하며, 알칼리성에서는 불안정하여 4% NaOH 용액에서 4분 정도면 모두 무독화 된

다. 일광이나 산, 열에는 안정하다. 복어국을 만들 때 식초를 넣어 독을 해독시킨다는 세간의 말은 어불성설이다. 테트로도톡신은 복어의 알뿐 아니라 난소, 간, 피부, 그리고 근육조직에도 분포하는데, 봄철에 독력이 강해지기 시작하여 5~6월에 최고에 달한다. 복어의 종류와 독성을 비교하여 보면, 독성이 강한 것은 검복, 매리복, 졸복, 황복, 복섬 등 5종이며, 까칠복은 약한 편이다[표 4-2, 표 4-3].

일본에서는 10MU/g 이하를 기준치로 하여 식용 가능한 22종의 복어 리스트를 규정하고 있다. 1993년에는 나시복이 독성이 많다고 그 리스트에서 삭제하기로 결정하였다. 우리나라에서는 수입 가능 복어로 21종을 선정하고 있다.

복어독의 마우스에 대한 LD_{50}은 $180\mu g/kg$이며, 피하주사로는 $0.013~0.014\mu g/kg$이고, 복어의 난소 1개에서 10~12g의 결정을 얻을 수 있다. 성인이 20mg을 섭취하면 반수가 사망한다고 추산된다.

복어의 독성은 매우 강력하므로 mouse unit(MU)로 나타내는데, 1MU는 30분 이내에 20g의 마우스를 죽일 수 있는 양을 나타내며, 다음 식으로 계산한다.

$$MU = \frac{\text{원액의 용량(mL)} \times \text{마우스 체중(g)}}{\text{검체중량(g)} \times \text{주사액량(0.5mL)} \times \text{최소치사량에 있어서의 원액의 희석도}}$$

중독 증상은 섭취 후 30분~5시간 이내에 나타나는데, 주 증상은 지각이상으로 피부감각, 미각, 청각 등이 둔화되거나 마비되며, 팔의 상하운동, 보행 장애 등이 나타난다. 또한 혈압강하, 말초신경 마비, 호흡장애, 청색증 등이 일어나고 호흡마비로 사망한다. 사망하기 직전까지 의식은 완전하다. 중독을 일으킨 후 8시간 내에 사망하지 않으면 대개는 회복되지만, 근육마비 증세는 며칠 지속된다. 복어중독은 최근에는 많이 줄었지만 아직도 복어를 자가 조리하여 중독되는 일이 일어나고 있다. 치료는 먼저 구토, 위세척, 설사를 하도록 한다. 예방은 자가 복어 조리를 금하고, 반드시 특수조리사 자격증 소지자가 조리한 것만을 먹도록 해야 한다.

표 4-2 복어의 종류와 독력

복어의 종류		학명	유독부위					
			난소	고환	간	껍질	장	근육
맹독	검복	*Takifugu porphyreus*	+++	−	+++	+++	++	−
	매리복	*Takifugu vermicularis*	+++	−	+++	++	++	+
	복섬	*Takifugu niphobles*	+++	+	+++	+++	+++	+
	졸복	*Takifugu pardalis*	+++	+	+++	++	++	
	황복	*Takifugu obscurus*	+++	−	++	++	++	−
	흰점복	*Takifugu poecilonotus*	+++	++	+++	++	++	+
강독	까치복	*Takifugu xanthopterus*	++	−	++	+	−	−
	까칠복	*Takifugu stictonotus*	++	−	++	−	+	−
	눈불개복	*Takifugu chrysops*	+++	−	++	++	+	−
	자주복	*Takifugu rubripes*	++	−	++	++	+	−
	밀복	*Lagocephalus lunaris*	++	−	+	+	+	+
	가시복	*Diodon holocanthus*	−	−	−	−	−	−
	거북복	*Ostracion immaculatus*	−	−	−	−	−	−
무독	은밀복	*Lagocepahlus wheeleri*	−	−	−	−	−	−
	뿔복	*Lactoria cornuta*	−	−	−	−	−	−
	육각복	*Ketrocapros aculeatus*	−	−	−	−	−	−
	꺼끌복	*Arothron stellatus*	−	−	−	−	−	−
	별복	*Arothron firmamentum*	−	−	−	−	−	−
	청복	*Canthigaster rivalutus*	−	−	−	−	−	−

* +++ : 10g 이하로 치사적인 것.

　++ : 10g 이하로 치사적이지 않은 것.

　+ : 100g 이하로 치사적이지 않은 것.

　− : 1,000g 이하로 치사적이지 않은 것을 나타내며 계절에 따라 변한다.

표 4-3 복어의 조직 내의 테트로도톡신의 분포   (암복어의 조직 1g 속의 μg)

복어의 종류	알과 난소	간	껍질	근육
자주복	100	100	1	< 0.2
검복	400	200	20	1
졸복	200	1,000	100	1
매리복	400	200	100	4
황복	1,000	40	20	< 0.2

(2) 시구아톡신

시구아테라는 열대 및 아열대의 산호초 주위에 서식하는 독어에 의한 식중독을 총칭하는 말이며, 시구아테라의 원인이 되는 유독어류는 주로 남북회귀선 내에 한정되어 분포하는데, 그 종류가 수십 종에 이르며, 그루퍼, 농어, 물퉁돔 등이 대표적이다. 시구아테라의 유독성분은 어혈독소인 시구아톡신으로 분자량 1,100달톤 정도인 지용성의 함 질소 화합물이다. 나트륨 통로에 결합하여 나트륨의 투과성을 증대시킨다. 시구아톡신(ciguatoxin)은 산과 열에 안정하여 보통의 가열·조리로는 파괴되지 않는다. 잠복기는 비교적 짧아 1 ~8시간 정도이지만, 때로는 2일 이상인 경우도 있다. 중독증상은 구토, 설사, 복통 등의 소화기계 증상과 입술, 혀, 사지, 전신마비와 두통, 현기증, 감각이상, 탈력감, 저혈압, 호흡곤란, 경련 등이며, 중증에서는 의식불명이 된다. 사망하는 일은 드물지만, 회복이 느려 환전 회복에는 수개월이 걸리기도 한다.

시구아테라의 유독성분은 자체에서 생성되는 고유독이 아니고, 해초나 남조류 등에 함유되어 있던 것이 먹이사슬을 따라 이행되어 축적되는 것으로 생각된다. 따라서 독성은 해역, 개체, 시기, 부위에 따라 큰 차이가 나며, 대개 근육보다 내장에 독성이 크다. 그리고 대형어일수록 농축되어 독성이 높은 경향을 나타낸다.

(3) 청어 독소

카리브 해 연안의 청어, 안초비, 타폰 등 청어류를 섭취하고 일어나는 식중독을 청어중독증(clupeotoxism)이라 한다. 청어 독소(clupeotoxin)는 열로 파괴되지 않고 독소의 기원은 아직 불확실하다. 독소는 여름에 더 높은 농도에서 나타나고 먹이사슬에서 독소 식품의 섭취와 관련 있다고 생각된다. 청어중독 증상은 섭취한 후 30~60분 후 구역질, 구토, 설사, 복통, 구강 건조, 두통, 발한, 오한, 현기증, 그리고 호흡상승이 일어난다.

(4) 고등어 독소

고등어 식중독(scombroid food poisoning)은 히스타민 등의 바이오제닉 아민 함량이 높은 고등어, 참치, 다랑어 등 고등어과 생선을 먹고 일어나는 식중독을 일컫는다. 히스타민 등의 아민을 고등어 독소(scombrotoxin)라고 총칭하는데, 세균이 성장하면서 히스티딘으로부터 생성한 것이다. 고등어중독은 미국에서 해산물 섭취로 일어나는 식중독 중 가장 대표적인 식중독이다. 중독 증상은 섭취 후 수 분~수 시간 내에 입안이 따끔거리거나 불에 데는 느낌, 얼굴 및 상반신 홍반, 피부에 두드러기나 가려움증, 메스꺼움, 구토, 설사 등이 나타난다.

(5) 이상지질

기름치와 에스콜라는 왁스(고급지방산의 에스테르)를 다량 함유하고 있어 섭취 시 설사, 구역질, 피부 알레르기를 일으킨다. 일본에서는 식용으로서 유통을 금지하고 있다. 그밖에 기름 성분이 많아 주의를 요하는 어류는 생선 태평양, 인도양의 병어, 정어리 등이 대표적인 어종으로 지방질 함량이 35%를 넘는 것도 있다. 우리나라에서는 기름치가 참치나 메로와 같은 다른 어종으로 둔갑되어 판매되는 경우가 많아, 기름치에 대해 식품원료로 사용이 전면 금지되었다.

(6) 독꼬치중독

독꼬치(*Sphyraena picuda*)는 남태평양, 인도양, 미국의 대서양 연안의 열대 및 아열대 연안에 분포하는 독어인데, 다른 어획물과 함께 섞인 것을 식용꼬치로 알고 섭취함으로써 중독이 일어난다. 독꼬치는 식용꼬치와 비슷하지만, 몸길이가 1m 이상이고 측선에 비늘이 80개여서 몸길이 35cm에 90여개의 비늘이 있는 식용꼬치와는 구별된다. 독소는 지용성의 마비성 신경독인데, 일종의 염기성 물질로 추정되며, 복어독 보다는 독성이 약하다. 보통의 가열·조리로는 독성이 파괴되지 않으며, 잠복기는 30분~수 시간으로 주요 증상은 입술 주위의 가벼운 마비로 시작하여 얼굴 전체로 확산되며, 사지 또는 전신의 마비로 탈력감이 나타난다. 중증에서는 언어장애 및 운동장애도 일으킨다.

(7) 하프병

발트연안 주민에게 1920~30년대에 나타난 중독으로 수화현상이 발생된 라군에서 잡은 생선 섭취로 중독 사망예가 있었다. Haff는 독일어로 라군을 의미한다. 중독 증상은 섭취 24시간 내 횡문근융해증과 급성신부전이 일어나는 치명적인 중독이다. 최근 캘리포니아 연안 지역에서 버팔로피쉬를 먹고 중독되는 일이 자주 일어나며, 2010년 중국 난징에서 작은 가재 샤오룽샤(小龙虾, *Procambarus clarkii*)를 먹고 하프병(haff disease)이 발생 되었다. 독소는 지용성 물질이고, 가열로 파괴되지 않는다.

(8) 기타 어류의 독성물질

1) 어혈 독소

뱀장어, 곰치, 붕장어의 혈액(ichthyohemotoxin, 혈청독)을 대량으로 먹을 경우 30분에서 24시간 후 증상이 나타나는데 설사, 구토, 피부 발진, 청색증, 무기력증, 부정맥, 쇠약, 감각 이상, 마비, 호흡곤란이 일어나 사망하는 경우도 있다. 독 성분은 분자량 100,000달톤, 등전점 6.1의 단순 단백질이다. 뱀장어 독소 및 붕장어 독소는 모두 60℃, 5분의 가열로 완전히 독성을 잃는다. 뱀장어의 독 성분의 LD_{50}은 670μg/kg(마우스, 정맥 투여), 450μg/kg(민물 게, 복강투여)이다. 혈청으로는 마우스의 경구 투여 LD_{50}은 뱀장어, 붕장어 모두 약 15mL/kg이다. 독소를 국소 적용 시 작열감, 점막의 발적, 침 흘림을 일으키므로 조리 시 혈액이 피부에 묻지 않도록 하여야 한다.

2) 어간 독소

돗돔은 우리나라 근해에서 서식하는 가장 큰 물고기 중 하나로 맛이 아주 담백하여 회나 구이로도 각광을 받고 있다. 돗돔의 간에는 1g당 10만~20만 단위의 비타민 A가 함유되어 있다. 5~10g을 먹어도 중독 증세가 일어날 수 있다. 중독증으로는 식후 1~2시간에 구토, 발열, 두통, 발진이 일어나고, 1~5일에 안면 피부가 일어나며, 20~30일에는 전신에 미치게 된다.

볼락, 잿방어의 간에도 비타민 A가 풍부하여 비타민 A중독증을 일으킨다.

3) 어란 독소

동갈치, 잉어, 메기, 창꼬치, 철갑상어, 피라미, 연어 등의 알과 난소는 열안정성 독소와 지질단백 독소가 있다. 1~6시간의 잠복기를 거쳐 쓴맛, 구갈, 두통, 발열, 어지러움, 메스꺼움, 구토, 위경련, 설사, 식은 땀, 오한, 청색증이 일어난다. 심한 경우에는 마비, 경련에 이어 사망한다.

얼룩삼세기 알의 독소는 단백질성으로 세포 증식을 억제하며, 간과 비장의 괴사를 일으킨다. 또한 얼룩삼세기는 환경에 따라 난소에 독을 함유하는데, 중독 증세로 중추성 경련, 호흡곤란, 혼수를 일으킨다.

텐치, 브림, 로타로트의 알은 콜레라 같은 증세를 일으키는데, 이 독소는 열에 불안정하여 가열로 파괴된다.

장갱이의 난소에 들어 있는 디노구넬린(dinogunellin)은 LD_{50}이 25mg/kg(마우스, 복강)로 맹독성 독소인데, 120℃에서 30분간 가열하면 완전히 활성이 없어진다. 주된 중독 증상은 심한 복통, 구토, 설사, 탈력감, 권태감, 현기증이다.

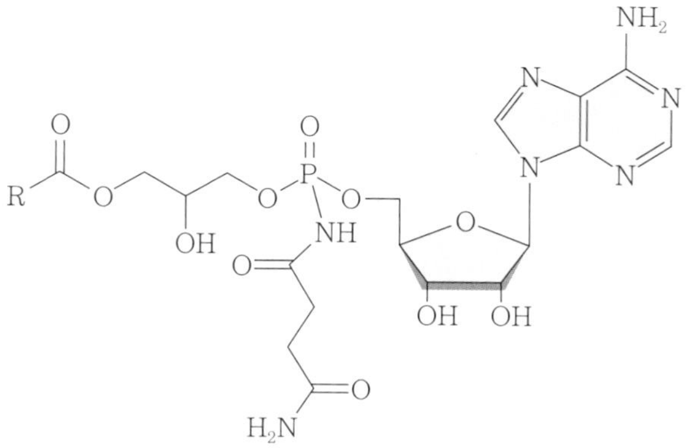

[그림 4-2] 디노구넬린의 구조

4) 5알파-시프리놀 황산

잉어 쓸개는 시력을 개선하고 류머티즘, 강장작용이 있다고 먹고 있으나 중국이나 동남아시아 등지에서 중독사고가 빈발하는데, 중독증상은 급성 신장장애, 간 기능부전, 마비, 사지의 진전 등이다. 원인 독소는 담즙산의 일종인 5알파-시프리놀 황산(5α-cyprinol sulfate)이다.

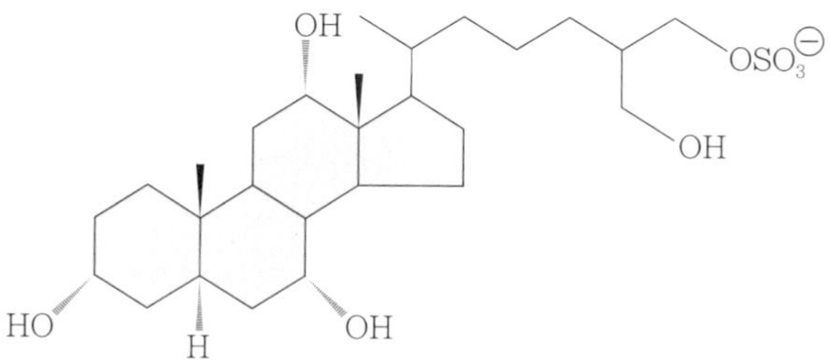

[그림 4-3] 5알파-시프리놀 황산의 구조

5) 환각성 어독소

환각성 어독소(ichthyoallyeinotoxin)는 중추신경을 교란하여 특히 환각 및 악몽을 일으키는 어류 독소이다. 키포수스속(*Kyphosus*) 어류, 도미의 일종인 사르파 살파(*Sarpa salpa*), 그리고 시가누스 스피누스(*Siganus spinus*), 뮬로이데스 플라볼리니아투스(*Mulloides flavolineatus*) 등이 환각을 유발하는 어류로 알려져 있다. 사르파 살파는 지중해나 남아프리카 연안에서 발견되는데, 몸에 금색 줄무늬가 있는 것이 특징이다. 사르파 살파는 지중해식 레스토랑에서 요리되어 제공되기도 하는데 머리 부위를 먹을 경우 수일 동안 환각상태가 나타날 수 있다. 그 이유는 물고기가 먹은 플랑크톤 때문이다. 2006년 프랑스 남부지방에서 두 명의 남자가 사르파 살파로 인해 수일간 환각증상과 악몽에 시달린 일이 있었다.

6) 파후독소

파후독소(pahutoxin)는 노란거북복에 있는 독소로 신경종말에 작용하고 근육작용을 차단하는 신경독소이다.

7) 프림네신

프림네신(prymnesin)은 합토조류(*Prymnesium parvum*)에서 분리한 독소로 분자량이 1,916달톤으로 매우 큰 화합물이다. 이 독소는 세포독성, 신경독성, 용혈작용을 나타낸다. 연접부위에서 신경전달물질의 재흡수를 방해하고 칼슘 신호 체계를 교란한다.

2. 조개류

조개류가 강력한 독성물질을 함유하고 있다는 사실은 이미 오래 전부터 알려졌다. 조개류중독의 중독물질은 조개류 체내에서 생성되는 것이 아니고 편모조류에 의해 생성된 독소를 조개류가 섭취하여 함유하고 있는 것으로 알려져 있다. 따라서 무독해역에서 유독해역으로 이식하면 2주일 내에 유독화 된다고 한다. 또한 편모조류는 적조현상을 일으켜 유독 해역을 형성한다고 알려져 있다.

(1) 베네루핀

베네루핀중독은 바지락중독이라고도 하며, 바지락의 독소를 베네루핀(venerupin)이라고 한다. 베네루핀은 굴, 모시조개, 바지락 등의 중장샘에 함유되어 있으며, 열에 안정하여 100℃에서 1시간 가열하여도 파괴되지 않는다. 중독이 일어나는 조개는 시기, 해역 등에 따라 달라진다. 독화의 원인은 유독 플랑크톤일 것으로 생각된다. 유독지구에서도 다른 종류의 조개에서는 독이 발견되지 않는다. 베네루핀은 간장독으로 잠복기는 1~2일이고, 권태감, 두통, 구토, 구역질, 복통, 미열 등의 초기 증상 후, 피하에 출혈반이 생기고 설사는 없다. 발병 후 수 일이 지나면 황달이 나타나고 간장이 비대해진다. 중증인 경우 토혈, 혈변, 뇌증상 등이 나타나고 발병 후 10시간~1주일 정도에 사망한다. 회복 후에도 간 손상은 장기간 지속된다. 치사율은 44~55%로 매우 높다. 독소는 담황색의 흡습성 물질로 물에 잘 녹으며, LD_{50}은 마우스에서 5mg/kg이다. pH 5~8에서 100℃, 1시간 가열로 변화되지 않고, pH 9 이상에서 오랫동안 가열하면 파괴된다.

우리나라에서도 1968년과 1969년 장승포에서 베네루핀중독사고로 모두 90여명이 중독되어 18명이 사망하였다.

(2) 마비성 조개독소

이매패인 검은조개, 섭조개, 대합조개 등에 의해서 일어난다. 이 중독은 처음에는 섭조개중독이라고 하였으나, 중독증상이 마비가 특징적이므로 마비성 조개중독(paralytic shellfish poisoning, PSP)이라 부른다.

1889년 독일의 브리게르는 섭조개로부터 일종의 염기성 물질을 분리하여 이것을 진주담치독(mytilotoxin)이라고 하였는데, 이것은 제4급 암모늄의 형태였다. 1962년 미국의 라포포트는 알래스카 대합에서 마비성 조개중독의 원인독소를 분리하여 삭시톡신(saxitoxin)이라 명명하였다. 그 후 적조의 원인조류인 편모조류 알렉산드륨 타마렌스(*Alexandrium tamarence*)가 그 독을 생산한다는 것이 확인되었다. 또한 북아메리카 동쪽 연안과 영국에서 발생하는 적조[원인조류 알렉산드륨 카테넬라(*Alexandrium catenella*)] 등에서 고니오톡신(gonyautoxin) 등의 관련 독소가 분리되었다.

조개의 독화원인은 적조현상을 일으키는 유독 플랑크톤인 편모조류 고니오락스 카테넬라(*Gonyaulax catenella, G. tamarensis*)를 조개가 섭취하여 그 중장샘 및 흡배수공에 축적되는 것으로 밝혀졌으며, 5~9월 특히 여름에 독성이 강하다. 이 독소는 중성이나 산성에서는 열에 안정하고 알칼리성에서는 가열에 의해 쉽게 파괴된다. 이들 독소의 독성은 대개 비슷하여 마우스에 대한 LD_{50}이 9~10μg/kg이고, 신경과 근육세포의 나트륨 통로에 결합하여 그 전달을 차단함으로써 독작용을 발휘한다. 중독증상은 입술, 손, 안면 등의 마비, 언어장애, 구토, 호흡곤란 등이다. 호흡마비에 이어 사망한다. 사망은 12시간 내에 일어나며, 사망률은 10% 정도이다. 증상은 섭취 후 30분 후에 나타나며 1~2시간 내에 죽는다. 사람의 추정 치사량은 1~4mg이다.

일본의 스루가만에서 적조 발생 시 발견된 스루가톡신(surugatoxin)은 수랑에서 분리하였는데, 니코틴 수용체에 특이적으로 작용한다. 수랑의 독성은 7월~10월에 현저히 강해진다. 중독증상은 섭취 후 1~24시간 내에 복통, 설사, 진전, 의식불명, 동공확대, 언어장애를 일으킨다.

1976년 봄, 부산에서 섭조개를 먹고 26명이 집단 식중독을 일으켰으며, 1986년 4월 부산에서 배 밑창에 붙어 있던 홍합(담치)을 삶아 먹고 15명이 중독되어 2명이 사망하는 사고가 발생하였다.

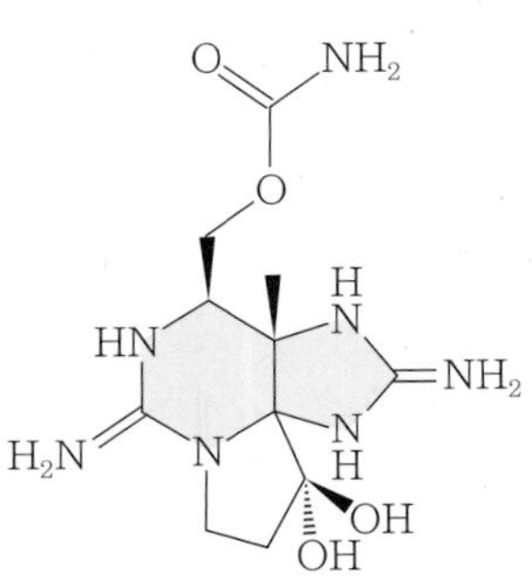

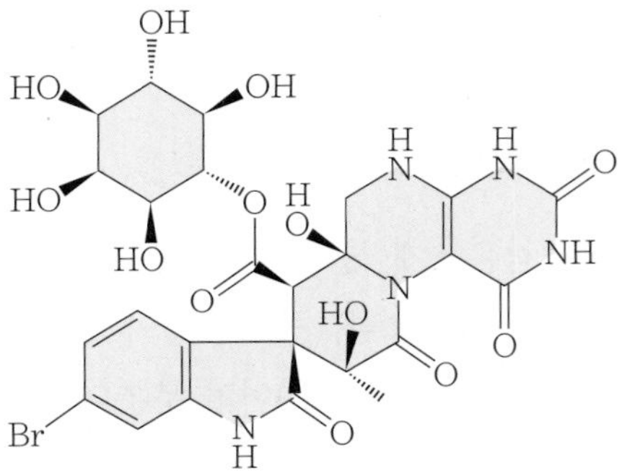

[그림 4-4] 마비성 조개독소 삭시톡신(좌)과 스루가톡신(우)

표 4-4　국가별 마비성 조개독의 허용기준치

국가	독소	식품	기준
한국	마비성 조개독(PSP)	조개류 및 그 가공품	0.8mg/kg
Codex	마비성 조개독(PSP)	이매패류(가식부)	0.8mg/kg
미국	마비성 조개독(PSP)	조개, 홍합, 굴(신선, 냉동, 통조림)	80㎍/100g
일본	마비성 조개독(PSP)	모든 조개류(가식부)	4MU/g
호주, 뉴질랜드	마비성 조개독(PSP)	이매패류(가식부)	0.8mg/kg
캐나다	마비성 조개독(PSP)	조개류	80㎍/100g

*일본의 PSP: 1MU는 20g의 마우스를 15분 만에 사망시키는 독력으로 규정
**자료: 식품의약품안전처

(3) 설사성 조개독소

유독 플랑크톤인 디노피시스 포르티(*Dinophysis fortii*), 디노피시스 아쿠미나타(*Dinophysis acuminata*) 등에 의해 독화된 가리비, 모시조개, 바지락 등의 이매패를 섭취함으로써 일어나는데, 주로 설사 등의 위장 증상을 일으키므로 설사성 조개중독(diarrhetic shellfish poisoning, DSP)이라고 한다.

유독성분은 오카다산(okadaic acid), 디노피시스톡신(dinophysistoxin, DTX), 펙테노톡신(pectenotoxin), 옛소톡신(yessotoxin) 등이며, 이들은 지용성 화합물이고 중장샘에 축적되어 있으며, 가열 조리로 파괴되지 않는다. 중독 증상은 섭취 후 수 시간 내에 구토, 설사, 복통 등의 급성 위장염 증상이다. 사망하는 경우는 드물고 3일 이내에 회복된다.

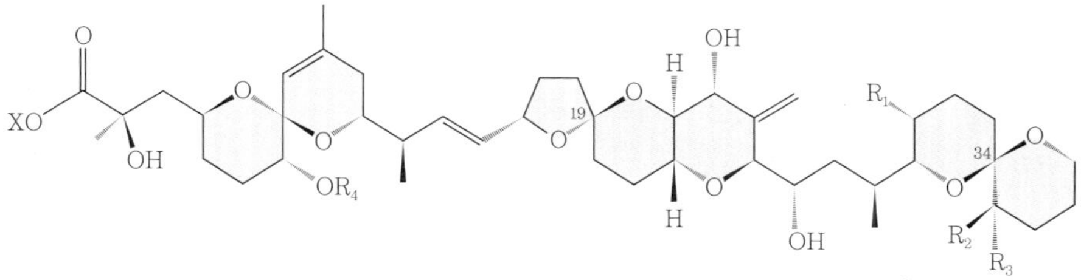

Name	R_1	R_2	R_3	R_4	C-19*	C-34*
Okadaic acid(OA)	CH_3	H	H	H	S	S
Dinophysistoxin-1 DTX1	CH_3	CH_3	H	H	S	R
Dinophysistoxin-2 DTX2	H	H	CH_3	H	S	R

*Relative stereochemistry. OA, X = H; Methyl okadaate, X = CH_3 ; OA diol esters, X= C_4 to C_{10} unsatured diols

[그림 4-5] 오카다산(OA)과 디노피시스톡신(DTX)

표 4-5 국가별 설사성 조개독의 허용기준치

국가	독소	식품	기준
한국	설사성 조개독(DSP)	이매패류	0.16mg/kg
Codex	설사성 조개독(DSP)	이매패류(가식부)	0.16mg/kg
일본	설사성 조개독(DSP)	모든 조개류(가식부)	0.05MU/g
호주, 뉴질랜드	설사성 조개독(DSP)	이매패류(가식부)	0.2mg/kg
캐나다	설사성 조개독(DSP)	조개류(가식부)	1μg/g

*일본의 PSP: 1MU는 20g의 마우스를 15분 만에 사망시키는 독력으로 규정
**자료: 식품의약품안전처

(4) 기억상실성 조개독소

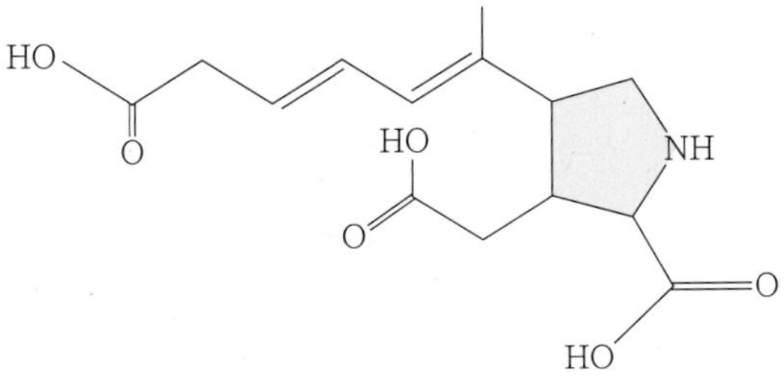

유독 규조류인 슈도니츠시아 멀더세리스 (*Pseudonitzschia multiseries*), 슈도니츠 시아 오스트랄리스(*Pseudonitzschia aust ralis*)에 의해 독화된 홍합 등을 섭취함으로 써 일어나는 중독으로 기억상실이 특징적

[그림 4-6] 도모산

인 중독을 기억상실성 조개중독(amnestic shellfish poisoning, ASP)이라 한다. 유독성 분은 도모산(domoic acid)으로 신경흥분성 아미노산이다. 중독 증상은 구토, 설사, 복통 등의 위장장애뿐 아니라 건망증과 유사한 기억상실, 방향감각 상실 등의 신경계 이상이 일 어난다. 기억상실성 조개독의 기준은 아직 우리나라에는 설정되어 있지 않다.

표 4-6   국가별 기억상실성 조개독의 허용기준치

국가	독소	식품	기준
Codex	기억상실성 조개독(ASP)	이매패류(가식부)	20mg/kg
미국	기억상실성 조개독(ASP)	식용 게의 내장	30ppm
		그 외 수산물	20ppm
호주 · 뉴질랜드	기억상실성 조개독(ASP)	이매패류(가식부)	20mg/kg
캐나다	기억상실성 조개독(ASP)	조개류	20μg/g

*자료: 식품의약품안전처

(5) 신경성 조개독소

유독 플랑크톤인 카레니아 브레비스(*Karenia brevis*)가 생산한 브레베톡신(brebetoxin) 에 의해 독화된 굴을 섭취함으로써 일어나는데 신경증상을 대표로 신경성 조개독소중독 (neurotoxic shellfish poisoning, NSP)이라 한다. 중독 증상은 섭취 수 시간 내에 구토 와 설사 증상을 보이며, 입 안이 짜릿해지고 얼굴과 목 등의 감각이상, 운동실조, 동공확대 현상이 나타난다. 사망하는 일은 드물며 대개 하루 안에 회복된다.

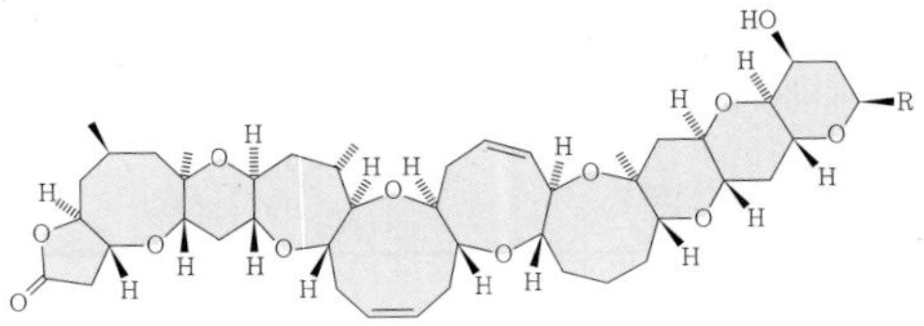

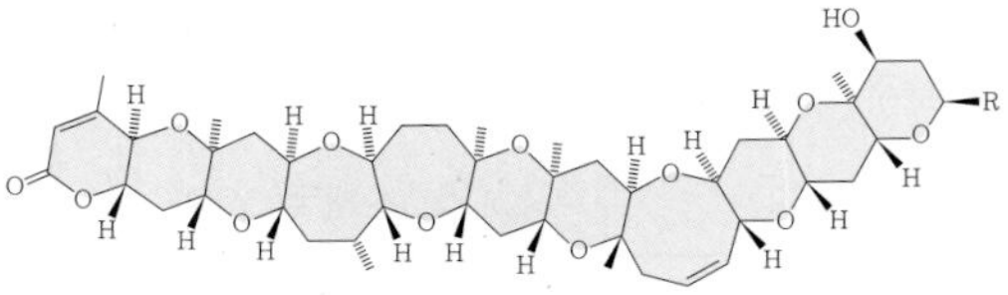

[그림 4-7] 브레베톡신 A(좌)와 B(우)

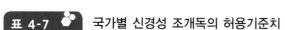

표 4-7	국가별 신경성 조개독의 허용기준치		
국가	**독소**	**식품**	**기준**
미국	신경성 조개독(NSP)	굴, 홍합, 대합, 조개(신선, 냉동, 통조림)	⟨ 20MU/100g
호주 · 뉴질랜드	신경성 조개독(NSP)	이매패류(가식부)	200MU/kg

*자료: 식품의약품안전처

(6) 테트라민

물레고둥과의 육식성 권패의 타액선에는 테트라민(tetramine)이 함유되어 있다. 테트라민을 함유하는 육식성 권패로는 북방매물고둥, 조각매물고둥, 갈색띠매물고둥, 잔띠매물고둥, 관절매물고둥이 알려져 있는데, 모두 타액선이 육질부를 덮은 외투막의 안쪽에 있어 그것을 절개하여 제거하지 않은 것은 먹지 말아야 한다. 우리나라에서는 주로 가을에 동해안 지역에서 자주 발생한다. 테트라민[$(CH_3)_4N^+$]은 열에 강하여 조리하여도 독성이 약해지지 않는다. 테트라민은 신경독소로 부교감신경 자극과 운동신경말초 마비를 일으킨다. 섭취 후 30분 후에 두통, 어지러움, 시각이상, 혈압상승, 구토, 수족마비 등의 중독증을 보인다. 성인이 약 10mg을 섭취하면 중독증상이 시작된다고 보고되어 있다. 그러나 대사속도가 비교적 빨라 수 시간이면 회복되어 사망한 예는 없다.

3. 기타 동물성 독소

곤충의 독액과 분비물에는 포름산, 벤조퀴논과 그 밖의 퀴논, 시트로넬랄 등의 독성물질과 자극제가 들어 있다. 식품안전면에서 벌침의 독소와 꿀 섭취로 인한 중독을 구분하여 논해야 한다. 벌침의 독소는 대개는 쏘이는 것이 문제여서 식품독성과는 무관하지만, 말벌과 애벌레를 노봉방이라 하여 섭취하는 경우가 있다.

(1) 벌침 독소

벌 한 마리는 약 0.1mg의 벌침독소(apitoxin)를 주입하며, 해파리 독소와 유사한데 국소염증을 일으키고 혈액응고방지제로 작용한다. 벌침 독소는 아민류, 펩티드 혹은 단백질 및 효소로 구성되어 있다[표 4-8]. 그러나 효소도 단백질로 구성되어 있으므로 알코올에 담가 두거나 가열하면 기능이 파괴되고, 섭취하면 소화효소에 의해 분해될 가능성이 크므로 섭취로 인한 안전에는 큰 문제가 없다고 생각된다. 다만, 히스타민에 의한 알레르기 반응은 유의해야 할 것이다.

표 4-8　벌침의 독 성분

독 성분			작용
아민류	히스타민(Histamine)	0.5~2%	발적과 통증, 가려움 유발. 섭취 시 알레르기 유발
	도파민·노르에피네프린 (Dopamine·norepinephrine)	1~2%	심장 박동 증대
펩티드 · 단백질	멜리틴(Mellitin)	52%	포스포리파아제 A2(phospholipase A2)를 활성화하고 세로토닌 유리, 용혈성, 심장독성
	아파민(Apamine)		신경독소로 중추신경계에 영향
	아돌라핀(Adolapin)	2~5%	사이클로옥시게나제(cyclooxygenase) 차단
	단백분해효소 저해제 (Protease-inhibitors)	2%	항염증작용 및 출혈 저지
	텔티아핀(Tertiapin)		통증과 염증 유발
효소	포스포리파아제 A2 (Phospholipase A2)	10~12%	세포막 분해, 혈압 저하, 혈구 응집 저해
	히알루로니다아제 (Hyaluronidase)	1~3%	모세혈관을 확장하여 염증 확산 유도

(2) 꿀 독소

꿀은 모든 사람이 좋아하는 식품이지만 독성식물의 꽃가루를 접촉한 벌들로 인해 꿀에도 다양한 강력한 독성물질이 발견된다. 주로 진달래과 식물의 꽃으로부터 채취된 꿀에 독성물질 함량이 높다. 우리나라에서도 건강식품으로 수입산 석청을 먹고 사망하는 경우도 발생하였다.

1) 그레이아노톡신

그레이아노톡신(grayanotoxin)은 만병초를 비롯한 많은 종류의 진달래과 식물에 함유된 유독물질이다. 마우스에서의 LD_{50}(복강)이 그레이아노톡신 I은 4mg/kg, 그레이아노톡신 II는 1.3mg/kg이며, 호흡곤란, 진전, 척추전만, 서맥, 저혈압, 호흡저하에 이어 사망에 이르게 한다. 벌꿀에서 그레이아노톡신 Ⅲ가 검출되어서는 안 된다.

2) 투틴

투틴(tutin)은 뉴질랜드의 투투나무 수액에 있는 신경독소로 글리신 수용체를 길항하여 강력한 진전을 일으킨다. 투틴의 LD_{50}은 0.01mg/kg이고, 구토, 현기증, 섬망, 흥분, 지각 마비, 혼수 등을 일으킨다. 꿀 5g 중에 투틴이 $100\mu g$이 함유되어 있는 경우도 있는데, 평균적으로 꿀 100g에는 약 0.1mg이 들어 있다.

3) 기타

독말풀로부터 아트로핀, 노랑재스민으로부터 겔세민, 딸기나무로부터 아부틴이 꿀로 전이될 수 있다.

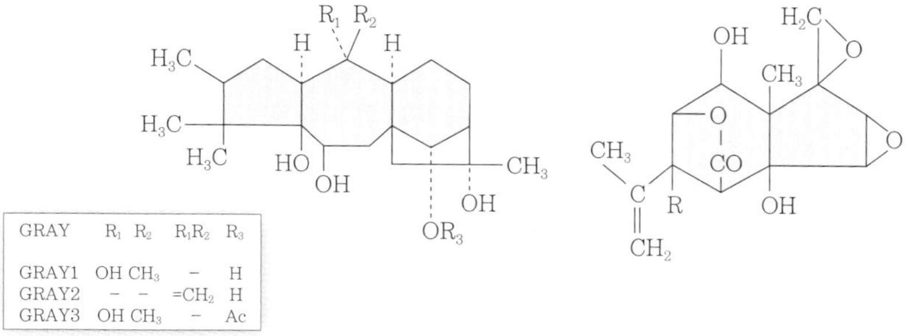

[그림 4-8] 그레이아노톡신과 투틴

(3) 바다거북독소

바다거북과의 푸른바다거북, 대모거북(메부리거북), 장수거북, 올리브각시바다거북의 육질에는 맹독성 물질(chelonitoxin)이 함유되어 있다. 바다거북은 미크로네시아 지역에서 전통적으로 식용하고 있는데, 중독증상은 섭취 후 수 시간~며칠 후 메스꺼움, 구토, 연하곤란, 복통이다. 중증인 경우 혼수, 사망까지 이른다. 사망률은 7~25%로 매우 높은 편이지만 해독제는 알려진 것이 없다. 어린이는 특히 감수성이 크며 이 독소는 모유를 통해서도 전달될 수 있다.

4. 식품공전상의 동물성 식품의 분류

우리나라 식품공전에는 식품원재료와 가공식품 제조 시 사용가능한 원료와 제한적 사용원료, 그리고 사용할 수 없는 것으로 분류하고 있다.

우리나라 식품공전에 있는 식품원재료는 [표 4-9]와 같다.

표 4-9   동물성 식품 원재료

대분류	중분류	소분류	품목
축산물	–	식육류	소고기, 돼지고기, 양고기, 염소고기, 토끼고기, 말고기, 사슴고기, 닭고기, 꿩고기, 오리고기, 거위고기, 칠면조고기, 메추리고기 등
	–	우유류	우유, 산양유 등
	–	알류	달걀, 오리알, 메추리알 등
수산물		민물어류	가물치, 메기, 미꾸라지, 붕어, 빙어, 쏘가리, 잉어, 참붕어, 칠성장어, 향어 등
		회유어류	상어, 송어, 연어, 은어, 장어 등
	어류	해양어류	1) 가다랑어, 가오리, 가자미, 갈치, 강달이, 고등어, 꽁치, 날치, 넙치, 노래미, 농어, 다랑어, 대구, 도루묵, 돔, 망둥이, 멸치, 명태, 민어, 박대, 방어, 밴댕이, 뱀장어, 뱅어 병어, 복어, 복기우럭, 볼락, 붕장어, 삼치, 상어, 새치, 서대, 숭어, 쌍동가리, 양미리, 우럭, 은대구, 임연수어, 전갱이, 전어, 정어리, 조기, 준치, 쥐치, 청어, 홍어 등 2) 심해성 어류: 쏨뱅이류(적어 포함, 연안성 어종 제외), 금눈돔, 칠성상어, 얼룩상어, 악상어, 청상아리, 곱상어, 귀상어, 은상어, 청새리상어, 흑기흉상어, 다금바리, 체장메기(홍메기), 블랙오레오도리(*Allocyttus niger*),남방달고기(*Pseudocyttus maculatus*), 오렌지라피(*Hoplostethus atlanticus*), 붉평치, 먹장어(연안성 제외), 흑점샛돔(은샛돔), 비막치어(파타고니아이빨고기), 은민대구(뉴질랜드계군에 한함) 등 3) 다랑어류 및 새치류: 참다랑어, 남방참다랑어, 날개다랑어, 눈다랑어, 황다랑어, 돛새치, 청새치, 녹새치, 백새치, 황새치, 백다랑어, 가다랑어, 점다랑어, 몽치다래, 물치다래 등
	–	어란류	명태알, 연어알, 철갑상어알 등
	무척추동물	갑각류	새우, 게, 바닷가재, 가재, 방게, 크릴 등
		연체류	1) 패류: 굴, 홍합, 꼬막, 재첩, 소라, 고둥, 대합, 전복, 바지락, 조개류 등 2) 두족류: 문어, 오징어, 낙지, 갑오징어, 꼴뚜기, 주꾸미 등 3) 기타 연체류: 개불, 군소, 해파리 등
		극피류	성게, 해삼 등
		피낭류	멍게, 미더덕, 주름미더덕(오만둥이) 등
기타동물	무척추동물	파충류 및 양서류	식용자라, 식용개구리 등
		연체류	식용달팽이 등

가공식품 제조 시 사용가능한 원료와 제한적 사용원료, 그리고 사용할 수 없는 것은 각
각 [표 4-10, 4-11, 4-12]와 같다.

표 4-10 이용 가능 동물성 원료

	품목명	비고
1	녹신	鹿腎. 꽃사슴(*Cervus nippon*)과 고라니(*Cervus elaphus*)의 음경과 고환
2	뉴트리아	*Myocastor coypus*
3	메뚜기	벼메뚜기. *Oxya japonica*
4	백강잠	白殭蠶
5	식용개구리	*Rana catesbeiana/R. esculenta/ R. tigrina/ R. limnocharis/ R. cancrivora/Pseudis paradoxa*
6	식용누에번데기	*Bombyx mori*, Linne.
7	식용달팽이	*Helix pomatia/ Nesiohelix samarangae/ Achatina fulica*
8	식용자라	*Amyda sinensis*
9	악어	–
10	오소리	*Meles meles*
11	캥거루	*Macropus giganteus*
12	타조	*Struthio camelus*
13	하프물범 (단, 하프물범신제외)	Harp seal, *Phoca groenlandica*
14	황소개구리	*Rana catesbeiana*

표 4-11 제한적 사용 동물성 원료

	품목	학명	사용부위
1	구판(龜板, 귀갑)	*Geoclemys reevesii*	남생이복갑
2	녹각	*Cervus nippon./ Cervus elaphus./Cervus canadensis*	골질화 된 뿔
3	녹용	*Cervus nippon/Cervus elaphus /Cervus canadensis*	골질화 되지 않았거나 약간 골질화 된 어린 뿔

표 4-12 식품에 사용할 수 없는 동물성 원료

	품목명	이면 또는 영명	비고
1	기름치	Oilfish 또는 Escolar	*Ruvettus pretiosus, Lepidocybium flavobrunneum*
2	뇌하수체	–	–
3	쓸개(쓸개즙)	담낭(담즙)	–
4	두꺼비	BUFO, 섬서	*Bufo bufo gargarizans* Cantor(중국두꺼비) 또는 기타 근연종
5	반묘	Cantharides	*Mylabris cichorii* L.(띠띤가뢰)/ *Mylabris phalerata* Pallas(중국가뢰)/ *Epicauta gorhami* Marseul(줄먹가뢰)
6	뱀	–	–
7	벌독	Bee venom	–
8	복어알	–	–
9	사독	뱀독	–
10	사람의 태반	자하거(紫河車)	–
11	사람의 혈액	–	–
12	사향	Musk	난쟁이사향노루(*Moschus berezovskii*), 산사향노루(*Moschus chrysogaster*) 또는 사향노루(*Moschus moschiferus*) 수컷의 사향선 분비물
13	전립선	–	–
14	지렁이	토룡(土龍)	–
15	합개	–	*Gekko gecko*
16	해구신	–	물개(*Callorhinus ursinus/ Otaria ursinus*)의 음경과 고환

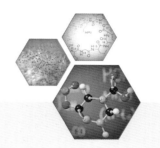

제 5장

버섯독소

버섯은 생물분류상 식물, 동물과 구분하여 균류로 분류한다. 가장 큰 특징은 식물처럼 고착성이지만, 광합성을 하지 못하고 종속영양을 하며, 구조 다당류가 셀룰로오스가 아니고 키틴이라는 점에서 동물에 더 가깝다. 균류에는 고등균류인 버섯과 곰팡이, 효모가 대표적이다. 그러나 곰팡이 독소는 식품의 오염물질로 간주되므로 11장에서 언급한다.

버섯은 오래전부터 우리 식생활에 이용되었지만 식재료로 널리 이용하기 시작한 것은 1980년대부터 느타리, 양송이 등의 인공 배양 재배가 성행하면서부터이며, 최근에는 시장이나 마켓에서 친근하게 볼 수 있는 식재료가 되었다. 또한 버섯은 식물성 식재료보다 동물성 특성이 많고 단백질이 풍부한 웰빙 식품으로 인식되어 다양하게 이용되고 있는 식재료이다. 그러나 야외 취미활동이 활발해지면서 야생버섯에 대한 관심도 커지고 그에 따른 야생버섯에 의한 식중독도 자주 일어나고 있는 현실이다. 이 장에서는 독버섯의 특성과 독성물질에 대해서 언급하고, 버섯중독을 피하는 방법에 대해서 논하고자 한다.

1. 식용버섯과 독버섯

(1) 식용버섯

우리나라에 자생하는 버섯은 약 5,000종으로 추정되며, 현재까지 1,500여 종이 보고되었다. 그중 식용 가능한 버섯은 350여 종으로 알려져 있다. 그러나 식용버섯으로 널리 알려진 버섯은 개암버섯, 국수버섯, 기와버섯, 까치버섯, 꾀꼬리버섯, 나팔버섯, 능이버섯, 달걀버섯, 땅찌만가닥버섯, 망태버섯, 민자주방방이버섯, 벚꽃버섯(밤버섯), 비늘버섯, 뽕나무버섯, 송이버섯, 싸리버섯, 알버섯, 외대덧버섯, 젖버섯, 젖버섯아재비, 졸각버섯, 큰갓버섯, 큰비단그물버섯, 팽이버섯, 황소비단그물버섯, 흰굴뚝버섯 및 흰목이 등 약 30종이다.

이 중에서 재배하거나 시판되고 있는 것은 표고버섯, 느타리버섯, 양송이버섯, 만가닥버섯, 목이버섯, 송이버섯, 능이버섯, 팽이버섯, 잎새버섯, 노루궁뎅이, 꽃송이버섯 등이다. 현재 우리나라 식품공전에 수록된 버섯은 다음과 같다.

표 5-1 식품규격상 버섯의 위치

구분		버섯
식품원재료		갓버섯, 나도팽나무버섯(맛버섯), 느타리버섯, 목이버섯, 새송이버섯, 석이버섯, 송이버섯, 싸리버섯, 양송이버섯, 영지버섯, 팽이버섯, 표고버섯, 황금뿔나팔버섯, 흰들버섯(*Agaricus blazei*) 등
사용가능한 식품 원료	식물성 원료	개암버섯, 검은서양송로, 구름버섯, 그물버섯, 껄껄이그물버섯, 꽃송이버섯, 꾀꼬리버섯, 노루궁뎅이버섯, 느티만가닥버섯, 능이(향)버섯, 다색벚꽃버섯, 달걀버섯, 땅찌만가닥버섯, 망태버섯, 먹물버섯, 보라버섯, 비단그물버섯, 뽕나무버섯, 뿔나팔버섯, 송로버섯, 수원그물버섯, 아위버섯, 왕그물버섯, 은빛쓴맛그물버섯, 잎새버섯, 저령, 큰전나무버섯, 풀버섯, 흰서양송로
	기타	눈꽃동충하초, 밀리타리스동충하초
제한적 사용 가능 원료		말굽버섯, 복령, 진흙버섯, 차가버섯
사용할 수 없는 버섯	식물성	개나리광대버섯, 독우산광대버섯, 알광대버섯, 흰알광대버섯
	기타	동충하초, 매미눈꽃동충하초

*참고: 식품공전, 2013.

(2) 독버섯

우리나라에서 자생하는 독버섯은 200여종으로 추정된다.

1) 독버섯의 정의

독버섯은 독성물질을 함유하여 섭취 시 건강장애를 초래할 수 있는 버섯을 말한다. 그러나 일부 독버섯도 재배순화, 적절한 가공 및 전처리 후 섭취하기도 하며, 또한 식용으로 하는 버섯 중에서도 유독성분을 함유하는 경우도 있기 때문에 식용버섯과 독버섯을 명확히 구분하기 어려운 경우도 있다. 이 장에서는 식중독 사고가 있었거나 유독성분이 밝혀진 것들을 독버섯으로 분류하였다[그림 5-1].

독우산광대버섯　　　개나리광대버섯　　　광대버섯　　　마귀광대버섯　　　붉은사슴뿔버섯

알광대버섯　　　흰알광대버섯　　　파리버섯　　　붉은싸리버섯

화경버섯　　　삿갓외대버섯　　　솔땀버섯　　　독깔때기버섯

[그림 5-1] 대표적인 독버섯

2) 독버섯의 종류

　독버섯은 종류가 많고 독작용도 다양한데, 우리나라에 알려진 대표적인 독버섯은 [표 5-2]와 같다. 또한 우리나라보다 야생버섯의 발생이 많고, 야생버섯을 더욱 선호하는 일본에서 발생빈도가 높은 중독 사고를 일으키는 대표적인 버섯과 그 발생빈도를 [표 5-3]에 나타내었다.

표 5-2   국내 대표 독버섯과 오용하기 쉬운 식용버섯

속명	독버섯명 (이명)	학명	유독성분	중독증상	식용버섯
광대버섯속 (Amanita)	독우산광대버섯	Amanita virosa	아마톡신, 팔로톡신	콜레라 유사 증상, 경련, 간장손상, 사망	흰주름버섯
	알광대버섯	Amanita phalloides	아마톡신, 팔로톡신	콜레라 유사중독 증상, 사망	흰주름버섯
	흰알광대버섯	Amanita verna	아마니틴	콜레라 유사중독 증상, 사망	흰주름버섯
	마귀광대버섯	Amanita pantherina	무스카린, 무 스카존, 무시 몰, 이보텐산	구토, 환각	붉은점박이광대 버섯
	광대버섯	Amanita muscaria	무시몰, 이보텐산	구토, 현기증, 환각	달걀버섯
	개나리광대버섯	Amanita subjunguillea	아마톡신, 팔로톡신	독우산광대버섯과 유사	노란달걀버섯
개암버섯속 (Hypholoma)	노란개암버섯 (노란다발)	Hypholoma fasciculare	파시쿨롤	구토, 신경마비	개암버섯
무당버섯속 (Russula)	절구버섯아재비	Russula subnigricnas	2-사이클로 프로펜카르 복실산	복통, 구토, 설사, 근육경직, 심부전, 횡문근융해증	절구버섯
화경솔밭버섯속 (Omphalotus)	화경솔밭버섯 (화경버섯)	Omphalotus japonicus	일루딘 S, 일루딘 M	복통, 구토 등의 심한 중독증상	느타리
갈대버섯속 (Chlorophyllum)	독흰갈대버섯 (흰독큰갓버섯)	Chlorophyllum neomastoidea	–	구토, 설사	큰갓버섯
송이속 (Tricholoma)	담갈색송이	Tricholoma ustale	–	소화불량	송이
싸리속 (Ramaria)	붉은싸리버섯	Ramaria formosa	–	설사, 복통, 구토	싸리버섯
마귀곰보버섯속 (Gyromitra)	마귀곰보버섯	Gyromitra esculenta	지로미트린	구토, 경련	곰보버섯
외대버섯속 (Entoloma)	외대버섯 (굽은외대버섯)	Entoloma sinuatum	무스카린	구토, 복통, 설사	외대덧버섯

깔때기버섯속 (Clitocybe)	독깔때기버섯	Clitocybe acromelalga	아크로멜산 A, B	손발 말단 종창, 화상균	혹깔때기버섯
사슴뿔버섯속 (Podostroma)	붉은사슴뿔버섯	Podostroma cornu-damae	트리코테신	설사, 발열, 의식장애	불로초(영지)
미치광이버섯속 (Gymnopilus)	갈황색미치광이버섯	Gymnopilus junonius	짐노필린 A, B, 실로시빈	환각, 이상흥분, 의식장애	–
땀버섯속 (Inocybe)	땀버섯 (솔땀버섯)	Inocybe rimosa	무스카린	구토, 설사, 발한, 호흡곤란	–

표 5-3 일본에서 발생빈도가 높은 버섯중독

독성	독버섯 버섯명	독버섯 오식빈도	식용버섯
맹독	독우산광대버섯 알광대버섯 흰알광대버섯	매우 높음 보통 높음	흰주름버섯, 흰우산광대버섯
	독에밀종버섯	낮음	뽕나무버섯
	절구버섯아재비	낮음	절구버섯
	개나리광대버섯	낮음	노란달걀버섯
큼	독깔때기버섯	많음	혹깔때기버섯, 배불뚝이연기버섯
	마귀광대버섯 광대버섯	보통 보통	달걀버섯, 붉은점박이광대버섯
	화경버섯	매우높음	표고, 느타리
	노란다발	높음	개암버섯
중간	외대버섯 삿갓외대버섯	매우 높음 매우 높음	외대덧버섯 방패외대버섯
약함	붉은싸리버섯 노랑싸리버섯 황금싸리버섯	높음 보통 보통	싸리버섯
	흰갈대버섯 독흰갈대버섯	낮음 낮음	큰갓버섯
	황토색어리알버섯	낮음	알버섯(송로버섯)

중독 증상별로 대표적인 버섯은 다음과 같다.

① 죽음에 이르는 맹독버섯

치명적인 중독을 일으키는 맹독버섯으로, 콜레라와 같이 격렬한 설사와 복통, 구토 등부터 심장쇠약, 동공 축소, 의식 불명을 수반하는 경우도 있고 최악의 경우 사망이다. 사람의 세포막 등을 특이적으로 파괴하는 경우, 그것이 혈전이 되어 간에 다량의 혈액이 급격하게 축적되는 등 간이나 신장에 장애를 일으키게 된다. 버섯중독 중에서 가장 위험한 그룹이다. 증후가 나타나기까지 6시간 이상, 통상 10시간 정도 걸린다.

예는 광대버섯속의 독우산광대버섯, 알광대버섯, 흰알광대버섯, 긴골광대버섯아재비, 양파광대버섯(비탈광대버섯), 개나리광대버섯, 암회색광대버섯아재비, 큰주머니광대버섯, 마귀광대버섯, 광대버섯 등이다. 독에밀종버섯은 콜레라 같은 격렬한 설사에 의한 탈수증상을 일으키고 결국 사망하기도 한다.

② 환각증상을 일으키는 독버섯

주로 중추신경계에 작용하는데 식후 15~30분부터 술에 취한 듯 흥분상태가 되고 정신착란, 환각, 시력 장애 등을 일으키며 토할 것 같은 기분을 일으키기도 한다. 통상 1~2개로는 생명에 큰 지장은 없으나, 함유된 독 성분에 따라 증상이 약간 다른 두 가지 종류가 있다.

마귀광대버섯과 광대버섯에 의해 일어나는 중독은, 근육의 격렬한 경련이나 정신착란 증상이 강하게 일어나는데, 식후 비교적 빠른 단계에서 토하기 때문에 사망하는 경우는 드물다. 대체로 4시간 정도 흥분해 발광한 후, 잠에 빠지는 경우가 많다. 독성분은 대부분 갓에 함유되어 있고 증상은 1개만 먹어도 나타난다. 마귀광대버섯이 광대버섯보다 약간 증상이 강하다. 광대버섯의 치사량은 10~20개로 추정되고 있다.

또 다른 그룹은 환각버섯속 버섯으로 환각을 동반하는 중독을 일으킨다. 불쾌한 명정감, 환각 등 그 밖에 저림이나 동공 반사가 없어지는 등 시각성의 증상이지만, 심한 경우 혼미상태가 되거나 착란상태를 나타낸다. 중독 상태는 4~6시간 지속되는데, 사망하는 경우는 드물다. 갈황색미치광이버섯은 소위 웃음버섯이라 하여 비정상으로 흥분하고 미친 것처럼 웃고 노래하고 춤추며, 환각, 환청을 일으킨다.

조금 특이한 버섯은 독깔때기버섯이다. 이 버섯은 주로 대나무밭에서 발생하는데 섭취하면 손가락 및 발끝, 음경 등 신체의 말단이 붉게 붓고 신경통과 유사한 통증을 일으키는 특이한 홍통이 나타나며, 마침내는 부젓가락으로 찌르는 것 같은 격통이 되어 1개월 이상 지속된다.

③ 위장장애를 일으키는 버섯

주로 위장을 자극해 복통, 설사, 구토 등의 위장 장애를 일으킨다. 중독증상은 식후 30분~3시간 후에 나타나기 시작한다. 우리나라에는 발생 빈도에 대한 자료가 없지만, 야생버섯을 선호하는 일본의 버섯중독의 대부분을 차지하는 것은 화경버섯, 삿갓외대버섯, 담갈색송이이다. 화경버섯과 담갈색송이는 격렬한 복통과 설사, 구토를 일으키고 삿갓외대버섯은 설사가 일어나지만 복통은 별로 없다.

이른 봄부터 늦가을까지 고목에 발생하는 노란다발은 복통, 설사, 구토 등 소화기 증상 외에 신경계통의 마비에 의한 시력 감퇴나 손발 저림 등이 발병하는데, 중증에서는 사망예도 있다.

④ 오취증상(惡醉症狀)을 일으키는 독버섯

주로 자율신경에 작용하는 독으로, 오취와 발한을 가져온다. 발증은 식후 20분~2시간 정도로 빠른 것이 특징이다. 두엄먹물버섯과 배불뚝이연기버섯은 음주 전후에 섭취하면 얼굴이나 머리, 가슴이 홍조를 띠고, 불쾌감, 격렬한 두통, 현기증, 구토, 호흡 곤란 등으로 괴로워하게 된다. 독성분은 코프린인데 알코올의 분해를 저해해 혈액 중에 아세트알데히드를 축적시키기 때문인데, 이 버섯을 먹는 전후 수일간은 알코올류를 마시지 않는 것이 좋다.

⑤ 그 밖의 독버섯

땀버섯속 버섯들과 혹깔때기버섯은 발한 중독을 일으키는 독버섯으로 식후 15~30분 이내에 침과 땀이 증가하고, 이어 구토, 설사 등의 증상과 함께 동공 축소, 불규칙한 맥박, 혈압저하, 천식이 일어나며, 심한 경우는 심장마비 혹은 호흡저하로 사망하기도 한다.

또한 흰갈색송이, 황금싸리버섯, 붉은싸리버섯, 냄새무당버섯, 독산그물버섯, 흰갈대버섯, 흰독큰갓버섯, 황토색어리알버섯, 마귀곰보버섯, 붉은사슴뿔버섯 등이 대표적인 독버섯이다. 그리고 우리나라에는 자갈버섯속 버섯에 의한 중독 예는 지금까지는 없지만, 북미에서는 무자갈버섯을 생으로 먹고 설사나 구토, 경련을 수반하는 중독을 일으킨 중독사고가 있었다. 또, 밤자갈버섯도 신경장애계의 치사 독성이 있다.

(3) 식용버섯의 독성물질

우리나라 사람들이 즐겨먹는 식용버섯에도 독성물질을 함유하고 있거나 알레르기를 유발하는 것도 있다.

생 표고버섯이나 덜 익힌 표고버섯을 먹고 약 48시간 후에 홍반이 시작되어 약 10일간 지속된다. 이 증상은 알레르기 반응이 아니고 다당류인 렌티난이 혈관을 확장시켜 염증물질을 피하로 삼출시키는 것으로, 표고피부염이라 한다. 표고 홍반은 가렵지 않은 점이 특징이다. 점차 자색의 부푼 자국이 되는데 긁지 말아야 한다. 렌티난은 가열로 분해되기 때문에 날로 먹거나 충분히 익히지 않은 표고버섯을 먹을 때 일어나며, 약 2%만의 사람이 걸린다. 또한 감작성이 있는 사람이 표고버섯을 다량 섭취하면 알레르기 반응이 일어날 수 있다. 감작성이 있는 사람이 생 표고버섯을 채취할 때도 감작이 일어나는데, 습진 같은 홍반이 일어난다. 또한 표고 포자에 의한 알레르기와 만성 감작성 폐렴도 알려져 있다.

팽이에는 플라뮤톡신이 함유되어 있는데 분자량 32,000달톤인 세포용해성 단백질로 심장독성을 나타낸다. 쥐, 토끼, 기니피그, 사람, 마우스, 고양이, 개 순으로 용해가 잘 된다. 이 독소는 가열하면 독성이 없어진다.

능이(향)버섯도 생식하면 가벼운 중독증상이 나타나며, 위장에 염증 및 궤양이 있을 때는 금기이다. 싸리버섯은 맛있는 식용버섯이지만, 반드시 물에 우려낸 후 식용하여야 한다. 또한 독버섯으로 분류하는 붉은싸리버섯과 노랑싸리버섯과 섞여 판매되는 경우가 많으므로 주의가 필요하다. 뽕나무버섯은 꿀버섯이라 하여 선호되는 식용버섯이지만, 소화가 잘 안되므로 과식하면 소화불량을 일으킨다.

2. 버섯독소

버섯독소는 대부분이 펩티드(아미노산)와 알칼로이드이다.

(1) 버섯의 독성 펩티드

독버섯의 독성물질 중 가장 대표적인 것은 독성 펩티드들이다. 이 펩티드는 크게 팔로톡신류와 아마톡신류로 대별된다. 1937년 알광대버섯에서 아미노산 7개의 고리형 펩티드인 팔로딘, 팔로인, 팔리신이 분리되어 팔로톡신이라고 불렸다. 그 후 1941년 아미노산 8개의 고리형 펩티드인 아마틴, 아마닌, 아마눌린이 발견되어 아마톡신이라고 불리게 되었다. 팔로톡신은 그 작용속도가 빠른데 비해 아마톡신류는 그 작용이 느리고, 독성은 일반적으로 아마톡신이 팔로톡신보다 훨씬 더 강하다. 예로 α-아마니틴은 팔로이딘보다 그 독성이 10~20배 더 강하다.

1) 아마톡신

아마톡신(amatoxins)은 맹독성으로 주로 광대버섯속, 에밀종버섯속, 갓버섯속 버섯에 함유되어 있다[표 5-4]. 아마톡신도 5종의 아종이 있으며 이 중 α형, β형이 간, 신장, 장 등의 세포 조직의 합성을 중지시키는 작용을 한다(세포핵의 RNA 중합효소Ⅱ에 특이적으로 작용한다). 독성 발현이 24시간 정도 걸리는 지효성이기 때문에 위세척, 하제, 해독제, 투석 등의 조치가 지연되는 일이 많아 간 이식 이외에 치료법이 없게 되는 경우도 있다. 치사율은 25~40%이다. 독소에 대한 반응은 체중에 비례하기 때문에 유아나 어린이 사망률이 높은 것이 특징이다. 어린이는 야생 버섯 섭식을 피하는 것이 무난하다.

아마톡신은 알광대버섯, 흰알광대버섯, 독우산광대버섯의 내열성 독성분으로 독버섯 성분 중에서 가장 맹독성이다. 이들은 8개의 아미노산이 환상으로 구성된 옥타펩티드로서, α-아마니틴, β-아마니틴, γ-아마니틴, ε-아마니틴, 아마닌, 아마눌린, 아마눌린산, 프로아마눌린 등이 알려져 있다.

아마톡신은 간에 들어가 손상을 일으킨다. 그리고 담즙으로 배설되어 다시 장간순환을 한다. RNA 중합효소 II를 저해하여 단백질 합성을 저해한다. 간은 서서히 파괴되는데 RNA 중합효소가 불활성화 되므로 손상을 수선할 수 없다. 중독증상은 섭취한 뒤 늦게 나타나 6~12시간 만에 복통, 강직, 오한, 구토, 설사를 일으키며, 혼수상태 후 2~4일 내에 사망한다.

알광대버섯은 건조중량 5g에 대하여 10mg 내외의 팔로톡신류와 14mg 내외의 아마톡신을 함유하고 있다.

이름	R^1	R^2	R^3	R^4	R^5
α-Amanitin	OH	OH	NH$_2$	OH	OH
β-Amanitin	OH	OH	OH	OH	OH
γ-Amanitin	H	OH	NH$_2$	OH	OH
ε-Amanitin	H	OH	OH	OH	OH
Amanullin	H	H	NH$_2$	OH	OH
Amanullinic acid	H	H	OH	OH	OH
Amaninamide	OH	OH	NH$_2$	H	OH
Amanin	OH	OH	OH	H	OH
Proamanullin	H	H	NH$_2$	OH	H

[그림 5-2] 아마톡신

표 5-4 아마톡신 함유 독버섯

속	학명	버섯명	비고
광대버섯속	*Amanita verna*	흰알광대버섯	-
	Amanita phalloides	알광대버섯	-
	Amanita virosa	독우산광대버섯	-
	Amanita bisporigera	긴독우산광대버섯	-
	Amanita ocreata	-	한국명 없음
에밀종버섯속	*Galerina fasciculata*	독에밀종버섯	-
	Galerina marginata	가을에밀종버섯	-
	Galerina venenata	-	한국명 없음
갓버섯속	*Lepiota clypeolaria*	솜갓버섯	-
갈대버섯속	*Chlorophyllum molybdites*	흰갈대버섯	-

2) 팔로톡신

광대버섯속의 고리형 펩티드로 7개의 아미노산들이 이중고리구조로 결합되어 있으며, 팔로이딘, 팔로인, 팔리신, 프로팔로이딘, 팔리신, 팔라시딘, 팔리사신 등 7개의 독소가 알려져 있다.

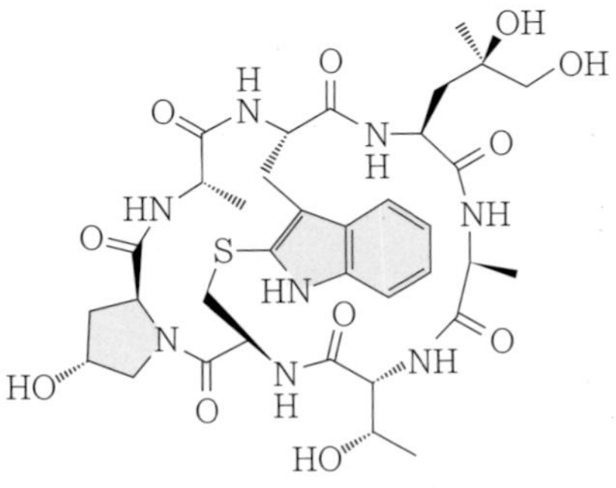

팔로톡신(phallotoxins)은 D-트레오닌을 함유하고 있는 중성 팔로톡신과 베타하이드록시숙신산을 함유하

[그림 5-3] 팔로이딘의 구조

고 있는 산성 팔로톡신으로 나눈다. 팔로톡신은 근육에서 G-액틴과 F-액틴의 균형을 깨뜨려 G-액틴을 모두 F-액틴으로 변환시켜 간세포를 파괴한다.

3) 비로톡신

비로톡신(virotoxin)은 광대버섯속의 알광대버섯, 흰알광대버섯, 독우산광대버섯의 또 다른 고리형 펩티드 독소로 비로이딘, 데속시비로이딘, 알라1-비로이딘, 알라1-데속시비로이딘, 비로이신, 데속시비로이신 등 6개의 독소가 알려져 있다. 팔로톡신과 똑같은 독성효과를 나타내고 팔로톡신에서 유래한 듯한데, 팔로톡신이 이중고리 헵타펩티드인데 반해, 비로톡신은 단일고리구조의 헵타펩티드이다.

4) 용혈성 단백질

팔로리신은 알광대버섯에서 발견되는 용혈성 단백질이다. 그러나 가열과 산에 약해서 조리해 먹으면 위험성은 없다. 루벤스리신은 식용이라고 알려진 붉은점박이광대버섯에서 분리된 산성 단백질로 LD_{50}(정맥주사)이 쥐에서 $0\cdot15mg/kg$, 마우스에서 $0\cdot31mg/kg$인 맹독성 단백질이며, 적혈구를 용해한다.

5) 볼레사틴과 볼레베닌

볼레사틴(bolesatine)은 유럽과 북미에서 발견되는 마귀그물버섯에서 분리된 독성 당단백질로 심한 구토를 수반하는 위장염을 일으킨다. 볼레사틴은 마우스에서 단백질 합성을 저해하고 간혈액저류와 혈전증을 일으킨다. 또한 최근 독산그물버섯에서 독성 단백질로 볼레베닌(bolevenine)이 분리되었는데, 마우스에 10mg/kg 주입으로 치사성을 보인다. 아미노산 배열이 볼레사틴과 매우 유사함이 밝혀졌다.

6) 코프린

코프린(coprine)은 알코올과 함께 섭취하면 혐주약 작용을 하는 것으로 배불뚝이연기버섯, 두엄먹물버섯 등에 들어 있다. 알코올 분해효소의 알데히드 탈수소효소를 저해하여 혈중에 아세트알데히드가 축적하게 한다. 중독증상은 버섯과 술을 섭취한 후 30분에서 2시간 후에 일어나, 얼굴이 빨개지고, 두통, 현기증, 심계항진, 호흡곤란, 과다호흡, 빈맥이 일어난다. 구토와 설사는 잘 일어나지 않는다. 저절로 회복이 되나 심한 경우에는 위세척과 대증요법이 필요하다.

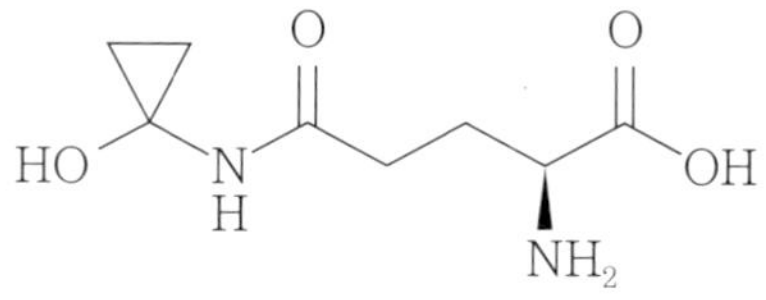

[그림 5-4] 코프린의 구조

7) 프로파르길글리신과 알레닉 노르루신

프로파르길글리신(propargylglycine = 2-amino-4-pentynoic acid)과 알레닉 노르루신(allenic norleucine = 2-Amino-4,5-hexadienoic Acid)은 양파광대버섯, 마귀광대버섯, 흰가시광대버섯 등에서 발견된다. 양파광대버섯에는 프로파르길글리신(0.257% w/w), 알레닉노르루신(0.911% w/w), 그리고 (2S,4Z)-2-아미노-5-클로로-6-히드록시-4-헥센산[(2S,4Z)-2-amino-5-chloro-6-hydroxy-4-hexenoic acid]이 함유되어 있다. 프로파르길글리신은 시스타티온-감마-분해효소(cystathionine γ-lyase)를 비가역적으로 저해하여 시스타티온의 축적을 초래한다.

알레닉노르루신은 암회색광대버섯아재비과 스미스광대버섯에도 함유되어 있는데, 북미의 태평양 연안지역에서는 스미스광대버섯을 미국송이로 오인하는 중독사고가 자주 발생한다.

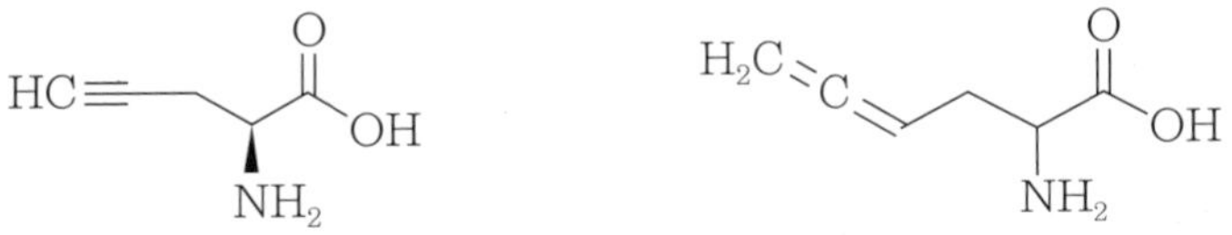

[그림 5-5] 프로파르길글리신(좌)과 알레닉노르루신(우)

8) 아크로멜산

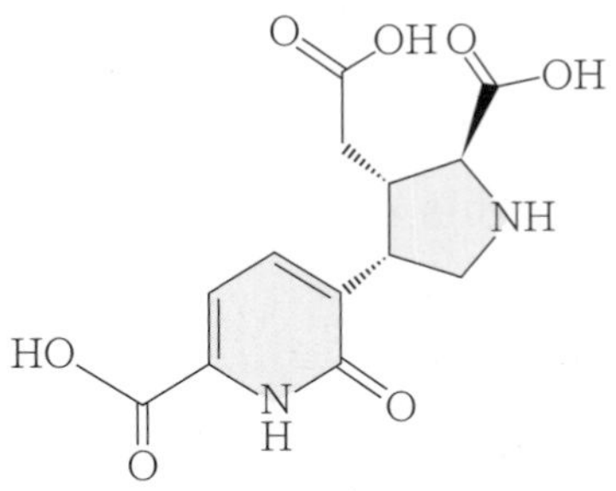

아크로멜산(acromelic acid)은 독깔때기버섯의 독성분으로 A와 B · C · D 및 E 5종이 있다. 아크로멜산 A는 생버섯 16.2kg에서 110μg, B는 40μg 얻어진다. 카인산이나 도모산과 유사한 기본골격을 갖고 이들과 마찬가지로 뇌의 글루탐산 수용체에 결합하는 현저한 신경흥분작용이 있어 신경독으로 작용한다. 독깔때기버섯에는 그밖에 클리티딘, 클리티딜산, 스티졸로빈산, 클

[그림 5-6] 아크로멜산 A의 구조

리티오네인 등이 함유되어 있다. 클리티딘은 누클레오시드의 일종으로 물에 잘 녹으며 마우스에 50mg/kg을 복강투여하면 7~10일, 100mg/kg으로는 15~25시간에 사망한다. 투여를 받은 마우스는 꼬리를 든 자세를 취하고 뒷다리는 경직되어 앞다리로만 움직인다.

독깔때기버섯의 중독 증상은 섭취 후 4~5일 후에 나타나 손발의 끝이 붉어지고, 심한 통증이 1개월 이상 계속되는 홍색사지통증을 유발하나, 치명적인 것은 아니다.

(2) 알칼로이드

1) 이소옥사졸 유도체: 이보텐산과 무시몰

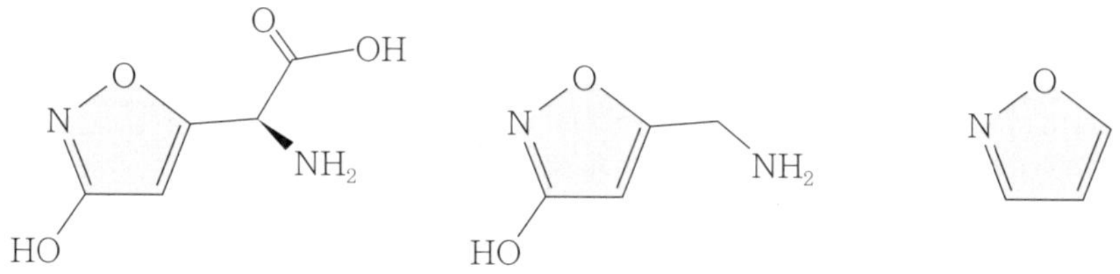

이보텐산   무시몰   이소옥사졸 구조

[그림 5-7] 이보텐산과 무시몰

광대버섯에는 일종의 아미노산이며 이소옥사졸 유도체인 이보텐산이 함유되어 있다. 이보텐산(ibotenic acid)은 흥분성 아미노산으로 작용하고 이보텐산의 탈탄산작용으로 만들어지는 무시몰(muscimol)은 향정신작용이 있다. 중독증상은 섭취 후 1~2시간 후 일어난다. 이들 독소는 신경전달물질인 글루탐산과 아스파르트산을 모방한다. 알코올중독과 비슷한 흥분 상태에 이어 연축, 우울, 의식상실이다.

이보텐산은 감칠맛이 있어 일본에서는 식도락가들이 광대버섯을 식용으로 한다. 광대버섯속의 광대버섯, 마귀광대버섯, 스미스광대버섯 등과 송이과 송이속의 독송이에 함유되어 있다.

2) 인돌 유도체: 실로신과 실로시빈

실로신(psilocin)과 실로시빈(psilocybin)은 인돌 유도체로 환각물질인데 섭취 후 10~30분경 환각증상이 일어나고, 기억력감퇴, 갈증, 정신착란, 지각상실 등의 증세가 나타난다. 이들은 환각버섯속의 모든 버섯, 말똥버섯속의 목장말똥버섯, 좀말똥버섯, 검은띠말똥버섯, 종버섯속, 미치광이버섯 등 다양한 버섯에 함유되어 있다.

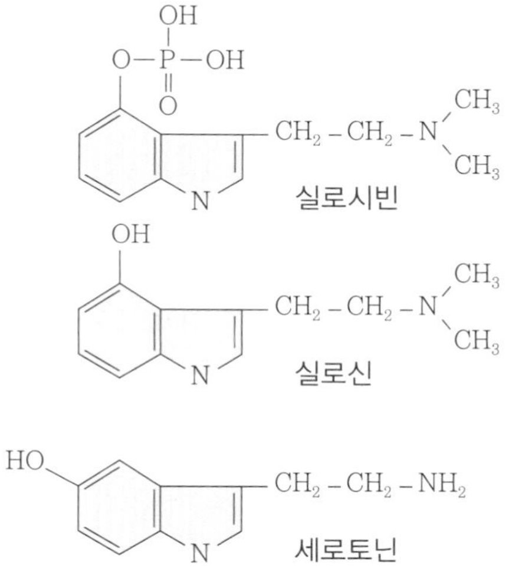

실로시빈은 실로신의 인산에스테르로서 마약으로 지정되어 있는 환각물질이다. 매직머

[그림 5-8] 실로시빈, 실로신과 세로토닌의 구조

쉬룸이라 불리며 LSD 등의 대용품으로 사용되기도 하는데, 미국이나 일본에서는 재배는 물론 수입·소지가 금지되어 있다.

3) 무스카린

무스카린(muscarine)은 1869년 광대버섯에서 최초로 분리되어 무스카린이라는 이름이 붙여졌다. 무스카린은 맹독성으로 광대버섯속의 파리버섯, 마귀광대버섯, 미치광이버섯속의 갈황색미치광이버섯, 땀버섯속의 솔땀버

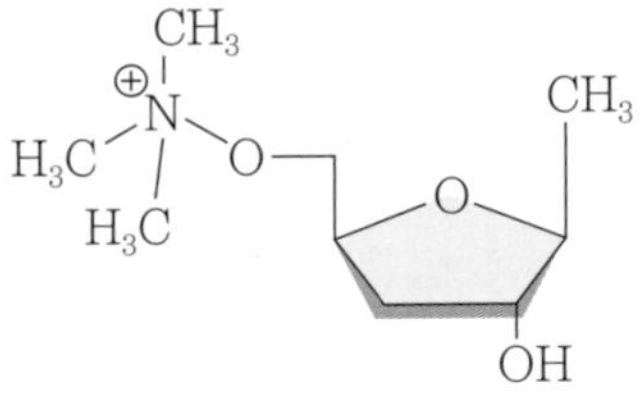

[그림 5-9] 무스카린의 구조

섯, 깔대기버섯속의 백황색깔때기버섯, 외대버섯속의 삿갓외대버섯, 그물버섯속의 튼그물버섯, 우단버섯속의 주름우단버섯 등에 함유되어 있다. 중독증상은 부교감신경을 흥분시켜 섭취 후 1.5~2시간 만에 침과 땀이 나고 맥박이 느려지며, 각종 분비항진, 축동, 호흡곤란, 위장의 경련성 수축과 구토, 설사 및 방광과 자궁 수축 현상이 나타난다.

4) 무스카리딘

무스카리딘(muscaridine)은 광대버섯과 삿갓외대버섯에 들어 있으며, 뇌증상, 동공확대, 광란, 근경직, 일과성 소광상을 나타낸다. 아트로핀과 작용이 유사하다.

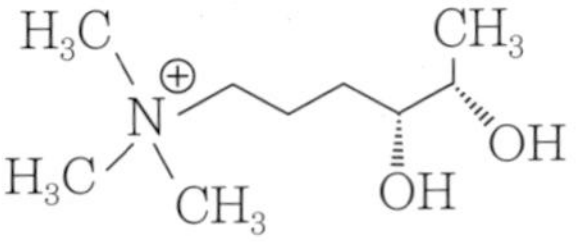

[그림 5-10] 무스카리딘의 구조

5) 콜린

콜린(choline)은 간 보호작용이 알려져 있는 물질이며, 콜린을 함유한 레시틴(포스파티딜콜린)은 노인 치매예방 및 학습능력 향상 등의 건강기능성 식품으로도 널리 팔리고 있다. 그러나 콜린을 함유한 버섯을 섭취 후 콜린이 체

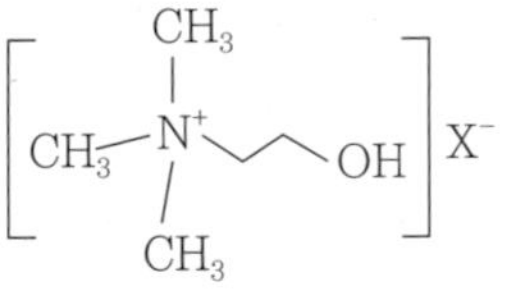

[그림 5-11] 콜린의 구조

내에서 아세틸콜린으로 전환되어 중독증상이 나타나는데, 혈압강하, 심장박동저하, 동공수축, 혈류증가, 소화기관의 운동촉진 등의 증상을 보인다. 외대버섯, 삿갓외대버섯, 무당버섯, 붉은싸리버섯, 황금싸리버섯, 어리알버섯, 노란젖버섯 등에 함유되어 있다.

6) 뉴린

뉴린(neurine)(vinyl trimethyl ammonium hydroxide)은 외대버섯에 함유되어 있다. 중독증상은 호흡곤란, 부정맥, 설사, 경련, 유연, 사지마비 등이 일어난다. 또한 뉴린은 대장균, 고초균 등의 부패균이 단백질에 작용할

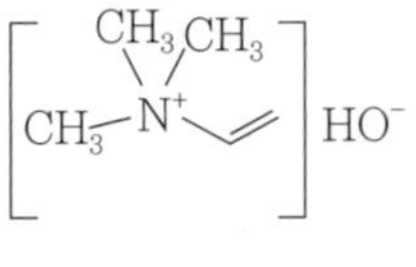

[그림 5-12] 뉴린의 구조

때 콜린으로부터 생성된다. 뉴린은 불안정하여 쉽게 분해하여 트리메틸아민을 생성한다.

7) 지로미트린

지로미트린(gyromitrin)은 마귀곰보버섯의 독성분으로 중독증상은 섭취 후 2~24시간(6~10시간)내에 나타나며 구토, 두통, 위경련, 설사를 동반하고, 심한 경우에는 적혈구가 파괴되어 사망하기도 한다. 또한 간 독성이 있으며, 조혈계 및 중추신경계에 영향을 미친다. 아마니타 독소와 유사하나 덜 심하다. 모노에틸하이드라진은 지로미트린의 가수분해물인데, 로켓 연료로도 사용되는 물질이며, 독성이 더욱 강하고 발암성이 있다.

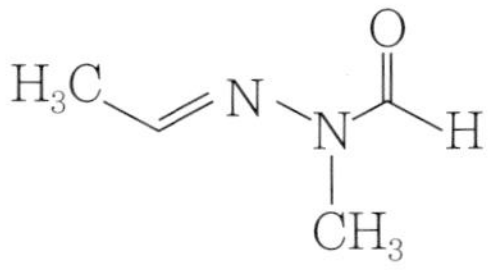

[그림 5-13] **지로미트린의 구조**

이들 성분은 휘발성이므로 버섯을 끓이거나 건조시키면 감소한다. 마귀곰보버섯, 긴대안장버섯에 함유되어 있다. 해독제는 비타민 피리독신이다.

8) 오렐라닌

오렐라닌(orellanine)은 신장장애를 일으키는 독소로 유럽과 북아메리카 지역의 끈적버섯속 버섯(fool's webcap, deadly webcap)에서 처음으로 알려졌는데, 노랑끈적버섯, 솜끈적버섯, 가지색끈적버섯아재비에 함유되어 있다. 오렐라닌은 섭취 후 3~14일 지나 강한 작열감과 갈증이 일어나고 위장 장애, 두통, 다리의 통증, 경련, 의식불명이 특징이고, 심한 중독의 경우 신장 장애가 일어나며 심한 경우 치사율은 15%에 이른다. 폴란드의 한 예로 136명의 중독환자 중 23명이 숨지고 회복한 20명도 신장장애가 남아 있었다. 치료는 혈액투석 등 급성신부전에 대한 일반적인 치료를 시도한다.

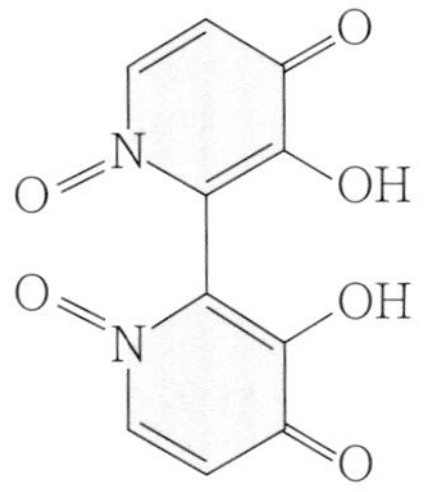

[그림 5-14] **오렐라닌의 구조**

9) 부포테닌

부포테닌(bufotenin)은 광대버섯과 솔땀버섯에 들어 있으며, 환각, 발한, 구역질, 동공확대, 우울증 등의 증상을 나타낸다. 두꺼비의 피부선에도 있다.

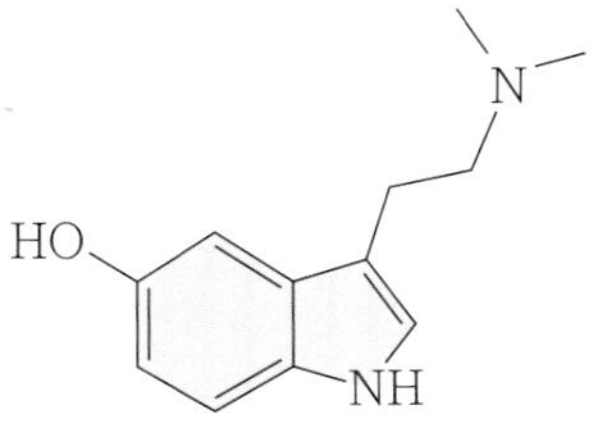

[그림 5-15] **부포테닌의 구조**

(3) 지방산류

1) 아가리산

말굽잔나비버섯에서 추출한 무미무취의 백색 분말을 아가리신이라 하여 과도한 발한을 억제하는 약으로 사용하였다. 아가리신의 순수 추출물이 아가리산(agaric acid, agaricic acid)이다. 다량에서는 위장카타르, 설사, 두통, 구토를 일으킨다.

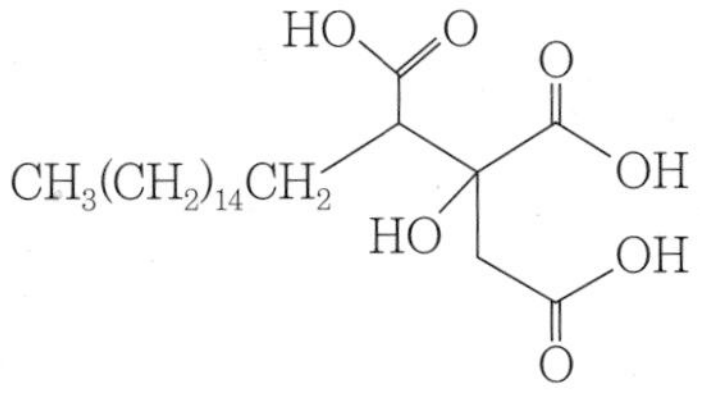

[그림 5-16] 아가리산의 구조

2) 노르카페라트산

노르카페라트산(norcaperatic acid)은 나팔버섯에서 분리된 물질로 나팔버섯에 의한 소화 장애의 원인물질로 생각된다. 나팔버섯의 중독 증상은 섭취 후 8~14시간 일어난다. 일본에서는 삶아 우려낸 다음에 식용하기도 한다.

3) 오스토판산

오스토판산(ostopanic acid)은 갈황색미치광이버섯에서 분리된 탄소 18개의 불포화지방산으로 세포독성을 보인다.

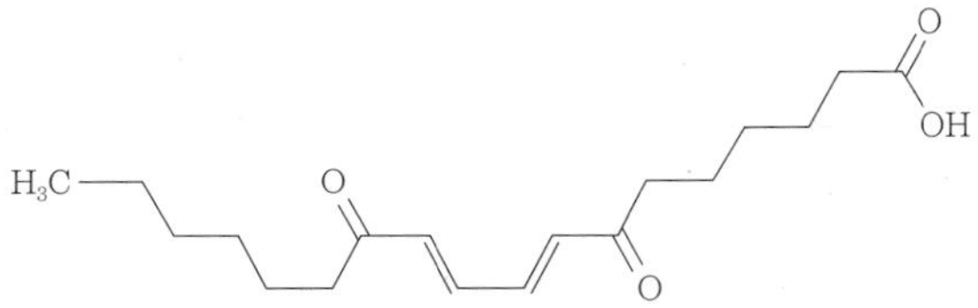

[그림 5-17] 오스토판산의 구조

(4) 기타 버섯독소

1) 일루딘 S = 람프테롤(lampterol)

일루딘 S(illudin S)는 화경버섯의 독성분으로 일루딘 S의 마우스(복강)의 LD_{50}은 50 mg/kg이고 100℃, 15분 가열로 15%가 분해된다. 화경버섯의 중독증상은 섭취 후 30분~1시간 후 나타나는데, 주로 격심한 위장자극, 구토, 설사, 복통, 오한 등을 일으키고 환각증상을 수반하는 경우도 있으며, 다음날~10일 정도 후 회복되지만, 치명적인 경우가 많다. 일루딘 S는 DNA와 반응하여 DNA 전사과정을 막는 손상을 일으킨다. 이를 이용하여 일루딘 유도체인 이로풀벤(irofulven)을 췌장암 치료제로 개발 중이다. 화경버섯은 식용버섯인 느타리, 표고, 참부채버섯과 모양이 유사하므로 특히 주의해야 한다. 밤에 발광하여 청백색의 빛을 발산하는 것이 특징이다.

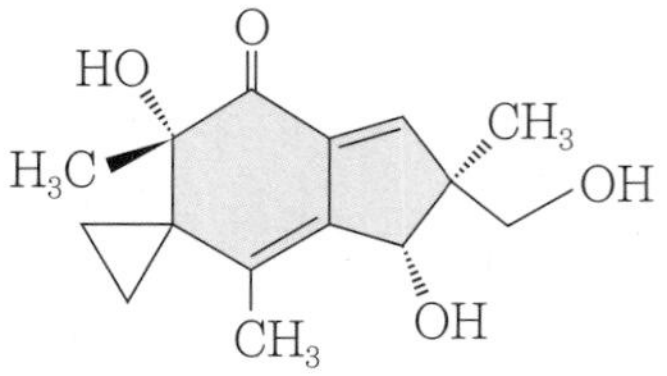

[그림 5-18] 일루딘 S의 구조

2) 파시쿨롤

파시쿨롤(fasciculol)을 함유한 버섯은 구토와 신경마비의 중독 증상을 일으키며, 노란 다발(노란개암버섯)에 함유되어 있는데, 파시쿨롤 E와 F가 주성분이다. 파시쿨롤 E와 F 의 마우스에서 LD_{50}(복강)은 각각 50mg/kg과 168mg/kg이다. 중독 증상은 섭취 5~10 시간 후 설사, 메스꺼움, 구토, 단백뇨, 쇠약이 일어나며 마비와 지각장애가 일어나기도 한다. 증상은 며칠 내로 회복되는데, 희생자의 부검에서 아마톡신 중독과 유사한 전격성 간염, 신장손상이 보인다.

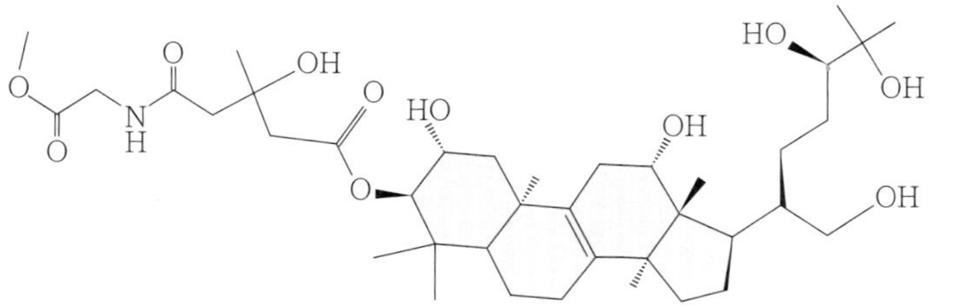

[그림 5-19] 파시쿨롤 E의 구조

3) 사이클로-2-엔 카르복시산

사이클로-2-엔 카르복시산(cycloprop-2-ene carboxylic acid)은 마우스에서 경구 LD_{50}이 2.5mg/kg으로 맹독성물질이다. 사이클로-2-엔 카르복시산은 무당버섯속의 절구버섯아 재비, 송이속의 금버섯에 함유되어 있고, 일본에서는 식용버섯인 절구버섯과의 오인으로 중독사고가 자주 일어났다. 중독증상은 구토, 설사, 언어장애, 경련, 동공수축, 신장장애, 지연 신경독성을 보이며 중증에서는 횡문근융해증을 일으킨 다. 횡문근융해증은 골격근, 특히 심장근이 빠르게 분해되어 혈액 내로 미오글로빈 단백질이 다량으로 배출되고 신부전을 일으키며 심할 경우 사망을 초래하는 질환이다.

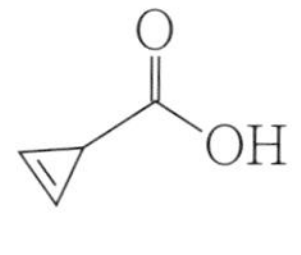

[그림 5-20] 사이클로-2-엔 카르복시산의 구조

4) 트리코테신

트리코테신(trichothecenes)은 일군의 세스키테르펜 화합물이다. 붉은사슴뿔버섯에는 사트라톡신 H, 로리딘 E, 베루카린 등의 트리코테신이 함유되어 있다. 트리코테신은 단백 질 합성을 저해하고, 면역억제작용이 있다.

또한 백혈구 및 혈소판 감소, 얼굴 피부 박리, 탈모, 소뇌 위축에 이어 언어장애, 수의운동

장애를 일으키며, 중증의 경우 급성신부전, 간 괴사, 파종성혈관내응고를 초래한다. 붉은사슴뿔버섯은 맹독성 버섯으로 섭취 시 설사, 복통, 발열, 의식장애 등의 심한 중독을 일으키며, 독성분은 피부자극성도 강하므로 접촉 시에도 주의해야 한다.

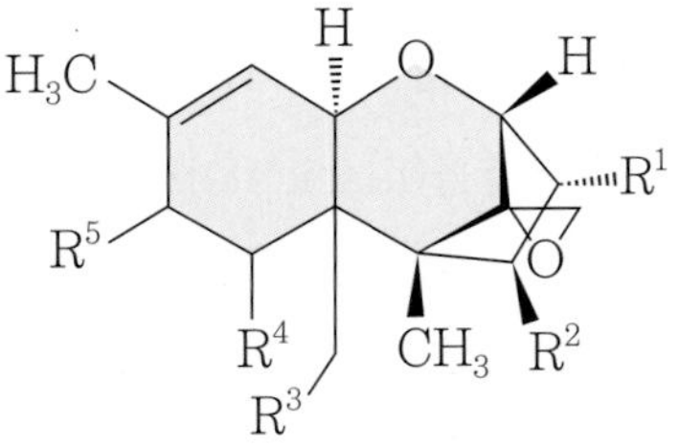

[그림 5-21] 트리코테신의 구조

5) 우스탈산

우스탈산(ustalic acid)은 담갈색송이의 독성분으로 나트륨-칼륨 펌프(Na$^+$/K$^+$-ATPase)를 저해한다. 담갈색송이는 가을에 송이와 착오로 섭취하는데, 섭취 시 구토, 설사, 복통을 일으키나 소금에 절이면 독성이 약해진다.

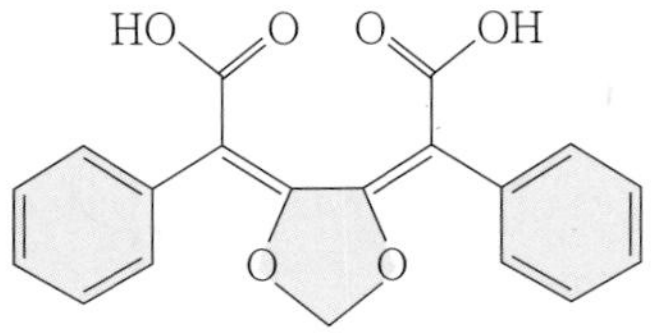

[그림 5-22] 우스탈산의 구조

6) 폴리포르산

노란반달버섯은 퀴논 유도체인 폴리포르산(polyporic acid, 2,5-Dihydroxy-3,6-diphenyl-1,4-benzoquinone)을 함유하는데 건조중량의 40% 까지 함유하는 경우도 있다. 폴리포르산은 염화칼륨 용액과 반응하여 자색을 띤다. 노란반달버섯을 섭취하면 중독증상으로 신장장애와 뇌증을 일으킨다.

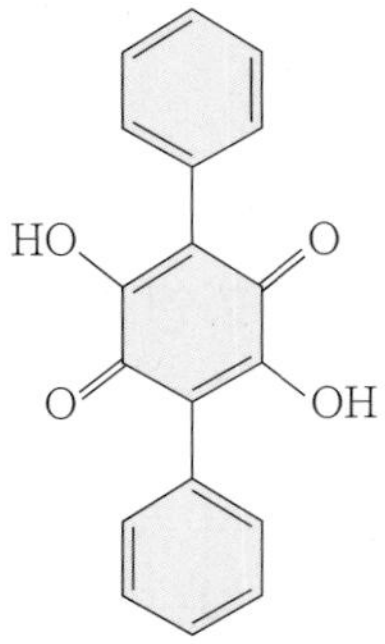

3. 버섯중독 예방

[그림 5-23] 폴리포르산의 구조

(1) 식용버섯과 독버섯의 구별

버섯은 그 형태가 유사한 것이 많고, 같은 버섯이라 하더라도 발생환경, 장소 등에 따라 형태가 크게 달라지므로 정확한 동정에 어려움이 많다. 또한 일반에게는 예로부터 속설이 횡행하고 있어 버섯중독의 큰 원인이 되고 있다. 믿어서는 안 되는 속설과 진실을 [표 5-5]에 나타내었다.

표 5-5 독버섯에 관한 잘못된 속설과 진실

속설	진실
길게 종으로 길게 찢어지는 버섯은 먹을 수 있다	길게 찢어지는 독버섯의 예: 삿갓외대버섯, 담갈색송이, 노란 다발 등
색의 선명한 것은 독버섯이고, 수수한 색의 버섯은 먹을 수 있다	아름답고 맛도 좋은 식용버섯의 예: 달걀버섯 수수한 색의 독버섯 예: 담갈색송이, 삿갓외대버섯 등
악취가 나는 것은 유독하다	악취가 나는 식용버섯의 예: 망태버섯
유즙을 분비하는 것은 유독하다	배젖버섯은 식용버섯이다
벌레가 먹은 버섯은 식용이다	가장 강력한 독우산광대버섯도 민달팽이는 잘 먹는다
대에 턱받이가 있는 것은 유독하다	독버섯이 많은 광대버섯속은 대개 턱받이가 있으나, 턱받이가 있는 갓버섯, 뽕나무버섯은 맛이 좋은 식용버섯이다
끓인 즙에 은수저를 넣어 흑변하는 버섯은 독버섯이다	은수저를 흑변 시키는 버섯은 하나도 없다
참나무에서 나는 버섯은 식용이다	노란다발, 갈황색미치광이버섯, 독에밀종버섯은 참나무에 나지만 독버섯이다
소금에 담그면 먹을 수 있다	독우산광대버섯, 화경버섯 등에는 전혀 효과가 없다
기름에 볶으면 먹을 수 있다	화경버섯은 기름으로 볶으면, 독성분이 잘 녹아 나와 반대로 증상이 무거워진다

독버섯과 식용버섯은 형태, 색깔, 냄새 등 한 가지 특성만으로는 구분을 할 수가 없다. 버섯의 정확한 동정에는 갓·주름살·대의 형태, 턱받이 및 대주머니의 유무, 발생환경, 포자 관찰 등이 필수이다. 이러한 것들은 일반인이 행하기에는 어려움이 많아 다년간 버섯을 채취한 채취꾼들도 오류를 범하는 경우가 많다. 먼저 버섯 이름을 알고, 그 버섯의 특성(식용인지 독버섯인지) 및 조리방법 등을 완전히 숙지하기 전에는 야생버섯은 함부로 먹으려고 해서는 안 된다.

(2) 버섯중독 예방법

버섯중독을 예방하기 위해서는 첫째, 야생버섯을 채취할 때는 정확히 아는 것만 채취하여야 한다. 둘째, 의심이 가는 버섯은 반드시 전문가에게 자문을 받은 후 식용으로 사용하여야 한다. 셋째, 정확한 조리법을 알아 제대로 조리하여야 한다. 넷째로는 식용버섯이라

도 신선한 것만을 먹어야 한다. 예를 들면 오래되어 썩기 시작한 송이버섯을 섭취하면, 20
~30분 후부터 가슴이 답답하고 격렬한 구토를 수반하는 중독증상을 일으킨다. 그러나 복
통이나 설사, 발열은 수반하지 않는다.

　간단한 지식만으로 독버섯을 분별하는 일은 가능하지 않다. 야생버섯의 채취는 우리 식
생활의 다양성과 새로운 식도락을 즐길 수 있게 하지만, 충분한 사전지식을 가져야 즐길
수 있는 것이다.

제 3부
식품첨가물 및 잔류물질

　　식품에 천연으로 존재하는 독성물질 이외에 식품의 생산·가공·저장 중에 인위적으로 첨가된 물질들이 우리의 식품 안전을 위협하고 있다.

　　일반적으로 식품에 첨가하는 화학물질들을 식품첨가물이라고 한다. 즉, WHO에서는 '식품의 외관, 조직 또는 저장성을 향상시키기 위해 통상 적은 양으로 식품에 의도적으로 첨가되는 비영양물질'이라고 정의하고 있다. 또 미국 국립과학심의회의 식품보호위원회에서는 '식품첨가물이란 생산, 가공, 저장 또는 포장의 어떤 단계에서 식품 속으로 들어오게 되는 식품 기본성분 이외의 물질 또는 혼재물로서 여기에는 우발적인 오염물은 포함되지 않는다.'고 하였다.

　　우리나라의 식품위생법에서 식품첨가물이란 식품의 제조, 가공 또는 보존함에 있어 식품에 첨가, 혼합, 침윤, 기타의 방법에 의하여 사용되는 물질을 말한다고 하였다.

　　미국에서는 기술적인 정의로 식품첨가물을 두 범주로 나눈다. 생산과정 중에 더 나아가 기능적인 목적을 위하여 직접적으로 한 식품에 의도적으로 첨가되는 물질을 '직접 또는 의도적인 식품첨가물'이라 하며 두 번째 범주인 '간접 또는 비의도적인 식품첨가물'은 의도적으로 식품에 첨가되지 않는, 그러나 식품 생산의 환경에서든 또는 가공과 저장 중에 발생되는 것을 지칭한다. 이 정의에 따르면 농작물의 재배 시 사용되는 농약, 가공기계에 사용되는 윤활유, 그리고 포장으로부터 용출되는 가소제 등은 간접적인 식품첨가물로 간주된다. 다시 말해서 간접 식품첨가물은 식품의 자연성분이 아니고 기술적인 목적을 위해 직접 식품에 첨가되지 않는 물질들로서 우발적으로 또는 부수적으로 최종 식품에 혼입되는 물질을 말한다. 이들은 여러 가지 원인으로 식품의 성분이 되는데, 식품이 생산되는 환경, 제조공장에서 가공이나 저장 중, 그리고 포장과 저장 중에 일어난다. 이들은 잔류물질이라고 한다.

　　식품 오염물은 간접 식품첨가물과는 다른 개념의 물질이다. 오염물질은 생산, 가공, 저장 중에 인위적인 과정이 아닌 자연적인 과정으로 식품의 일부분이 되는 물질들이다. 질산염, 셀레늄, 납 등이 예인데, 이들 농도가 높은 토양에서 자란 식물에 편입된다. 생산, 가공, 저장 중에 곰팡이의 발육으로 만들어지는 곰팡이 독소, 그리고 세균과 세균 독소, 조리과정에서 산화지방과 같은 식품화학 반응의 산물도 단백질과 아미노산의 열분해, 당의 캐러멜화, 아미노산과 당과의 반응으로 인해 여러 가지 물질이 만들어진다. 식품 오염물질은 직접 식품첨가물 및 간접식품첨가물에 속하지 않는 잡다한 물질들이 속하는 범주이다. 한편 협의의 식품 오염물은 사용목적이 식품에 직접 사용·잔류하는 경우보다는, 일단 환경으로 방출된 후 다시 동식물 체내로 도입되는 경로를 거치는 경우를 말한다. 예를 들면 유기염소계 농약인 DDT나 BHC가 사용이 금지된 후 약 20년이 지난 현재까지도 식품에서 검출되는 것은 잔류가 아닌 오염의 예라 할 수 있다.

　　제 3부에서는 좁은 의미의 식품첨가물(직접 식품첨가물과 착색료)과 함께 어떤 의도를 갖고 식품에 사용되고 나서 식품에 잔류하는 소위 잔류물질, 그리고 포장재로부터 혼입되는 물질을 다룬다.

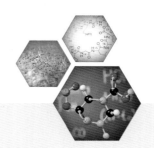

제 6장

식품첨가물 독성

인류가 식품첨가물을 사용하기 시작한 것은 불의 사용만큼 오래되었다고 생각된다. 즉, 불과 연기로 고기를 구우면서 사용이 시작되었다고 말할 수 있다. 3,500년 전 이집트인들이 식품을 착색했다는 기록도 있다. 산업혁명 이후 식품의 대량생산이 요구됨에 따라 식품 가공의 필요에 부응하기 위해 식품첨가물을 대량으로 사용하기 시작하였다. 그에 따라 식품의 위화 문제와 첨가물 사용의 안전성 문제가 대두되었고, 안전성 확보에 대한 요구가 커지기 시작하였다.

그에 따라 미국에서는 1958년 식품첨가물 개정법이 만들어져, 식품에 첨가되는 모든 물질은 그라스(generally recognized as safe, GRAS)에 있는 경우를 제외하고는 시판되기 전에 제조자가 안전하다는 것을 증명하여야 한다고 규정하였고, 1960년 착색료 수정법에서 착색료를 전면 재조사하여, 어떤 동물에서도 암을 일으키는 착색료의 사용을 금지하고 검정착색료만을 사용할 수 있도록 하였으며, 기존에 사용되고 있는 착색료에 대해서는 과학적인 시험이 완료될 때까지는 '비검정' 색소로 분류하여 잠정적인 사용을 허락하였다.

우리나라는 1962년 1월 20일 식품위생법이 제정·공포되면서 217개의 화학적 합성품이 지정되었다. 그 후 오늘날까지 여러 차례 지정이 추가 및 삭제되어 왔고, 2014년 12월 현재 합성품 441품목, 천연첨가물 213품목 등의 식품첨가물이 지정되어 있다. 지정된 식품첨가물에 대하여는 품질 규격 및 적정한 사용을 위해 규격과 기준을 정하고 있다.

또한 우리나라 식품첨가물공전에는 식품첨가물의 용도별 분류는 되어 있지 않으나, 합성감미료 6품목, 합성착색료 23품목, 합성보존료 14품목, 산화방지제 10품목, 표백제 및 발색제 13품목, 향미증진제 2품목 등 총 68품목에 대하여 이들 첨가물이 함유된 식품에 있어서는 그 함유된 첨가물의 명칭과 용도를 표시하도록 규정하고 있다.

1. 식품첨가물의 정의

식품에 첨가하는 모든 물질을 통칭 식품첨가물이라고 하지만, 법적인 정의와 기술적인 정의, 그리고 사회적 인식은 서로 다르다.

(1) 법적 정의

식품첨가물의 법적인 정의는 기관마다 다양하다. 우리나라는 식품위생법 제2조에서 다음과 같이 정의하고 있다. 식품을 제조·가공 또는 보존하는 과정에서 식품에 넣거나 섞는 물질 또는 식품을 적시는 등에 사용되는 물질을 말한다. 이 경우 기구·용기·포장을 살균·소독하는 데에 사용되어 간접적으로 식품으로 옮아갈 수 있는 물질을 포함한다.

FAO/WHO의 식품첨가물 전문위원회에서는 식품첨가물을 식품의 외관, 조직 또는 저장성을 향상시키기 위해 통상 적은 양으로 식품에 의도적으로 첨가되는 비영양소라고 정의하고 있고, 용기나 포장에서 유래되는 물질이나 농약 등도 포함시키고 있다. 그리고 미국 국립과학심의회의 식품보호위원회에서는 식품첨가물을 생산·가공·저장 또는 포장의 어떤 단계에서 식품으로 들어오게 되는 식품 기본성분 이외의 물질 또는 혼재물로서 여기에는 우발적인 오염물은 포함되지 않는다고 하였다. 또한 1976년 개정된 연방 식품·의약품·화장품법에서 식품첨가물이라 함은 직접적으로든 간접적으로든 식품의 특성에 영향을 주거나 그 식품의 한 성분이 되는, 그리고 의도적으로 사용하는 모든 물질(생산·제조·포장·처치·가공·수송·저장에서 의도적으로 사용하는 모든 물질을 포함)로서 GRAS 목록 이외의 물질을 의미한다고 하면서, 농산물의 생산·저장 및 수송에 사용되는 농약, 착색료, 동물용 의약품은 제외하였다.

(2) 기술적 정의

일반적으로 기술적인 정의는 법적인 정의보다 넓은데, 미국 국립과학원 식품영양부의 식품보호 위원회에서는 '생산, 가공, 저장, 포장 중의 어떠한 결과로든 식품에 존재하는 기본 성분 이외의 물질이나 혼합물'이라고 정의하고 있다.

기술적인 정의에서 식품첨가물은 직접 식품첨가물과 간접 식품첨가물의 두 범주로 나뉜다. 식품 생산과정 중 그리고 기능적인 목적을 위하여 직접적·의도적으로 첨가되는 물질을 직접 혹은 의도적인 식품첨가물이라 한다. 그리고 의도적으로 식품에 첨가되지는 않으나 생산 환경, 가공·저장 중에 식품으로 들어오는 물질을 간접 혹은 비의도적인 식품첨가물이라고 한다. 따라서 기술적 정의에 의하면 농작물의 재배 시 사용되는 농약, 가공기계에 사용되는 윤활유, 그리고 포장재로부터 용출되는 가소제 등은 간접 식품첨가물로 간주된다.

간접 식품첨가물은 식품 오염물질과는 개념이 다르다. 식품 오염물질은 식품의 생산·가공·저장 중에 자연적인 과정으로 식품의 일부분이 되는 물질로 일정 수준 이상으로 존재하는 불필요한 물질이라 정의할 수 있다. 예로 토양 중 질산염, 셀레늄, 납, 카드뮴 농도가 높아 농작물로 이환된 경우 이들은 식품 오염물질이 된다. 또한 생산·가공·저장 중 곰팡이나 세균이 만드는 곰팡이 독소나 세균 독소, 튀김기름 중의 산패물질 등도 식품 오염물질이다.

(3) 사회적 인식

대중은 식품첨가물에 대한 정확한 정의를 갖고 있지 않아 식품첨가물에 대한 인식은 즉흥적이고 비논리적이며, 매스컴에 따라 식품첨가물에 대해 무관심하기도 하고 과잉 반응을 나타내기도 한다. 예로, 설탕과 사카린을 구별하지 않으며, 극미량의 잔류농약도 무조건적으로 기피하곤 한다. 식품첨가물에 대한 대중의 인식에 영향을 주는 또 다른 요인은 식품행정에 대한 불신, 식품의 과장 표시, 아질산이나 사카린 등 특정첨가물에 대한 지속적인 논란 등이다. 그리고 자연주의자들은 유기질 비료로 재배한 첨가물이 없는 자연식품만을 고집한다. 식품첨가물에 대한 대중의 관심이 점차 증대되고 있는 것과 더불어, 대중에게 식품첨가물에 대한 유용성과 위해성에 대해 정확한 정보를 제공하는 것이 매우 중요하다.

2. 식품첨가물의 분류

식품첨가물의 정의가 국가마다 다르듯이 식품첨가물로 허용된 품목과 용도는 달라진다. 2014년 12월 현재 우리나라는 화학적 합성품 441품목, 천연첨가물 213품목, 혼합제제 7품목, 착향료 1,140품목 등 총 1,801품목이 식품첨가물로 지정되어 있으나, 식품첨가물공전에는 식품첨가물의 용도별 분류는 되어 있지 않다. 식품첨가물은 중복되는 용도로도 사용하지만 식품첨가물의 사용 용도는 크게 다음과 같다[표 6-1].

(1) 식품의 변질 · 변패를 방지하는 식품첨가물

이 부류는 식품 가공 및 저장 시 식품의 분해속도를 저하시키고 변질을 방지하기 위해 사용하며 보존료, 살균제, 산화방지제, 방충제, 충전가스, 금속제거제 등이 있다.

(2) 관능을 만족시키는 식품첨가물

이 부류는 맛이나 향을 증대시키거나 식품의 외관을 향상시키는데 사용되며 조미료, 감미료, 산미료, 착색료, 착향료, 발색제, 표백제 등이 있다.

(3) 식품의 품질개량 · 유지에 사용되는 식품첨가물

이 부류는 특정식품에 바람직한 점성과 조직성을 부여하기 위하여 첨가되며 품질 개량제, 밀가루 개량제, 호료, 유화제, 이형제, 피막제 등이 있다.

(4) 영양 강화에 사용되는 식품첨가물

이 부류는 식품에 부족한 영양소를 강화하거나 식품가공 과정에서 유실된 영양소를 보충하는데 사용되며, 아미노산, 비타민, 무기질 등이다.

(5) 식품 제조에 필요한 식품첨가물

이 부류는 식품 제조 · 가공 과정에서 시 사용되는 첨가물로, 추출제, 용제, 소포제, 고결방지제, 두부응고제, 식품가공용제, 양조용제, 흡착여과용제 등이 있다.

표 6-1 식품첨가물의 분류와 종류

기능	첨가물명
1. 관능을 만족시키는 첨가물	
조미료	L-글루타민산나트륨(MSG), 구아닐산나트륨, 글리신 등
감미료	사카린나트륨, 글리실리진산 2나트륨, D-소르비톨, D-말티톨, 자일리톨, 이소말트, 아스파탐, 스테비올배당체
산미료	초산 및 빙초산, 구연산, 주석산, 푸말산, 푸말산 1나트륨, 젖산, 사과산, 글루코노델타락톤, 아디핀산, 이산화탄소, 인산, 글루콘산, 이타콘산

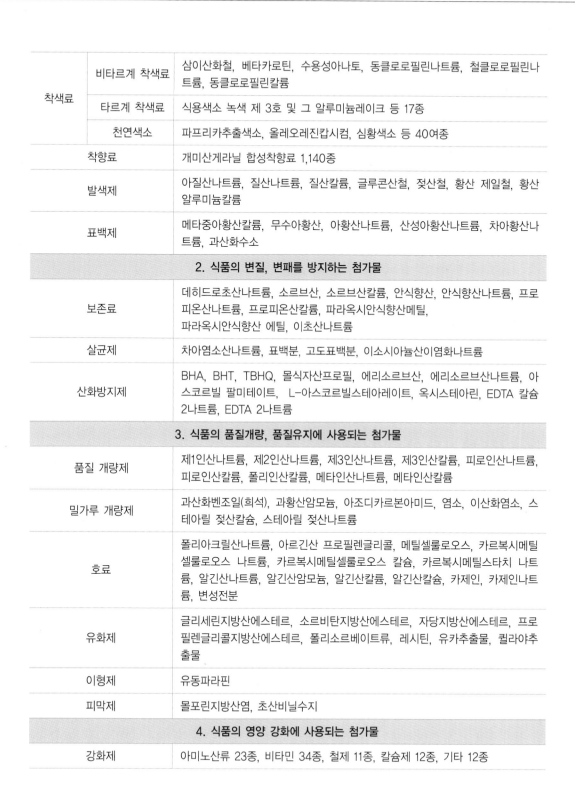

착색료	비타르계 착색료	삼이산화철, 베타카로틴, 수용성아나토, 동클로로필린나트륨, 철클로로필린나트륨, 동클로로필린칼륨
	타르계 착색료	식용색소 녹색 제 3호 및 그 알루미늄레이크 등 17종
	천연색소	파프리카추출색소, 올레오레진캅시컴, 심황색소 등 40여종
착향료		개미산게라닐 합성착향료 1,140종
발색제		아질산나트륨, 질산나트륨, 질산칼륨, 글루콘산철, 젖산철, 황산 제일철, 황산 알루미늄칼륨
표백제		메타중아황산칼륨, 무수아황산, 아황산나트륨, 산성아황산나트륨, 차아황산나트륨, 과산화수소

2. 식품의 변질, 변패를 방지하는 첨가물

보존료	데히드로초산나트륨, 소르브산, 소르브산칼륨, 안식향산, 안식향산나트륨, 프로피온산나트륨, 프로피온산칼륨, 파라옥시안식향산메틸, 파라옥시안식향산 에틸, 이초산나트륨
살균제	차아염소산나트륨, 표백분, 고도표백분, 이소시아눌산이염화나트륨
산화방지제	BHA, BHT, TBHQ, 몰식자산프로필, 에리소르브산, 에리소르브산나트륨, 아스코르빌 팔미테이트, L-아스코르빌스테아레이트, 옥시스테아린, EDTA 칼슘 2나트륨, EDTA 2나트륨

3. 식품의 품질개량, 품질유지에 사용되는 첨가물

품질 개량제	제1인산나트륨, 제2인산나트륨, 제3인산나트륨, 제3인산칼륨, 피로인산나트륨, 피로인산칼륨, 폴리인산칼륨, 메타인산나트륨, 메타인산칼륨
밀가루 개량제	과산화벤조일(희석), 과황산암모늄, 아조디카르본아미드, 염소, 이산화염소, 스테아릴 젖산칼슘, 스테아릴 젖산나트륨
호료	폴리아크릴산나트륨, 아르긴산 프로필렌글리콜, 메틸셀룰로오스, 카르복시메틸셀룰로오스 나트륨, 카르복시메틸셀룰로오스 칼슘, 카르복시메틸스타치 나트륨, 알긴산나트륨, 알긴산암모늄, 알긴산칼륨, 알긴산칼슘, 카제인, 카제인나트륨, 변성전분
유화제	글리세린지방산에스테르, 소르비탄지방산에스테르, 자당지방산에스테르, 프로필렌글리콜지방산에스테르, 폴리소르베이트류, 레시틴, 유카추출물, 퀼라야추출물
이형제	유동파라핀
피막제	몰포린지방산염, 초산비닐수지

4. 식품의 영양 강화에 사용되는 첨가물

| 강화제 | 아미노산류 23종, 비타민 34종, 철제 11종, 칼슘제 12종, 기타 12종 |

5. 식품제조용 첨가제 및 기타		
추출제		헥산
용제		글리세린, 프로필렌글리콜
소포제		규소수지(silicone resin)
식품 제조용 첨가제	고결방지제	실리코알루민산 나트륨
	두부응고제	염화마그네슘, 염화칼슘, 글루코노델타락톤, 황산칼슘
	식품가공용제	염산, 황산, 수산화나트륨 등
	양조용제	황산마그네슘 등
	흡착여과용제	규조토, 백도토 등
6. 기타		
팽창제		황산알루미늄칼륨(명반, 소명반), 황산알루미늄암모늄(암모늄명반, 소암모늄명반), 염화암모늄, 주석산수소칼륨, 탄산수소나트륨, 탄산수소암모늄, 탄산암모늄, 탄산마그네슘, 산성피로인산 나트륨, 제 1인산칼슘, 글루코노락톤
검기초제		에스테르검, 초산비닐수지(피막제), 폴리부텐, 폴리이소부틸렌

3. 식품첨가물의 안전성

1954년 FAO/WHO의 영양전문위원회의 권고에 의하여 설치된 FAO/WHO 합동 식품
첨가물 전문위원회에서는 1955년 식품첨가물의 사용을 규제하는 일반원칙을 정하였고,
1957년에는 화학물질을 식품첨가물로 사용할 때의 안전지침을 정하였으며, 1958년에는
식품첨가물의 안전성 확인시험법을 발간하였다.

(1) 식품첨가물의 안전량과 섭취허용량

화학적 합성품에 대한 사용한계량의 결정은 동물에 대한 장기간의 만성독성시험에서 얻
어지는 최대무작용량을 먼저 정하고, 그 값을 FAO/WHO에서 인정하는 각각의 식품첨가
물에 대한 안전계수(100~250)로 나누어 그 양을 사람에 대한 일일섭취허용량(ADI)으로
한다. 그리고 각 식품별 식품첨가물의 허용치는 그 첨가물이 들어 있는 식품의 추정섭취량
과 첨가물의 효과를 발휘하는 최소량을 고려하여 그 첨가물의 첨가율, ADI 등을 고려하여
결정한다.

그러나 실험동물에서 얻은 안전성 데이터를 그대로 사람에게 적용할 수밖에 없다는 점으로 인해 많은 사람들이 식품첨가물에 대해 불안감을 가지고 있지만, 식품첨가물을 사용하는데 따른 상대적인 이익을 무시할 수도 없기 때문에 식품첨가물 사용에 대한 위해/이익 판단은 그 사회구성원들의 합의점을 도출해내어야 한다.

(2) 위해/이익 개념

식품첨가물 사용에 대한 위해/이익 판단은 특히 동물실험에서 발암성이 입증된 물질인 경우에는 더욱 난감한 문제가 된다. 이러한 발암물질은 일상적인 섭취로 그 물질로 인한 사람에서의 발암성을 입증하는 데는 수십 년이 소요되므로, 이를 극복하기 위하여 위해/이익 개념이 도입되었다. 1978년 식품안전성과 영양에 관한 IFT 전문위원회(institute of food technology expert panel on food safety and nutrition)는 식품안전성은 곧 위해와 이익을 상호 비교하여서 결정되어야 한다는 점을 제시하였다. 이 개념은 사람이 식품을 섭취할 때 식품에 함유된 식품첨가물의 섭취에 따른 위해성을 결정하기 위해 모든 이론적·과학적 수단과 방법을 이용한다. 예를 들면, 어떤 식품 중 성분 A가 발암물질인 경우, 비록 성분 A가 식품의 품질 향상에 필수적일지라도 성분 A는 사용할 수 없게 된다. 반면 성분 B는 일부 발암가능성이 있지만 대부분의 사람들에게 필수 성분이면, 그 식품은 성분 B로 인해서 전혀 사용할 수 없는 것이 아니고, 일부 사용하면서 지속적으로 안전성 여부를 검토하여 계속 사용 여부를 결정하는 것이다. 따라서 위해/이익을 판단하는 데는 다음과 같은 요인을 고려하여 결정하게 된다. 첫째, 소비자에게 예상되는 위해성, 둘째, 소비자들의 요구와 필요성, 셋째, 그 식품의 필요성과 건강과의 관계, 넷째, 경제적인 요인, 다섯째, 규제 방법의 실효성.

결국 식품첨가물 사용 여부의 판단은 위해/이익의 균형에 따라 결정되며, 위해성이 유익보다 큰 경우에는 사용이 제한된다.

(3) 델라니 조항과 위해성 규제

1958년 미연방 식품·의약품 및 화장품법의 식품첨가물 수정안의 조항 490(C)에 명기된 일명 '델라니 조항'에서는 식품첨가물로 인한 발암 위험에 대해서 '인간과 동물에서 암을 유발한다고 알려진 경우 혹은 여러 가지 실험을 통해 인간과 동물에게 암을 유발하는 것으로 판명되는 물질은 안전한 식품첨가물이라고 할 수 없다.' 라고 하여 식품에서의 발암물질의 사용을 강력하게 규제하였다. 그러나 1962년 델라니 수정안이 발표되어, 가축

사료에 사용한 약품이 비록 발암물질이라고 하더라도 가축의 가식부위에 그 약품이 잔류하지 않을 경우에는 그 약품을 동물사료에 혼합할 수 있게 되었다. 게다가 자연식품에 존재하는 다양한 발암물질에 대해서는 델라니 조항은 무의미하여 자연식품에 함유된 발암물질은 허용수준(tolerance level)을 설정하여 규제하고 있다.

4. 식품첨가물 각론

식품첨가물 중 위해성이 클 수 있거나 사회적으로 관심이 큰 것은 착색료, 보존료, 살균제, 산화방지제, 발색제, 표백제, 인공감미료, 증량제, 밀가루 개량제이다.

(1) 착색료

식품의 색(colors)은 그 식품에 대한 기호성과 품질 면에서 매우 중요한데, 조리·가공 중에 변색·퇴색하는 경우가 많으므로 식품을 인공적으로 착색시켜 보기 좋도록 하려고 사용하는 첨가물을 착색료라고 한다. 착색료는 천연색소와 인공색소 모두 쓰이지만 천연착색료는 색이 불안정하고 비싼 경우가 많다.

1) 착색료의 규제역사

착색료의 사용 역사는 매우 오래되었으며 고대 이집트 사람들은 사탕에 착색료를 사용하였다고 한다. 착색료 사용의 문제점은 역사적으로 그 독성 가능성 때문이었다. 예를 들면, 18세기에는 피클을 녹색으로 만드는데 황산구리를 사용하였고, 치즈를 진사와 붉은 납으로 착색하였다. 그리고 사용한 찻잎을 아비산구리, 크롬산납, 인디고 등으로 염색하여 재사용하고 캔디는 진사뿐 아니라 크롬산납, 탄산납으로 착색하였다. 영국에서는 우유를 탈지한 것과 물탄 것을 숨기기 위해 노랗게 물들이기도 하였다. 18세기 중엽 합성 착색료가 발명되기 전까지는 주로 천연색소나 무기염들이 사용되었다.

식품의 착색료 사용에 대한 체계적인 규제는 미국에서 시작되었다. 1906년 당시 사용되고 있던 타르계 식품착색료 중에서 7가지만을 허용하였다. 그 후 1916년에서 1929년 사이에 10개가 추가로 허용되었다. 1938년의 연방 식품·의약품·화장품법에는 모든 식품착색료는 '무해'할 것을 요구하였다. 1950년대 초 FDA는 무해하다는 것은 어떤 양이나 조건에서도 실험동물에서 아무런 해를 일으키지 않는다는 것을 의미한다고 재정의 하였다. 이 정의에 따라 1956년~1959년 사이에 8개의 착색료가 금지되었는데, 이 해석 방법에 따르면 결국에는 모든 식품착색료를 금지하게 되고 독성학적으로 무의미하다는 것이 제기되었다. 따라서 이러한 문제를 극복하기 위하여 1960년 수정법에서는 FDA로 하여금 타르계 색소뿐 아니라 모든 합성착색료에 대한 안전수준 또는 허용량을 설정하도록 하였다. 이때부터 모든 새로운 착색료에 대해 판매전 독성검사를 요구하였고, 이미 허용된 착색료라도 안전에 의심이 가면 새로운 시험을 요구하게 되었다.

착색료에 대한 위해성은 독성학적으로 무해하다는 것이 증명되었더라도, 사용에 대한 논쟁은 계속되고 있어, 식품에 첨가된 인공착색료에 대해서 표시하여 소비자가 사용여부를 결정할 수 있게 하고 있다.

2) 허용 착색료

현재 사용되고 있는 타르색소는 모두 산성·수용성이며 유기용매에는 거의 녹지 않는다. 따라서 지용성 색소를 대신하기 위하여 색소의 알루미늄레이크를 허용하고 있는데, 이것은 수산화알루미늄에 색소를 침착시켜 만든 불용성의 색소로, 분말로 식품에 현탁시켜 착색된다. 우리나라에서 사용이 허가된 합성 착색료는 식용색소 녹색 제3호 및 그 알루미늄레이크, 식용색소 적색 제2호 및 그 알루미늄레이크, 식용색소 적색 제3호, 식용색소 적색 제40호 및 그 알루미늄레이크, 식용색소 적색 제102호, 식용색소 청색 제1호 및 그 알루미늄레이크, 식용색소 청색 제2호 및 그 알루미늄레이크, 식용색소 황색 제4호 및 그 알루미늄레이크, 식용색소 황색 제5호 및 그 알루미늄레이크 등 16종이다.

일반적으로는 원래 (콜)타르 색소라고 부르는 '인공'색소는 유해하고 천연 또는 식물성 색소는 안전하다고 인식되고 있으나, 인공색소는 정제된 합성품이어서 그 독성에 대해 엄격히 검토되었으나 천연색소는 복합물질인 경우가 많고, 오로지 가능한 독성학적 평가라고는 다만 인간이 오랫동안 큰 탈 없이 사용해 왔다는 것뿐이다.

표 6-2 　허용 합성착색료 및 그 사용기준

착색료명	사용기준
식용색소 녹색 3호 식용색소 녹색 3호 알루미늄레이크 식용색소 적색 2호 식용색소 적색 2호 알루미늄레이크 식용색소 적색 3호 식용색소 적색 40호 식용색소 적색 40호 알루미늄레이크 식용색소 적색 102호 식용색소 청색 1호 식용색소 청색 1호 알루미늄레이크 식용색소 청색 2호 식용색소 청색 2호 알루미늄레이크 식용색소 황색 4호 식용색소 황색 4호 알루미늄레이크 식용색소 황색 5호 식용색소 황색 5호 알루미늄레이크	식용색소를 사용하여서는 아니 되는 식품(예: 적색 102호) 1. 천연식품 2. 빵류 3. 과자(한과류 제외) 4. 캔디류 5. 빙과류 6. 코코아매스, 코코아버터, 코코아분말 7. 초콜릿류 8. 잼류 9. 유가공품 10. 식육가공품(소시지류 제외) 11. 알가공품 12. 어육가공품 13. 두부류, 묵류 14. 식용유지류 15. 면류 16. 다류 17. 커피 18. 과일·채소류음료 19. 탄산음료 20. 두유류 21. 발효음료류 22. 인삼·홍삼음료 23. 혼합음료 24. 장류 25. 식초 26. 소스류 27. 토마토케첩 28. 카레 29. 고춧가루, 실고추 30. 향신료가공품 31. 복합조미식품 32. 마요네즈 33. 김치류 34. 젓갈류(명란젓 제외) 35. 절임식품(밀봉 및 가열살균 또는 멸균처리한 절임제품은 제외) 36. 단무지 37. 조림식품 38. 땅콩 또는 견과류가공품류 39. 과·채가공품류 40. 조미김 41. 벌꿀 42. 추출가공식품류 43. 시리얼류 44. 즉석섭취·편의식품류 45. 레토르트식품 46. 특수용도식품 47. 건강기능식품(정제의 제피 또는 캡슐은 제외)
삼이산화철	아래의 식품 이외에 사용하여서는 아니 된다 1. 바나나(꼭지의 절단면) 2. 곤약
수용성안나토 β-카로텐 β-아포-8'-카로티날 카르민	아래의 식품에 사용하여서는 아니 된다 1. 천연식품 2. 다류 3. 커피 4. 고춧가루, 실고추 5. 김치류 6. 고추장, 조미고추장 7. 식초 8. 향신료가공품(고추 또는 고춧가루 함유제품에 한함)
철클로로필린나트륨	다음 식품에 사용하여서는 아니 된다 1. 천연식품[식육류, 어패류(고래고기 포함), 과실류, 채소류, 해조류, 콩류 등 및 그 단순가공품(탈피, 절단 등)] 2. 다류 3. 커피 4. 고춧가루, 실고추 5. 김치류 6. 고추장, 조미고추장 7. 식초
동클로로필 동클로로필린나트륨 동클로로필린칼륨	아래의 식품 이외에 사용하여서는 아니 된다. 사용량은 동으로서 1. 다시마: 무수물 1kg에 대하여 0.15g 이하 2. 과실류의 저장품, 채소류의 저장품: 0.1g/kg 이하 3. 추잉껌, 캔디류: 0.05g/kg 이하 4. 완두콩 통조림중의 한천: 0.0004g/kg 이하

3) 불허용 착색료

　식품첨가물에 대한 부정정인 인식을 불러일으키는데 있어서 착색료 사용문제가 큰 비중을 차지하였다고 해도 과언이 아닐 것이다. 그동안 불법 착색료의 사용뿐 아니라 허용 착색료라도 사용 금지 조치가 내려진 것이 많다. [표 6-3]은 사용 금지된 타르계 색소를 나타내고 있다. 그리고 과거에 우리나라에서 사용되었던 불허용 착색료는 다음과 같다.

① 오라민

오라민(auramine, 황색)은 마우스에서의 치사량이 480mg/kg인데, 다량 섭취 시 20분 후에 두통, 구토, 사지마비, 흑자색 반점, 맥박감소, 심계항진, 의식불명이 나타난다. 또한 제조 종사자에서 방광암이 높게 나타난다. 과자, 단무지, 카레가루, 빈대떡, 완구류 등에 사용될 가능성이 있다.

② 로다민 B

로다민 B(rhodamine B, 분홍색)는 마우스에서의 경구 LD_{50}은 887mg/kg이며, 사람에서 100mg/kg으로 소변 착색, 전신 착색이 나타나고, 중증에서는 오심, 구토, 설사, 복통을 일으킨다. 발암성이 알려져 있다. 생선묵, 과자, 토마토케첩, 아이스케이크 등에 사용하였다.

③ 파라-니트로아닐린

파라-니트로아닐린(p-Nitroaniline, 황색)은 쥐에서의 경구 LD_{50}은 750mg/kg이며, 두통, 청색증, 혼수, 맥박저하를 일으키며, 발암성이 알려져 있다.

표 6-3 사용 금지된 타르계 착색료

이름	일반명	주요 독성
아조 색소		
식용적색 1호	Ponceau 3R	간 장애, 간 종양
식용적색 4호	Ponceau SX	부신위축, 방광염
식용적색 5호	Oil Red XO	간, 비장장애
식용적색 101호	Ponceau R	간종양, 신장의 변성
식용등색 1호	Orange I	신장의 출혈, 비장비대
식용등색 2호	Orange SS	간장, 심장장애
식용황색 2호	Yellow AB	빈혈, 복수증, 간장장애
식용황색 3호	Yellow OB	빈혈, 복수증, 간장장애
크산틴색소		
식용적색 103호	Eosine	-
트리페닐메탄색소		
식용녹색 7호	Guinea Green B	빈혈, 간장장애
식용녹색 2호	Light Green SF	종양유발
식용자색 1호	Violet 6B	종양유발
니트로색소		
식용황색 1호	Naphthol yellow S	장궤양, 신장장애

(2) 보존료

보존료(preservatives)는 식품의 변질을 방지하여 식품의 영양가와 신선도를 유지하기 위해 식품에 첨가하는 식품첨가물로 방부제라고도 한다.

1) 허용 보존료

현재 우리나라에서는 데히드로초산, 소르빈산, 안식향산, 프로피온산과 그 염류 그리고 파라옥시안식향산 에스테르류 등 14종이 사용 허가되어 있는데, [표 6-4]에는 사용이 허용된 보존료와 허용 식품을 나타내었다.

① 데히드초산과 그 나트륨염

데히드로나트륨의 LD_{50}(쥐)은 570mg/kg로 비교적 독성이 강한 편이고 만성독성에 관한 보고도 있다.

② 소르빈산과 그 염

곰팡이나 효모에 대해 특히 효력이 좋아 된장, 고추장을 비롯하여 가장 많은 식품에 사용되고 있다. 소르빈산은 독성이 매우 낮은데 아마 소르빈산이 지방산 대사경로로 대사되기 때문인 듯하다. 쥐에서의 경구 LD_{50}은 소르빈산이 10.5g/kg, 나트륨염은 5.94g/kg, 칼륨염은 5.86g/kg이다.

③ 안식향산과 그 나트륨염

곰팡이 억제 작용이 pH 4.0 이하에서 강력하므로 과일·채소류음료, 간장 등에 사용된다. 안식향산나트륨은 효모와 세균에 대해 가장 강력하다. 안식향산과 그 염류는 배설이 잘되는데, 글리신이나 글루탐산과 포합되어 요로 배설된다. 쥐에서의 경구 LD_{50}은 안식향산이 2.7g/kg, 나트륨염이 4.1g/kg이다.

④ 파라옥시안식향산 메틸, −에틸

그 화학구조가 안식향산과 유사하지만 에스테르이며, 높은 pH에서 작용하며 주로 곰팡이나 효모에 대해서 효력이 크다. 체내에서는 그 에스테르가 가수분해되고 포합되어 배출된다. 파라옥시안식향산 에틸의 경우 LD_{50}은 2.5g/kg(마우스)이다. 고용량에서 마우스에서 운동실조, 마비 등의 증상을 일으키는데 대개 30분 이내에 회복된다.

⑤ 프로피온산 나트륨과 그 칼슘염

빵 곰팡이에 대해 안식향산나트륨보다 훨씬 효력이 좋다. 빵에는 칼슘의 영양적인 면도 고려하여 주로 칼슘염을 사용한다. 마우스에서의 경구 LD_{50}은 나트륨염이 5.1g/kg, 칼슘염이 3.34g/kg이다.

표 6-4   허용 보존료와 그 허용식품 (식품 등의 기준 및 규격, 식품의약품안전처)

착색료명	사용기준
데히드로초산 데히드로초산나트륨	자연치즈, 가공치즈, 버터류 및 마가린류 0.5g/kg 이하
소르빈산 소르빈산 소르빈산칼륨	1. 자연치즈 및 가공치즈 3.0g/kg 이하 2. 식육가공품 2.0g/kg 이하 3. 염분 8% 이하의 젓갈류, 한식된장, 된장, 고추장 등 3.0g/kg 이하 4. 잼류 5. 건조과실류 6. 발효음료류 7. 과실주 0.2g/kg 이하 8. 마가린류 9. 저지방마가린 10. 당류가공품
안식향산 안식향산나트륨 안식향산칼륨 안식향산칼슘	1. 과일 · 채소류음료, 한식간장, 산분해간장 등 2. 알로에 전잎 및 알로에겔 건강기능식품 3. 오이초절임 및 마요네즈 1.0g/kg 이하 4. 잼류 5. 망고처트니 6. 마가린류
파라옥시안식향산메틸 파라옥시안식향산 에틸	1. 캡슐류 2. 잼류 3. 망고처트니 4. 간장류 5. 식초 6. 과일 · 채소류음료 7. 소스류 8. 과실 · 채소 0.012g/kg 이하
프로피온산 프로피온산나트륨 프로피온산칼슘	1. 빵류: 2.5g/kg 이하 2. 자연치즈, 가공치즈: 3.0g/kg 이하 3. 잼류: 1.0g/kg 이하

2) 불허용 보존료

식품첨가물이 일반에게 강한 거부감을 일으키는 데 주요한 원인 중 하나는 과거에 각종 불법 소독제 · 방부제 등이 식품의 보존료로 사용된 것이다. 대표적인 것들은 다음과 같다.

① 붕산 및 붕소화합물

햄, 베이컨 등에는 붕산이, 과자 등에는 붕사 및 과붕산나트륨이 사용되었다. 붕산은 축적성이 있고, 세포 원형질의 팽윤, 산혈증에 의한 대사장애, 소화작용을 억제하여 식욕감퇴와 소화불량을 초래한다. 또한 영양소의 동화를 방해하고, 지방의 분해를 촉진하여 체중감소를 일으키며, 장기의 출혈을 일으킨다. 붕산은 개에서 0.33~0.5g/kg으로 중독을 일으키고, 1g 이상에서는 사망에 이르게 한다. 기니피그에서의 경구치사량은 2.6g/kg이다. 사람에서는 1~3g으로 중독을 일으키고, 8~17g으로 사망한다. 다량 섭취한 경우에는 2~3시간 내에 구토, 설사, 허탈을 일으키고 홍반이 생기며 혼수상태에 빠져 3~5일에 사망한다. 천연식품 중에도 비교적 다량의 붕산이 함유되어 있는데, 해조류에는 100~300mg/kg, 차에는 30~40mg/kg, 과실에는 20~90mg/kg 함유되어 있다.

② 불화물

불화수소산, 불화나트륨, 규불화수소산 등은 강한 방부력이 있어 공업용 접착제의 방부제로 사용된다. 육류, 우유, 알코올 음료 등에 방부살균, 이상발효 억제 목적으로 사용하였는데, 독성이 강해 사용을 금지하고 있다. 불화물은 급성중독의 경우 구토, 복통, 경련, 호흡장애를 일으키고, 장과 방광 점막이 손상된다. 만성중독으로는 1일 6mg 이상이면 반상치, 불소증(골연화증, 체중감소, 빈혈 등)을 일으키며, 세포의 칼슘 대사를 저해한다.

③ 승홍

승홍은 수은 화합물로 강력한 살균작용이 있어 소독제 및 주류 등에 사용되었다. 독성이 강하고, 단백질의 티올기와 결합하여 세포의 대사기능을 억제하며 사구체, 세뇨관의 변성을 초래한다. 급성중독의 경우에는 구토, 복통, 요독증을 일으키고, 만성중독의 경우에는 신장장애, 구내염 등을 일으킨다. 또한 수은중독의 위험이 있어 사용이 금지되었다.

④ 포름알데히드(포르말린)

포르말린은 살균력이 강해 0.002% 용액은 세균 발육을 저해하고 0.1%에서는 아포 형성균에도 유효하다. 포르말린(포름알데히드의 35% 수용액)은 방부력이 강해 주류, 장류, 시럽, 육제품에 불법으로 사용하기도 하였다. 포름알데히드는 체내에서 아민기, 수산기와 결합하여 단백질과 핵산을 변성시킨다. 또한 소화작용을 억제하고 두통, 구토, 위경련, 위궤양, 순환기 장애, 현기증 등을 일으킨다. 포르말린의 치사량은 10~20mL로 맹독성 물질이다.

⑤ 헥사메틸 테라민

헥사메틸 테라민(hexamethyl teramine, urotropine)이란 포름알데히드와 암모니아가 결합해서 만들어진 백색 결정으로 물에 녹아 포름알데히드를 방출하여 방부효과를 낸다. 의약품으로 우로트로핀(urotropine)이라는 이름으로 요로살균제로 사용된다. 구토, 피부 발진을 일으키고 신장과 방광을 자극하여 혈뇨 등을 일으킨다.

⑥ 베타나프톨

베타나프톨(β-Naphthol)은 백색 결정으로 물에는 잘 녹지 않으나 알코올, 에테르에는 잘 녹으며, 곰팡이류에 0.005%로 유효하여 간장의 방부제로 사용되기도 하였다. 세포단 백의 변성, 점막의 괴사를 일으키며, 급성증상은 구토, 경련, 현기증 등을 일으킨다. 고양 이는 0.1g/kg 경구 투여로 수 시간 내에 폐사한다.

⑦ 기타

페놀은 석탄산이라고도 하며 소독제로 널리 사용된다. 페놀을 섭취하면 구강, 인후, 위에 작열감을 주며, 괴사, 구토, 현기증을 일으키고, 과량에서는 실신, 허탈, 호흡마비를 일으켜 사망한다. 만성중독으로는 전신권태, 두통, 현기, 구토를 일으키는데, 1~2g으로 중독을 일으키며, 치사량은 10~15g이다. 니트로푸란계 살균제는 0.0001%~0.02% 농도에서 호기성 아포 형성균의 발육을 저지하며 강한 살균력을 갖는다. 포도상구균, 장티푸스균, 살모넬라 등에 유효하다. 어육연제품, 두부에 사용된 적이 있으나 현재는 금지하고 있다. 마우스에서 경구 치사량은 460~670mg/kg이고, 구토, 식욕부진, 간 장애를 일으킨다. 1970년대에 많이 사용되던 AF-2는 발암성 문제로 사용 금지 되었다.

⑧ 항생물질

식품의 방부, 보존을 목적으로 테트라사이클린계 항생제를 특히 가공용 어류와 어류보존용 얼음에 사용하기도 하였으나, 이로 인한 내성균의 발생, 균교대증 등의 우려로 일체 사용을 금지하고 있다. 또한 가축을 도살하기 전에 항생제를 투여하거나 주입하는 경우도 있다.

(3) 살균제

살균제(sterilizing agent)는 미생물을 단시간에 사멸시키기 위해 사용하는 첨가물로 고도 표백분, 차아염소산나트륨, 차아염소산수, 오존수 등이 있다. 이들은 최종식품에는 잔존하지 말아야 하며, 사용농도를 표시하여야 한다.

표 6-5 허용 살균제와 그 사용기준

살균제명	사용기준
고도표백분 차아염소산나트륨(수) 차아염소산수 오존수	• 과일류, 채소류 등 식품의 살균 목적으로 사용하여야 하며, 최종식품의 완성 전에 제거할 것 • 차아염소산나트륨은 참깨에 사용하여서는 안 된다.

(4) 산화방지제

산화방지제(antioxidants)는 항산화제라고도 부르며, 식품보존상 공기 중의 산소에 의해 일어나는 변질, 특히 유지의 산패에 의한 이미·이취·변색·퇴색·영양소 파괴 등을 방지하기 위하여 사용한다. 산화방지제는 불포화지방산의 지질과산화 반응과 같은 산화반응을 방지하거나 지연시킨다. 유지의 산화속도가 저하되면 산패를 일으키는 시간도 연장되게 된다.

1) 산화방지제의 작용

산화방지제는 그 작용방식에 따라 ① 페놀계 산화방지제, ② 금속이온 포착제, ③ 환원제, ④ 산소제거제 등이 있다. 그 밖에 자신은 산화방지작용은 없지만 산화방지제의 작용을 증강시키는 구연산, 말레인산 등의 유기산과 폴리인산염, 메타인산염 등의 축합인산염 등이 있는데, 이를 효력 증강제 또는 상승제라고 한다.

페놀계 산화방지제는 유지의 자동산화과정 중의 하이드로퍼옥사이드 형성과정에 있어서 각종 활성 자유라디칼에 대하여 자신의 수소 원자를 공여함으로써 자유라디칼을 안정한 화합물로 만들고 자신은 공명작용으로 안정화되는 물질이다. 따라서 하이드로퍼옥사이드를 형성하는 연쇄 반응에서 자유라디칼의 숫자를 대폭 감소시키거나 하이드로퍼옥사이드의 생성속도를 억제하는 것으로 생각된다. 산화방지제로는 페놀계 합성 산화방지제가 가장 많이 사용된다[그림 6-1].

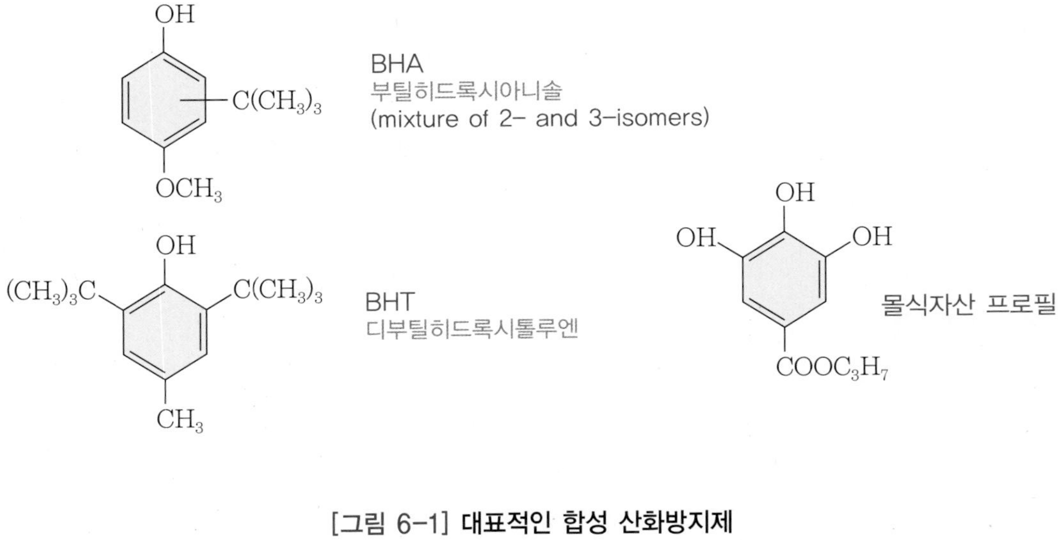

[그림 6-1] 대표적인 합성 산화방지제

2) 산화방지제의 종류

산화방지제는 일반적으로 출처에 따라 천연 산화방지제와 화학적으로 합성한 합성 산화 방지제로 나눈다.

① 천연 산화방지제

식물에는 천연성분으로 산화방지작용을 갖는 물질들이 많다. 대표적인 예는 다음과 같은데, 그러나 이들은 산업적으로는 거의 이용되지 않고 있다.

가. 세사몰: 참깨에 있는 배당체의 형태로서 아글리콘은 세사몰린이다.

나. 고시폴: 면실에 있는 고시폴도 강력한 산화방지제인데, 독성이 매우 커서 거의 사용되지 않는다.

다. 토코페롤류: 천연 토코페롤은 필수영양소인 비타민 E이며 다양한 종자유, 과실유 및 야채에 존재하는데, 유지 및 지방질 식품에 대해 산화방지작용을 갖는다.

라. 몰식자산: 오배자, 몰식자, 차 등의 성분이다.

마. 아스코르브산: 아스코르브산은 식물에 광범위하게 분포되어 있는데, 비타민 C로 필수영양소이며 산화방지작용이 있다.

② 합성 산화방지제

합성 산화방지제들은 그 화학구조에 따라 페놀계 산화방지제, 아민계 산화방지제, 황화물계 산화방지제로 세분한다. 식품에는 주로 페놀계가 사용되는데, 이들은 공업용 유지, 고무제품, 합성수지, 각종 연료 등에 산화방지제로도 사용된다.

가. 디부틸히드록시톨루엔(BHT): BHT는 BHA와 함께 가장 널리 사용되고 있는 산화방지제이다. 유지에는 0.2g/kg 이하로 첨가된다. 쥐에서의 LD_{50}은 1.70~1.97g/kg이다. BHT의 대사는 조금 느린데 주로 담즙으로 배설되고 장간순환을 한다.

나. 부틸히드록시아니솔(butylated hydroxyanisole, BHA): 식품첨가물로 사용하는 BHA는 3-이성질체와 2-이성질체의 혼합물이다. 쥐에서의 LD_{50}은 4.13g/kg이다. BHA는 요와 대변으로 잘 배설된다. 미국 국립보건원(NIH)은 실험동물에서의 발암성을 근거로 BHA가 발암물질일 가능성을 제기하였다. 특히 고농도로 투여할 때 쥐와 햄스터에서 위선암을 일으키는데, 마우스에서는 일으키지 않았고, 여러 화학물질에 의한 발암작용에 보호작용을 한다는 보고도 많다. 인구통계학을 조사한 결과 일상적인 미량 섭취는 암 발생 위해성과는 큰 의미가 없다는 결론이다. 그렇지만 미국 캘리포니아는 발암물질로 등재하고 있다.

다. 터셔리부틸히드로퀴논(TBHQ): TBHQ는 강력한 환원제로 유지류 등의 산화방지제로 사용된다. BHA 및 BHT와 병용되어 사용되기도 한다. 유지류에는 0.2g/kg 이하, 어패냉동품에는 1g/kg 이하로 사용된다. 실험동물에서 위종양 전구물질을 생성하고 DNA 손상을 일으킨다. 따라서 고농도로 장기간 섭취할 때 위암 발생의 가능성이 제기되기도 하였다. 그러나 헤테로사이클릭아민에 의한 발암성을 억제한다는 보고도 있어, 유럽식품안전청(european food safety authority, EFSA)은 TBHQ를 발암물질이 아니라고 간주하고 있다.

라. 몰식자산프로필(propyl gallate): 몰식자산과 프로필알코올의 에스테르이다. 수분 존재 하에서 철 이온이 존재할 때 상호작용하여 청색 또는 녹색으로 착색되는 것이 단점이다. 즉, 달걀노른자나 육류제품에 이 산화방지제를 사용하면 청색 또는 녹색으로 착색되는 경우가 많다. 우리나라에서 사용허용량은 1g/kg 이하이다. 쥐에서의 LD_{50}은 3.8g/kg이다.

마. L-아스코르빌팔미테이트와 L-아스코르빌스테아레이트: 아스코르브산은 산화방지 작용이 크지만 수용성이어서, 유지 등 지용성식품에는 지방산의 에스테르형인 L-아스코르빌팔미테이트와 L-아스코르빌스테아레이트가 사용된다.

바. 옥시스테아린: 부분적으로 산화된 스테아르산 및 다른 지방산의 글리세리드 혼합물로 동물성 지방에서 추출한다. 샐러드의 결정화 저해제, 분리제, 소포제, 산화방지제 등으로 식품에 사용된다. 간 세포에 포화지방이 축적된다는 증거는 없으나, 체지방 구성의 변화가 보고되어 있다. 고환암을 일으킨다는 보고도 있으나 추가 연구가 필요하다. 추정 일일섭취허용량은 0~25mg/kg이다. 사용량은 식용유지, 식용우지 및 식용돈지의 경우 0.125% 이하로 사용하고, 저장 시 밀폐 용기에 보관하여야 한다.

사. EDTA2나트륨과 EDTA칼슘2나트륨: 4개의 카복실산염과 2개의 아민기를 매개로 하여 거의 모든 금속이온과 수용성 킬레이트를 만듦으로써 금속에 의한 산화작용을 억제한다. 비타민 C의 산화방지, 식품의 금속에 의한 변질방지 목적으로 사용한다. EDTA2나트륨의 급성독성은 LD_{50}(쥐)이 2~2.2g/kg으로 낮은 편인데, 실험동물에서 세포독성과 약한 유전독성이 있다는 보고가 있으며, 생식 및 태아발생에도 영향을 미친다는 보고도 있다.

아. 에리쏘르빈산: L-아스코르브산의 입체이성질체로서 자연식품에는 존재하지 않지만, 아스코르브산과 마찬가지로 강한 환원성을 가진다. 강한 환원제로 열이나 광선에 약하며, 중금속 이온에 의하여 산화 분해가 촉진된다. 비타민 C로서의 영양적 가치가 없고 돌연변이 유발성이 밝혀져, 산화방지 이외의 목적에는 사용금지하고 있다.

표 6-6 허용 산화방지제 및 사용기준

산화방지제	사용기준
디부틸히드록시톨루엔 (BHT)	1. 식용유지류, 식용우지, 식용돈지, 버터류, 어패건제품, 어패염장품: 0.2g/kg 이하 2. 어패냉동품(생식용 냉동선어패류, 생식용굴은 제외)의 침지액, 고래냉동품(생식용은 제외)의 침지액: 1g/kg 이하
부틸히드록시아니솔 (BHA)	3. 추잉검: 0.4g/kg 이하 4. 체중조절용 조제식품, 시리얼류: 0.05g/kg 이하 5. 마요네즈: 0.06g/kg 이하
터셔리부틸히드로퀴논 (TBHO)	1. 식용유지류, 식용우지, 식용돈지, 버터류, 어패건제품, 어패염장품: 0.2g/kg 이하 2. 어패냉동품(생식용 냉동선어패류, 생식용굴은 제외)의 침지액, 고래냉동품(생식용은 제외)의 침지액: 1g/kg 이하 3. 추잉검: 0.4 g/kg 이하
몰식자산프로필	1. 식용유지류, 식용우지, 식용돈지, 버터류: 0.1g/kg 이하
아스코르빌팔미테이트	1. 식용유지류, 식용우지, 식용돈지: 0.5 g/kg 이하 2. 마요네즈: 0.5 g/kg 이하 3. 조제유류, 영아용조제식, 성장기용조제식, 영·유아용 특수조제식품: 0.05 g/L 이하(표준조유농도에 대하여) 4. 영·유아용곡류조제식, 기타영·유아식: 0.2g/L 이하(표준조유농도에 대하여) 5. 기타식품: 1.0g/kg 이하(다만, 건강기능식품의 경우는 해당 기준 및 규격에 따른다)
L-아스코르빌스테아레이트	1. 식용유지류, 식용우지, 식용돈지: 0.5g/kg 이하 2. 건강기능식품
옥시스테아린	1. 식용유지류, 식용우지, 식용돈지: 0.125% 이하
EDTA2나트륨 EDTA칼슘2나트륨	1. 드레싱류, 소스류: 0.075g/kg 이하 2. 통조림식품, 병조림식품: 0.25g/kg 이하 3. 음료류(캔 또는 병제품): 0.035g/kg 이하 4. 마가린류: 0.1g/kg 이하 5. 오이초절임, 양배추초절임: 0.22g/kg 이하 6. 건조과실류(바나나에 한한다): 0.265g/kg 이하 7. 서류가공품(냉동감자에 한한다) : 0.365g/kg 이하 8. 땅콩버터: 0.1 g/kg 이하
에리쏘르빈산 에리쏘르빈산나트륨	산화방지 이외의 목적으로 사용하여서는 아니 된다

* 참고: 식품첨가물의 기준 및 규격(고시 제 2012-34호)

(5) 발색제

자신은 색이 없으나 색조를 바람직하게 만들고 안정화시키는 물질을 발색제(color developers, color retention agent)라고 하는데, 육류제품에 아질산염과 질산염 등 7품목이 지정되어 있다. 그러나 식품안전 면에서 논란이 되고 있는 것은 아질산나트륨의 사용문제이다.

육류의 색조는 헤모글로빈, 미오글로빈의 붉은색인데, 공기 중의 산소와 결합하여 옥시헤모글로빈 등이 되었다가 철이 산화($Fe^{2+} \rightarrow Fe^{3+}$)되어 메트헤모글로빈, 메트미오글로빈이 된다. 색조는 핑크색→선홍색→암적색→적갈색이 된다. 아질산이 분해된 산화질소(NO)는 헴과 결합하여 니트로소미오글로빈이 되는데, 이것이 가공육(햄, 소시지)의 독특한 핑크색을 나타내는 것이다. 아질산염은 염화나트륨(소금)과 함께 항균작용을 나타내기도 한다. 그러나 아질산은 식품 중의 2급 아민과 결합하여 N-니트로사민을 생성하는데, 디메틸니트로사민은 강력한 발암물질이다. 동물에서는 니트로소화합물의 발암성이 확인되었지만, 사람에 있어서 질산염과 아질산염과의 암과의 관련성에 대해서는 아직 확증이 없는 실정이다.

아질산나트륨은 2급 아민이 많은 수산식품에는 사용을 금하고 있고, WHO에서는 어린이용 식품에는 사용을 삼가 할 것을 권장하고 있다. 아질산나트륨의 급성독성은 쥐의 경구투여 LD_{50}은 85mg/kg, 생쥐의 경구 투여 LD_{50}은 220mg/kg이다.

황산제일철은 가지의 안토시아닌 색소와 철 복합체를 형성해 색조를 안정화시키며, 또한 콩의 검은 색을 더욱 안정화한다.

표 6-7 | 허용 발색제 및 사용기준

발색제	사용기준
아질산나트륨	식육가공품, 어육소시지, 명란젓 및 연어알젓에만 사용
질산나트륨	식육가공품, 어육소시지, 자연치즈 및 가공치즈에만 사용
질산칼륨	식육가공품, 어육소시지, 자연치즈 및 가공치즈, 대구알 염장품에만 사용
글루콘산철	올리브, 영양소 보충용 건강기능식품에만 사용
젖산철	기준 없음
황산제일철	기준 없음
황산알루미늄칼륨	된장, 조미된장에는 사용 불가

(6) 표백제

식품 가공·제조 시 색소가 퇴색·변색되어 외관이 나빠지는 경우 색소를 파괴시켜 식품의 색을 아름답게 하려고 표백제(bleaching agent)를 사용한다. 표백제는 그 작용방식에 따라 산화형과 환원형의 2종으로 구별한다.

1) 허용 표백제

과산화수소는 산화형 표백제로 산화작용으로 색소를 파괴시켜 버리는데, 식품의 조직도 손상시킨다. 0.4% 과산화수소 섭취로 식욕감퇴, 체중감소를 나타낸다.

아황산은 환원형 표백제로 색소에서 산소를 빼앗아 표백작용을 하는데, 공기 중의 산소에 의해서 색이 다시 복원되는 것이 결점이다. 무수아황산의 FAO/WHO 전문위원회의 1일 허용섭취량은 0.7mg/kg이다. 아황산나트륨은 토끼에서의 경구 LD_{50}이 600~700mg/kg이며, 사람은 4g을 섭취하면 중독증상이 나타나고, 5.8g에서는 심한 위장장애가 나타난다. 우리나라 국민의 평균 아황산염 섭취는 과일·채소음료, 건조 과일 등을 통해 주로 이루어지며 2012년 섭취 수준을 조사한 결과 ADI 대비 4.6%, 고섭취집단도 ADI 대비 최대 25.6%로 나타났다. 아황산의 안전성 문제는 아황산염을 천식환자가 섭취하면 과민 반응을 유발할 수 있어 반드시 식품 표시를 확인하고 섭취하여야 한다. 현재 허용된 표백제 및 사용기준은 [표 6-8]와 같다.

표 6-8 허용 표백제 및 그 사용기준

	표백제	사용기준
산화형	과산화수소	과산화수소는 최종식품의 완성 전에 분해하거나 또는 제거하여야 한다.
환원형	메타중아황산나트륨 메타중아황산칼륨 무수아황산 아황산나트륨 산성아황산나트륨 차아황산나트륨	이산화황으로서 아래의 기준 이상 남지 아니하도록 사용하여야 한다. 1. 박고지: 5.0g/kg　　2. 당밀: 0.30g/kg 3. 물엿, 기타엿: 0.20g/kg　　4. 과실주: 0.350g/kg 5. 과실주스, 농축과실즙, 과채 가공품: 0.150g/kg 6. 건조과실류: 1.0g/kg　　7. 건조채소류: 0.030g/kg 8. 곤약분: 0.90g/kg 9. 새우: 0.10g/kg(껍질을 벗긴 살로서) 10. 냉동생게: 0.10g/kg(껍질을 벗긴 살로서) 11. 설탕: 0.020g/kg　　12. 발효식초: 0.10g/kg 13. 건조감자: 0.50g/kg　　14. 소스류: 0.30g/kg 15. 기타 식품[참깨, 콩류, 서류, 과실류, 채소류 및 그 단순가공품 　　(탈피, 절단 등), 건강기능식품 제외]: 0.03g/kg

2) 불허용 표백제

다음의 것들은 표백제로 사용 금지된 것들이다.

① 론가리트(rongalite): 포르말린에 산성 아황산나트륨($NaHSO_3$)을 축합시킨 후 이것을 환원하여 제조한 것으로, 포름알데히드 산성아황산나트륨(sodium formaldehyde bisulfite)과 포름알데히드 설폭시산나트륨(sodium formaldehyde sulfoxylate)의 혼합물이다. 아황산에 의한 환원작용으로 표백작용을 나타내며, 이와 함께 상당량의 포름알데히드가 잔류한다. 물엿의 표백제로 많이 사용되었다.

② 삼염화질소(NCl_3): 밀가루 표백제로 사용되던 것으로 사용 금지되었다. 이것으로 처리한 밀가루를 먹은 개에서 광견병 비슷한 히스테리 증상이 나타나며, 그 원인물질은 밀가루 속의 메티오닌 술폭시민(methionine sulfoximine)이다.

③ 형광 표백제: 디아미노스틸벤계, 티마졸계, 벤지딘계 등이 있는데 압맥, 국수, 어육연제품 등을 희게 보이도록 사용한 경우도 있다.

(7) 인공 감미료

설탕은 매우 우수한 천연 감미료이지만 수급이 불안정하며, 당뇨병, 비만 등의 큰 원인으로 비난받고 있기도 하다. 더구나 설탕을 넣고 가공하는 경우 색조의 변화, 점성의 증가 등의 문제도 초래한다.

1879년 독일의 팔베르크는 톨루엔 유도체의 산화에 관한 연구 중 그 화합물이 묻은 손끝을 우연히 핥아 보고는 단맛이 강한 사카린[그림 6-2]을 발견하였고, 1900년 상품화되었다. 또한 1884년 둘신, 1937년 사이클라메이트가 발견되어 20세기 전반에는 인공감미료(sweetners) 전성시대를 구가하였다. 특히 사이클라메이트는 설탕과 가장 비슷한 맛을 가졌으며, 사카린의 쓴 뒷맛이 없고 가열하여도 분해되지 않는 등 여러 가지 장점을 가졌다.

그러나 1951년 미국 FDA의 연구에서 둘신이 비특이적 발암성이 있음이 밝혀져 사용 금지되었고, 일본에서도 둘신중독 사고가 자주 일어나면서 1969년 사용 금지되었다. 그리고 1969년 FDA가 사이클라메이트와 사카린 혼합물을 2년간 쥐에 투여한 결과 방광암이 발생하였다고 발표한 이후 사이클라메이트도 우리나라를 비롯하여 전 세계적으로 사용이 금지되었다.

사카린은 마우스에 대한 경구 LD_{50}은 17.5g/kg로서 급성독성은 매우 약하다. 그러나 사카린을 하루 3g을 섭취하면 점막에 대한 국소자극작용, 소화효소작용의 저해, 신장장애, 방광종양 등을 일으킨다는 사실이 밝혀져 사카린의 발암성에 대한 논란이 시작되었다. 사카린은 1970년 이후 발암물질로 사용이 금지 혹은 제한되었다가 1990년대 이후에는 WHO는 물론 거의 모든 국가에서 사카린의 사용이 허가되었다.

아스파탐은 아미노산인 아스파르트산과 페닐알라닌으로 구성되어 있고 발암성도 없어 사용이 점차 증가되었는데, 아스파탐은 페닐케톤뇨증 환자에서는 사용상의 문제가 생긴다. 즉 페닐케톤뇨증 환자는 페닐알라닌을 티로신으로 바꾸는 페닐알라닌 수산화효소가 유전적으로 결손 되어 페닐알라닌이 축적되어 특히 어린이에서 뇌의 발육에 지장을 초래한다.

스테비올배당체는 국화과 스테비아 잎에서 얻는 감미성분으로 설탕의 200배의 단맛이 있다. LD_{50}은 8.2g/kg(마우스, 경구)로 급성독성은 매우 낮고, 일일섭취허용량 10mg/kg 이내로 섭취 시 안전하다고 인정되고 있다.

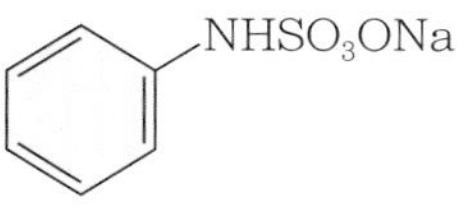

| 사이클라메이트 나트륨 | 사카린 나트륨 | 아스파탐 |

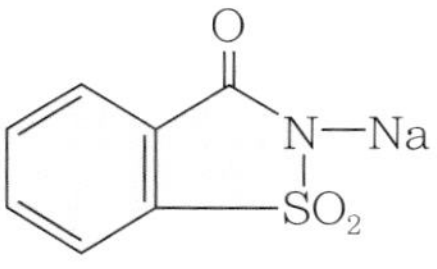

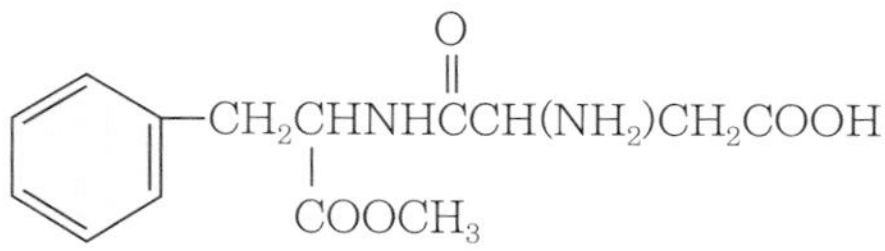

[그림 6-2] 대표적인 인공 감미료

현재 사용이 허용된 인공감미료와 사용기준은 [표 6-9]와 같다.

표 6-9 허용 감미료 및 그 사용기준

	사용기준
사카린 나트륨	• 젓갈류, 절임식품 및 조림식품: 1.0g/kg 이하 • 김치류: 0.2g/kg 이하 • 음료류(발효음료류 및 인삼 · 홍삼음료 제외): 0.2g/kg 이하(다만, 5배 이상 희석하여 사용하는 것은 1.0g/kg 이하 • 어육가공품: 0.1g/kg 이하 • 영양소 보충용 건강기능식품(단, 두 가지 이상의 건강기능 식품 원료를 사용하는 경우에는 영양소사용 함량비율에 따름), 특수 의료용 등 식품, 체중 조절용 조제 식품 및 시리얼류: 1.2g/kg 이하 • 뻥튀기 : 0.5g/kg 이하
글리실리진산이나트륨	한식된장, 된장, 한식간장, 양조간장, 산분해간장, 효소분해간장 및 혼합간장 이외의 식품에 사용하여서는 안 된다.

D-소르비톨 D-말티톨 자일리톨 이소말트	한식된장, 된장, 한식간장, 양조간장, 산분해간장, 효소분해간장 및 혼합간장 이외의 식품에 사용하여서는 안 된다.
아스파탐	빵류, 과자 및 이의 제조용 믹스에서 0.5% 이하이어야 한다. 다만, 기타 식품의 경우 제한받지 않는다.
스테비올배당체	식빵, 백설탕, 갈색설탕, 포도당, 물엿, 캔디류, 벌꿀, 유가공품(아이스크림류, 아이스크림분말류, 아이스크림믹스류, 발효유류, 가공유류 제외)에는 사용하여서는 안 된다.

1) 불허용 감미료

인공 감미료는 일제 강점기에 '당원'이라는 이름으로 소개되었는데 사카린 25%, 두루친(둘신) 50%, 기타 전분, 중화제 등으로 조성되어 있었다. 1967년 둘신이 유해 감미료로 판정, 사용 금지됨에 따라 사이클라메이트가 '뉴슈가', '신화당' 등 다양한 상품명으로 널리 애용되었다. 그러나 사이클라메이트도 1970년부터 사용이 금지되었다.

① 둘신

둘신(dulcin)은 감미가 설탕의 250배이며 체내에서 파라-아미노페놀(p-aminophenol)로 분해되어 메트헤모글로빈을 형성한다. 다량 섭취 시 오심, 구토, 현기증을 일으킨다. 4살 어린이가 5g을 섭취하고 사망한 예도 있다. 간 종양을 일으킨다는 것이 밝혀져 우리나라에서는 1967년부터 사용 금지되었다. 그러나 현재 국제암연구소(IARC)는 발암성 물질이라고 할 수 없는 그룹 III의 물질로 분류하고 있다.

② 사이클라메이트

사이클라메이트(cyclamate)는 설탕의 30~40배의 감미가 있다. 맥박저하, 의식불명, 방광암을 일으킨다고 알려져 우리나라에서는 1970년부터 사용 금지되었다. 그러나 최근 IARC는 발암성 물질이라고 할 수 없는 그룹 III의 물질로 분류하고 있다. EU는 1996년부터 다시 사용을 허가하였고, 현재 55개 국가에서 감미료로서 허용되어 있으나, 우리나라 및 미국에서는 금지되어 있다.

③ 에틸렌글리콜

에틸렌글리콜(ethylene glycol)은 자동차 부동액으로 사용되는데, 단맛이 있어 감미료로 사용되기도 하였다. 체내에서 산화하여 옥살산이 된다. 치사량은 100mL이고, 중독증상은 구토, 빈뇨, 호흡곤란, 의식불명이다. 신경, 신장 등에 장애도 일으킨다.

④ 페릴라틴

페릴라틴(perillatine)은 자소당의 성분으로 백색 결정인데 감미는 설탕의 2,000배이며, 약간 자극성과 불쾌미가 있다. 열 또는 타액에 의해 알데히드로 분해되고, 신장을 자극하므로 사용금지하고 있다.

⑤ 파라-니트로-톨루이딘

파라-니트로-톨루이딘(p-nitro-O-toluidine)은 염료의 중간체로 감미도가 설탕의 200배이다. 간, 신장장애를 일으킨다. 일본에서는 설탕이 부족하던 시절 중독사고가 다발하였다. 단맛을 느낄 정도의 섭취로 위통, 식욕감퇴, 메스꺼움, 구토, 미열, 피부 및 점막의 황달이 나타나고 심하면 혼수상태에 빠져 사망한다.

(8) 증량제

곡분, 어분, 향신료 등에 증량을 목적으로 규조토, 산성백토, 백도토(카오린) 등의 광물질을 넣는 경우가 있으며 이를 증량제(bulking agent)라고 한다. 이들은 흡착제 또는 여과보조제 등 식품의 제조 가공 상 필요불가결한 경우에만 사용하도록 되어 있고, 식품 중의 잔존량이 0.5% 이하여야 한다. 이들은 소화불량, 설사, 구토 등의 장애를 일으킨다.

(9) 밀가루 개량제

밀가루는 제분한 후 6개월에서 1년 방치하면 공기 중의 산소에 의해 자연 표백되거나 숙성되어 제빵 저해물질이 파괴되므로 밀가루의 장기간의 저장으로 인한 품질 저하를 막기 위하여 밀가루 개량제(maturing agent, dough conditioner)를 첨가한다. 현재 허용된 밀가루 개량제와 그 사용기준은 [표 6-10]과 같다.

표 6-10 허용 밀가루 개량제 및 그 사용기준

밀가루 개량제	사용기준
과산화벤조일(희석)	밀가루 0.3g/kg 이하
과황산암모늄	밀가루 0.3g/kg 이하
아조디카르본아미드	밀가루 45mg/kg 이하
염소	케이크 및 카스텔라 제조용 밀가루 2.5g/kg 이하
이산화염소	케이크 및 카스텔라 제조용 밀가루 30mg/kg 이하
스테아릴 젖산칼슘	빵류, 식물성크림 및 난백 이외는 사용금지
스테아릴 젖산나트륨	빵류, 면류, 식물성크림, 치즈 및 소스류 이외는 사용금지

밀가루 개량제 중 과산화벤조일(희석)은 명반, 인산의 칼슘염, 황산칼슘, 탄산칼슘, 탄산마그네슘 및 전분 중의 1종 또는 2종 이상을 배합하여 희석한 것으로, 과산화벤조일을 19~22% 함유한다. 과산화벤조일은 그 산화력으로 밀가루 중의 카로티노이드계 색소를 산화·표백하고, 효소나 미생물을 죽이며, 글루텐의 품질을 향상시켜 제빵효과를 증대시킨다. 그러나 과량 사용 시에는 비타민 B_1의 손실이 크고, 글루텐의 품질을 변화시켜 밀가루의 품질을 저하시킨다. 과산화벤조일의 LD_{50}은 3.95g/kg(쥐, 경구)로 최근 독성이 강하다는 이유로 사용 여부에 대한 논란이 거세게 일고 있다.

5. 식품첨가물에 대한 인식 재고

이상과 같이 식품첨가물의 독성을 살펴보았다. 식품첨가물 중에는 위해성이 분명하지만 식품 이용 상의 이점 때문에 어쩔 수 없이 사용하는 것들도 있다. 현대사회의 다양한 식품을 즐기기 위해서는 식품첨가물의 사용은 필수불가결한 문제이다. 자연식품, 로컬푸드 등으로 어느 정도 식품첨가물의 섭취를 줄일 수는 있지만, 최선의 방법이라고는 할 수 없다. 또한 국민 건강의 책임행정부서에서 식품첨가물은 안전하니 안심하라고만 할 경우, 현명한 소비자는 이를 믿지 않게 되고 식품첨가물에 대한 부정적인 인식만 팽배하게 된다. 따라서 식품첨가물 사용에 있어 행정기관, 연구자, 생산업자, 첨가물 사용 식품생산자, 소비자 모두의 보다 향상된 인식 재고가 필요하다.

식품행정기관은 식품첨가물에 관한 정보를 보다 체계적이고 현실적으로 개발·공개하

고, 식품위생 관련 교육이 모든 국민들에게 체계적이고 현실적이도록 해야 하며, 일과성 단속 위주의 식품행정보다는 보다 미래지향적인 계도행정이 되도록 해야 한다. 또한 식품 첨가물 제조자는 보다 효과가 좋고 안전한 대체 첨가물 개발에 노력해야 하고, 식품첨가물 사용 식품제조자는 반드시 허가된 제품을 사용기준에 맞도록 사용하여야 한다. 마지막으로 소비자는 식품첨가물의 안전사용을 숙지하고 식품첨가물의 용도, 이용에 대한 불만족이 행정기관, 식품첨가물 생산자, 식품제조자에게 제대로 전해져 식품첨가물 사용에 따른 문제가 개선될 수 있도록 해야 한다.

모든 식품 관련 종사자와 소비자 모두가 우리의 식품 안전 의식 수준이 세계 최고 수준이 되는 것이 모든 국민 건강 향상에 도움이 되며 그것이 결국 자신의 건강에도 도움이 되는 것이라는 진일보된 의식을 갖도록 해야 할 것이다.

제 7장

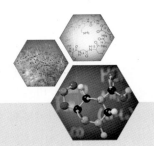

잔류농약

　인구증가에 따른 식량증산의 필요성이 커지고, 이에 따른 농약의 사용은 농업혁명에 크게 기여하여 식품의 질과 양을 증대시켜 주었다. 이러한 긍정적인 면과 더불어 독성과 잔류성 등으로 인한 식품안전 문제를 야기하고 있다. 즉, 농약의 독성과 잔류성이 크게 부각되면서 직간접으로 환경을 오염시켜 '농약공해'라는 말까지 나오고 있는 실정에 이르렀다. 농약은 대상 해충에 대해서는 독성이 크고, 인축에 대해서는 무독한 것이 이상적이지만, 대부분의 농약이 인축에도 유해하다.

　미국 환경보호청(EPA)은 농약을 해충을 방지·파괴·구축·경감시키는 모든 물질이라고 정의하고 있다. 그리고 우리나라 농약관리법에서 농약이란 '농작물(수목, 농산물과 임산물 포함)을 해치는 균류, 곤충, 응애, 선충, 바이러스, 잡초, 기타 병해충을 방제하는 데에 사용하는 살균제·살충제·제초제와 농작물의 생리기능을 증진하거나 억제하는 데에 사용하는 약제 및 기피제, 유인제, 전착제'라고 정의하고 있다. 따라서 농약은 바라지 않는 식물성 또는 동물성 해충을 죽이는 모든 물리적, 화학적, 생물학적인 인자라고 할 수 있다.

　농약은 식품에 직접 첨가되는 첨가물은 아니고 간접적으로 식품 성분이 되며, 최종식품 소비 시에는 식품 중 잔류농약이 된다. 식품에서의 농약의 주요 오염원은 식물의 재배 및 저장 시에 해충으로부터 보호하기 위하여 직접 사용하는 것이다. 또한 농약에 오염된 사료를 먹은 가축으로 인해 육류나 유제품에 잔류하거나. 살포된 농약이 수질환경 등으로 이행되어 수산물, 식품용수 등을 오염시켜 식품에 잔류하게 된다. 특히 염소계 농약은 잔류성이 커서 상당히 오랫동안 잔류한다.

이와 같이 농약이 인축에 미치는 영향을 줄이기 위해 미생물 살충제 사용도 활발히 이루어지고 있으며, 농약을 쓰지 않는 친환경농산물 인증제도도 제도화되었다. 그러나 식품 수입이 다양해지고 활발해짐에 따라 수입국에서의 농약 사용에 대한 우리의 감시도 중요한 식품안전 문제가 되고 있다.

1. 농약의 종류

2014년 현재 우리나라에 등록된 농약의 수는 1,680개 품목이고, 화합물의 종류로는 270종에 이르고 있다. 농약은 그 화학적인 특성에 따라 유기염소계 농약, 유기인계 농약, 카바메이트계 농약, 유황계 농약, 유기비소계 농약, 항생물질계 농약, 피레트로이드계 농약, 페녹시계 농약, 트리아진계 농약, 요소계 농약, 설포닐우레아계 농약 등으로 분류하기도 하지만, 대개는 그 용도에 따라 살충제, 살균제, 제초제, 살서제, 토양소독제, 생장조정제 등으로 분류한다[표 7-1]. 농약은 그 화학적인 특성이 다양하고, 다양한 농약이 새로 개발되기도 하며 또 그 독성과 잔류성 등으로 사용이 금지되기도 하였다.

표 7-1 농약의 분류 및 예

종류	주요 화학종		일반명
살충제	염화탄화수소		DDT, BHC, Aldrin
	염화테르펜		Toxaphene
	유기인계		Parahtion, Malathion
	카바메이트		Carbaryl
	티오시안산		Lethane 60
	디니트로페놀		DNOC
	플루오로아세트산		Nissol
	식물성	니코티노이드	니코틴
		로테노이드	Rotenone
		피레트로이드	Fenvalerate
	유충 호르몬		Methoprene
	무기물	비소화합물	비산납
		불소화합물	불화나트륨
	미생물제제		Thuricide

살균제	디카복시미드		Captan
	염화방향족		Phentachlorophenol
	디티오카바메이트		Maneb
	수은제		Phenyl mercuric acetate
제초제	아미드, 아세트아닐리드		Propanil
	비피리딜		Paraquat
	카바메이트, 티오카바메이트		Barban
	페녹시		2,4-D
	디니트로페놀		DNOC
	디니트로아닐린		Trifluralin
	요소치환체		Monuron
	트리아진		Atrazine
살서제	응고방지제		Warfarin
	식물성	알칼로이드	황산스트리키닌
		배당체	Scillaren A와 B
	불화물		불화초산나트륨
	무기물		황산탈륨
	티오우레아		ANTU
살선충제	할로겐화알켄		Ethylene dibromide(EDB)
살연체동물제	염화탄화수소		Baylucide
진드기구충제	유기황화합물		Ovex
	포름아미딘		Chlordimerform
	디니트로페놀류		Dinex
	DDT 동족체		Chlorobenzilate
살충상승제	메틸렌디옥시페닐		Piperonyl butoxide
	디카르복시이미드		MGK-264

(1) 살충제

현재 우리나라에서 유통되고 있는 살충제(insecticides)는 주성분으로 유기인계가 30여 종이며, 카바메이트계 살충제는 약 10종, 피레트로이드계 살충제는 8종정도이다.

1) 유기염소계 살충제

유기염소계 살충제(organochlorine insecticides)는 1938년 뮐러가 최초로 DDT의 살충력을 발견한 이래, 유기염소계 살충제는 1940년대부터 1960년대까지 농업과 모기박멸에 많이 이용되었다. 특히 WHO의 말라리아 퇴치 계획의 일환으로 엄청나게 사용되었다. 대표적인 유기염소계 살충제는 [표 7-2]와 같다. 몇 가지 대표적인 것의 구조를 [그림 7-1]에 나타내었다.

표 7-2 ❖ 대표적인 유기염소계 살충제

Dichlorodiphenylethane 계	DDT, DDD, DMC(Dimite), 디코폴(Dicofol, Kelthane), 메톡시클로르, 메티오클로르, 클로르벤질레이트, Perthane
Cyclodiene 계	Aldrin, Dieldrin, Heptachlor, Chlordane, Endosulfan, Toxaphene, Endrin, Telodrin, Isodrin
Chlorinated benzene 계	HCB, HCH
Cyclohexane 계	Lindane(α-BHC)
Chlordecone 계	Mirex, Kepone(Chlordecone)

DDT

Aldrin

Methoxychlor

Chlordane

Mirex

Lindane
(Hexacholorocyclohexane)

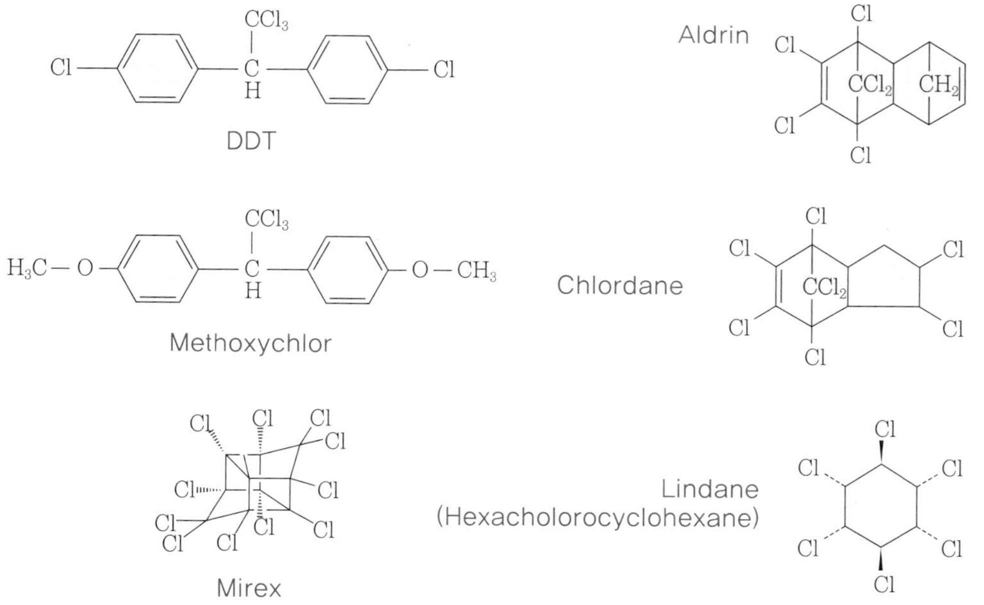

[그림 7-1] 유기염소계 살충제

그러나 많은 유기염소계 살충제가 독성[표 7-3]과 잔류성이 커서 사용 금지되었다. 우리나라에서도 분해기간이 긴 DDT, 디엘드린, 알드린, 엔드린 등 4종류의 살충제가 1973년부터 생산 중지되었고, BHC, 헵타클로르, 헵타클로르 에폭사이드에 대해서도 1979년 7월 1일부터 생산중지, 1980년 4월 8일부터 전 농작물에 대한 사용금지 등의 조치가 취해졌다.

염화탄화수소류는 신경독성물질로 신경 충동이 축색을 따라 전도되는 것을 방해하여 급성영향을 일으킨다. DDT는 축삭 막에서의 나트륨과 칼륨의 이동에 변화를 초래해 정상적인 재분극이 되지 않는다.

유기염소계는 일반적으로 유기인계에 비해 저독성이어서 중독 사고는 적지만, 잔류성이 크고 지용성이기 때문에 동물의 지방조직에 축적된다. 이러한 이유로 먹이사슬을 통한 생물농축현상이 일어난다.

알드린, 디엘드린, 엔드린 등의 드린제는 DDT나 BHC에 비해 효과가 크지만 독성이 커 특히 어패류에 대해서는 맹독성을 나타낸다. 엔드린은 특히 어독성이 커 0.01ppm 이하의 농도로도 치사를 일으킨다. 그래서 잔류성, 식품 오염, 야생동물의 죽음, 발암 가능성 등 다양한 문제가 많은 유기염소계 농약의 사용이 금지되었다. 잔류성이 비교적 적은 디코폴(Dicofol = Kelthane), 메톡시클로르, 메티오클로르, 클로르벤질레이트 등이 사용되고 있다.

표 7-3 유기염소계 살충제의 독성

농약	LD_{50}, 숫쥐(mg/kg)		최대무작용량 (mg/kg/일, 쥐)
	경구	경피	
DDT	113	–	0.05
DDE	880	–	–
Methoxychlor	5000~7000	–	10
Aldrin	39	98	0.025
Dieldrin	46	90	0.025
Endrin	18	18	0.05
Heptachlor	100	195	0.05
Chlordane	335	840	1.0
Lindane(BHC)	88	1,000	1.25
Mirex	740	〉4000	–

2) 유기인계 살충제

유기인계 살충제(organophosphorus insecticides)는 인산에스테르류 또는 티오인산 에스테르류를 말한다[그림 7-2]. 1930년대 독일의 슈라더 등은 유기인계의 살충효과를 처음으로 밝혀냈고, 2차 세계대전이 끝날 무렵에는 많은 유기인계(디메팍스, 슈라단, 파라티온 등)가 만들어졌다.

가장 먼저 널리 사용된 유기인계는 TEPP(tetraethylpyrophosphate)였는데, 1944년 진드기에 대한 니코틴 대용품으로 시판이 허용되었다. 그러나 TEPP는 포유동물에 대한 독성이 크고 물에서 가수분해가 잘 되므로, 곧 다른 유기인계로 대치되었다. 뒤이어 파라티온(parathion)이 수용액으로도 안정하고 살충력이 우수하기 때문에 널리 사용되기 시작하였다. 그러나 파라티온도 포유동물에 대한 독성이 너무 커 현재는 사용을 금지하고 있다. 포유동물은 카르복시에스테르 가수분해효소가 있어 말라티온의 카르복시에스테르 결합을 가수분해하여 무독화 시키기 때문에 말라티온은 포유동물에 대한 독성이 비교적 낮고, 또한 곤충에는 이 효소가 없어서 선택적인 살충효과를 발휘하므로 최근에는 말라티온이 많이 사용된다.

유기인계 살충제는 기본구조에 따라 I~III의 3가지로 나눈다. I군은 인(P)원자에 4개의 산소원자가 결합한 오르토포스페이트(orthophosphate)형이고, II군은 황(S)원자 한 개가 산소원자 한 개와 치환된 '티오포스페이트형(포스포로티오에이트)'이며, III군은 황원자 두 개가 산소와 치환된 '디티오포스페이트(포스포로디티오에이트)'이다. 일반적으로 황이 많아질수록 지효성과 잔효성이 증가한다.

① I군

DDVP, Chlorfenvinphos, Heptenophos, Monocrophos, Phosphamidon, Tetrachlorvinphos, Trichlorfon, IBP

② II군

Chlorpyrifos, Diazinon, EPN, Fenitrothion, Kilvar(Vamidothion), Metasystox, Omethoate(Folimate), Pirimicid, Pirimifos-methyl, Profenofos, Pyridaphenthion

③ III군

Azinphos-methyl, Dimethoate, Disulfoton, Ethopropho, Formothion, Malathion, Mecarbam, Methidathion(Supracide), Phenthoate, Phosmet, Terbufos, Thiometon

　유기인계 살충제는 신경조직의 아세틸콜린에스테르 가수분해효소 활성을 저해하여 신경조직에 아세틸콜린을 축적시킨다. 유기인계 중독증상은 기관지 수축으로 인한 가슴압박, 기관지분비 증대, 타액 분비 증대, 눈물, 땀, 구역, 구토, 설사, 축동 등이다. 근육에 피로, 무력증, 경련 등의 증상이 생긴다. 치명적인 중독일 경우에는 호흡곤란으로 사망한다.

　유기인계 살충제는 유기염소계 살충제와는 달리 심각한 환경 오염을 일으키지 않으며 먹이사슬로 들어오는 경우도 거의 없고, 또한 에스테르이기 때문에 가수분해가 잘 되며 분해산물은 비교적 독성이 작다[표 7-4]. 따라서 DDT, 드린계 등의 유기염소계의 사용이 금지된 이후 유기인계 살충제가 주로 사용되고 있다. 그러나 유기인계 살충제의 문제점은 그 독성발현이 매우 신속하다는 점이다. 또한 유기인계 살충제와 카바메이트계 살충제는 유기염소계에 비해서는 잔류성이 그리 크지 않지만, 농작물 또는 토양에 살포될 경우 수개월까지 잔류한다.

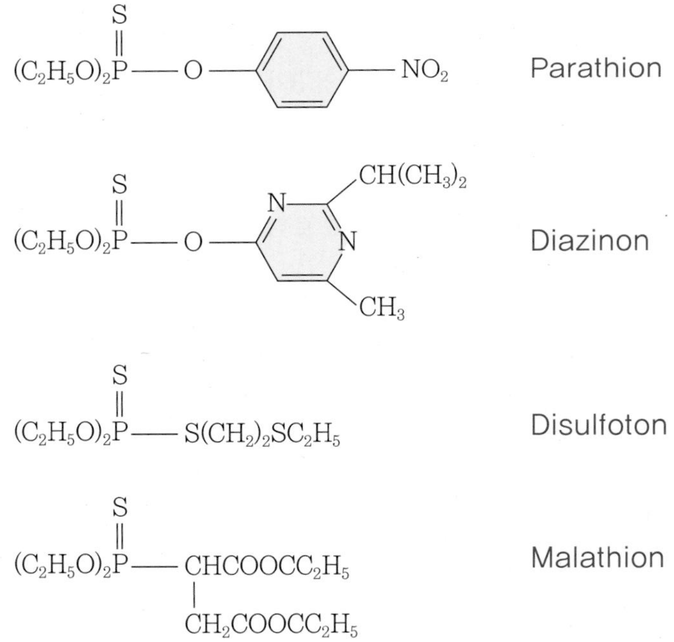

[그림 7-2] 유기인계 살충제

| 표 7-4 | 유기인계 살충제의 독성 |

농약	LD$_{50}$, 숫쥐(mg/kg)		최대무작용량 (mg/kg/일, 쥐)
	경구	경피	
Abate	8,000	〉4,000	
Azinphosmethyl	13	220	0.125
Chlorfenvinfos	15	31	0.05
Chlorothion	880	1,500~4,500	
DDVP	80	107	0.5
Diazinon	108	200	0.1
Dimethoate	215	260	0.4
Disulfoton	6.8	15	–
EPN	24*	–	–
Ethylparathion	6*	–	–
Malathion	1,475	〉4,444	0.5
Methyldemeton	10*	–	–
Methylparathion	14	67	
Mevinfos	6.1	4.7	
Parathion	13	21	0.05
Ronnel	1,250	〉5,000	0.5
TEPP	1.1	2.4	–
Trichlofon	630	〉2,000	2.5

* 마우스

3) 카바메이트계 살충제

카바메이트계 살충제(carbamate)는 N-메틸(또는 N,N-디메틸) 카바메이트의 에스테르로서 그 페놀기 또는 알코올기에 따라 독성이 달라진다[그림 7-3]. 일반적으로 유기인계와 작용방식, 독성 등이 유사하나, 유기인계에 비해서는 비교적 약한데, 특히 경피 독성이 약하다. 그러나 테믹(temik)은 경구 독성, 경피 독성이 모두 강력하다[표 7-5].

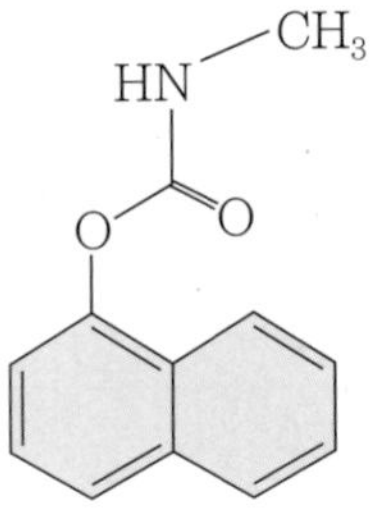

카바릴 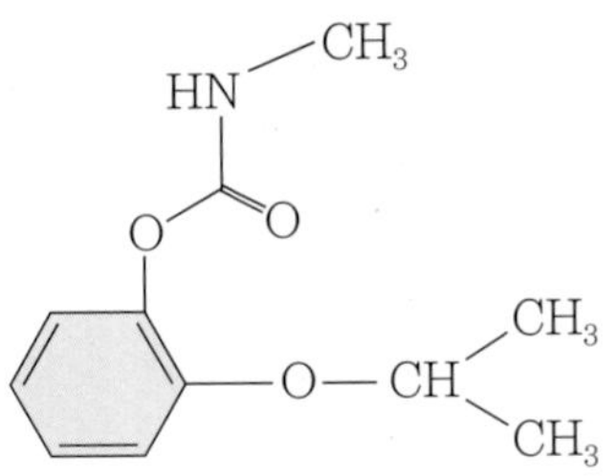   프로폭술

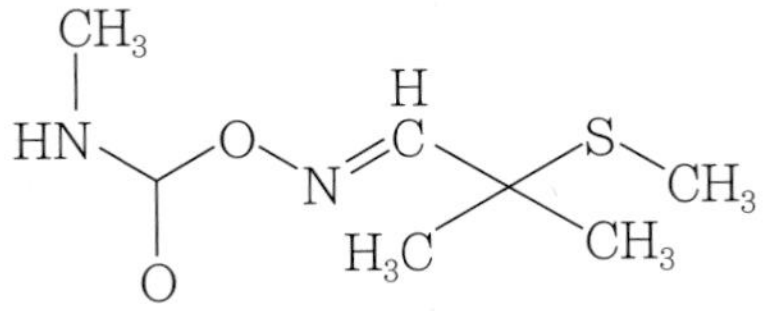

알디카브

[그림 7-3] 카바메이트계 살충제

카바메이트계는 구조적으로 크게 3종류로 나눈다.

① 제1군

페닐기, 나프틸기와 같은 아릴기를 가지며, N-메틸 카바메이트의 기본구조를 가지며, 카바릴(cabaryl), Fenobucarb(BPMC) 등이 있다.

② 제2군

헤테로 고리화합물을 가지며, N-메틸이나 N-디메틸 디에스테르 결합을 하고 있는 것으로, 카보설판(carbosulfan), 피리미카브(pirimicarb) 등이 이에 속한다.

③ 제3군

옥심구조를 갖는 화합물로, 테믹(temik), 메토밀(methomyl) 등이 여기에 속하는데, 인 축독성이 매우 크다.

많이 사용되는 카바메이트계 살충제로는 카바릴(sevin, NAC), 페노부카브(fenobucarb), 카보설판(carbosulfan), 이소프로카브(isoprocarb), 프로폭술(propoxur), 카보퓨란 (carbofuran) 등이 있다.

유기인계와 마찬가지로 카바메이트계의 작용방식도 아세틸콜린에스테르 가수분해효소 를 저해하는 것인데, 그 저해가 유기인계 경우보다는 가역적이다.

표 7-5 카바메이트계 살충제의 독성		
농약	LD$_{50}$, 숫쥐(mg/kg)	
	경구	경피
Propoxur(Baygon)	83	〉2,400
Carbaryl(Sevin)	850	〉4,000
Mobam	150	〉2,000
Temik(Aldicarb)	0.8	3.0
Zectran	37	1,500~2,500
Methomyl(Lannate)	17~24	-

4) 식물성 살충제

가장 널리 사용되고 있는 식물성 살충제는 제충국(pyrethrum)과 그 유효성분인 피레트린이다[그림 7-4]. 피레트린은 살충효과가 빨라서 가정용 살충제로 많이 사용되는데, 열과 일광에 빨리 분해되므로 농업용으로 사용하기에는 부적당하다. 피레트린의 포유동물에 대한 독성은 극히 낮은데, 간의 마이크로솜 효소와 에스테르 가수분해효소에 의해 신속하게 파괴되기 때문인 듯하다. 자주 일어나는 부작용은 접촉성 피부염과 알레르기성 호흡기 반응인데, 추출물에 들어 있는 불순물 때문인 듯하다.

합성 피레트린을 피레트로이드계라고 하는데, 제충국보다 살충효과가 크고 빛에 안정하다. 피레트린은 나트륨과 칼륨의 통로에 작용하여 신경막을 탈분극화한다. 방제가가 높아 단위면적당 사용량을 줄일 수 있고, 인축에 대한 독성이 유기인계나 카바메이트계 살충제에 비해 낮은 편이다. 그러나 어독성이 커 수도용으로의 사용은 제한되고 있다.

대표적인 피레트로이드계로는 비펜트린(bifenthrin), 시플루트린(cyfluthrin), 플루바리네이트(fluvalinate), 펜프로파트린(fenpropathrin), 펜발레레이트(fenvalerate), 알레트린(allethrin), 사이퍼메트린(cypermethrin), 시페노트린(cyphenothrin), 델타메트린(deltamethrin), 카데트린(kadethrin), 퍼메트린(permethrin), 페노트린(phenothrin), 레스베트린(resmethrin), 테트라메트린(tetramethrin) 등이 있다.

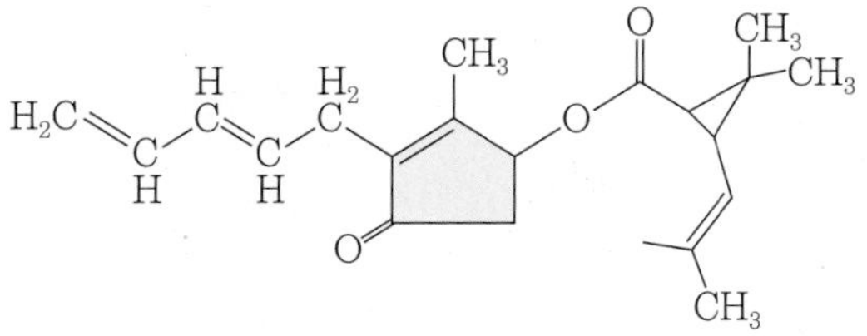

[그림 7-4] 피레트로이드계 살충제

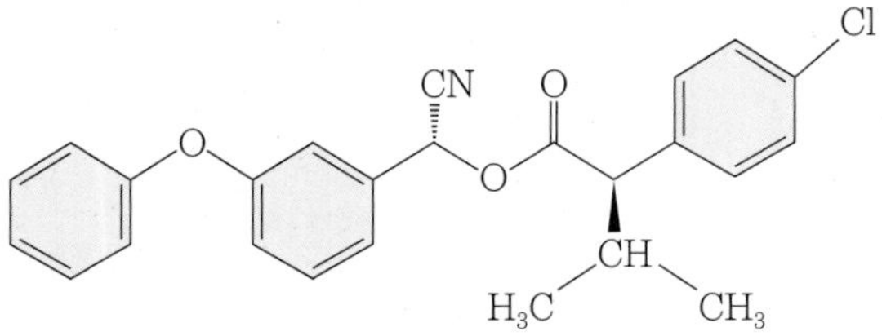

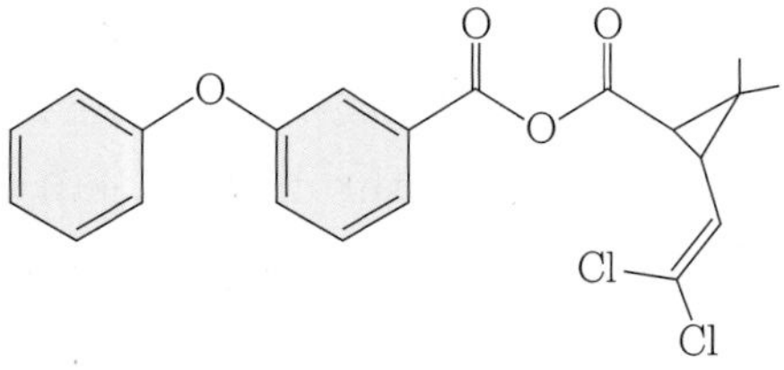

(2) 제초제

제초제(herbicides)로 사용되는 화합물은 다양하다. 대표적인 제초제와 그 급성독성을 각각 [표 7-6]과 [표 7-7]에 나타내었다.

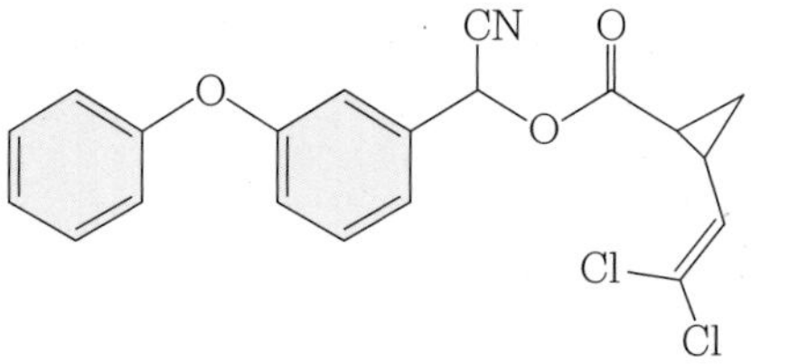

표 7-6 ❋ 대표적인 제초제

클로로페녹시계 화합물
   2,4-D, 2,4,5-T, MCPA, 2,4-DB, Napropamide, MCPB, 2,4,5-TP, Silvex, Fenac

디니트로페놀계
   DNOC(4,6-Dinitro-o-cresol), DINOSEB(2-sec-Butyl-4,6-dinitrophenol)

비피리딜 화합물
   Paraquat, Diquat

카바메이트계
   Propham, Barban, Chloropropam, Terbutol, Dichlormate

티오카바메이트계
   Thiobencarb, EPTC, Butylate, Vernolate, Cycloate, Pebulate, Monilate, Triallate, Diallate.

아세트아닐리드계
   Alachlor, Metolachlor, Propachlor, Butachlor, Acetochlor

트리아진계
   Simazine, Metribuzine, Atrazine, Propazine, Cyanazine, Prometryn, Terbutryn, Desmetryn

치환된 요소계
   Linuron, Monuron, Diuron, Fenuron, Monolinuron, Fluometuron, Metobromuron, Norea, Siduron, Neburon, Chloroxuron.

나이트릴계
   Dichlorbenil, Ioxynil

디니트로아닐린계
   Trifluralin, Pendimethalin, Benefin, Oryzalin, Profluralin, Ethalfluralin, Dinitramine

아미드계
   Propanil

아릴 지방족산계
   Dicamba, Chloramben

유기비소계
   MSMA (Monosodium methanearsonate), Cacodylic acid (Hydroxydimethylarsine oxide)

기타
   Amitrole, Glyphosate, Picloram, Oxadiazon, Fluridone, Chloramben, Dalapon, Naptalam, Dichlobenil, Flurorouracil, Endothall, Pyrazon, Metoxuron, Mycoherbicides

디니트로페놀, 디니트로오르토크레졸(DNOC), 펜타클로로페놀 등의 페놀 화합물은 제초제로 사용된다. 이들의 작용방식은 산화적 인산화를 짝풀림 하여 산소 소비와 열 생산을 증대시켜 과온증을 초래하는 것이다.

2,4-D와 2,4,5-T와 같은 클로로페녹시 제초제는 식물성장을 촉진시켜 광엽식물을 고사시킨다. 이 클로로페녹시 제초제는 그 제조과정의 부산물인 맹독성의 TCDD 때문에 관심이 되었다[그림 7-5]. TCDD는 화학합성품 중 독성이 가장 큰 화합물로 알려져 있다. 숫

쥐에 대한 LD_{50}은 0.022mg/kg, 암쥐에 대한 LD_{50}은 0.045mg/kg, 암기니피그에서는 0.0006mg/kg이다. 더구나 임신한 쥐에서 LD_{50}의 1/400 용량으로도 배독성을 나타내고, 1~3ng/kg에서 기형을 유발한다. TCDD는 쥐와 마우스에서 발암물질로 판명되었는데, 주로 간암을 일으킨다. 월남전 당시 미군에 의해 '에이전트 오렌지(2,4-D와 2,4,5-T의 혼합물)'가 고엽제로 사용되었는데, 제대한 군인들의 건강뿐 아니라 전쟁 전후 베트남의 토양 오염에도 큰 문제가 되었다.

TCDD는 독성물질에 대한 종특이성을 보여주는 대표적인 물질이다. 즉 어떤 동물에서는 매우 유독하지만, 사람에 대해서 심각한 만성적인 영향이 있다는 증거는 없다. TCDD에 폭로된 사람들에 대한 역학 조사에서도 TCDD가 인간에서 심각한 만성영향을 일으킨다는 보고는 없다.

TCDD의 급성 영향은 염소좌창, 소화 장애, 근육과 관절의 통증, 신경계에 대한 영향 등이 관찰된다. 이 증상들은 대개는 일시적이어서, 발생이상, 염색체 손상 등과 같은 만성영향이나 사망률의 증대 등은 확인되지 않았다. 그러나 동물에서 독성이 크다는 점에서 인체와 환경에 미치는 영향에 대해 계속 관심을 기울여야만 한다.

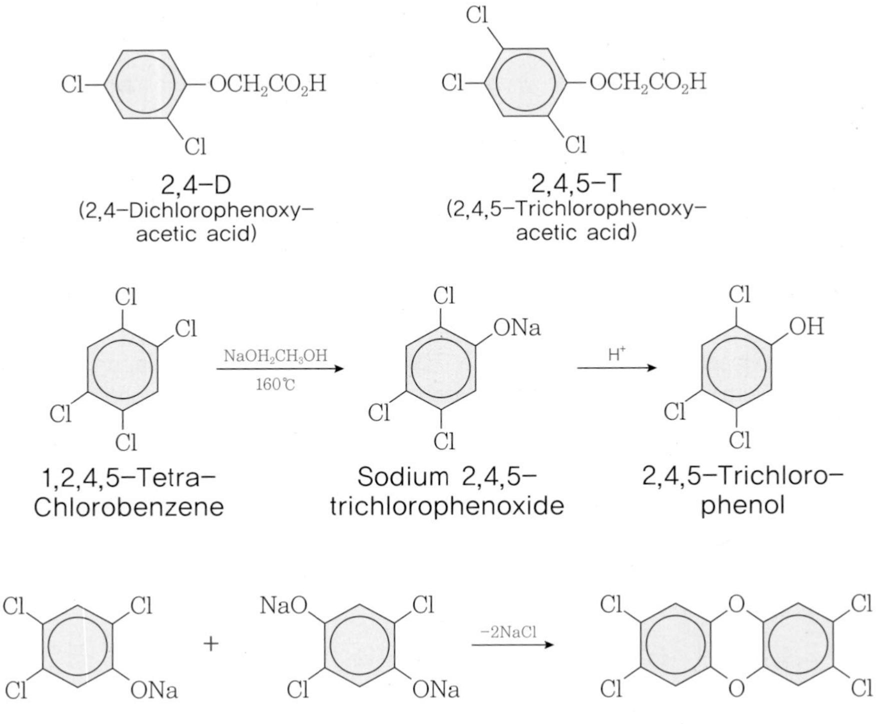
2,4-D
(2,4-Dichlorophenoxy-acetic acid)
2,4,5-T
(2,4,5-Trichlorophenoxy-acetic acid)
NaOH,CH3OH
160℃
H+
1,2,4,5-Tetra-Chlorobenzene
Sodium 2,4,5-trichlorophenoxide
2,4,5-Trichloro-phenol
-2NaCl

[그림 7-5] **다이옥신의 구조와 생성 과정**

파라콰트는 수용성이 큰 제초제인데 다양한 식물에 고엽제로 사용된다. 대부분의 중독 사례는 드링크로 오인하여 마시는 경우와 자살 목적으로 사용하는 경우인데 매우 치명적이다. 그 독작용은 경구로 섭취하더라도 심각한 폐 장애를 일으킨다.

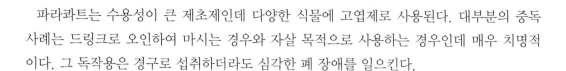

표 7-7 주요 제초제의 급성경구독성

제초제	LD$_{50}$(mg/kg, 쥐)	제초제	LD$_{50}$(mg/kg, 쥐)
2,4-D	375	Ioxynil	110
Alachlor	1,200	MCPA	700
Atrazine	1,000	Metolachlor	2,780
Barbam	600	Methoxyphenone	4,000
Bensulfuron-methyl	11,000	Molinate	700
Bialaphos	7,300	Monuron	3,000
Bifenox	6,400	Oxadiazon	1,800
Bromacil	5,200	PCP	210
Butachlor	3,300	Paraquat	150
Chlomethoxynil	33,000	Pretilachlor	6,099
Chloramben	5,000	Propham	5,000
Chlornitrofen	10,800*	Pyrazolate	9,550
Chlorosulfuron	5,900	Pyrazosulfuron-ethyl	5,000
Dicamba	3,500	Pyrazoxyfen	1,690
Dichlobenil	270	Simazine	1,000
DNOC	40	Simetryn	750
Diquat	231	Thiobencarb	1,900
Diuron(DCMU)	3,400*	Trifluralin	10,000
Glyphosate	10,000	2,4,5-T	300~500*

*는 마우스

(3) 살균제

현재 우리나라에서 사용되는 살균제(fungicides)의 품목 수는 130여종에 이르러, 농약 중에서 비중을 가장 많이 차지한다. 대표적인 살균제를 [표 7-8]에 나타내었다. 펜타클로로페놀(PCP)은 목재방부제로 사용된다.

종자소독 등에 특히 콩나물 재배 시 수은제 농약을 불법으로 사용하는 경우가 종종 있는데, 우리나라에서는 1981년 7월 콩나물의 총 수은 함량이 0.1ppm 이상 초과하지 못하도록 규제하고 있다. 사용 금지된 대표적인 유기수은제에는 초산페닐수은(phenylmercuric acetate, PMA), 염화페닐수은(phenylmercuric chloride), 페닐 머큐릭 스테아레이트

(phenyl mercuric stearate), 에틸 머큐릭 포스페이트(ethyl mercuric phosphate), 에틸 머큐릭 파라폴루엔 설폰아닐라이드(ethyl mercuric p-toluene sulfonanilide)가 있다.

디메틸 디티오카바메이트계들은 동물에서 최기형성이 보고되어 있고, 니트로소화하여 니트로사민을 생성한다. 또한 에틸렌비스디티오카바메이트계(ethylenebisdithiocarbamate, EBDCs)도 최기형성이 보고되어 있는데, 이들은 생체 내에서, 환경에서, 그리고 잔류물이 함유된 식품 조리 시에 분해되어 에틸렌티오우레아(ethylene thiourea, ETU)를 생성한다. ETU는 발암성, 돌연변이원성, 최기형성일 뿐 아니라 갑상선 기능저해작용이 있다.

베노밀(benomyl)은 복숭아 등 40여종에 달하는 농작물에 사용되는데, 발암성, 돌연변이 유발성, 최기형성이 알려져 있다.

표 7-8   대표적인 살균제

구분		예
방향족화합물		PCP(Pentachlorophenol), PCNB (Pentachloronitrobenzene), Hexachlorobenzene(HCB)
무기제	무기구리	Copper sulfate
	유기비소제	Neoasozin(Ferric methyl arsenic acid의 염)
디티오카바메이트계	Dimethyl-	Thiram, Ferbam, Ziram
	Ethylenebis-(EBDCs)	Zineb, Maneb, Mancozeb, Nabam
	Propylenebis-	Propineb
Nitrogen Heterocyclic 화합물		Benomyl, Thiabendazole, Iprodione, Propamocarb
유기인계		IBP, Edifenphos, Pyrazophos
Phthalimides		Captan, Folpet, Captafol
유기염소계		Fthalide, Procymidone, Dichlofluanid, Vinclozolin, Thalonil
카르복시아닐리드		Mepronil

(4) 살서제

쥐를 죽이기 위한 농약으로 사용한 살서제(rodenticides)의 주된 문제는 우발적 사고 또는 자살용으로 사용하는 경우이다. 특히 1970년대 우리나라에서 쥐잡기 운동의 일환으로 배급되었던 백호(pyriminil, 상품명 vacor)를 자살용으로 사용한 뒤 후유증인 당뇨병의 발병은 살서제의 관리가 중요함을 시사하고 있다. 살서제로는 다양한 물질이 사용되는데, 대표적인 것은 [표 7-9]와 같다. 플루오로아세트산과 플루오로아세트아미드는 고독성 물질이다 (LD_{50}=23mg/kg, 마우스, 경구). 그 밖의 살서제로는 와파린, 해총, ANTU(α-naphthyl thiourea), 스트리키닌 등이 있다. 인화아연은 위장에서 물과 HCl과 작용하여 포스핀 (phosphine, PH_3) 가스를 발생해, 심한 소화관 자극을 초래한다. 황산탈륨의 LD_{50}은 10~30mg/kg이다.

표 7-9	살서제
유기화합물	ANTU(α-naphthylthiourea) Warfarin Red squill(Urginea martima) : Scillaren-A, Scillaren-B Fluoroacetate, Fluoroacetamide Diphacinone Norbormide Strychnine Pyriminil (N-3-pyridylmethyl-N'-p-nitrophenyl urea)
무기살서제	Zinc phosphide, Thallium sulfate, 황인, Barium carbonate, Arsenic trioxide
훈증살서제	CO, Methyl bromide(=Bromomethane), HCN

(5) 훈증제

훈증제(fumigants)는 토양소독에 사용되는데 아크릴로니트릴, 이황화탄소, 사염화탄소, 클로로피크린, 에틸렌 디브로마이드, 에틸렌 옥사이드, 청산, 메틸브로마이드, 포스핀, 1,2-디브로모-3-클로로프로판(DBCP) 등이 있다.

(6) 생장조정제

생장조정제(plant growth regulator)란 식물의 생육을 촉진 또는 억제하거나 개화촉진, 착색촉진, 낙과방지 또는 촉지 등 식물의 생육을 조절하기 위하여 사용되는 약제들로 에테폰, 지베렐린 등이 있다.

2. 농약의 안전성

농약의 사용 문제를 논의할 때에는 그 유해성뿐만 아니라 그 유용성도 함께 고려되어야만 한다. 농약의 유용성으로는 매개질병의 구제, 농업 생산력의 증대, 해충의 구제 등을 들 수 있다. 농약이 식량증산에 기여하는 비율을 20~30%로 추정하고 있다.

농약은 해충이나 균을 직접 죽이는데 사용되는 약물이므로 식품첨가물이나 사료첨가물보다는 독성이 큰 물질군이다. 우리나라의 농약소비량은 1975년 21,011톤에서 87년 56,000톤으로 크게 증가하였고, 농약중독 사망자도 속출하여 식품의 농약 사용에 대한 부정적인 시각을 증폭시켰다. 2007년 농약중독 사망자도 415명에 이르는 등 아직도 농약으로 인한 안전 위협은 큰 사회문제가 되고 있다. 그러나 농업의 환경보전 기능을 증대시키고, 농업으로 인한 환경 오염을 줄이며, 친환경 농업을 실천하는 농업인을 육성하기 위해 친환경농업육성법이 1997년 12월 제정되었다. 이와 같은 노력의 결과 [표 7-10]에서 보는 바와 같이 최근 농약 소비량은 점점 줄고 있다.

표 7-10 ▒ 우리나라의 최근 3년간 농약 소비량

년도	총량	살충제	살균제	제초	기타
2010	20,431	7,414	6,023	5,224	1,770
2011	19,131	6,634	5,351	5,180	1,966
2012	17,438	5,047	5,879	4.432	2.080

* 자료: 통계청

직접적인 농약중독 이외에 식품안전 면에서는 잔류농약의 독성과 발암 가능성, 그리고 환경 내의 먹이사슬과 자연수계로 유입되는 환경 오염문제이다.

(1) 농약의 독성

농약의 자체독성도 상당히 큰 것이 많다. WHO에서는 농약의 독성을 [표 7-11]과 같이 분류하고 있다. 유기인계와 같이 급성독성이 큰 농약은 살포과정과 재배과정에서 급성중독을 일으킬 가능성이 크다. 우리나라에서는 매년 수백 명이 농약중독 등으로 사망하고, 최근 WHO에서는 매년 100만 명이 농약중독을 입으며, 200만 명이 농약 자살로 입원한다고 추정하고 있다.

표 7-11 WHO 권장 유해성에 의한 농약의 분류

등급	독성 분류	LD$_{50}$ (쥐, mg/kg)			
		경구		경피	
		고체	액체	고체	액체
Ia	맹독성	5미만	20 미만	10 미만	40미만
Ib	고독성	5~50	20~200	10~100	40~400
II	보통독성	50~500	200~2,000	100~1,000	400~4,000
III	저독성	〉500	〉2,000	〉1,000	〉4,000
III	무독	〉2,000	〉3,000	–	–

우리나라에서는 농약의 급성독성을 농약관리법에 의거 제품농약의 급성독성 시험성적을 근거로 [표 7-12]와 같이 맹독성, 고독성, 보통독성으로 구분하고 있다.

표 7-12 농약의 급성독성구분 (농약관리법)

구분	반수치사량(LD$_{50}$, mg/kg, 체중)				흡입독성 mg/L 공기 (4시간, 1회폭로)
	경구독성		경피독성		
	고체*	액체	고체	액체	
맹독성	5 미만	20 미만	10 미만	40 미만	–
고독성	5~50	20~200	10~100	40~400	0.5~2.0
보통독성	50~500	200~2,000	100~1,000	400~4,000	2.0 이상
저독성	500 이상	2,000 이상	1,000 이상	4,000 이상	–

* 고체 및 액체의 적용구분은 사용 시 형태에 따라 분류

(2) 농약의 발암성

농약의 안전성에 있어 또 다른 주안점은 농약의 발암가능성이다. 발암성은 장기간 저농도로 폭로될 때 나타나기 때문에 농약 사용 규제에 있어 더욱 크게 영향을 준다.

농약 중에는 장기 투여 시 발암작용을 하거나 종양발생을 촉진하는 것이 있다. DDT, 2,4-디니트로페놀, 카바메이트계, 각종 수은제 농약 등은 돌연변이 유발물질이고 카바릴, 디코폴 등은 동물실험에서 최기형성이 확인되었다. 티오우레아와 같은 살균제도 발암성이 의심되고 있으며, 셀레늄 화합물도 간암을 유발한다고 알려져 있다. 그밖에도 알드린, 디

엘드린, DDD, 헵타클로르, 글리세오풀빈 등의 발암성이 의심되고 있다.

발암물질로 알려진 알라가 1989년 수입 자몽에서 발견되어 사회문제가 되기도 하였다.

일반적으로 디티오카바메이트계(maneb, zineb, mancozeb, nabam)는 급성독성은 크지 않으나, 최기형성과 발암성이 의심되고 있어 우리나라에서도 사용이 금지되었다.

(3) 농약의 알레르기 유발성

가공식품을 먹고 알레르기를 일으켰다고 하는 사람들이 많고 특히 어린이 아토피를 유발한다고 생각한다. 그러나 가공식품의 경우 원료 식품과 식품첨가물을 포장에 표시를 하므로 알레르기가 있는 사람은 자신에게 감작성이 큰 식품 원료나 첨가물이 들어 있는 식품을 피할 수 있으나, 농약은 아직 표시할 의무가 없다. 농약의 알레르기 유발성에 관한 보다 면밀한 조사와 법적조치가 필요하다. 알레르기를 유발한다고 알려진 농약들은 알리도클로르, 아닐라진, 안투(ANTU), 바르반, 베노밀, 캡타폴, 캡탄, 다조메트, 디클로로프로판, 린덴, 마네브, 니트로펜, 폴펫, 프로파클로로, 피레트럼/피레트로이드, 로테논, 티람, 지네브 등이다.

(4) 농약의 어독성

농약이 살포되면 상당 부분이 수계로 들어가게 됨으로써 결국에는 어류 등 수생생물에도 독성을 미치게 되고, 잔류성이 큰 경우에는 먹이사슬을 타고 동물과 인간에게 악영향을 줄 수 있다.

어류는 농약독성에 대해 포유동물과는 다른 양상을 나타내는 경우가 많다[표 7-13]. 티오카바메이트 제초제인 모닐레이트(monilate)는 벼에 다량 살포되는데, 쥐에서의 독성은 크지 않지만(경구 LD_{50}, 720mg/kg), 수계로 들어가면 특히 잉어에 대해 큰 독성을 나타낸다(LC_{50}, 28일, 0.2mg/L). 마찬가지로 담수어는 TCDD에 포유동물 중에서 가장 민감한 기니피그만큼 급성독성을 나타낸다.

표 7-13 농약의 어독성과 마우스에 대한 경구독성 비교

농약		어종	LC_{50}(mg/L, 96시간)	LD_{50} (mg/kg)
구분	일반명			
유기인계 살충제	Chlorpyrifos(Dursban)	RT	0.003	135~163
	Parathion	RT	1.5	13
	Azinphos-methyl	G	0.1	16.4
	Malathion	BG	0.103	2,800
	Dimethoate	MF	40~60	500~600
	Phorate	RT	0.013~0.018	1.6~3.7
유기 염소계 살충제	Aldrin	NS	0.089	38~60
	Chlordane	RT	0.09	457~590
	Methoxychlor	RT	0.052	6,000
카바메이트계 살충제	Cabaryl	NS	5~13	850
	Carbofuran	RT	0.28	8~14
피레트로이드 살충제	Cypermethrin	RT	0.002~0.0028	251~4,123
	Fenvalerate	RT	0.0036	451
벤조일페닐우레아 살충제	Diflubenzuron	RT	140	4,640
제초제	Alachlor	RT	1.8	930
	Atrazine	RT	4.5	1,869~3,080
	Picloram	RT	19.3	8,200
	2,4,5-T	RT	350	300~1,700
	Flurazifop	RT	1.37	3,300
	Diuron	NS	3~60	3,400
살균제	Benomyl	RT	0.17	〉10,000
	Bitertanol	RT	2.0~2.7	〉5,000
살서제	Brodifacoum	RT	0.051	0.27
	Diphacinone	RT	2.8	2.3

* BG = Bluegill sunfish, G = Guppy, MF = Mosquito fish, NS = Not specified.

(5) 농약의 잔류성

농작물에 뿌려진 농약은 광분해, 화학적 분해, 생물학적 분해 즉, 미생물에 의한 분해 등 크게 3가지의 분해경로를 거쳐 분해되는데 분해되지 않고 잔류하기도 한다. 농약은 그 잔류성에 따라 비잔류성, 중간 잔류성, 잔류성 농약으로 구분한다[표 7-14]. 농약의 잔류기간은 살포장소에서 농약잔류분이 75~100% 사라지는데 걸리는 기간을 말한다. 비잔류성 농약은 잔류기간이 1~12주, 중간잔류성 농약은 1~18개월, 잔류성 농약은 2~5년이다. 그러나 이 기간은 환경조건에 따라 달라진다.

또한 일부 농약은 분해되어 오히려 그 독성이 커지는 경우가 있어, 가축이나 사람에 대해 약해를 나타내거나 발암성을 나타내는 경우가 있다. 예를 들면, 유기염소계인 헵타클로르로는 발암성의 헵타클로르 에폭사이드를 생성하고, 유기인계인 슈라단은 자신보다 독성이 10만 배나 강한 슈라단 N-옥사이드를 생성한다. 그리고 디티오카바메이트계 살균제는 토양 중에서 에틸렌티오우레아, 에틸렌티우람 모노설파이드, 이황화탄소, 황화수소 등으로 분해되는데, 그중 에틸렌티오우레아는 갑상선암을 유발함이 밝혀져, 이들 농약의 토양, 작물, 식품 중의 잔류는 중대한 영향을 초래할 수 있다. 또한 이들 농약이 잔류하고 있는 채소를 조리할 때에도 에틸렌티오우레아가 생성된다는 것이 밝혀졌다.

잔류성 농약은 먹이사슬을 따라 농축이 일어난다. 예를 들면 어패류에서 1,000~10,000 배까지 농축되기도 한다.

표 7-14 잔류성에 따른 농약의 분류

구분	농약	예
잔류성	염화탄화수소계 살충제	DDT, DDE, Methoxychlor Cyclodien계: Aldrin, Dieldrin, Endrin, Mirex, Kepone BHC, Lindane
	양이온 제초제	Diquat, Paraquat
중간잔류성	트리아진계 제초제	–
	페닐요소계 제초제	–
	치환 디니트로아닐린계 제초제	Trifluralin, Oryzalin, Pendimethalin

비잔류성	페녹시계 및 산성 제초제	2,4-D, Dalapon, Chloramben, Dicamba, Diclobenil
	페닐카바마이트 및 카르바닐산염계 제초제	Propham, Chlorpropham, Barban, Terbutol, Dichlormate
	디티오카바메이트계 살균제	Maneb, Zineb, Nabam
	합성 피레트로이드	–
	유기인계 및 카바메이트계 살충제	–
	글리포세이트	–

3. 농약의 안전성 확보

(1) 농약의 사용허가

1) 농약의 등록

국내에서 사용되는 농약은 농약관리법 8조에 의거하여 대통령령이 정하는 시험연구기관에서 실시한 농약의 약효·약해·독성 및 잔류성에 관한 시험의 성적을 기재한 시험 성적서를 농촌진흥청장에게 제출하여 허가·등록하여야 한다. 이때 필요한 안전성시험은 [표 7-15]의 인축독성시험에 의한다. 그리고 품목 등록이 제한되는 농약은 [표 7-16]과 같다.

표 7-15 농약의 인축독성시험

화학농약 및 생화학농약	미생물농약
1. 급성경구독성시험 2. 급성경피독성시험 3. 급성흡입독성시험 4. 피부자극성시험 5. 안점막자극성시험 6. 피부감작성시험 7. 급성지발성신경독성시험 8. 유전독성시험 9. 기형독성시험 10. 반복투여경구독성시험 11. 반복투여경구독성시험 12. 만성반복투여경구독성시험 13. 발암성시험 14. 만성반복투여경구독성/발암성병합시험 15. 번식독성시험 16. 동물체내독성시험 17. 농약 살포자 노출량 측정시험 18. 급성경구독성시험: 고정용량법 19. 급성경구독성시험: 급성독성등급법 20. 피부감작성시험: 국소림프절시험법(Local Lymph node Assay) 21. 피부감작성시험: 국소림프절시험법-DA(Local Lymph Node Assay-DA) 22. 피부감작성시험: 국소림프절시험법-BrdU-ELISA(Local Lymph Node Assay- BrdU-ELISA)	1. 급성경구독성/병원성시 2. 급성경피독성시험 3. 급성호흡기투여독성/병원성시험 4. 급성정맥내독성/병원성시험 5. 안점막자극성시험 6. 피부자극성시험 7. 피부감작성시험 8. 반복투여경구독성시험 9. 유전독성시험 10. 번식수정영향시험 11. 발암성시험 12. 면역독성시험 13. 세포배양시험(바이러스인 경우)

표 7-16 품목 등록이 제한되는 농약

원제명(한글명)	원제명(영문명)	
1,2-디브로모에탄(에틸렌디브로마이드)	1,2-dibromoethane(Ethylene dibromide)	
2,4,5-티 및 그 염과 에스터	2,4,5-T and its salts and esters	
니트로펜(엔아이피)	Nitrofen(NIP)	
데메톤-에스-메틸	Demeton-S-methyl	
도딘	Dodine	
디노캅	Dinocap	
디디티	DDT	
디메피퍼레이트	Dimepiperate	

디설포톤	Disulfoton
디알리포스	Dialifos
디엔오씨 및 그 염류	Dinitro-ortho-cresol(DNOC) and its salts(such as ammonium salt, potassium salt and sodium salt)
디엘드린	Dieldrin
디코폴	Dicofol
디클로플루아니드	Dichlofluanid
린데인	Lindane(gamma-HCH)
마네브	Maneb
메타미도포스	Methamidophos
메토밀	Methomyl
모노크로토포스	Monocrotophos
바미도티온	Vamidothion
벤설라이드	Bensulide
벤족시메이트	Benzoximate
비나파크릴	Binapacryl
비산연	Lead arsenate
비에이치씨	BHC
빈클로졸린	Vinclozolin
사염화탄소	Tetrachloromethane(Carbon tetrachloride)
수은화합물(무기수은화합물, 알킬수은화합물, 알킬록시알킬 · 아릴수은화합물 포함)	Mercury compounds including inorganic mercury compounds, alkyl mercury compounds and alkyloxyalkyl and aryl mercury compounds
시노설퓨론	Cinosulfuron
아미트롤	Amitrole
아이소펜포스	Isofenphos
알드린	Aldrin
알디카브	Aldicarb
에이치시에이치 (혼합이성질체)	HCH (mixed isomers)
에틸렌디클로라이드	Ethylene dichloride
에틸렌옥사이드	Ethylene oxide
엔도설판	Endosulfan
엔드린	Endrin
엠에이치-30	MH-30
오메토에이트	Omethoate

유기주석화합물	Tributyltin compounds
이사조포스	Isazofos
이피엔	EPN
지네브	Zineb
카보페노티온	Carbophenothion
캄페클로르(톡사펜)	Camphechlor(Toxaphene)
캡타폴	Captafol
퀴날포스	Quinalphos
퀸메락	Quinmerac
퀸토젠(피씨엔비)	Quintozene(PCNB)
클로로벤질레이트	Chlorobenzilate
클로르데인	Chlordane
클로르디메폼	Chlordimeform
클로르펜빈포스	Chlorfenvinphos
클로메톡시펜	Chlomethoxyfen
톨릴플루아니드	Tolylfluanid
트랄로메트린	Tralomethrin
트리아자메이트	Triazamate
트리아조포스	Triazophos
트리클로르폰	Trichlorfon
티아조피르	Thiazopyr
티오메톤	Thiometon
파라티온메틸	Parathion-methyl
파라티온에틸	Parathion-ethyl
패러콰트디클로라이드	Paraquat dichloride
패티알코올	Fatty alcohol
퍼플루이돈	Perfluidone
페노프로프(2,4,5-티피)	Fenoprop(2,4,5-TP)
페녹시카브	Fenoxycarb
펜타클로로페놀 및 그 염	Pentachlorophenol and its salts
포살론	Phosalone
포스벨	Leptophos(Phosvel)
프로파포스	Propaphos
프로피소클로르	Propisochlor
플루오로아세타미드	Fluoroacetamide

피라족시펜	Pyrazoxyfen
피로퀼론	Pyroquilon
피엠에이	PMA
피클로람	Picloram
피티에이비	PTA−B
할펜프록스	Halfenprox
헥사클로로벤젠	Hexachlorobenzene
헥사플루뮤론	Hexaflumuron
헵타클로르	Heptachlor
헵테노포스	Heptenophos

2) 농약의 일일섭취허용량 설정

농약등록을 위해 제출된 독성시험성적 중 만성독성시험 결과로부터 감수성이 가장 높은 시험동물 종에서의 최대무작용량(NOAEL)을 산정하여 안전계수(safety factor, SF)로 나누어 구한다.

$$\text{일일섭취허용량(ADI)} = \frac{\text{최대무작용량(NOAEL)}}{\text{안전계수(SF)}}$$

우리나라 농촌진흥청에서 적용하는 안전계수는 농약등록을 위해 제출된 독성시험 성적성의 독성정도와 자료의 충실도에 따라 다음과 같이 설정된다.

표 7-17 안전계수의 적용 방법

안전계수 산출근거	적용 안전계수
실험동물로부터 사람으로의 외삽(interspecies extrapolation)	× 10
사람간의 감수성 차이(intraspecies variation)	× 10
보정계수 −최대무작용량(NOAEL) 대신 최소독성용량(LOAEL)*의 사용 −일부성적의 누락이나 심각한 독성(발암성, 기형성)이 우려되는 경우	× 3 × 10

* 최소독성용량(lowest observed adverse effect level, LOAEL)

3) 농약안전사용지침서

농촌진흥청은 농약 살포 시의 안전과 수확한 농작물에서의 잔류허용기준을 충족시키기 위하여 의 농약안전사용지침서를 발행하여 교육 및 홍보 자료로 활용한다.

(2) 식품 중 농약의 잔류허용기준

식품의약품안전처에서는 각 농약의 일일섭취허용량을 근거로 국내 유통 농산물 중의 농약의 잔류허용기준을 설정하여 농약으로부터의 위해성을 최소화하게 된다. 각 식품별 농약별 농약잔류허용기준은 잔류농약 데이터베이스(http://fse.foodnara.go.kr/residue/food/food_mrl.jsp)에서 검색할 수 있다. 2014년 10월 현재 총 847건의 식품, 1,617건의 농약에 대하여 잔류허용기준이 설정되어 있다.

식품의 수입이 다변화되어 각국에서 사용하는 농약이 다양하므로 잔류허용기준을 설정해야 할 농약 및 식품의 수가 많아짐에 따라 2016년 12월부터 농약 잔류허용기준의 포지티브리스트 시스템(positive list system)이 도입된다. 포지티브리스트 시스템은 국내에서 사용이 허가된 농약을 제외한 나머지 농약의 잔류허용기준을 일률적으로 정량한계 수준(0.01mg/kg) 이하로 관리하는 제도이다.

(3) 농약으로부터의 위해성 저감 방안

1) 금지 농약의 사용 감시

맹독성, 발암성, 잔류성 등 유해성 농약은 농축산물 생산자뿐 아니라 소비자, 더 나아가 토양 · 수질 · 생태계의 황폐화를 초래하므로 사용 금지되어야 한다. 또한 저개발국가 등에서 은밀하게 사용될 수 있는 금지 농약 불법사용에 대한 감시 체계를 확립하여 보다 철저히 농약의 안전성을 확보하여야 할 것이다.

2) 저독성/미생물 농약 개발

정부와 농약 생산자는 저독성 농약 및 미생물 농약 등의 지속적인 개발과 사용을 위한 보다 적극적인 노력이 있어야 한다.

3) 친환경 농산물 인증제도

농약에 대한 국민의 우려가 커짐에 따라 소비자에게 보다 안전한 친환경 농산물을 제공하기 위해 전문인증기관이 엄격한 기준으로 선별 · 검사하여 그 안전성을 인증해주는 '친환경 농산물 인증제도'를 시행하고 있다. 친환경 농산물은 [표 7-18]과 같이 유기농산물, 무농약 농산물, 저농약 농산물로 구분하고 있으며, 국민들이 알기 쉽게 그림으로 표시하여 농산물 및 축산물에 부착하여 판매하므로, 식품을 구입할 때에는 꼭 마크를 확인하여야 한다.

표 7-18 친환경 농산물 인증제도

종류	기타
유기농산물	유기합성농약과 화학비료를 일체 사용하지 않고 재배(전환기간: 다년생 작물은 3년, 그 외 작물은 2년) 유기축산물은 유기축산물 인증기준에 맞게 재배·생산된 유기사료를 급여하면서 인증기준을 지켜 생산한 축산물
무농약 농산물	유기합성농약은 일체 사용하지 않고, 화학비료는 권장 시비량의 1/3 이내 사용 무항생제축산물은 항생·항균제 등이 첨가되지 않은 '일반사료'를 급여하면서 인증 기준을 지켜 생산한 축산물
저농약 농산물	화학비료는 권장시비량의 1/2 이내 사용하고, 농약 살포횟수는 '농약안전사용기준'의 1/2 이하, 사용 시기는 안전사용기준 시기의 2배수 적용−제초제는 사용하지 않아야 함 잔류농약: 식품의약품안전처장이 고시한 '농산물의 농약잔류 허용기준'의 1/2 이하

* 주
1. 천연·자연·무공해·저공해·내추럴(natural) 등 소비자에게 혼동을 초래할 수 있는 강조 표시를 하지 아니할 것
2. 토양이 아닌 시설 또는 배지에서 재배한 농산물은 양액재배농산물 또는 수경재배농산물로 별도 표시 할 것
3. 유기로 전환중인 경우 표지문자의 뒤에 전환기를 표시 할 것

4) 로컬 푸드의 활성화

미국의 100마일 다이어트 운동, 일본의 지산지소(地産地消) 운동 등이 대표적인 예다. 국내의 경우 전북 완주군이 2008년 국내 최초로 로컬 푸드 운동을 정책으로 도입하였고, 생활협동조합, 농산물 직거래, 농민 장터, 지역급식운동 등 최근에는 매우 활발해지고 있다.

이는 생산자와 소비자의 상호신뢰 회복과 토산물에 대한 애착과 사랑을 갖도록 하며, 자라나는 학생들의 급식에 활용함으로써 지역에 대한 이해와 사회 일원으로서의 소속감과 책임감을 갖도록 하는 최선의 방법이다.

제 8장

동물용 의약품

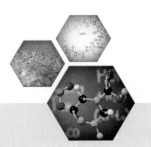

　국민소득의 향상과 식생활의 변천으로 점점 축산물과 수산물의 수요가 급증하여, 종래 농촌에서 부업으로 사육되던 가축뿐만 아니라 각종 조류(닭, 오리, 꿩, 칠면조), 어류(뱀장어, 미꾸라지, 광어 등) 등의 경제성 동물을 계획적으로 대량사육·양식하는 경영법이 채택되고 있다. 또한 축산 사료는 점차 복합 사료의 이용이 늘어나고 있고, 수산업은 잡는 어업에서 양식어업으로 경향이 바뀌고 있어, 각종 사료 첨가물과 항생제 등 동물용 의약품의 사용도 크게 증가하고 있다. 이들의 사용은 식량증산의 목적에 있어서 필수불가결한 면도 있지만, 식육 중의 잔류로 인한 식품안전에 대한 위협도 간과할 수 없는 문제이다.

　우리의 식생활 변화를 살펴보면 1인당 하루 쌀 소비량은 1970년 373.7g에서 2014년 178.2g으로 크게 줄었다. 연간으로 환산하면 136.4kg에서 66.8kg이 된다. 반면에 1인당 연간 육류소비량은 1970년 5.2kg에서 2013년 42.7kg(돼지고기 20.9kg, 닭고기 11.5kg, 소고기 10.3kg), 달걀은 1970년 77개에서 242개로, 우유는 1.6kg에서 71.6kg으로 크게 늘었다. 게다가 우리나라 국민 1인당 수산물소비량도 80년에 27kg에서 2014년 53.9kg으로 늘어났다. 수산물 종류별로는 어류 22.4kg, 패류 16.0kg, 해조류 15.6kg을 소비했다. 2013년 우리나라에서 생산되는 수산물의 전체 생산량 약 315.5만톤 중 천해양식이 153.5만톤으로 48.7%를 차지하고 있다[표 8-1].

표 8-1	우리나라 어업별 생산량 현황					(단위: 천톤)
구 분	2008년	2009년	2010년	2011년	2012년	2013년
천해양식	1,381	1,313	1,355	1,478	1,489	1,535
연근해어업	1,285	1,227	1,133	1,235	1,091	1,045
원양어업	666	612	592	511	575	550
내수면어업	29	30	31	32	28	25
합 계	3,361	3,182	3,111	3,256	3,183	3,155

1. 동물용 의약품

　가축의 질병예방 및 치료, 성장 촉진 등 생산성을 높이는 목적으로 항생제, 호르몬제, 영양 강화제 등 동물용 의약품(veterinary drug)이 사용된다. 우리나라 농림축산식품부의 동물용 의약품의 안전 사용 기준(농림축산검역본부고시 제2013-28호, 2013.3.23., 일부 개정)에서 '동물용 의약품'이라 함은 동물 질병의 예방 및 치료를 위하여 사용하는 의약품, '수산용 동물용 의약품'이라 함은 수생동물의 질병예방 및 치료를 위하여 사용하는 동물용 의약품을 말한다고 하고 있다.

(1) 동물성 의약품의 분류 및 사용목적

　동물용 의약품은 사용목적에 따라 [표 8-2]와 같이 분류한다. 동물용 의약품 등 편람('01) 및 동물용 의약품 등 약효성분 분류집('04)에 따르면 국내에서는 활성성분 기준으로 약 240여개 물질이 등록되어 있다. 물질의 계열별로는 항생제, 진정제, 합성 항균제, 항원충제, 구충제, 살충제, 성장촉진 호르몬제 등으로 분류한다.

표 8-2	동물용 의약품의 사용목적별 분류	
분류	사용목적	의약품
질병치료	질병에 걸린 동물의 치료	항생제, 합성항균제, 항원충제, 진정제, 항염증제 등
생산성 향상	가축, 가금 등의 생산성 향상	성장촉진 호르몬제, 항생제, 베타 아고니스트
질병예방	감염증 발생 예방	백신, 구충제, 항콕시듐제 등
질병방제	집단 사육, 양식에서의 질병예방 및 치료	항생제, 소독제
방역	감염증 예방 목적의 동물 사육장, 방목장, 어장에 사용	소독제, 살충제 등

(2) 동물용 의약품의 위해성

동물용 의약품은 가축의 질병 방지와 성장촉진 등 생산성을 높여 양축농가의 소득을 증대시키고 최종소비자가 저렴하고 안정적으로 이용해야 한다. 그러나 불허용 약품을 사용하거나 허용 동물용 의약품이라 하더라도 안전사용기준을 지키지 않고 무분별하게 사용하면 오남용으로 축·수산물과 그 가공품에 잔류하게 되고, 장기간 섭취할 경우 의약품 자체의 약리작용뿐 아니라 부작용을 초래하며, 특히 항생제 등에 대한 내성을 크게 하므로 식품안전에 위협이 될 수 있다.

잔류 동물용 의약품의 위해성은 다음과 같다.

① 항생 물질이나 합성 항균제의 오남용으로 가축의 장내 세균과 병원성 세균의 내성화로 질병 치료 효과를 둔화시킬 수 있다.

② 축산물에 잔류하는 동물용 의약품은 섭취한 사람에게도 똑같은 약리작용을 발휘할 가능성이 커서 원하지 않는 의약품을 섭취하게 된다.

③ 축산물에 잔류하는 항생제 등은 내성화된 세균/잔류물질이 장내세균에 내성인자를 전달하여 내성균이 발현되어 사람의 질병 치료에 커다란 장애를 줄 가능성이 있다. 최근 내성이 큰 슈퍼박테리아의 출현이 큰 사회적·의료적 문제가 되고 있다.

④ 성장촉진 호르몬제의 내분비 교란작용에 대한 의문이 제기되고 있어 특히 어린이, 청소년의 성장 발현에 대한 논란이 되고 있다.

(3) 배합사료 제조용 동물용 의약품

동물에게 급여하는 사료에 각종 사료첨가물과 함께 배합사료 제조용 동물용 의약품이 사용된다. 사료에 사용이 금지된 주요 동물용 의약품은 다음과 같으며, 사료 내에서 검출되어서는 안 된다.

① 무기비소제제
② 피리메타민제제
③ 항갑상선물질
④ 성장촉진 호르몬제
⑤ 니트로후란제제(후라졸리돈, 후랄타돈, 니트로푸라존, 니트로빈 및 니트로푸란토인 등)
⑥ 클로람페니콜 제제
⑦ 디메트리다졸
⑧ 기타 발암성 등 안전성 및 유효성에 문제가 있는 것으로 확인된 당펩티드계 항생제(아보파신, 반코마이신 등), 클로르프로마진, 클렌부테롤, 이프로니다졸, 말라카이트그린, 콜치신, 스트리키닌, 디에칠스틸베스트롤, 유기염소계 및 클로로포름 함유제제
⑨ 카바독스, 로니다졸, 올라퀸독스, 답손 및 메트로니다졸 함유제제

배합사료제조용 항생제 및 항원충제(항콕시듐제)는 2004년 53종에서 현재 9종으로 점차적 감축을 추진하고 있다. [표 8-3]은 사용이 금지된 동물용 의약품 목록이다.

표 8-3 사용 금지된 동물용 의약품

항생제(합성항균제) 및 항콕시듐제	비고
엔라마이신, 타이로신, 버지니아마이신, 바시트라신메칠렌디살리실레이트, 밤버마이신, 티아무린, 아프라마이신, 아빌라마이신, 설파치아졸	농림부고시 제2010-142호에 의해 삭제(9종 감축)

• 테트라싸이클린 계열 2종:
  클로르테트라싸이클린, 옥시테트라싸이클린 4급 암모늄
• 인수공용 항생제 5종:
  바시트라신아연, 황산콜리스틴, 황산네오마이신, 염산린코마이신, 페니실린
	농림부고시 제2007-83호에 의해 삭제(7종 감축)

옥시테트라싸이클린염산염, 설파메타진, 설파디메톡신, 키타사마이신, 치오펩틴, 비코자마이신, 하이그로마이신B, 데스토마이신A, 나이스타틴, 에리스로마이신, 데콕퀴네이트, 염산로베니딘, 카바독스, 암프로리움, 에토파베이트, 설파퀴녹사린, 할로푸지논, 노시헵타이드, 나이카바진, 죠렌, 메칠벤조퀘이트, 오르메토프림, 로니다졸, 모란텔시트레이트, 싸이로마이진, 록사손, 세데카마이신, 이버멕틴	농림부고시 제2004-72호에 의해 삭제(28종 감축)

현재 동물용 의약품 중 배합사료 제조 시 사용 가능한 항생물질 제제 및 항균제는 [표 8-4]와 같다.

표 8-4 　배합사료 제조 시 사용 가능한 항생물질 제제 및 항균제	
사료	**배합사료 제조용 동물용 의약품**
소	라살로시드나트, 모넨신나트륨, 살리노마이신
돼지	펜벤다졸
닭	나라신, 디클라주릴, 라살로시드나트륨, 마두라마이신암모늄, 모넨신나트륨, 살리노마이신, 샘두라마이신, 크로피돌

* 참고: 사료 등의 기준 및 규격(농림축산식품부고시 제2014-106호, 2014.12.8.)

2. 동물용 의약품의 잔류허용 기준

우리나라의 동물용 의약품의 관리는 국립수의과학검역원에서 국내 사용되는 동물용 의약품의 허가를 담당하고 있으며, 식품의약품안전처는 해당 동물용 의약품의 잔류성, 일일섭취허용량, 식품섭취량 및 국민평균체중 등을 참작하여 위해평가를 실시하고 각각에 대해 잔류허용기준을 고시하고 있다. 현재 우리나라에는 식품 중 잔류하여서는 아니 되는 물질로 12개[표 8-5], 잔류허용기준이 설정된 것은 겐타마이신, 나이카바진, 네오마이신 등 124개가 고시되어 있다.

(1) 축산물 및 수산물에서 검출되어서는 아니 되는 물질

푸라졸리돈, 푸랄타돈, 니트로푸라존, 니트로푸란토인, 니트로빈 등의 니트로푸란 제제는 발암가능성 때문에 금지되었고, 항생제 클로람페니콜은 IARC의 인체발암추정물질(그룹 2A)로 분류되어 1992년 수산용 허가 취소 및 식육동물에 사용 금지되었다.

말라카이트그린은 살균력이 있어 잉어, 연어, 송어 등의 알 소독에 사용하였는데, 쥐에게 2년 이상 100 ppb의 말라카이트 그린을 투여한 결과 종양이 생긴 실험 결과가 있어 발암 물질로 의심되어 여러 나라에서 사용이 규제되고 있다. 2005년 8월 식품의약품안전청이 국내에서 판매되는 중국산 잉어와 붕어에서 말라카이트그린이 검출되었다고 밝힌데 이어 해양수산부가 동년 10월 국내 송어 양식장과 향어 양식장에서도 말라카이트그린이 확인되어 국내 향어와 송어 양식장에 대한 출하를 중지시켰다.

메드록시프로게스테론 아세테이트는 피임 및 화학적 거세에 사용하는 황체 호르몬제이다. 의료용으로는 주사용 피임제, 자궁내막암 및 유방암 치료에 사용한다. 부작용으로 태아의 기형 또는 비가역적인 손상의 빈도 증가를 일으킬 가능성이 의심되고 있다.

식품 중 잔류동물용 의약품으로 안전성 및 유효성에 문제가 있는 것으로 확인되어 제조 또는 수입 품목허가를 하지 아니하는 동물용 의약품(모화합물과 대사산물 포함)은 [표 8-5]과 같다.

표 8-5	축산물 및 수산물에서 검출되어서는 아니 되는 물질
번호	**식품 중 검출되어서는 아니 되는 물질**
1	니트로푸란[푸라졸리돈(Furazolidone), 푸랄타돈(Furaltadone), 니트로푸라존(Nitrofurazone), 니트로푸란토인(Nitrofurantoine), 니트로빈(Nitrovin)등] 제제 및 대사물질
2	클로람페니콜(Chloramphenicol)
3	말라카이트그린(Malachite green) 및 대사물질
4	디에틸스틸베스트롤(diethylstilbestrol, DES)
5	디메트리다졸(Dimetridazole)
6	클렌부테롤(Clenbuterol)
7	반코마이신(Vancomycin)
8	클로르프로마진(Chlorpromazine)
9	티오우라실(Thiouracil)
10	콜치신(Colchicine)
11	피리메타민(Pyrimethamine)
12	메드록시프로게스테론 아세테이트(medroxyprogesterone acetate, MPA)

* 참고: 식품공전 2013.

(2) 잔류허용기준 설정 동물용 의약품

현재 우리나라에서 식품별 잔류허용기준을 설정하여 관리하고 있는 동물용 의약품은 [표 8-6]과 같다. 이들에 대해서는 식품의약품안전처가 설정하고 관리하고 있다.

표 8-6 잔류허용기준 설정 동물용 의약품

분류	종수	예
항생제	45	겐타마이신, 네오마이신, 바시트라신, 세팔렉신, 아목시실린, 암피실린, 에리스로마이신, 테트라사이클린, 조사마이신, 카나마이신 등
합성항균제	18	날리딕스산, 노프플록사신, 답손, 설파제(설파디아진, 설파메타진 등 15종 합), 옥소린산, 카바독스, 메플록사신 등
항원충제	21	나라신, 나이카바진, 디미나진, 라살로시드, 모넨신, 이미도캅 등
구충제	20	니트록시닐, 도라멕틴, 레바미졸, 메벤다졸, 옥시벤다졸, 티아벤다졸, 하이그로마이신 B 등
살충제	8	델타메쓰린, 싸이플루쓰린, 아미트라즈, 코마포스, 폭심, 플루메쓰린, 플루발리네이트, 플루아주론
진정제	2	아자페론, 카라졸롤
합성 호르몬제	3	제나놀, 초산멜렌게스트롤, 초산트렌볼론
항염증제	6	덱사메타손, 멜로시캄, 톨페남산, 페닐부타존, 프레드니솔론, 플루닉신
베타-아고니스트	1	락토파민

* 식품공전, 2013

3. 동물용 의약품 각론

(1) 항생제 및 합성항균제

1) 항생제 및 항균제의 사용 목적

동물용 의약품 중에서 우리나라에서 가장 많이 사용하는 것은 항생제류이다. 가축에서의 항생제 사용목적은 [표 8-7]과 같이 크게 질병 치료 및 예방과 성장 촉진용이다. 성장 촉진용으로는 항생제로 바시트라신, 밤버마이신, 에리트로마이신, 린코마이신, 옥시테트라싸이클린과 클로로테트라싸이클린, 페니실린, 타일로신, 버지니아마이신, 합성항균제로 카바독스 등이 사용된다.

그러나 [표 8-8]에서 보는 바와 같이 2001년과 2011년을 비교해보면 배합사료 제조용은 크게 줄었으나, 자가 치료 및 예방용으로 가장 많이 사용하고 있어 축산업자에 대한 계속적인 지도와 감시가 있어야 한다.

표 8-7 가축에서의 항생제 사용 목적

가축에서의 항생제 사용		
치료용		현재 감염된 세균성 질병 치료
방제용		동물들이 감염될 것으로 예상되기 때문에 추가 발생 억제
예방용		질병의 예방 목적
	개체투약	동물의 외과적 감염 예방
	집단투약	사육기간(젖떼기, 사육군의 재편성 등) 등
성장 촉진용		사료에 첨가하여 동물의 장에 존재하는 해로운 미생물의 증식억제 – 사료의 소화효율 개선 – 과도한 지방축적 없이 성장속도 향상

표 8-8 용도별 항생제 판매 실적

구분	연도별 항생제 판매실적(톤)								
	2001	2003	2005	2006	2007	2008	2009	2010	2011
배합사료 제조용	766	680	682	627	603	447	236	223	101
수의사 처방용	116	109	94	83	84	89	92	100	81
자가치료 및 예방용	712	658	776	746	838	673	668	723	773
계	1,594	1,438	1,553	1,457	1,526	1,210	998	1,046	956

또한 사용하는 항생제 중에 테트라사이클린계 항생제가 2001년 약 752톤에서 2011년 약 308톤으로 약 59% 감소하였으며, 같은 기간 설파계 항균제는 237톤에서 100톤으로 약 58% 감소했다[표 8-9]. 그러나 아미노글리코시드계는 최근 사용이 급증되고 있다.

표 8-9 항생제 계열별 판매 실적	연도별 항생제 사용량(톤)								
항생제(계열)	2001	2003	2005	2006	2007	2008	2009	2010	2011
Tetracyclines	752	723	723	629	624	470	287	283	308
Sulfonamides	237	180	200	184	183	157	92	116	100
Penicillins	114	130	229	225	266	170	150	145	154
Aminoglycosides	67	78	71	82	93	73	51	58	46
Macrolides	59	47	55	74	75	68	88	90	60
Quinolones	44	32	52	47	56	51	37	46	51
Ionophores	72	61	63	51	58	46	51	35	52
Polypeptides	22	24	34	35	38	43	96	117	56
Phenicols	1	9	24	28	34	35	54	63	59
Pleuromutilins	17	15	18	22	21	20	35	34	22
Quinoxalines	80	29	15	9	13	18	4	0	0
Lincosamides	9	9	14	18	16	12	5	6	7
Cephems	688	9	2	3	1	2	3	4	5
Streptogramins	6	4	4	4	4	5	8	5	3
Orthosomycins	5	5	4	4	5	5	5	4	1
Glycolipid	4	4	2	2	2	1	2	2	897
Nitrofurans	87	63	0	0	0	0	0	0	0
Others	9	6	36	33	29	27	23	29	26
Total	1,594	1,438	1,553	1,457	1,526	1,210	998	1,046	956

2) 항생제 및 항균제의 부작용

항생제 및 항균제는 병균에 대한 약리작용을 발휘하지만 부작용도 심할 수 있다. 식품에 잔류하는 항생제가 인체에 미치는 영향은 대개는 미량이어서 급성독성은 별 문제가 되지 않지만, 만성독성과 항생제의 내성 증대로 인한 균교대증이 생길 가능성이 있으며, 알레르기를 유발할 수 있다. 또한 내성균의 출현은 감염증의 치료와 예방에 문제를 야기한다.

페니실린, 스트렙토마이신, 노보비오신은 감작된 사람에서 강력한 알레르기 유발물질이다. 한번 감작된 사람에 대해서 페니실린은 40IU(0.024mg) 정도로도 알레르기 반응을 일으킨다. 대표적인 항생제 부작용은 [표 8-10]과 같다.

표 8-10 항생제 및 합성 항균제의 부작용

계열	예	대표적인 부작용
페니실린계	benzylpenicillin, amoxicillin, ampicillin, nafcillin	발진, 설사, 복통, 메스꺼움/구토, 과민 반응
세팔로스포린계	cephalexin, cefuroxime	발진, 설사, 알레르기 반응, 혈청병, 페니실린 교차 과민 반응
아미노글리코시드계	sterptomycin, gentamicin	신장독성, 귀독성(난청), 안구진탕
마크로라이드계	erythromycin,	복통, 설사, 식욕부진, 구토
테트라사이클린계	tetracycline, doxycycline	구토, 설사, 식욕부진, 복통, 어린이치아착색, 간독성, 과도한 태양 노출 지양
린코사마이드계	clindamycin, lincomycin	가막성대장염, 설사, 메스꺼움/구토, 발진, 과민 반응
설파제	sulfamethoxazole, sulfisoxazole, sulfadiazine, dapsone	구토, 설사, 식욕부진, 복통, 발진, 광과민증, 과도한 태양 노출 지양

(2) 성장촉진 호르몬 · 산유촉진 호르몬제

가축의 성장촉진 및 우유 생산을 증대시키기 위하여 합성 호르몬제 및 재조합 호르몬이 사용되고 있다. 성장촉진을 위해서는 주로 스테로이드 호르몬인 난포 호르몬 및 황체 호르몬 제제가 많이 사용되며, 제라놀, 초산멜렌게스트롤, 초산트렌볼론 등이 사용된다.

제라놀은 곰팡이 독소인 제랄레논으로부터 만들어지는데, 소 등의 가축 성장촉진제·비육촉진제로 사용된다. 캐나다에서는 소에만 허가되어 있고 EU에서는 허용되지 않고 있다. 우리나라는 비육 촉진용 피하이식제로 송아지, 육성우, 비육우에서 사용이 허가되어 있다.

제라놀은 유방암세포의 증식을 증가시킨다는 보고가 있다. 또한 정상 유방세포를 비롯한 정상 세포에서는 발암작용과 함께 항암작용도 있다는 상반된 결과도 발표되었지만, 전반적인 결론은 암의 위해인자가 될 수 있고 촉진제 역할을 할 수 있다는데 모아지고 있다.

그러나 소에 사용하는 제라니올 피하이식제로 인한 식육을 섭취해서 일어나는 폭로는 무시할 정도이다.

2014년 인천 아시안게임 여자 해머던지기에서 77m 33의 대회 신기록 세우며 금메달을 딴 중국 장원슈 선수가 도핑 검사서 금지 약물인 제라놀 양성 반응으로 금메달을 박탈당해 유명해지기도 했다.

초산멜렌게스트롤은 미국과 캐나다에서 소의 성장 촉진을 위해 사료첨가물로 사용된다. 멜렌게스트롤의 초산 에스테르로서 사람과 다른 동물에서는 사용하지 않는다.

트렌볼론은 근육 성장과 식욕 촉진을 위해 가축에 사용되는 스테로이드이다. 약효 연장을 위해 초산트렌볼론, 트렌볼론 에탄데이트(trenbolone enanthate) 혹은 트렌볼론 사이클로헥실메틸카보네이트(trenbolone cyclohexylmethylcarbonate, parabolan)로 사용한다. 혈액에 들어가면 혈장 리파아제가 에스테르 결합을 가수분해하여 트렌볼론을 유리시키게 된다.

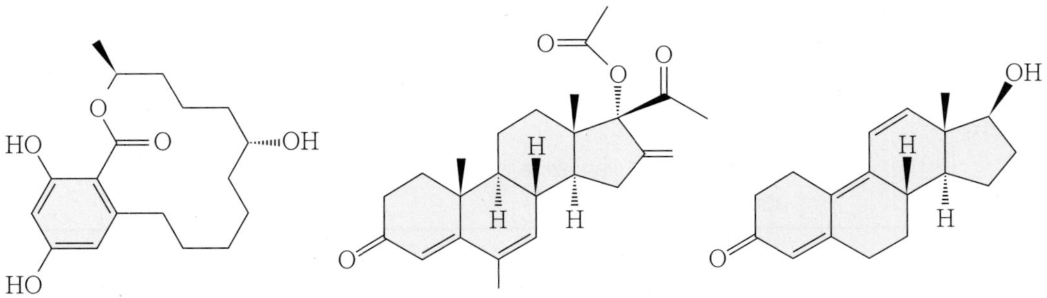

제라놀   초산멜렌게스트롤   트렌볼론

[그림 8-1] 합성 호르몬제

이러한 합성 호르몬제는 가축에 대한 부작용뿐 아니라 잔류하는 식품의 장기 섭취로 인하여 어린이의 사춘기를 앞당기고 호르몬 난조 등의 부작용을 유발하거나 일부는 장기적으로 암을 유발할 수 있다는 의구심이 있다.

또한 젖소에서 우유 생산량을 증가시키기 위해 재조합 소 성장 호르몬(recombinant bovine growth hormone, rBST, 산유촉진 호르몬) 사용이 문제가 되고 있다. rBST의 안전성 문제가 의심받는 가장 큰 이유는 그것이 인체 내에서 인슐린 유사 성장인자

(IGF-1, insulin-like growth factor type 1)의 생성을 자극하는데, IGF-1은 손, 발, 코 등을 비정상적으로 크게 만들뿐 아니라 당뇨병 증세의 하나인 인슐린 불내증, 고혈압 등을 일으키고 유방암, 결장암, 전립선암 등의 발병 위험을 증가시킨다고 알려졌기 때문이다. FDA는 우유에는 1mL당 2~10ng의 IGF-1이 포함돼 있는 것으로 알려져 있고, rBST는 우유 내 IGF-1의 양을 2~5ng 정도밖에 증가시키지 않으며 그나마 인체 내 위장에서 파괴되기 때문에 문제가 되지 않는다고 결론짓고 1993년부터 젖소에 성장촉진 호르몬 투여를 승인하고 있으나 일본, 캐나다, 호주 그리고 일부 유럽 국가들은 인체에 미칠 건강상의 영향을 이유로 젖소에 호르몬제 투여를 금지하고 있다.

우리나라는 지난 10여 년 간 rBST 사용이 크게 줄어 10여 년 전 국내 착유 젖소 가운데 10~15%가 rBST를 접종했으나, 현재 1~2% 정도가 접종하고 있다고 추정된다. 세계적으로 rBST를 생산하고 있는 기업은 한국의 LG생명과학과 미국의 엘랑코 뿐이다. 유전자 변형 생물체의 국가 간 이동에 관한 법률 제24조는 유전자 변형 생물체의 포장 용기에 그 사항을 표시하도록 규정하고 있으나, 의약품에 대해서는 배제되어 있어 rBST 사용 여부를 포장에 표시할 의무는 없다. 최근 무 rBST 우유(rBST free milk) 혹은 치즈 등으로 표시한 제품이 팔리고 있다.

(3) 항원충제(항콕시듐제)

콕시듐은 포자충류에 속하는 원생동물로 소, 돼지, 양, 토끼, 닭 등의 장에 기생하여 출혈성 설사, 빈혈, 영양 장애를 일으킨다. 라살로시드는 닭의 콕시듐 치료제로 사용하는데, 임신율 저하나 저체중 신생아 출산을 유발할 수 있다.

(4) 항염증제

항염증제는 해열진통, 염증치료, 면역억제 등의 용도로 사용하는데, 스테로이드성인 덱사메타손, 프레드니솔론과 비스테로이드성인 페닐부타존, 멜로시캄, 톨페남산, 플루닉신 등이 있다.

1) 스테로이드성 항염증제

덱사메타손은 항염증과 면역억제 목적으로 사용하는 스테로이드성 물질이다. 덱사메타손은 당류코티코이드 작용이 코티솔 보다 25배 강하다. 프레드니솔론은 합성 글루코코르티노이드의 일종(코르티졸의 유도체)으로 항염증 작용은 수배나 활성을 높여 준다.

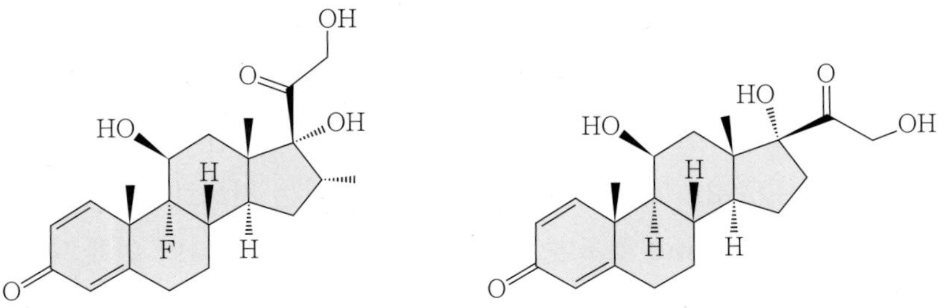

[그림 8-2] 덱사메타손(좌)과 프레드니솔론(우)

2) 비스테로이드성 항염증제

비스테로이드성 항염증제(non-steroidal anti-inflammatory drug, NSAID)는 염증을 일으키는 물질인 프로스타글란딘의 생성을 억제하여, 염증과 통증을 치료하는데 효과를 발휘하는데, 이 외에도 진통 및 해열작용이 있고 혈소판 응집을 감소시키며 이에 관련된 프로트롬빈의 생성을 억제하여 지혈을 억제한다. 그러나 소화불량, 위식도 역류질환, 위염, 궤양, 장 천공, 십이지장염, 위장관 출혈 등을 일으킬 수 있는 부작용이 있다.

페닐부타존은 해열진통제로 사용하는데, 해열진통작용은 아스피린이나 아미노피린보다 약하나, 항염증 작용, 항류마티스 작용이 강하다. 부작용으로서 부종, 위장장애, 피부의 발진, 조혈장기의 장애(백혈구 감소, 과립구 감소, 빈혈, 혈소판 감소 등)가 발생한다. 페닐부타존은 미국, 캐나다 등에서는 백혈구 생성을 억제하고 재생불량성 빈혈 등의 부작용 때문에 의료용으로는 사용되지 않는다. 2013년 유럽의 말고기 햄버거 파동사건(2013 meat adulteration scandal)에서 발견되어 화제가 되었다. 그리고 비스테로이드성인 항염증제인 페닐부타존, 멜로시캄, 톨페남산, 플루닉신의 구조는 다음과 같다.

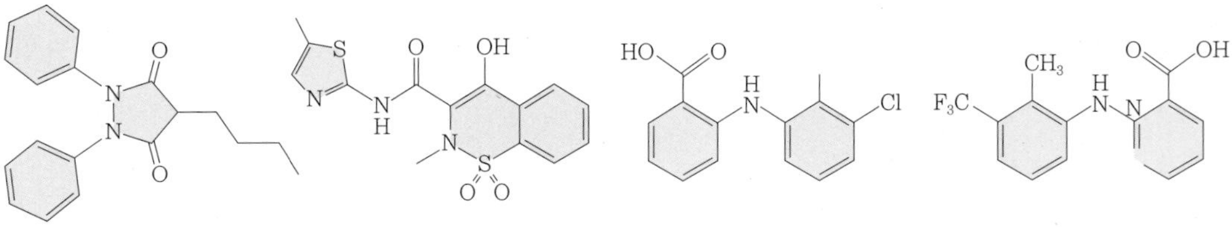

페닐부타존　　　　멜로시캄　　　　톨페남산　　　　플루닉신

[그림 8-3] 페닐부타존, 멜로시캄, 톨페남산, 플루닉신의 구조

(5) 베타-아고니스트

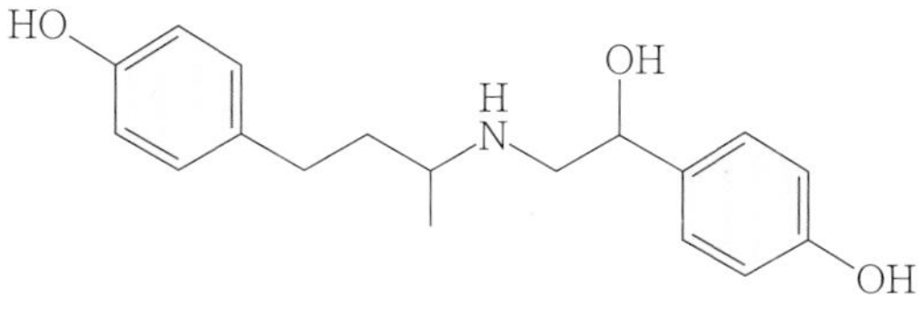

베타-아고니스트인 락토파민(ractopamine)은 돼지에서 에너지 재배분제로 사용하여 단백질 축적량을 증가시키는데 사용한다. 락토파민은 EU, 중국, 러시아 등 많은 나라에서는 사용 금지되어 있는데, 미국, 일본, 한국, 캐나다 등 약 27개국에서는 허가되어 있다. 미국 내 유통되

[그림 8-4] 락토파민의 구조

는 돼지고기의 45%, 소고기의 30%가 락토파민을 먹인 고기라는 주장도 있다.

4. 잔류 동물용 의약품의 안전성 관리

우리의 축산업·수산업은 지난 수십 년간 엄청나게 발전하였고, 국민 식생활의 단백질 공급원으로 중요한 위치를 차지하고 있다. 그러나 그에 따른 동물 보호와 생명 존중 의식의 신장, 국민 건강의 안전 확보 문제는 새로운 문제를 제시하고 있다. 또한 다양한 동물용 의약품의 사용 문제는 우리 식생활의 새로운 위해 요인으로 대두되었다.

동물용 의약품은 가축의 질병예방 및 치료, 성장 촉진 등 생산성을 높이는 목적으로 사용되는 의약품으로 과용·남용으로 축·수산물에 잔류하게 되고 장기간 노출될 경우 인체에 유해할 수 있기 때문에 그 안전성 관리는 중요하다. 현재 국내 동물용 의약품 관리는 농림축산식품부의 국립수의과학검역원에서 동물용 의약품의 허가를 담당하고 있으며, 식품의약품안전처는 해당 동물용 의약품의 잔류자료, 일일섭취허용량, 식품섭취량 및 국민 평균체중 등을 이용하여 위해평가를 실시하고 그에 알맞은 잔류허용기준을 고시하고 있다. 2014년 현재 국내의 동물용 의약품에 대한 잔류허용기준은 124개가 고시되어 있다. 또한 2010년부터 축·수산물(유, 알 포함) 및 벌꿀에서 기준 미설정 항생제 및 합성항균제가 검출될 경우 0.03mg/kg의 일률기준을 적용하고 있다.

동물용 의약품 사용에 따른 안전성 재고 방안은 다음과 같이 정리할 수 있다.

(1) 정부, 생산자, 소비자의 의식 재고

1) 정부

동물용 의약품의 관리는 농림축산식품부, 해양수산부, 식품의약품안전처 등으로 다원화

되어 있고, 농림축산식품부에는 국립수의과학검역원, 해양수산부에는 국립수산과학원, 식품의약품안전처에는 식품의약품안전평가원의 연구기관이 있으나, 식품안전에 관한 전문가가 부족한 형편이다. 국민보건향상과 식품산업의 발전을 위해서는 식품안전 전문가의 양성과 확충이 절실하다.

또한 수입 다변화에 따른 신종 위해물질 등에 대한 위해성을 파악하기 위한 정보력을 확충하여야 하며, 사료 및 축산물의 유해물질에 대한 안전성 검사 제도를 강화해야한다. 그리고 일반 국민도 쉽게 알 수 있는 정확한 정보를 제작하여 공개하여야 한다. 식품 중의 모든 유해요인이 밝혀진 것도 아니고, 기술발전과 사회변천에 따라 새로운 유해요인이 나타나므로 현행법만을 앞세워서는 보다 선진화된 식품안전을 기대할 수 없기 때문이다.

2) 생산자

축산업 및 수산업에서 국제적 경쟁이 치열해지고 있고, 보다 우위의 식품을 생산하는 것이 식품산업의 나아갈 길이라는 것을 명심하여야 한다. 건강한 동물이 좋은 먹거리라는 의식을 가지고 사육환경 및 건강관리 개선을 통해 질병발생 및 동물용 의약품 사용 최소화에 적극적으로 나섬으로써 국민의 축·수산물에 대한 신뢰를 확보하여야 한다.

3) 성숙된 소비자 의식

민주사회에서 시민 의식은 모든 제도를 형성하는 근본이다. 우리의 사회·경제적 문제는 물론 동물성 식품은 식물성 식품에 비해 생산과정이 장기간이어서 생태적, 경제적으로 고가일 수밖에 없다는 점을 인식하여야 한다. 보다 안전하고 좋은 것을 먹으려면 그만큼 경제 및 시민의식의 향상이 뒤따라야 한다는 점과 동물성 식품은 자신에게 필요한 만큼만 섭취한다는 생명존중개념도 가져야 한다.

(2) 축산물 인증제

친환경 농업 육성법에 따라 축산업으로 인한 환경 오염을 줄이고 환경보전 기능을 증대시키며 소비자에게 보다 안전한 축산물을 공급하기 위해 항생제, 합성항균제, 호르몬제 등을 전혀 사용하지 아니하거나, 최소량만을 사용하여 생산한 축산물을 축산물 안전 관리 인증원에서는 친환경 축산물로 지정하고 있다.

친환경 축산물의 종류는 다음과 같다.

① 유기축산물: 유기인증기준에 맞게 재배·생산된 유기사료를 급여하고 인증기준을 지켜 생산한 축산물

② 무항생제 축산물: 항생제, 합성항균제, 호르몬제가 포함되지 않은 무항생제 사료를
급여하여 사육한 축산물

또한 축산물 품질평가원에서는 쇠고기 이력제, 돼지고기 이력제 및 우수 축산물 브랜드
제도를 운영하고 있다. 우수 축산물 브랜드는 통일된 사양관리와 생산체계에 따라 맛과 품
질이 균일하고, 비육후기 사료급여와 휴약 기간 준수 등 동물용 의약품을 안전하게 사용하
며 친환경 사육시설과 질병에 대한 방역을 철저히 하고, HACCP 인증 도축 · 가공장을 이
용하여 선진화된 위생 · 유통체계를 통해 소비자에게 전달되는 품질과 위생 · 안전성이 뛰
어난 축산물 브랜드이다.

제 9장

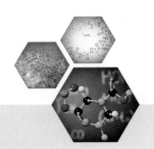

식품접촉물질

식품 용기와 포장은 식품의 보호 · 저장 · 오염방지뿐 아니라 식품의 적정 배분 및 선전 등에 있어 매우 중요한 역할을 한다. 그러나 용기 및 포장재에 사용된 물질이나 분해산물 등이 식품으로 이행될 수 있다. 이와 같이 식품의 용기 및 포장재로부터 식품으로 이행되어 건강에 위해를 줄 수 있는 물질을 식품접촉물질(food contact substances, FCSs)이라 한다. 현재 우리나라에서는 기구 및 용기포장의 기준 및 규격(식품용 기구 및 용기포장 공전)에 의하여 그 재질에 따른 잔류 규격과 용출 규격을 규정해 관리하고 있다. 그러나 미국과 EU는 식품접촉물질이라는 범주를 정해 관리하여 식품용 용기 등에는 '식품용'의 표시를 하여 관리하고 있다.

1. 식품에서의 용기 및 포장의 이용

식품에 사용하는 용기 및 포장은 다음과 같은 기능을 하며, 그에 따라 다양한 용기 및 포장재가 사용된다.

① 물리적인 보호: 유해물질, 충격, 진동, 압축, 온도, 세균 등으로부터 식품을 보호한다.
② 보호장벽 형성: 산소, 수증기, 먼지 등으로부터 장벽을 형성하여 식품을 보호한다.
③ 봉쇄 및 집적: 작은 것들을 하나로 모아 다루기 쉽게 해준다. 특히 액체, 가루, 입제는 용기가 필요하다.
④ 정보 전달: 포장과 표지는 용도, 수송방법, 재활용 및 폐기 등에 관한 정확한 정보를 나타내는 데 필요하다.

⑤ 광고 효과: 포장과 표지는 소비자의 구매 욕구를 자극한다.

⑥ 편리성 제공: 포장은 분배, 처리, 쌓아놓기, 진열, 개봉 및 재밀봉, 재활용 등 사용상의 다양한 편의성을 부여한다.

⑦ 정량 조절: 단위포장은 정확한 양으로 배분하는데 그리고 재고관리에 도움을 준다. 또한 1회 용량 등으로 포장함으로써 정량 섭취를 하는데 도움을 준다.

2. 용기 및 포장재의 재질

용기포장재의 재질로는 합성수지제, 셀로판제, 고무제, 종이제 또는 가공지제, 금속제, 목재류, 유리제·도자기제·법랑 및 옹기류, 전분제로 구분한다. 각 포장재질로부터 식품으로 이행될 수 있는 물질은 [표 9-1]과 같이 요약할 수 있다.

표 9-1 포장재질로부터 이행될 수 있는 물질

포장재	이행물질
합성수지	잔류 모노머(염화비닐, 스티렌, 아크릴로니트릴), 첨가제(가소제, 안정제, 산화방지제 등) 잔류촉매(금속, 과산화물)
종이류(셀로판 포함)	착색제(형광염료 포함), 충전제, 펄프용 방부제, PCB
고무제	2-머캅토이미다졸린, 납, 페놀, 포름알데히드
금속제	납, 주석, 도료성분
유리, 도자기, 법랑 및 옹기류	납, 그 밖의 중금속
목재류	이산화황, 올쏘-페닐페놀, 치아벤다졸
전분제	비소, 납, 포름알데히드, 형광증백제

3. 용기 및 포장재료 각론

(1) 합성수지

합성수지는 열가소성수지와 열경화성수지로 나누는데, 4대 범용 수지는 폴리에틸렌, PVC, 폴리스티렌, 폴리프로필렌 등 열가소성수지가 차지한다. 최근에는 두 종류 이상의 합성수지를 공압출하거나 적층해서 다양한 물성을 가진 복합제품이 많이 사용된다. 현재 우리나라의 경우 기구 및 용기포장의 기준 및 규격에 있는 41종의 합성수지는 [표 9-2]와 같다. 또한 대표적인 합성수지와 식품에서의 용도는 [표 9-3]과 같다.

표 9-2 　기구 및 용기포장의 기준 및 규격이 설정된 합성수지 41종

1. 염화비닐수지(polyvinylchloride, PVC)
2. 폴리에틸렌(polyethylene, PE), 불소처리 된 폴리에틸렌(polyethylene, fluorinated) 및 폴리프로필렌(polypropylene, PP)
3. 폴리스티렌(polystyrene, PS)
4. 폴리염화비닐리덴(polychlorovinylidene, PVDC)
5. 폴리에틸렌테레프탈레이트(polyethyleneterephthalate, PET)
6. 페놀수지(phenolformaldehyde, PF)
7. 멜라민수지(melamineformaldehyde, MF)
8. 요소수지(ureaformaldehyde, UF)
9. 폴리아세탈(polyacetal, polyformaldehyde, polyoxymethylene, POM)
10. 아크릴(Acryl)수지
11. 폴리아미드/나일론(polyamide/nylon, PA/Nylon)
12. 폴리메틸펜텐(polymethylpentene, PMP)
13. 폴리카보네이트(polycarbonate, PC)
14. 폴리비닐알콜(polyvinylalcohol, PVA)
15. 폴리우레탄(polyurethane, PU)
16. 폴리부텐(polybutene-1, PB-1)
17. 부타디엔수지(butadienresins, BDR)
18. 아크릴로니트릴부타디엔스티렌(acrylonitrile-butadienestyrene, ABS) 및 아크릴로니트릴스티렌(acrylonitrilestyrene, AS)
19. 폴리메타크릴스티렌(polymethacrylstyrene, MS)
20. 폴리부틸렌테레프탈레이트(polybutyleneterephthalate, PBT)
21. 폴리아릴설폰(polyarylsulfon, PASF)
22. 폴리아릴레이트(polyarylate, PAR)
23. 히드록시부틸폴리에스테르(hydroxybutylpolyester, HBP)

24. 폴리아크릴로니트릴(polyacrylonitrile, PAN)
25. 불소수지(fluororesins, FR)
26. 폴리페닐렌에테르(polyphenyleneether, PPE)
27. 이오노머(ionomer)수지
28. 에틸렌초산비닐(ethylenevinylacetate, EVA)
29. 메틸메타크릴레이트-아크릴로니트릴-부타디엔-스티렌
    (methylmethacrylate-acrylonitrile-butadiene-styrene, MABS)
30. 폴리에틸렌나프탈레이트(polyethylenenaphthalate, PEN)
31. 실리콘(silicone)수지
32. 에폭시(epoxy)수지
33. 폴리에테르이미드(polyetherimide)
34. 폴리페닐렌설파이드(polyphenyleneSulfide, PPS)
35. 폴리에테르설폰(polyethersulfone, PES)
36. 폴리시클로헥산-1,4-디메틸렌테레프탈레이트
    (polycyclohexane-1,4-dimethyleneterephthalate, PCT)
37. 에틸렌비닐알콜(ethylenevinylalcohol, EVOH)
38. 폴리이미드(polyimide, PI)
39. 폴리에테르에테르케톤(polyetheretherketone, PEEK)
40. 폴리락타이드(polylactide, polylacticacid, PLA)
41. 폴리부틸숙시네이트-아디페이트(polybutylenesuccinate-co-adipate, PBSA)

표 9-3 대표적인 합성수지의 종류와 식품용 용도

	수지명	특성	용도
열가소성수지	폴리에틸렌수지(PE)	더운 물을 사용하거나 장시간 열기 속에 넣어 두면 변형될 수도 있음	필름, 병, 용기, 물통, 바구니, 포장지
	폴리프로필렌수지(PP)	투명성, 내열성, 방수성이 있고, 통풍성이 적다. 공기에 의해 산화되기 쉬우므로, BHT 등의 산화방지제가 필요하다.	필름으로 셀로판, 종이 등의 라미네이트 레토르트 식품용, 계량컵, 병, 물통, 주방용품
	폴리염화비닐수지(PVC)	내수·내산·내절연성이 양호하고, 난연성	병, 호스, 뚜껑, 포대 검은색 일회용 비닐봉지
	폴리염화비닐리덴수지	방습성, 내열성이 좋고, 통풍성, 특히 산소 통과성이 작지만, 열에 의해 수축한다.	가정용 랩 필름, 햄 포장
	폴리스티렌수지(PS)	열을 가하면 물렁물렁해지며, 높은 온도로 가열하면 유동질이 된다.	요구르트병, 컵, 주발, 용기,
	아크릴수지 — AS 수지(acrylonitrile styrene 수지)	내열성·내유성·내약품성·내후성(耐候性) 등 우수	컵, 샐러드 주발
	아크릴수지 — ABS 수지(acrylonitrile-butadiene-styrene resin)	기계적 강도가 크고, 내열성, 내약품성, 내유성 우수 무색 투명, 투광성 우수	버터상자, 용기 주스 만드는 기계, 믹서 부품, 계량컵 등
	아크릴수지 — 메틸크릴수지	경량으로 강인하며 무색투명 내후성, 투광성 우수	컵, 접시, 용기
	폴리카보네이트	기계적인 강도, 투명하고 내열성 우수	젖병, 식품 용기, 수저
	폴리아미드수지 (나일론수지)	기계적 강도, 내열성, 내마모성, 내약품성, 난연성	용기, 포대, 자동밥솥, 냉동식품 포장
	초산비닐수지	무색, 무미, 무취, 무해이고 감온성이 커서 0℃에서 부서지며 40℃에서 접착성이 생기며 연화된다.	접착제, 피막제, 스카치테이프 등 추잉검 기초제, 과실 등의 피막제
	PET(polyethylene terephthalate)	가볍고 깨지지 않고 투명	인스턴트용 컵, 청량음료 용기, 레토르트 포장 기재
	아세탈수지(POM)	열수, 열화에 대한 내성이 양호하고 가장 내마모성 우수	보온병

열경 화성 수지	페놀수지	우수한 내열성, 난연성, 전기절연성	주발, 찬합, 냄비 손잡이
	요소수지	무색 투명	식기, 쟁반, 용기 뚜껑
	멜라민수지	내열성, 특히 내열성	물컵, 급식용 식기, 젓가락, 쟁반
	에폭시수지	내열성, 전기 절연성, 접착성 우수	음료용 캔, 통조림통 내부코팅제
	구아나민수지 (guanamine resin)	멜라민수지에 비해서 내 오염성 등 이 뛰어나지만, 고가이다.	급식용 식기, 젓가락, 쟁반
	불포화 폴리에스테르수지	뛰어난 내열성, 내식성을 갖고 있으 며, FRP(섬유강화 플라스틱)의 매 트릭스로 사용	젖병꼭지, 관, 프라이팬 가공
	폴리우레탄수지	내충격성, 내마모성 우수. 단열성	스펀지, 단열용 발포, 레토르트, 복합필름(라미네이트)용 접착제
	실리콘수지	오존, 자외선, 산, 염기, 오일 등에 대한 저항성이 우수	이형제, 소포제

1) 열가소성수지

합성수지는 성형, 가공, 사용상의 문제점을 보완하기 위하여 여러 첨가제를 가하는데, 제조 원료인 단위체가 잔류하여 식품으로 이행될 수 있고, 첨가제 성분인 가소제, 안정제, 착색료 등이 사용 중에 용출되어 식품으로 이행되기도 한다.

① 폴리에틸렌

폴리에틸렌(polyethylene, PE)은 에틸렌을 1000~2000개 중합시킨 것으로 합성법에 따라 분자구조는 약간씩 달라 저밀도 폴리에틸렌(LDPE), 선형저밀도 폴리에틸렌(LLDPE), 고밀도 폴리에틸렌(HDPE) 등으로 나눈다. LDPE는 밀도가 0.91~0.94로 주로 시트, 필름, 얇은 포장재로 사용하고, LLDPE는 밀도가 0.92로 비닐봉지, 시트, 랩, 빨대 등으로 사용하고, HDPE는 밀도가 0.96 이상으로 쓰레기종량제 봉투, 검은 비닐봉지, 쇼핑백, 용기 등에 사용한다.

폴리에틸렌수지에는 내광성, 내열성, 내산화성을 향상시키기 위해 안정제를 첨가한다. 안정제는 대부분이 독성이 큰 페놀, 알킬페놀류, 유기 황화합물 등 그 종류가 다양하고, 특히 유독 중금속 화합물을 사용하는 경우도 있는데, 그 양이 수 %에 이르는 경우도 있으므로 직접 식품에 접촉되는 일은 바람직스럽지 않다. 특히 유지식품에서는 접촉하여 이행할 위해성 더 크다.

② 폴리프로필렌

폴리프로필렌(polypropylene, PP)은 프로필렌을 중합한 것으로 포장용 필름, 연신 테이프, 섬유, 의류, 카펫, 파이프, 일용잡화, 완구, 공업용 부품, 컨테이너 등 다양한 용도로 사용된다. 중공성형품은 뜨거운 물에 견디므로 폴리에틸렌과 달리 보온병, 열소독 식기류 및 용기 등에 사용된다.

③ 폴리염화비닐

합성수지 중에서 건강상 특히 문제가 되고 있는 것은 염화비닐수지(polyvinyl chloride, PVC)이다. PVC는 약 40%의 가소제를 넣지 않으면 강인한 필름이 되지 않고, 안정제를 첨가하지 않으면 실용적이지 않기 때문에 PVC에서는 필연적으로 가소제와 안정제의 용출이 문제된다. 또한 염화비닐수지는 염화비닐이 중합되지 않은 채로 잔존하여 식품으로 이행되는 수가 있다. 따라서 PVC는 잔류규격과 용출규격이 매우 엄격하다. PVC의 잔류규격은 염화비닐 1mg/kg 이하, 디부틸주석화합물 50mg/kg 이하(이염화디부틸주석으로서), 크레졸인산에스테르 1,000mg/kg 이하이다. 용출규격에는 납, 과망간산칼륨소비량, 증발잔류물 외에 프탈레이트류(디부틸프탈레이트, 벤질부틸프탈레이트, 디에틸헥실프탈레이트, 디-n-옥틸프탈레이트, 디이소노닐프탈레이트 및 디이소데실프탈레이트, 디에틸헥실아디페이트)가 설정되어 있다.

④ 폴리스티렌

폴리스티렌(polystyrene, PS)은 스티렌을 중합한 것으로 스티롤수지라고도 하며, 플라스틱 중에서 가장 가공하기 쉽고 투명하며 빛깔이 아름다울 뿐만 아니라 단단한 성형품이 될 수 있다. 병, 컵, 주발, 용기 등 제조에 사용된다. 1990년대 말 폴리스티렌 제조 시 생성되는 스티렌다이머와 스티렌트리머가 내분비 교란 작용이 있다는 주장도 있었으나 현재는 내분비 교란 작용은 없는 것으로 판명되었다. 그러나 스티렌은 미국에서는 발암성이라고 규제하는 기관은 없으나, 국제암연구소(IARC)는 스티렌을 사람에서 발암가능물질(possibly carcinogenic to humans, 그룹 2B)로 분류하고 있다. 현재 우리나라는 잔류규격 및 용출규격은 정해져 있지 않다.

⑤ 폴리에틸렌테레프탈레이트와 폴리부틸렌테레프탈레이트

폴리에틸렌테레프탈레이트[Poly(ethyleneterephthalate), PET]는 테레프탈산 또는 테레프탈산메틸에스테르와 에틸렌글리콜의 중합체로 페트병이라 하여 식음료 용기로 널리 쓰이고 있다. 용출규격은 납, 안티몬, 게르마늄, 테레프탈산, 이소프탈산에 대해서 설정되어 있다. 폴리부틸렌테레프탈레이트[Poly(butyleneterephthalate), PBT]는 테레프탈산 또는 테레프탈산의 디메틸에스테르와 부틸렌글리콜의 중합체이다. 용출규격은 납, 테레프 탈산, 이소프탈산, 1,4-부탄디올(5mg/L 이하)에 대해서 설정되어 있다.

⑥ 폴리에틸렌나프탈레이트

폴리에틸렌나프탈레이트[polyethylene naphthalate, poly(ethylene 2,6-naphthalate), PEN]는 2,6-디메틸나프탈렌디카르복실레이트와 에틸렌글리콜의 중합체로 내열성 및 강도가 훨씬 우수하고, 산소 차단 능력이 탁월해 맥주 등과 같이 산화에 취약한 술병, 식품 포장재, 음 료 및 유아용 용기 등의 재료로 각광을 받고 있다. 2,6-디메틸나프탈렌디카르복실레이트의 용 출 규격은 0.05mg/L 이하이다.

⑦ 폴리아세탈

폴리아세탈(polyacetal, polyoxymethylene, POM)은 포름알데히드와 트리옥시메틸렌 의 중합체로 아세탈수지 또는 POM이라고 한다. 열가소성수지 중에서 열수, 열화에 대한 내성이 양호하고 가장 내마모성이 뛰어나 보온병 등에 사용된다. 용출규격에는 납과 포름 알데히드가 설정되어 있다.

⑧ 아크릴수지

아크릴수지(acrylic resin)는 아크릴산, 아크릴산 에스테르, 아크릴 아마이드, 아크릴로니 트릴, 메타크릴산, 메타크릴산 에스테르인 메틸메타크리레이트(MMA) 등의 중합체와 공중 합체로 대표적인 것은 메타크릴수지[폴리메타크릴산 메틸; Poly(methylmethacrylate, PMMA)]로 무색·투명하며 빛, 특히 자외선이 보통유리보다도 잘 투과한다. 옥외에 노출시 켜도 변색하지 않고, 내약품성도 좋으며, 전기절연성·내수성이 모두 양호하여 유리 대용으 로 사용한다. 용출규격은 메틸메타크릴레이트 6mg/L 이하이다.

⑨ 폴리아미드

산아미드 결합 -CONH-를 갖는 중합체의 총칭으로 지방산과 디아민류와의 축합에 의 해 락탐, 아미노카르복실레이트 또는 이염기산과 디아민의 중합물질이 생성된다. 이를 폴 리아미드(polyamide, PA, 나일론), 나일론 수지라고 한다.

용출규격에는 카프로락탐, 일차방향족아민(아닐린, 4,4'-메틸렌디아닐린, 2,4-톨루엔디아 민의 합계로서), 에틸렌디아민, 헥사메틸렌디아민, 라우로락탐에 대하여 설정되어 있다.

⑩ 폴리카보네이트

폴리카보네이트(polycarbonate, PC)는 2가 수신기 화합물과 탄산과의 축합 반응에 의해 형성된 카보네이트 결합(-O-R-O-CO-)를 주사슬로 가진 폴리에스테르 중합체로 폴리탄산에스테르라고도 한다. 비스페놀 A와 디페닐카보네이트 또는 카보닐클로라이드를 중합시켜 폴리카보네이트를 만든다. 폴리카보네이트는 기계적인 강도, 전기절연성이 우수하고 투명하고 연화온도도 140~150℃로 높고 내열성도 커서 식품 용기, 식품, 수저, 우유병 제조에 사용된다.

잔류규격에는 아민류(트리에틸아민과 트리부틸아민의 합계로서) 1mg/kg 이하로 설정되어 있고, 용출규격에는 비스페놀 0.6mg/kg 이하(페놀, 비스페놀 A 및 p-터셔리부틸페놀의 합계로서는 2.5mg/kg 이하), 디페닐카보네이트 0.05mg/kg 이하로 설정되어 있다.

⑪ 폴리아릴설폰과 폴리에테르설폰

폴리아릴설폰(polyarylsulfone, PASF)은 4,4'-디클로로디페닐설폰과 비스페놀 A의 중합체를 말하며, 폴리에테르설폰[Poly(ethersulfone), PES]은 4,4'-디클로로디페닐설폰과 비스페놀 대신에 4,4'-디히드록시디페닐설폰 또는 4,4'-디히드록시비페닐과의 중합체를 이르는데, 기본 골격에 에테르기와 설폰기가 있어 그렇게 불린다.

이들의 잔류규격으로는 4,4'-디클로로디페닐설폰 0.05mg/L 이하, 그리고 비스페놀 A는 0.6mg/L이하, 4,4'-디히드록시디페닐설폰은 0.05mg/L 이하로 설정되어 있다. 폴리카보네이트와 특성이 유사하여 고온으로 가열하는 식품 용기 등에 사용된다.

⑫ 폴리아릴레이트

폴리아릴레이트(polyarylate, PAR 1, 3-benzenedicarboxylic acid)는 비스페놀 A와 디페닐이소프탈산 또는 디페닐테레프탈산과의 중합체로 내열성이 커 오븐용으로 사용된다. 미국에서는 8% 이상의 에탄올 함유 주류를 제외한 모든 식품에 사용할 수 있다.

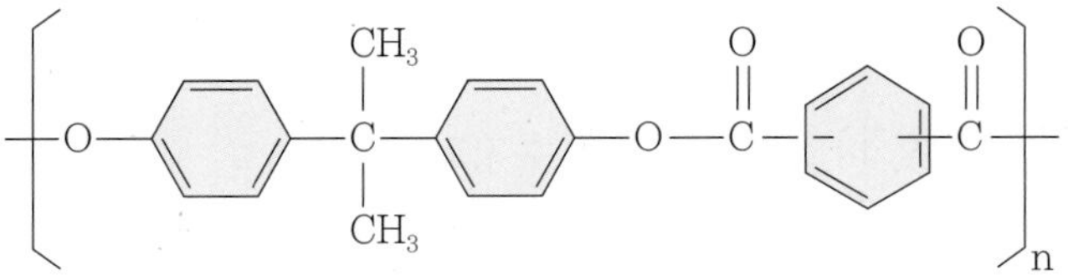

[그림 9-1] 폴리아릴레이트의 구조

⑬ 폴리메타크릴스티렌

폴리메타크릴스티렌(polymethacrylstyrene, PMMA)은 메타크릴산메틸[methyl methacrylate, MMA, $CH_2=C(CH_3)COOCH_3$]스티렌(α-메틸스티렌 포함)의 공중합 합성 수지제를 말한다. 용출 규격으로 메타크릴산메틸 6mg/L 이하로 설정되어 있다. 메타크릴 산메틸은 또한 PVC의 개질제로 사용되는 메타크릴산-부타디엔-스티렌 메틸(methyl methacrylate-butadiene-styrene, MBS) 제조에도 사용된다. 메타크릴산메틸의 급성 독성은 낮다. 고농도로 쥐와 토끼에서 눈, 피부, 비강 등의 자극이 있다. 사람에서도 약한 피부자극성이 있어 민감한 사람에서 피부과민증을 일으킬 가능성이 있다.

⑭ 폴리아크릴로니트릴

폴리아크릴로니트릴(polyacrylonitrile, PAN)은 아크릴로니트릴의 중합체이다. 용출 규격으로 아크릴로니트릴 0.02mg/L 이하로 규정되어 있다. 아클리로니트릴은 가연성과 독성이 큰 물질이다. 연소 시에는 시안화수소와 질소산화물을 생성하여 매우 유독하다. 또한 IARC는 발암성이 의심되는 발암가능물질(그룹 2B)로 분류하고 있다. 고농도로 폭로 된 근로자에서 폐암 발생이 증가하는 것으로 알려져 있다.

⑮ 폴리페닐렌에테르(Poly(phenylene ether), PPE)

폴리페닐렌에테르(PPE)는 2,6-디메틸페놀을 구리-아민 복합촉매 하에서 중합한 합성 수지로 폴레페닐렌 옥사이드(polyphenylene oxide, PPO)라고 부르기도 하는데, 가공성 을 증대시키기 위해 폴리스티렌수지와 혼합한다.

⑯ 이오노머수지

이오노머수지(ionomeric resin, Ionomer)란 에틸렌과 메틸아크릴산의 공중합체로 카 르복실기 그룹에 아연, 나트륨, 칼륨, 칼슘, 바륨 및 암모늄 등의 이온이 가교된 중합체이 다. 이온을 함유하고 있는 폴리머로 온도에 따라 가소성이 달라진다. 이온 결합은 고온에 서는 약하게 되고, 가열성형 가공이 용이하다.

주로 포장지의 안쪽 열 봉합 면에 사용하는 봉합용 수지이다. LDPE에 비해 저온에서 고속포장을 할 수 있으며, 제품의 기름기나 분말 등이 내포장면에 묻어있는 상태에서도 열 봉합을 할 수 있기 때문에, 제품 포장 후 내용물이 누출될 염려가 없다.

⑰ 부틸렌숙시네이트-아디페이트 공중합체

부틸렌숙시네이트-아디페이트 공중합체(butylenesuccinate-adipate copolymer,

PBSA)는 호박산, 아디핀산 및 1,4-부탄디올의 공중합물질이다. 토양 매립 시 생분해성 친환경 소재로서, 일회용 식품 용기 등으로 사용이 가능한 합성수지이다

⑱ 불소수지

불소를 함유한 플라스틱으로 열적·화학적 성질이 뛰어나며 종류도 많다. 폴리테트라플루오로에틸렌(PTFE), 폴리클로로트리플루오로에틸렌(PCTFE), 폴리플루오린화비닐리덴(PVDF), 폴리플루오린화비닐(PVF) 등이 있다. PTFE는 테플론이라고 하며, 내수·내유성이 좋고 특히 내열성, 안정성이 좋기 때문에 프라이팬 등에 사용된다. 그러나 수지 자체에는 독성이 없으나 250~300℃가 되면 특히 공기 존재 하에서는 분해가 일어나 일시적인 흉부의 통증을 일으키는데, 그 원인으로 불화수소가 지목되고 있다. 불화수소는 비점막을 자극하여 발열을 일으키고 장시간 흡입 시에는 폐수종을 일으킨다. 따라서 불소수지는 300℃ 이상에서는 테플론의 분해에 의해 맹독성의 헥사플루오로에탄, 옥타플루오로이소부틸렌, 그 밖의 맹독성 가스를 발생하므로 그 이상의 온도로 가열해서는 안 된다.

과불화옥탄산(perfluorooctanoic acid, PFOA)은 테플론 제조 원료인데, 환경 오염물질로 주목을 받고 있으며, 동물 실험에서 기형을 유발하고 간 독성을 나타내며 성적인 발달을 지연시키고, 사람에서 간암과 태아 기형을 일으킬 수 있음이 제기되었다. 2009년 미국 EPA는 음용수의 잠정건강수준으로 0.4ppb를 설정하였다.

2) 열경화성수지

열경화성수지는 원료수지를 가열, 성형 후 재가열하여도 변형되지 않는 수지를 일컬으며, 페놀수지, 요소수지, 멜라민수지, 에폭시수지, 경화폴리에스터수지, 실리콘수지 등이 있다.

① 페놀수지

페놀수지(phenol-formaldehyde resin, PF)는 페놀(석탄산)과 포름알데히드의 중합체로 식품용 금속 캔 내면코팅제로 주로 쓰인다. 페놀수지, 멜라닌수지, 요소수지 등의 열경화성수지들은 제조 시 가열·가압조건이 미흡할 때에는 미반응 물질인 페놀 및 포름알데히드가 용출할 수 있어 페놀 5mg/L 이하, 포름알데히드 4mg/L 이하로 용출 규격이 정해져 있다.

포름알데히드는 반응성이 커 눈꺼풀, 인후를 격렬히 자극하고 단백질의 아민기와 결합하여 단백질을 변질시키는 성질이 있어 1ppm으로 지네, 구더기, 연체동물을 살상시키고, 2000분의 1의 농도로 2시간 안에 티푸스균을 살균한다. 인체에 대해서는 상기도를 자극하고, 점막의 괴저, 화농성 염증을 일으키며, 피부조직을 파괴하고, 중증의 경우에는 식욕

감퇴, 체중감소, 불면증을 일으키고 과민증을 유발한다. 따라서 식품, 식기에 혼입되는 일은 극도로 경계해야 한다.

페놀은 매우 독성이 강하고, 눈, 피부, 호흡기 점막에 부식성이 매우 강하다. 개, 토끼, 마우스의 경구 LD_{50}은 300~500mg/kg이며, 사람에서 최소치사량은 140mg/kg이다.

② 요소수지

요소수지(urea-formaldehyde resin, UF)는 요소와 포름알데히드의 중합체로 미반응 물질인 포름알데히드가 용출될 수 있으며, 내수성 및 내열성이 약해, 사용 중에 포름알데히드가 쉽게 용출된다. 페놀 5mg/L 이하, 포름알데히드 4mg/L 이하로 용출 규격이 정해져 있다.

③ 멜라민수지

멜라민수지(melamine-formaldehyde resin, MF)는 멜라민과 포름알데히드의 중합체이다. 멜라민은 물에 잘 녹고 독성도 낮지만, 수지 중간물질인 메틸멜라민은 적혈구 및 백혈구에 대해 강한 독성이 있고 발암성이 인정되고 있으므로, 제조 시 완전히 수지화하여 잔류하지 않도록 해야 한다. 멜라민수지는 식기류 등의 제조에 주로 사용된다. 멜라민수지는 페놀 5mg/L 이하, 포름알데히드 4mg/L 이하, 멜라민 30mg/L 이하로 용출 규격이 정해져 있다.

④ 에폭시수지

에폭시수지(epoxy resin)란 비스페놀 A와 에피클로로히드린을 수산화나트륨 존재 하에서 작용시키면 분자량 300~4,000달톤의 수지가 만들어지고, 여기에 경화제로 m-페닐렌디아민 등 아민, 프탈산무수물 등 산을 첨가하면 에폭시기의 고리열림 및 히드록시기와의 반응이 일어나 다리결합이 이루어진 중합체이다. 에폭시수지는 습강도(wet strength)가 강해 내부코팅용으로 많이 사용되는데 음료용 캔이나 통조림 캔 등의 부식방지를 위한 내부코팅재로 사용된다. 에폭시수지는 비스페놀 A와 에피클로로히드린(0.5mg/L 이하)의 용출 규격이 정해져 있다.

$$Cl \diagdown \triangle^{O} \quad + \quad H_2O \quad \longrightarrow \quad Cl \diagdown \diagup^{OH} \diagdown OH$$

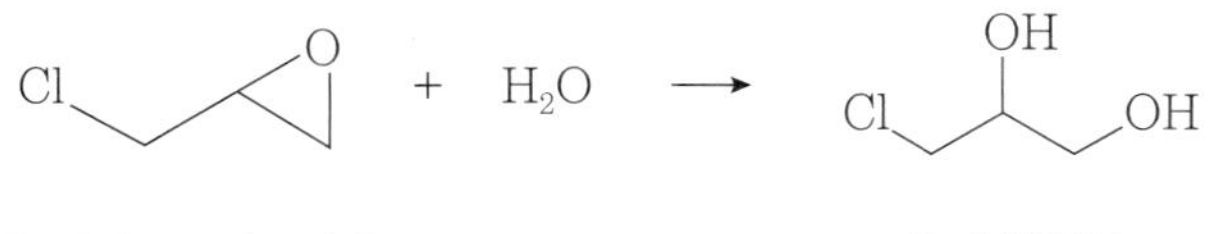

Epichlorohydrin   3-MCPD

[그림 9-2] 에피클로로히드린의 가수분해

에피클로로히드린은 인체발암추정물질(probable human carcinogen, 그룹 2A)이며, 장기간 고농도의 섭취는 위장장애와 발암 가능성을 증가시킬 수 있다. 또한 에피클로로히드린은 물과 접촉하면 3-MCPD(3-monochloropropane-1,2-diol)로 가수분해된다. 3-MCPD는 사람에서 발암성 및 유전독성, 그리고 남성생식능력 저하 등이 밝혀진 물질이다. 화학간장 제조 시에 만들어지며, 티백이나 소시지 포장 등에 사용하는 에폭시수지와 같은 습강수지 내의 내용물과 접촉한 식품에서 생성될 수 있다.

⑤ 폴리우레탄수지

폴리우레탄수지(polyurethane, PU)는 알코올기와 이소시아네이트의 결합으로 만들어진 우레탄결합(-NH · CO · O-)으로 결합된 고분자물질의 총칭으로 대표적인 것이 합성섬유로 만들어진 스판덱스와 단열재로 사용되는 우레탄폼이다.

이소시아네이트 중에서 독성학적으로 가장 주목받는 것은 톨루엔 디이소시아네이트(Toluene Diisocyanate, TDI)이다. TDI의 경구 LD_{50}은 5,800mg/kg, 흡입 LC_{50}은 610mg/m^{3}으로 저독성이지만 흡입 시 입, 기관지 및 폐에 자극을 주어 가슴 압박, 기침, 호흡곤란, 눈물, 피부 가려움 등을 일으켜 미국 산업안전보건청에서는 허용상한농도를 0.02ppm(0.14mg/m^3)로 정하고 있고, 미국 국립산업안전연구소는 발암가능 물질로 분류하여 허용 폭로량을 설정하지 않고 있다.

표 9-4 폴리우레탄수지 제조에 사용되는 이소시아네이트

이름	구조	Mw
p-phenylene diisocynate(PPDI)	OCN—⬡—NCO	160.1
1,6-Hexamethylene diisocyanate(HDI)	OCN–(CH$_2$)$_6$–NCO	168.2
Toluene diisocyanate(TDI)		174.2
1,5-Naphthalene diisocyanate(NDI)		210.2

Isoporon diisocyanate(IPDI)	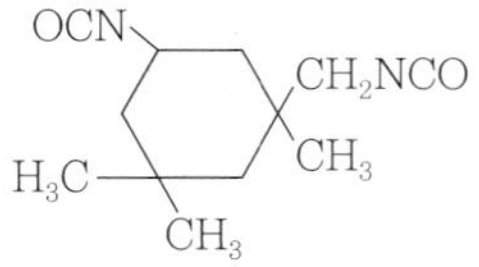	222.3
4,4-Diphenylmethane diisocyanate(MDI)	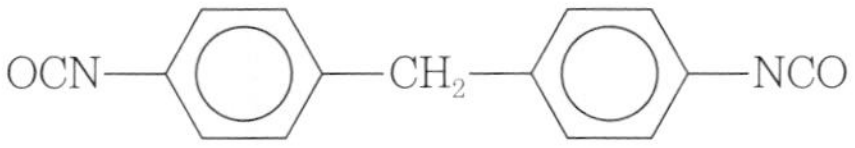	250.3
Cyclohexylmethane diisocyanate(H12MDI)	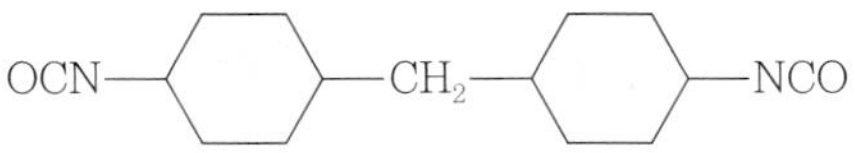	262.0

폴리우레탄수지 제조 원료인 4,4′-메틸렌디아닐린(4,4′-methylenedianiline, MDA)은 쥐의 경구 LD_{50}은 517mg/kg으로 저독성이지만 산업발암물질로 간주되고 있다.

폴리우레탄 제조 시 MDA는 포스겐과 반응하여 4,4′-메틸렌디페닐디이소시아네이트 (4,4′-methylene diphenyl diisocyanate, MDI)을 생성한다. MDA는 고농도로 폭로 시 피부 자극과 간장애가 일어난다. 발암의심물질(suspected carcinogen)이고, IARC는 발암가능물질(possible carcinogen), 유럽화학물질청(European chemicals agency, ECHA)의 매우 우려되는 물질목록(substances of very high concern list)에 있는 화학물질이다. 1965년 영국 에핑 인근에서 빵 만드는 데 사용한 밀가루 오염으로 84명이 중독된 사고와 관련된 물질이다.

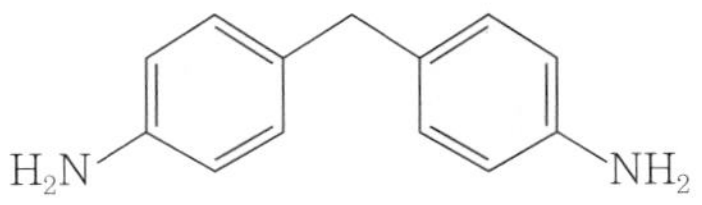

폴리우레탄수지의 용출 규격은 이소시아네이트 0.1mg/L 이하, 4,4′-메틸렌디아닐린 0.01mg/L 이하로 설정되어 있다.

[그림 9-3] 4,4′-메틸렌디아닐린의 구조

⑥ 경화폴리에스터수지

경화폴리에스터수지(cross-linked polyester resin)는 폴리에스테르 중에서 열경화성 수지이며, 폴리올 또는 에폭사이드와 불포화 이염기산의 중합체이다. 에틸렌글리콜, 디에틸렌글리콜과 같은 글리콜과 말레산, 푸마르산과 같은 불포화 디카르복시산과의 중축합 반응에 의해 생성된 불포화 폴리에스테르에 스티렌과 같은 비닐 화합물을 섞어, 과산화물 촉매를 이용하여 중합 반응에 의한 가교를 일으켜 경화된다.

용출 규격은 테레프탈산 7.5mg/L 이하, 이소프탈산 5mg/L 이하로 설정되어 있다.

⑦ 실리콘수지

실리콘수지(silicone resin)는 실리콘(규소)을 골격으로 여기에 메틸기ㆍ페닐기ㆍ하이드록시기 등이 결합되어 있다. 실리콘수지는 불용성으로 대부분의 용제에서 거품을 없애는 작용이 크고 생리적으로 무해하여 식품첨가물, 화장품, 의약품 등 다양하게 사용된다. 거품을 제거 또는 억제시키기 위한 식품첨가물로 사용한다. 또한 발효산업에서 이스트, 젖산, 알코올 생산 등에 이용되고, 식품산업에서는 간장, 제당, 당밀, 유제품, 잼, 과즙제품, 두부 등의 제조에 사용된다.

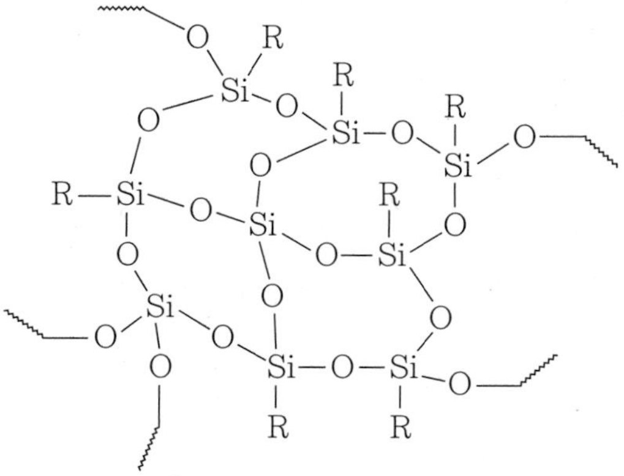

R = Me, OH, H

[그림 9-4] 실리콘수지

3) 합성수지의 안전성

합성수지에는 원료와 반응생성물질, 최종 중합체 이외에도 다양한 기능을 보강하기 위하여 다양한 첨가제가 사용된다. 여기에는 가소제, 경화제, 산화방지제, 착색료 및 안료, 충전제, 보강제, 개질제, 난연제 등이 있다.

가소제로는 프탈산에스테르계가 가장 많이 사용되고 있는데, 수혈기구 및 용기에서 용출되어 폐정맥혈관을 폐쇄한다는 보고도 있고, 신장투석기의 염화비닐 튜브에서 프탈산디에틸에스테르가 용출되어 문제가 된다.

안정제로는 납, 카드뮴, 아연, 칼슘 등의 지방산염, 유기주석 화합물 등이 사용되는데, 유기주석 화합물은 무기주석에 비해 훨씬 독성이 크다. 우리나라에서는 PVC에서 디부틸주석 화합물을 규제하고 있다.

① 가소제

염화비닐의 가소제(plasticizer)로는 인산에스테르계와 프탈산에스테르계(프탈레이트계)가 많이 사용되는데, 인산에스테르인 인산트리크레실(tricresyl phosphate, TCP)이 유지식품과 접촉되어 용출된 중독사고가 독일에서 발생하였고, 닭과 고양이에서 4mg/kg로도 말초신경장애, 마비를 일으켰다. 이와 같은 이유로 인산트리크레실의 가소제 사용이 프탈산에스테르계로 바뀌었으나, 프탈산에스테르에 의한 중독도 문제가 되고 있다.

프탈산에스테르는 PVC에 10~40%로 배합되는데, 수혈용기와 기구에서 용출되어 폐정맥을 폐색한 일이 있고, 신장투석기의 염화비닐 튜브에서 용출되어 간장 장애를 일으키기도 하였다. 디메틸프탈레이트(DMP, LD_{50} 1.0~2.0g/kg), 디에틸프탈레이트(DEP, LD_{50} 1.0g/kg), 디부틸프탈레이트(DBP, LD_{50} 12.6g/kg), 디옥틸프탈레이트(DOP, LD_{50} 30g/kg)에서 일반적으로 알코올의 분자량이 증가됨에 따라 급성독성은 감소한다.

프탈레이트계 가소제의 안전성 논란은 내분비 교란물질임이 밝혀지면서 PVC는 물론 합성수지 전반에 대한 안전성 논란을 불러일으켰다. 2005년 유럽연합(EU) 독성·생태독성 및 환경과학위원회는 6종의 프탈레이트계 가소제(DEHP, DBP, BBP, DINP, DIDP, DNOP)의 위해성 평가를 통하여 DEHP·DBP·BBP 등 3종의 프탈레이트계 가소제가 발암성과 돌연변이독성, 생식독성이 있는 물질임을 확인하였다. 이에 따라 이 3종의 가소제가 사용된 완구와 어린이용 제품에 대하여 유럽연합 내에서 생산 및 수입을 금지하기로 하였다. 나머지 3종인 DINP·DIDP·DNOP의 경우 장난감 및 어린이용 제품에 대하여 사용 금지하였다. 한국에서는 2006년부터 모든 플라스틱 재질의 완구 및 어린이용 제품에 DEHP·DBP·BBP 등 3종의 사용이 전면 금지되었다.

스웨덴은 2015년 2월부터 DEHP, DBP, BBP, DIBP의 스웨덴 내 사용을 전면 금지하였다. 현재 우리나라는 랩 제조 시 DEHA, 젖병(젖꼭지 포함) 제조 시 DBP, BBP 그리고 비스페놀 A의 사용을 금지하고 있다.

표 9-5 🔹 대표적인 프탈산에스테르

종류		약호	이행물질
벤질부틸프탈레이트	Butyl benzyl phthalate Benzylbutylphthalate	BBP, BBzP	젖병 사용금지 완구 및 어린이용 제품 금지 스웨덴 사용금지
부틸글리콜릴부틸프탈레이트	Butyl glycolyl butyl phthalate	BGBP	
디에틸헥실프탈레이트	Di(2-ethylhexyl) phthalate Dioctyl phthalate	DEHP, DOP	랩 사용금지 완구 및 어린이용 제품 금지 스웨덴 사용금지
디옥틸프탈레이트	Di(n-octyl) phthalate	DNOP	EU 사용제한
디부틸프탈레이트	Dibutyl phthalate	DBP	젖병 사용금지 완구 및 어린이용 제품 금지 스웨덴 사용금지
디에틸프탈레이트	Diethyl phthalate	DEP	–
디헵틸프탈레이트	Diheptyl phthalate	DHP	–
디메틸프탈레이트	Dimethyl phthalare	DMP	–
디이소부틸프탈레이트	Diisobutyl phthalate	DIBP	–
디이소데실프탈레이트	Diisodecyl phthalate	DIDP	스웨덴 사용금지
디이소노닐프탈레이트	Diisononyl phthalate	DINP	EU 사용제한

② 안정제

염화비닐 필름 및 수지의 두 번째로 큰 문제는 배합한 안정제 사용 문제로, 이것도 종류가 다양하고 그 독성도 각양각색이므로 간과할 수 없는 많은 문제를 가지고 있다. 폴리염화비닐은 열, 광선, 금속에 의해 쉽게 염화수소(HCl)를 방출하여 변질되고, 발생한 염화수소가 또 분해를 촉진하므로, 유화·중합할 때 탄산나트륨 0.2%를 첨가하여 염화수소의 발생을 방지하는 방법도 사용하지만, 대개는 안정제로 발생기의 염화수소와 반응시켜 고정시키고, 활성 광선을 흡수하는 자외선 흡수제를 배합시켜 그 작용을 완화·저지하는 방법을 사용하고 있다. 염화비닐에 사용되는 안정제는 다음과 같다.

가. 탄산나트륨, 인산나트륨 등 알칼리로 염화수소를 흡수하는 방법이다.

나. 리튬, 칼륨, 바륨, 아연, 카드뮴 등을 유기산, 염 특히 지방산 비누로 배합한다. 많은

경우 라우르산바륨·카드뮴염과 같은 복염으로 사용되는데, 이러한 금속염에는 독성이 강한 것도 있다.

다. 유기질소 화합물을 이용해 발생기의 염화수소를 아민염으로 고정하는 방법으로 페닐우레아, 디페닐티오우레아, 2-페닐인돌 등이 사용된다.

라. 라우르산디부틸주석, 말레인산디부틸주석이 가장 널리 사용되고 있다.

마. 자외선을 흡수하여 염화수소의 분리를 억제하기 위해 각종 페놀계 화합물이 배합되는데, 헥사메틸인산트리아민, 2,4-디히드록시벤조페논, 2'-히드록시 토릴벤조트리아졸 등이 사용된다.

그 밖에 PVC 제조에 사용되는 첨가제는 [표 9-6]과 같다.

표 9-6 PVC 제조에 사용되는 첨가제

종류	최대첨가량(%)	첨가제명
가소제	60 (15~30)	프탈산에스테르, 아디프산에스테르, 크레졸인산에스테르, 구연산에스테르, 에폭시화유, 세파진산에스테르
안정제	2~3	지방산의 칼륨, 리튬, 마그네슘, 알루미늄, 아연, 바륨, 카드뮴, 납염, 유기주석화합물
산화방지제	0.5	BHT, BHA, TNDP, Tono×220, Iono×330, Topanol 330
자외선흡수제	0.5	살리실산유도체, 벤조페논유도체
착색료	1.0	$PbCrO_4$, CdS, TiO_2, ZnO_2, 카본블랙, $CoO \cdot SnO_2$, HgS, Pb_2O_4, $(NH_4)_2MnO_2(P_2O_7)_2$

③ 비스페놀 A

비스페놀 A를 원료로 쓰는 합성수지는 폴리카보네이트, 폴리아릴설폰/폴리에테르설폰, 폴리아릴레이트, 에폭시수지 등이다. 비스페놀 A가 최종 합성수지에 잔류하지 않도록 제조하는 것이 필요하며, 21℃ 물에는 거의 녹지 않지만(용해도 120~300mg/L) 뜨거운 물에서는 용해도가 크므로 젖병(젖꼭지 포함) 제조에는 사용하지 못한다. 또한 비스페놀 A의 위해성을 줄이는 방법은 새로 구입한 식기 등을 뜨거운 물로 세척한 후 사용하는 것이다.

(2) 종이제 및 가공지제

종이는 여러 식품에 사용되는 대표적인 포장재로 목재펄프, 즉 천연 셀룰로오스가 주원료로 여기에 사이징제, 충전제, 살균제, 착색제, 표백제 등을 첨가하여 제조한다. 종이 제조과정에서 합성수지(주로 멜라민수지, 요소수지)를 혼합하거나, 제조 후 방습, 방수의 목적으로 합성수지(폴리에틸렌, 초산비닐수지, 염화비닐수지)를 도장 가공하거나, 알루미늄과 폴리에틸렌을 적층 가공하거나, 복합필름으로서 폴리에스테르, 폴리아미드 등을 적층하여 각종 가공지제를 만든다. 가공지제는 내수성, 방수성, 유연성, 내유성이 우수하고 열접착도 쉬워 식품포장에 광범위하게 쓰이고 있다.

식품에 사용하는 종이의 착색에는 식품에 허용되는 착색료만을 사용하여야 하지만, 고지를 재생하는 경우 형광증백제를 사용하는 일이 자주 있다. 형광증백제로는 디아미노스틸벤디술폰산(diaminostilbene disulfonate) 유도체를 사용하는데, 쥐에서의 급성독성은 LD_{50}이 2.6~3.0g/kg으로 독성은 크지 않고, 피부에 대한 자극성과 과민성도 없지만, 발암성의 논란이 있어 현재는 식품포장지, 냅킨 등에 형광증백제의 사용을 금지하고 있다. 현재 우리나라의 종이 및 가공지에 대한 잔류규격은 PCBs가 5mg/kg 이하이며, 용출규격은 비소 0.1mg/L 이하(As_2O_3로서), 납 1mg/L 이하, 포름알데히드 4mg/L 이하, 형광증백제는 불검출이다.

(3) 셀로판

셀로판은 펄프를 비스코스화한 다음 응고시킨 재생 셀룰로오스 필름을 말하며, 이에는 기술적 목적을 달성하기 위하여 적절한 물질을 첨가하거나 또는 코팅 등으로 표면 처리하기도 한다. 투명포장지로 많이 이용되고 있다. 식품포장용에는 연화제로서 글리세린, 폴리에틸렌글리콜, 소르비톨, 요소 등을 첨가하고 있다. 폴리에틸렌글리콜(LD_{50}은 약 9g/kg), 요소(LD_{50}은 10g/kg 이상)는 12% 이하의 첨가로 제한되고, 특히 저온냉장용에는 글리세린 12% 이상에 1,2-프로필렌글리콜(LD_{50} 약 30g/kg), 디에틸렌글리콜(LD_{50} 2.3g/kg), 트리에틸렌글리콜, 소르비톨 등을 첨가하여 연화제의 합계가 25% 이하로 사용하고 있다. 이들 연화제는 섬유소의 −OH기와 수소결합하고 있다고 생각되는데, 식품에서의 용출을 고려할 필요가 있다.

셀로판의 종류로는 셀로판, 방습셀로판, 색셀로판 등이 있는데, 방습셀로판은 방습성 수지 즉 니트로셀룰로오스, 염화비닐리덴을 도포한 것이고, 색셀로판은 제조과정 중에 착색시킨 것을 말한다. 최근에는 셀로판에 폴리에틸렌을 적층한 폴리셀로판 제품(polycello)이 라면·과자의 포장 등에 널리 사용되고 있다.

셀로판제의 용출규격은 비소 0.1mg/L 이하(As_2O_3로서), 납 1mg/L 이하, 증발잔류물 30mg/L 이하이다.

(4) 금속제

조리용 기구, 식기류, 가공기계, 기구 등은 철, 구리, 알루미늄, 스테인리스 스틸 등의 금속제로 만들어지는 것이 많다. 현재 금속제의 용출규격(mg/L)은 납(0.4 이하), 카드뮴(0.1 이하), 니켈(0.1 이하), 6가 크롬(0.1 이하), 비소(0.2 이하, As_2O_3로서)이다.

그러나 금속제는 사용 중에 다양한 물리적·화학적 작용을 받아 부식작용이나 식품 성분과의 반응으로 예상치 못한 유해물질의 생성 가능성이 크다. 예로 철판에 주석을 도금한 것은 주석은 비교적 독성이 적고 주석 도금으로 철의 용출이 지연되지만, 구멍이 있거나 산성 물질, 효소 등의 작용으로 국지전류가 흘러 주석이 용해되어 용출이 잘 된다. 주석은 쥐에서 5ppm으로 수명단축, 지방간 증대, 세뇨관 손상의 증대 등을 보이고, 사람에서는 위장 자극을 일으킨다. 우리나라에서는 통·병조림식품, 탄산음료 등의 주석 용출허용량은 150ppm 이하(단, 산성 통조림식품은 200ppm 이하)로 규제하고 있다.

일본에서 1963년 8월 수학여행 중이었던 학생들이 캔 과즙을 먹고 96명이 구토, 설사, 복통을 일으킨 중독사고가 발생하였는데, 주석이 300~500ppm 용해되어 있었고, 1965년에는 과일 통조림을 먹고 828명의 중독사고가 일어났는데 이때 주석을 158ppm 함유하고 있었다.

구리 용기는 습윤 공기 중에서 산에 가용성인 녹청[$Cu(OH)_2 \cdot CuCO_3$]이 생성되어 위생상의 해를 준다. 알루미늄 캔이나 알루미늄포일은 내약품성이 약하고, 특히 염소(Cl^-) 이온은 알루미늄을 부식하므로 식염을 함유하는 식품에는 사용에 주의해야 한다.

(5) 고무제품

고무제는 기본 중합체 중 천연고무, 합성고무(실리콘고무와 부타디엔고무 포함), 이들의 라텍스 또는 열가소성 엘라스토머(thermoplastic elastomer, TPE)의 함유율이 50% 이상인 것을 말한다. 고무에는 가교제, 가황제, 노화방지제, 보강제, 충전제 등 다양한 첨가물이 사용된다. 첨가물 자체의 독성, 첨가물의 불순물, 분해생성물 등 많은 위생상의 문제를 내포하고 있으며, 특히 유아의 고무젖꼭지는 엄격하게 관리하고 있다.

납과 카드뮴의 잔류규격은 가각 100mg/kg 이하(고무젖꼭지는 10mg/kg 이하)이다. 고무제의 용출 규격은 납(1mg/L 이하), 페놀(5mg/L 이하), 포름알데히드(4mg/L 이하), 아연(15mg/L 이하)이고, 고무젖꼭지의 경우는 아연(1mg/L 이하), 니트로사민류(0.01mg/kg 이하) 및 N-니트로소디메틸아민 등 니트로사민류 생성 가능물질(0.1mg/kg 이하)로 더욱 엄격하다.

(6) 목재류

목재류는 나무나 대나무로 구성된 것 또는 이에 옻나무에서 얻은 유액 등을 도포한 것을 말한다. 나무젓가락의 제조 시 표백 또는 곰팡이 방지의 목적으로 이산화황, 올쏘-페닐페놀, 티아벤다졸, 비페닐, 이마자릴 등의 처리 가능성이 있음에 따라 나무젓가락에 대한 용출 규격을 비소 0.1mg/L 이하, 납 1mg/L 이하, 이산화황 12.8mg/L 이하, 올쏘-페닐페놀 7.3mg/L 이하, 티아벤다졸 1.8 mg/L 이하, 비페닐 0.9mg/L 이하, 이마자릴 0.6mg/L 이하로 규정하고 있다.

올쏘-페닐페놀(O-phenylphenol)은 살균제, 소독제, 방부제로 널리 사용되고 있다. 마우스에서 경구 LD_{50}은 900mg/kg, 쥐에서 경구 LD_{50}은 2,000mg/kg으로 저독성 물질로 분류된다. 그리고 발암성도 없다.

티아벤다졸(thiabendazole)은 살균제, 바나나 신선도 유지, 과일 도포제 성분으로 사용된다. 마우스에서 경구 LD_{50}은 1,395mg/kg, 쥐에서 경구 LD_{50}은 3,100mg/kg으로 저독성 물질로 분류된다. 발암성물질로 분류하지 않는다.

이마잘릴(imazalil)은 농약으로 과일 살균제로 사용된다. 경구 LD_{50}은 암쥐에서 227mg/kg, 숫쥐에서 343mg/kg으로 보통 독성 물질로 분류된다. 발암성 물질로 분류하지 않는다.

(7) 유리, 도자기 및 법랑제품

1) 유리제

제조 직후의 유리제품에서는 유리 알칼리가 용출되기도 하지만, 유리는 가장 독성이 적은 용기 중 하나이다. 제조 직후의 유리에는 원료성분인 유리 알칼리가 표면에 존재하기 때문에 알칼리를 나타낸다. 따라서 새로운 포도주는 새 부대에 넣으란 말도 있지만, 술을 새로운 유리병에 넣고 장시간 저장하면 그 맛이 변하게 된다. 또한 유리는 알칼리뿐 아니라 뜨거운 물에 의해서도 침범되어 가수분해 되는 특성이 있는데, 그러나 이것에 의한 특별한 중독 예는 없다.

표 9-7 유리제의 용출 규격

구분			납	카드뮴
액체를 채웠을 때 깊이가 2.5cm 이상인 경우	가열조리용		0.5mg/L 이하	0.05mg/L 이하
	가열 조리용 이외	용량 600mL 미만	1.5mg/L 이하	0.5mg/L 이하
		용량 600mL 이상 3L 미만	0.75mg/L 이하	0.25mg/L 이하
		용량 3L 이상	0.5mg/L 이하	0.25mg/L 이하
액체를 채울 수 없거나 액체를 채웠을 때 깊이가 2.5cm 미만인 경우			8μg/㎠ 이하	0.7μg/㎠ 이하

2) 도자기제 · 옹기류

도자기에 사용되는 원료는 점토 · 장석 · 규석 · 도석 등이며, 이것을 단독 또는 혼합하여 성형한 다음 열을 가하여 경화시킨 제품을 말한다. 도기는 900~1,000℃ 내외의 화도에서 산화번조하여, 토기는 황색 · 갈색 · 적색을 띠고, 청자와 백자는 황색이나 갈색을 머금게 되며 표면에 유약을 입히는 경우가 많다. 자기는 점력을 갖춘 순도 높은 백토로 모양을 만들고 그 위에 장석질의 유약을 입혀 1,300~1,350℃에서 번조하여 그 조직이 치밀한 것을 말하며, 백자라고도 한다.

① 도자기제

1,000~1,500℃로 소성한 도자기는 일반적으로 독성은 없다. 그러나 모양을 내기 위하여 흔히 표면에 무늬를 입히는데, 이때는 비교적 낮은 온도(650~700℃)에서 소성하기 때문에 무늬를 내기 위하여 사용하는 연단(Pb_3O_4), 붕산, 붕사로 인해 납과 붕산이 용출된다. 적색계는 산화안티몬(Sb_2O_5), 갈색은 황산동($CuSO_4$), 회색은 염화바나듐, 황록색은 크롬산(Cr_2O_3), 황갈색은 텅스텐산나트륨($Na_2WO_4.2H_2O$), 상아색은 질산망간($MnNO_3$), 그 밖의 유독물을 배합하여 착색하는데, 특히 산성에서는 용출되기 쉽다.

② 옹기제

옹기는 질그릇에 유약을 입힌 것을 총칭한다. 옹기는 17세기의 철화백자 가마터인 담양용연리, 대전 정생동 요지에서 발견되고 있어 임진왜란 · 병자호란 이후 새로운 사회변화에 따라 종래의 질그릇 표면에 유약을 입힌 옹기가 만들어지기 시작하였던 것으로 보인다. 이러한 옹기는 18~19세기를 거치면서 당시 사회의 요구에 따라 국민들의 생활에 급속하게 확산되어 일상생활에 다양하게 쓰였으며, 지역에 따라 형태나 무늬도 다양하게 발전하였다. 20세기 들어 광명단(산화연)이 옹기에 쓰이기 시작하였고, 광명단은 1960년대 이후 옹기 제작에 널리 사용되었다.

옹기는 각종 주류, 장류, 김장류, 젓갈류 등을 장기간 보존하는데 매우 적합한 용기이지만, 옹기 제작에 사용하는 점토 성분 및 보관하는 식품 성분에 따라 용출되는 성분이 달라진다. 또한 제조과정에 광명단을 사용하고, 소성과정에서 연료비 절감을 목적으로 적정온도인 1,200℃를 유지하지 않아 납 성분이 용출되는 경우가 많다.

표 9-8 🔶 **도자기제 · 옹기류의 용출 규격**

	용량	납(μg/mL)	카드뮴(μg/mL)	비소(μg/mL)
가열조리용 기구 이외의 것	용량 1.1L 미만	2 이하	0.5 이하	0.05 이하 (As$_2$O$_3$로서) (옹기류에 한한다)
	용량 1.1L 이상 3L 미만	1 이하	0.25 이하	
	용량 3L 이상	0.5 이하	0.25 이하	
가열조리용 기구		0.5 이하	0.05 이하	

3) 법랑

법랑은 철판 상에 유리화한 성분을 도포하여 약 800℃에서 가열하여 융착 시킨 것으로 식품용기, 식기로 광범위하게 사용되고 있는데, 백색 법랑에는 이산화티타늄, 산화아연(ZnO), 산화주석(SnO$_2$), 산화비소(As$_2$O$_5$), 황화카드뮴(CdS)을, 흑색에는 산화크롬(Cr$_2$O$_3$과 Fe$_2$O$_3$ 등), 청색에는 산화코발트(CoO와 Al$_2$O$_3$ 등), 녹색에는 산화크롬(Cr$_2$O$_3$), 황색에는 산화납(PbO, Sb$_4$O$_7$, SnO$_2$) 혹은 황화카드뮴, 적색에는 셀레늄화카드뮴(CdSe과 CdS) 등 유독한 금속화합물을 배합하고, 법랑 면을 미려하고 매끈하게 하기 위해 저용융약으로 붕사(Na$_2$B$_4$O$_7$ · 10H$_2$O), 산화납(PbO)을 사용하기 때문에, 식품조리 등 가열 중에 이들이 용출되는 수가 있다.

표 9-9 법랑제의 용출 규격

구분			납	카드뮴	안티몬
액체를 채웠을 때 깊이가 2.5cm 이상인 경우	가열조리용	용량 3L 미만	0.4mg/L 이하	0.07mg/L 이하	0.1mg/L 이하
		용량 3L 이상	$1\mu g/cm^2$ 이하	$0.5\mu g/cm^2$ 이하	$1\mu g/cm^2$ 이하
	가열조리용 이외	용량 3L 미만	0.8mg/L 이하	0.07mg/L 이하	0.1mg/L 이하
		용량 3L 이상	$1\mu g/cm^2$ 이하	$0.5\mu g/cm^2$ 이하	$1\mu g/cm^2$ 이하
액체를 채울 수 없거나 액체를 채웠을 때 깊이가 2.5cm 미만인 경우	가열조리용		$1\mu g/cm^2$ 이하	$0.5\mu g/cm^2$ 이하	$1\mu g/cm^2$ 이하
	가열조리용 이외		$8\mu g/cm^2$ 이하	$0.7\mu g/cm^2$ 이하	$1\mu g/cm^2$ 이하

4. 식품접촉물질의 안전성 관리

식품 용기와 포장은 식품의 보호 · 저장 · 오염 방지뿐 아니라 식품의 이미지 표현에도 중요한데, 아직도 식품용기 및 포장에 대한 우리의 위생관념은 개선의 여지가 많다. 대표적인 예로는 다음과 같다.

① 재활용 고무대야에서 김치, 깍두기 등의 식재료를 담는 사례
② 패스트푸드점의 광고지에 감자튀김, 케첩 등을 직접 쏟아 놓고 먹는 사례
③ 플라스틱 바가지를 국 냄비에 넣고 가열하는 사례
④ 미역, 오징어 등 수산물을 폐신문지에 싸서 파는 사례
⑤ 송이버섯 등 고가의 식품을 폐신문지에 싸서 파는 사례
⑥ 노점 등에서 호떡, 찐빵, 번데기 등을 폐신문지나 재생지에 싸서 주는 사례 등

현재 우리나라에서는 기구 및 용기포장의 기준 및 규격(식품용 기구 및 용기포장 공전)에 의하여 그 재질에 따른 잔류규격과 용출규격을 규정해 관리하고 있다. 그러나 미국과 EU는 식품접촉물질이라는 범주를 정하고 포지티브 리스트를 만들어 관리하는데, 미국 FDA는 식품접촉물질과 그 성분에 대한 안전성 시험을 요구한다. 즉, 기본적으로는 유전독성시험을 요구하고 폭로수준이 확실할 때는 아만성 독성 시험을 요구한다. 0.5ppb 미만 폭로되는 물질은 안전성 자료를 요구하지 않는다. 0.5ppb~1ppm 누적 폭로되는 물질은 유전독성 시험 혹은 아만성 시험이 요구된다. 누적 폭로가 1ppm 이상인 물질은 식품첨가물에 준하는 시험을 요구한다.

　　마지막으로 식품의 기구 및 용기·포장으로 인한 안전성 확보 문제는 소비자가 다소 복잡하고 번거롭더라도 반드시 확인하는 습관을 들여야 해결될 수 있다는 것을 강조하고자 한다.

제 4부
식품 오염물

식품은 자체의 천연독성물질과 생산·가공 시 사용하는 식품첨가물 및 잔류물질뿐 아니라 각종 세균, 곰팡이, 중금속 등으로 오염되게 된다. FAO/WHO 합동 식품 오염위원회는 식품 오염물을 '식품 중에 어느 일정 수준 이상으로 존재하는 불필요한 물질로서 통상의 상태에서 동식물 체내에서 합성되든가 또는 어떤 의도를 갖고 첨가한 화학물질 이외의 물질'이라 정의하고 있다. 이 정의는 앞에서 언급한 간접 식품첨가물과 혼동·중복되는 경우가 많다. 따라서 협의의 식품 오염물은 농작물 등 식품에 직접 사용, 잔류하는 경우보다는, 일단 환경으로 방출된 후 다시 동식물 체내로 도입되는 경로를 거치는 물질을 칭한다. 예를 들면 DDT나 BHC가 사용이 금지된 후 수십 년이 지난 현재까지도 식품에서 검출되는 것은 잔류가 아닌 오염의 일례가 된다.

식품에 들어 있는 세균 독소, 곰팡이 독소, 생장 또는 수확 후 식품에 침착된 화학물질들도 식품 오염물의 예이다. 또한 곰팡이, 세균, 바이러스, 기생충 등의 생물도 식품 오염물이다. 그밖에 곤충, 쥐 털, 쥐똥 등도 있지만 이들은 오물이라고 하여 식품 오염물과 구분한다. 또한 식품은 정상적인 생산·수확·가공·저장 등과 직접 관련이 없는 환경 오염이나 오염된 재배환경 등으로 인해 식품으로 혼입되는 화학물질 등에 의한 오염도 일어난다.

식품가공 및 조리과정도 유해한 새로운 화학물질을 만들 수 있다. 조리과정에서 단백질 및 아미노산의 열분해로 인해 강력한 돌연변이 유발물질들이 만들어지는데, 이들의 성상과 농도는 조리방법과 조리온도 및 시간에 좌우된다. 조리과정은 또한 당의 캐러멜화를 일으키고 아미노산과 당과의 반응으로 갈변 반응을 일으킨다. 갈변된 물질에는 DNA 손상을 유발하는 여러 물질들이 들어 있어, 결국 인체의 돌연변이 유발물질의 부하를 증대시킬 수 있다.

식품 오염물질은 대부분 적절한 재배 및 생산 환경, 저장방법 개선, 적절한 조리, GMP 등 충분한 위생적인 관리로 최소화할 수 있다. 그러나 일부 오염물질들은 우리가 조절할 수 없는 경우도 있다.

현재 식생활 환경으로 유입하는 합성 화학물질의 수는 엄청나게 증가하였다. 이에 대한 안전성 평가를 확장해야 하지만, 아직 천연물질 중에도 안전성 평가가 제대로 이루어진 것이 많은 형편에서 모든 화학물질에 대한 안전성 평가는 매우 지난한 문제이다. 그러므로 아직 확인되지 않은 물질들에 대한 위해성 평가와 규제는 현재 방법으로는 거의 불가능하기 때문에, 보건 상 중요한 문제에만 국한될 수밖에 없다.

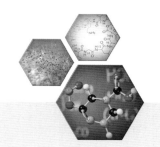

제 10장

미생물 오염

식품에는 많은 병원성 세균과 바이러스 등 미생물이 들어 있을 수 있다. 이러한 미생물 오염은 토양, 물, 공기, 동물, 곤충, 가공 및 포장설비뿐 아니라 식품가공 및 조리종사자에 의해서도 일어난다. 오염된 미생물은 자체가 유해할 수도 있고, 독소를 생성하여 식중독을 일으키게 된다. 식품은 또한 바이러스 감염의 매개 역할도 한다. 사람에게 병원성이 있는 바이러스가 유제품, 육류, 샐러드, 그리고 굴, 조개, 게와 같은 해산물에서 발견된다. 식품 매개 바이러스의 대표적인 예는 간염 바이러스이다. 조개류, 샌드위치, 햄버거 등이 간염 전파의 매개체로 작용할 가능성이 있다.

1. 미생물과 오염식품

미생물 오염이란 보건상의 위해를 줄 수 있는 세균, 바이러스 등의 병원체가 식품 중에 존재하는 것을 의미하며, 이들로 인한 식원병을 원인에 따라 세균성 식중독 및 바이러스성 식중독이라고 한다. 세균은 세포벽의 구조 및 구성에 따라 그람양성균과 그람음성균으로 나눈다. 식품에 오염되어 보건상의 위해를 끼치는 대표적인 세균은 [표 10-1]과 같다. 바이러스는 크기가 20~200nm로 광학 현미경으로는 보이지 않는 비세포성 입자로 자체 대사능력이 없어 반드시 숙주를 필요로 하는데 식품은 좋은 숙주가 된다. 사람에서 병원성을 보이는 바이러스는 약 110종이 알려져 있고 계속 추가되고 있다. [표 10-2]에서 바이러스의 종류와 감염 증상에 관하여 간략히 열거하였다.

표 10-1 대표적인 세균의 종류와 증상

병원체	증상	감염원	감염량(CFU*)
Campylobacter jejuni	캄필로박터 식중독	닭, 돼지	5.0×10^2
Clostricum perfrigens type C	복통, 설사	육류, 어패류	−
Enterotoxigenic Escherichia coli	장독소형 대장균감염증	물, 햄, 소시지	$10^8 \sim 10^{10}$
Francisella tularensis	야토병	산토끼	10
Fusobacterium necrophorum	세균성 간염	소화관 상주균	10^6
Leptospira icterohaemorrhagia	렙토스피라증	쥐 오줌, 오염수	−
Legionella pneumophila	레오넬라증	물, 에어콘, 가습기	$>10^6$
Proteus(Morganella) morganii	알레르기, 요도감염염	고등어, 정어리	−
Mycobacterium tuberculosis	결핵	우유	−
Pseudomonas pseudomsllei	유비저	토양, 물	−
Salmonella enteritidis	살모넬라식중독	달걀	$>10^6$
S. paratyphi A&B	파라티푸스	보균자 분뇨	−
S. typhi	장티푸스	보균자 분뇨, 타액	10
S. typhimurium	살모넬라	달걀	$<10^3$
Shigella dysenteriae	이질	물, 우유	$10^1 \sim 10^2$
Staphylococcus aureus	급성위장염	쌀밥류	−
Vibrio cholerae	콜레라	물	$10^6 \sim 10^{11}$
V. paraheamolyticus	장염비브리오	어패류, 회, 초밥	10^5
V. vulnificus	비브리오패혈증	어패류	−
Yersinia enterocolitica	설사, 장염	돼지	3.5×10^9

* CFU: Colony-forming unit

표 10-2 바이러스의 종류와 특징

종류		크기(nm)	핵산	질병	오염원	감염량 (PFU*)
엔테로 바이러스	폴리오바이러스	20~30	RNA	소아마비	침, 식품	1~10
	콕사키 바이러스	27~28	RNA	무균성 수막염, 수족구병	분비물, 침, 대변	1~10
	에코바이러스	20~30	RNA	무균성 수막염	위장, 분변	1~10
A형 간염바이러스			RNA	감염성 간염	물, 식품	1~10
노로바이러스		27~28	RNA	위장염	물, 어패류	1~10
로타바이러스		75~80	RNA	소아위장염	물, 식품	1~10
스노우마운틴 바이러스			RNA	위장염	어패류	–
아스트로바이러스		28	RNA	장염	–	1~10
장아데노바이러스		68~85	DNA	위장염	식품	1~10
칼리시바이러스			RNA	위장염	–	–
코로나바이러스		80~160	RNA	장염, SARS	–	–
파보바이러스		20	DNA	설사	어패류	–

* PFU: plaque-forming unit

　미생물 생성 독소는 내독소와 외독소가 있다. 가장 대표적인 내독소는 그람음성세균의 외막에 있는 지질다당류(lipopolysaccharide, LPS)이다. 세균이 파괴되면 LPS가 유리되는데, LPS는 열에 안정하여 발열, 오한, 패혈증을 일으킬 수 있다. 외독소는 세균을 비롯한 다양한 생물에서 분비하는 독소로 숙주세포를 파괴하고 정상대사를 교란함으로써 질병을 초래하는데, 대부분의 외독소는 열에 약해서 파괴된다. 대표적인 세균의 외독소는 [표 10-3]과 같다.

표 10-3 대표적인 외독소

세균	질병	독소	작용
Clostridium perfringense	가스괴저	α-Toxin	경련
		ε-Toxin	괴사
		θ-Toxin	용혈성 심장독
	웰치균식중독	Enterotoxin	복통, 설사
Clostridium botulinum	보툴리눔중독	Botulinum toxin	마비
Clostridium tetani	파상풍	Tetanospasmin	–
Escherichia coli, enterotoxigenic	장독소성대장균감염증	Enterotoxin	설사
Escherichia coli, enterohemorrahagic	장출혈성대장균감염증	Verotoxin	장염
Shigella dysenteriae	이질	Neurotoxin	출혈성, 마비성
Vibrio cholerae	콜레라	Choleratoxin	설사
Staphylococcus aureus	화농성감염	α-Toxin	괴사, 용혈, 백혈구용해성
		Enterotoxin	구토
		Leucocidin	백혈구용해성

2. 미생물 오염의 특징

미생물 오염은 여타 식품위해요인인 식품독성물질, 식품첨가물, 잔류물질과는 다른 특성이 있다. 즉 미생물의 특성과 식품의 미생물 오염의 원인을 파악하면 식품 위해성을 충분히 낮출 수 있다.

미생물 오염의 주요 원인은 다음과 같다.

① 조리한 식품의 부적절한 냉동 및 냉장

② 부적절한 보관

③ 부적절한 조리

④ 감염·보균자의 조리

⑤ 부적절한 재가열

⑥ 부적절한 고온 보관

⑦ 조리한 식품과 조리하지 않은 식품의 교차 오염

⑧ 부적절한 주방기구 세척 등

미생물 오염의 특징은 다음과 같이 정리할 수 있다.

첫째, 미생물은 생육조건이 갖추어지면 빠르게 생장하고, 시간이 경과함에 따라 위해성이 크게 증가한다. 따라서 미생물의 생육조건을 차단하거나 식품 보관 및 취급 시간을 줄임으로서 미생물 오염으로 인한 식품 위해성을 크게 줄일 수 있다는 것을 의미한다.

둘째, 여타 식품 위해요인과는 달리 최종소비자, 최종 조리자의 안전의식 및 식품 관리능력에 따라 발생확률이 달라진다는 점이다.

셋째, 전체 식품 관련 위해 요인 중 가장 큰 비중을 차지하고 있다.

넷째, 식품의 안전한 보관 및 조리방법 등에 관한 대중 교육이 요구된다.

3. 미생물 오염원

미생물 오염원은 세균과 바이러스이다. 세균은 크게 감염형 식중독 세균과 독소형 식중독 세균으로 구분하는데, 감염형 식중독은 세균이 오염된 식품을 섭취한 후 세균이 증식하여 식중독을 일으키는 경우를 말하고, 독소형은 이미 오염된 세균이 생성한 독소가 함유된 식품을 섭취하여 일어나는 식중독을 말한다. 대체적으로 감염형 식중독은 세균을 멸균·살균함으로써 예방이 가능하고, 발열을 포함하는 중독증상을 보이며, 독소형 식중독은 독소가 이미 생성되어 있으므로 그 독소가 내열성 독소인 경우에는 식품의 살균으로 예방되지 않는 특성이 있다. 식중독을 자주 일으키는 세균과 특징은 [표 10-4]와 같다. 2000년대 들어 바이러스에 의한 식중독이 세균성 식중독을 상회하기도 하고, 노로바이러스는 겨울에 유행하는 경향을 보이므로 무더운 여름철에만 식중독이 유행하는 것이 아니며, 늘 식중독 예방에 주의하여야 한다.

표 10-4 ✦ 주요 식중독 세균과 특징

병원체		원인식품 및 특징	잠복기	증상
감염형	병원성 대장균	장병원성대장균 (EPEC)	환자와 보균자가 접촉하는 모든 식품(햄, 소시지, 음료수, 어패류, 도시락 등)	일정치 않음	설사, 복통, 발열
		장조직침입성대장균(EIEC)		일정치 않음	설사(가끔 혈변), 발열, 복통
		장독소성대장균 (ETEC)		6~48시간	설사, 복통, 오심, 간혹 구토·발열
		장출혈성대장균 (EHEC)		2~6일	설사(가끔 혈변), 복통(가끔 심함), 발열은 거의 없음
		장응집성대장균 (EAEC)		12시간~2일	설사(수양성)
	살모넬라균		동물성 단백질 식품, 어패류, 채소	12~36시간	급성위장염(설사, 발열, 복통)
	장염비브리오균		회, 초밥, 수산조리식품	4~12시간	설사, 복통, 구토, 발열(상복부통)
	캄필로박터균		닭, 돼지, 소량감염 (10^2~10^3)	2~7일	설사(가끔 혈변), 복통, 발열
	여시니아균		돼지고기, 물	3~10일	설사, 복통(가끔 심하다)
	리스테리아균		우유, 5℃ 저온 증식	1~6주	발열, 두통, 구토 후 중추신경계(의식장애, 경련)
독소형	황색포도상구균		쌀밥류(김밥, 도시락), 유제품, 식육	1~6시간	심한 구토, 설사
	보툴리눔균		소시지, 벌꿀 등 밀봉식품	12~36시간	구토, 복부경련, 설사, 근무력증, 착시현상, 신경장애, 호흡곤란
중간형	세레우스균	구토형	쌀밥, 볶음밥	1~6시간	구토, 일부 설사, 간혹 발열
		설사형	향신료 사용식품, 푸딩	6~24시간	설사, 복통, 일부 구토, 간혹 발열
	웰치균		육류, 어패류 등 단백식품	8~24시간	설사, 복통, 간혹 구토와 발열
기타	비브리오균		어패류	20시간	피부발적, 수포, 괴저, 패혈증
	장구균		쇠고기, 치즈, 햄, 크림	5~10시간	설사, 구토, 복통
	에로모나스균		어패류, 마카로니	8~9시간	구역, 구토, 복통, 설사
	프로테우스균		고등어, 정어리	30~60분	입의 작열감, 피부 홍조, 발진

(1) 감염형 식중독 세균

1) 병원성 대장균

병원성 대장균(enteropathogenic *Escherichia coli*)은 일반 대장균과는 달리 유아에 전염성 설사를 일으키고 성인에서 급성장염을 일으키는 일군의 대장균을 말한다. 여행 시 물을 바꾸어 먹어 일어나는 여행자 설사증의 원인균으로도 알려져 있다. 병원성 대장균은 그 병원성 메커니즘에 따라 다음의 5종류로 크게 나눈다.

① 장병원성 대장균

장병원성 대장균(enteropathogenic *Escherichia colii*, EPEC)은 영유아 설사의 원인 균으로 세포 침습성이 없으며, 독소를 생성하지 않는다. 성인에 대한 장병원성은 $10^6 \sim 10^9$ 개 이상의 경구감염에 의한다. 즉, 대장균이 감염균량까지 증가한 식품을 섭취하여 소장 에서 증식함으로써 급성위장염을 일으킨다. 그러나 영유아에서는 소수의 균으로도 감염이 일어나며 종이, 우유, 먼지 등에 의해서도 유행할 수 있다.

② 장침투성 대장균

장침투성 대장균(enteroinvasive *Escherichia coli*, EIEC)은 주로 이질 환자로부터 이 질균과 함께 분리되는 것으로 세포 침습성이 있다. 또한 이질균과 마찬가지로 고정 숙주하 여 미량 감염을 일으키며, 식품을 매개로 하는 경우도 있지만 대개는 사람으로부터 사람에 게 감염된다. 이 균이 소화관내로 들어가면 대장점막 상피세포로 침입하여 세포를 괴사시 키고, 급성대장염을 일으킨다. 대변에는 점액뿐 아니라 농과 혈액이 보이는 일이 많다.

③ 장독소성 대장균

장독소성 대장균(enterotoxigenic *Escherichia coli*, ETEC)은 콜레라균과 유사한 장 독소를 생산한다. 콜레라와 다른 점은 작용시간이 빠르고 지속시간이 짧다. 이 장독소는 60℃, 30분의 가열에 의하여 활성을 잃는 이열성 독소(LT)와 100℃, 30분의 가열에 견디 는 내열성 독소(ST)의 2종이 알려져 있다.

식품에 오염을 일으키는 것은 환자나 보균자의 분변이나 손을 통하여 감염된다. 유아에서 는 오염된 우유가 원인이 된다. 잠복기는 10~30시간, 평균 12시간인데 연령이 낮을수록 잠 복기가 짧고 증상이 심해진다. 주 증상은 점액성 설사인데 그밖에 발열, 두통, 구토, 복통 등 의 증상을 나타내며, 심한 경우에는 피나 농이 섞여 나오는 경우도 있다. 영유아의 경우에는 이질과 구별되지 않는 경우가 많고, 연령이 높아질수록 식중독의 증상을 보인다.

④ 장출혈성 대장균

장출혈성 대장균(enterohemorrhagic *Escherichia coli*, EHEC)은 베로독소를 생산하는데, 베로독소는 상피세포를 괴사하여 장출혈을 일으켜 장염을 일으키고 심하면 용혈성 요독증후군(hemolytic uremic syndrome, HUS)으로 발전하기도 한다. 3~5일의 잠복기를 거친 후 먼저 설사를 동반한 강한 복통, 혈변인데 발열은 거의 없다. 이 균은 혈청형에 따라 O26, O103, O146, O157 등으로 구분하는데 가장 대표적인 것이 O157:H7이다. 이 균은 10~1000개의 적은 균량으로 발병할 수 있다. 특히 사람으로부터 사람으로 감염될 수 있는데, 특히 위생 상태나 손을 씻는 습관이 부적절할 때 감염된 환자의 변으로부터 다른 사람에게 전파될 수 있다. 그러므로 특히 어린아이들 사이에서 쉽게 전염될 수 있으며 가족과 친구들에게 감염될 가능성이 아주 높다. 어린아이들은 감염에서 회복된 후 1주일이나 2주일 동안 변에서 이 균이 검출될 수 있으므로 세심한 주의가 필요하다. 또한 이 균은 건강한 가축의 장에서 서식할 수 있으므로 식육을 도살하는 동안 파열된 장에 의해 오염될 수 있으며, 고기를 분쇄하는 과정에서도 이 균들이 섞일 수 있으므로 고기를 섭취할 때, 특히 쇠고기 분쇄육을 섭취할 때는 충분히 조리하여야 한다.

장출혈성 대장균 감염증은 제 1군 감염증으로 발생 즉시 보고해야 하며, 방역당국은 즉시 방역대책을 수립하여야 한다.

⑤ 장응집성 대장균

장응집성 대장균(enteroaggregative *Escherichia coli*, EAEC)은 응집성 부착섬모(aggregative adherence fimbriae 1, AAF/1)로 Hep-2 세포에 부착하여 장응집성 이열독소(enteroaggregative heat-stable toxin 1, EAST1)를 방출하여 세포를 파괴시키는데, 수양성 설사가 특징이다.

⑥ 균일부착형 대장균

균일부착형 대장균(diffusely adherent *Escherichia coli*, DAEC)은 상피세포의 전 표면에 퍼져서 부착하는데 면역력이 약하거나 영양이 결핍된 어린이에게서 설사를 일으킨다.

표 10-5 병원성 대장균의 종류 및 특징

병원균	병원인자 및 작용기전	증상	주요 혈청형
EPEC	인티민, Hep-2 세포부착성미오신, 액틴의 인산화	설사, 발열, 복통, 메스꺼움, 구토(비특이증상)	26, 44,55, 86, 111, 114, 119, 125, 127, 128, 142, 158
EIEC	이질균처럼 장상피세포 침입하여 세포 파괴	설사(점혈변), 발열, 복통, 구토	28ac, 112, 121, 124, 136, 143, 144, 152, 164
ETEC	독소 　LT: 아데닐산 고리화효소 활성화 　ST: 구아닐산 고리화효소 활성화 정착인자 CFA/Ⅰ-Ⅳ	설사(수양성), 복통, 발열	6, 8, 11, 15, 25, 27, 29, 63, 73, 78, 85, 114, 115, 128, 139, 148, 149, 159, 166, 159
EHEC	독소 VT1, VT2 단백합성저해 정착인자	혈변, 복통, 구토, 발열	26, 103, 111, 128, 145, 157
EAEC	장응집성이열독소(EAST1)	EPEC 증상과 유사(지연형 설사가 특징)	44, 127, 128
DAEC	상피세포에 확산부착	영유아의 설사	-

2) 살모넬라균

살모넬라균(*Samonella*)은 티푸스를 일으키는 장티푸스균(*S.typhi*), 파라티푸스균(*S.paratyphi*)과 주로 위장염을 일으키는 *S. typhimurium*, *S. enteritidis* 등을 총칭하는 일군의 세균이다. 살모넬라균은 그람음성간균으로서 통성 혐기성이며, 크기 2~3㎛×0.6 ㎛, 최적온도 37℃, 최적 pH는 7~8이다. 살모넬라균은 소장에 이르러 내강으로 침입하여 증식하면 림프소포가 종창되고 궤양을 일으키며 장간막절들이 종창된다. 균이 점막벽과 림프계를 통과하여 혈류로 들어가면, 패혈증을 일으킨다. 원인식품으로는 서구에서는 식육, 우유, 달걀 등과 그 가공품이 많으며, 한국, 일본에서는 어패류와 그 가공품을 비롯하여 도시락, 튀김, 어육연제품 등이 있다. 식품 이외에도 사람—사람과의 접촉과 사람—, 애완동물과의 접촉도 원인이 될 수 있다. 살모넬라 식중독의 주원인은 부적절한 조리, 불완전한 가열, 뜨거운 식품의 냉장보관, 교차 오염, 오염된 원료식품, 불완전한 위생 등 부적절한 식품취급으로 단체급식소와 가정에서 일어난다. 계절적으로는 여름에 많이 발생된다.

살모넬라는 ①위장염, ②패혈증, ③장 또는 티푸스열을 수반하는 기관-특이성 병리 세 가지 타입의 질병을 일으킨다.

살모넬라 감염 증상은 감염세균 종류와 여러 숙주인자에 좌우된다. 위장염은 12~24시간의 잠복기를 거쳐 일어나는데, 증상은 메스꺼움, 구토, 복통, 설사 및 발열이다. 이 때 실신, 근무력증이 수반될 수 있으며, 불면, 경련성 연축이 일어나기도 한다. 일반적으로 구토는 황색포도상구균 중독보다는 심하지 않으며, 설사는 수양변이 많고, 때로는 점액 및 혈액이 섞여 있는 경우도 있다. 이 병은 완화한 설사로부터 중증인 경우 탈수, 혼수, 허탈에 빠져 사망하기도 하지만 사망률은 1% 미만이다. 회복은 빨라 대개 수일에서 일주일 이내에 회복된다.

장티푸스는 제 1군 감염병으로 장기간의 잠복기를 요하고(7~14일), 식욕감퇴와 두통으로 시작된다. 앞의 증상에 이어 고열, 맥박저하, 장미반이 일어난다. 이 병은 3주일 이상 지속되기도 하는데, 사망률은 치료하지 않는 경우에는 10%까지 이른다. 살모넬라에 감염된 모든 사람이 보균자이지만, 티푸스 환자에게서 특히 높아, 감염자의 약 3%가 보균자가 된다.

파라티푸스는 제 1군 감염병으로 잠복기는 대체로 1~3주이고, 주된 증상은 발열, 두통, 발진, 설사 등이다. 증상이 발생한 뒤 1주일 후부터 회복기 사이에 환자는 전염성을 가지는데, 회복 후에도 길게는 1~2주간 전염성이 지속된다. 만성 보균자가 되는 빈도는 장티푸스의 경우보다 훨씬 적다.

살모넬라 식중독에 대한 예방은 방충 · 방서를 철저히 하여 위생환경을 청결히 유지하고, 물은 반드시 끓여 마시며, 식품은 저온 저장하여 균의 증식을 방지하고, 균이 60℃에서 20분 가열로 사멸하므로 반드시 식품을 가열하여 먹어야 한다.

3) 장염비브리오균

장염비브리오균(*Vibrio parahaemolyticus*)은 우리나라에서 여름철에 빈발하는 세균성 식중독으로 1969년 6월 안동에서 300여명의 식중독 환자가 최초로 발생하였다. 장염비브리오균은 그람음성간균으로 크기 2~5㎛×0.5~0.8㎛, 최적온도 27~37℃, 최적 pH는 7.5~8.0이다. 증식 속도가 매우 빨라 최적조건에서 10~12분에 한 번씩 분열한다. 이 균은 해수세균으로 어패류가 대표적인 원인식품인데, 젓갈류나 절인 식품도 원인이 될 수 있다. 계절적으로는 주로 7~9월에 가장 많이 발생한다.

잠복기는 10~18시간이며 증상은 상복부 복통, 심한 설사(심한 경우 하루 20회 정도), 발열이 주로 일어나며, 때로는 두통, 오한, 권태감, 탈진 등을 일으킨다. 그러나 발열은 환자의 30~40%에서만 나타나며, 구토는 드물다. 일반적으로 예후는 양호하여 2~5일에 회복된다.

장염비브리오균은 여름철 해수 중에서 번식하며, 어패류가 주 감염경로이기 때문에 여름철 어패류의 생식에 주의하여야 한다. 이 균은 어체 표면이나 아가미에 부착되어 있고,

육질 중에는 없으므로 충분히 씻어 먹으면 균체를 어느 정도 제거할 수 있다. 이 균은 저온에서 발육이 불가능하므로 식품의 저온저장이 필수적이다. 또한 이 균은 열에 대단히 약하므로 가열처리하면 식중독을 예방할 수 있다. 장염비브리오균 감염증은 법정 전염병에서 지정 감염병 중 장감염증으로 발생 7일 이내에 보고하여야 한다.

4) 캄필로박터균

장염비브리오균은 그람음성나선상간균으로 크기 0.5~5㎛×0.2~0.4㎛, 지적온도 42~43℃, 지적 pH는 6.5~7.5이다. 캄필로박터균(*Campylobacter jejuni/coli*)은 미호기성균으로 산소 농도 3~15%에서 생육한다. 캄필로박터균은 가금류와 가축들의 장에 상존하는데 도축 시 육류를 오염시킨다. 캄필로박터균 식중독은 오염식품 섭취 후 약간 긴 잠복기간인 2~4일에 시작되어 1주일 정도까지 지속되며, 수양성 설사, 경련성 복통, 발열, 메스꺼움과 구토, 오한을 일으킨다. 드물게는 길랑바레 증후군으로 발전하는 한 원인으로 주목받고 있다. 길랑바레 증후군은 다발신경염이 발생하고 근육이 약해지며 종종 마비로 진행되는데, 팔다리의 마비는 대부분 다리부터 시작하여 위로 올라가는 상행성으로 진행되는 특징이 있다. 캄필로박터균 식중독 예방은 육류 조리 시 85℃, 1분 이상으로 충분히 가열조리하고, 조리 기구나 손 등을 청결히 하고, 개인적으로는 생육, 육회 등의 섭취를 자제하는 것이다.

5) 여시니아균

여시니아균(*Yersinia enterocolitica*)은 11종이 있고 주로 동물에게 질병을 일으키지만 그 중에서 *Yersinia enterocolitica*, *Y. pestis*, *Y. pseudotuberculosis* 등 3종은 사람에서도 질병을 일으키는 균이다. *Yersinia enterocolitica*는 여시니아 식중독을 일으키며, *Y. pestis*는 흑사병(페스트)의 원인균이며, *Y. pseudotuberculosis*는 결핵과 비슷한 증상이 있어 가성결핵의 원인균이다.

여시니아균은 그람음성구간균으로 크기 1~3㎛×0.5~0.8㎛, 지적온도 28~29℃, 지적 pH 7.0~8.0이고 통성호기성균으로 아포는 형성하지 않는다. 30℃ 이하에서는 주모성 편모를 가지고 운동하지만, 37℃에서는 편모를 잃는다.

여시니아균은 0~5℃의 냉장고에서도 발육이 가능한 저온성균이며, -18℃ 냉동에서 90일 보관 후에도 생존하며, 또한 산소 유무에 관계없이 생육 가능하기 때문에 진공 포장된 식품에서도 증식이 가능하다. 그러나 염에 대한 내성은 약하여 5% 이상 식염 농도에서는 생육하지 않고, 열에도 비교적 약하여 70℃에서 3분 정도 가열하면 사멸한다.

소, 돼지, 쥐 등이 보균하고 있으며, 사람은 이들 동물과의 접촉이나 오염된 우유, 식육 및 음료수에 의하여 감염된다. 여시니아균 집단 식중독의 사례로는 1988년 연말 추수감사절 무렵에 미국 조지아주 애틀란타에서 돼지곱창을 먹고 15명의 어린이가 발병한 사건이 있다.

여시니아 식중독은 주로 소아에서 일어나는데, 심한 복통, 설사 및 발열이 있는 급성위장염을 일으키고 평균 하루 3회의 설사를 한다. 그 외 구토, 메스꺼움, 오한 등을 일으키며, 어린 아이에서는 종종 맹장염 비슷한 급성 회장말단염, 장간막염, 충수염, 관절염, 패혈증 등도 일으킨다. 대개 3일 안에 회복된다.

여시니아균 식중독의 주요 원인식품은 돼지고기이지만 쇠고기, 우유, 굴, 생선, 두부 등 특정식품에 국한되지 않고 다양하다. 냉동식품의 경우 냉동과 해동을 반복해도 균이 살아남을 수 있고, 저온성균이므로 저온 유통 식품이더라도 안심해서는 안 되고 반드시 가열한 후 섭취하여야 한다.

6) 리스테리아균

리스테리아균(*Listeria monocytogenes*)은 그람양간균으로 운동성과 세포내 잠복능이 있는 통성혐기성균으로 아포형성균은 아니지만 냉동, 건조, 가열에 저항성이 매우 크다. 이 균은 크기 $0.5 \sim 2\mu m \times 0.4 \sim 0.5\mu m$이고, 생육온도 $0 \sim 45℃$(최적온도 $30 \sim 37℃$), 생육 pH $4.5 \sim 9.6$이다. 리스테리아균은 토양, 생식품, 우유 등에서 발견된다. 저온에서 생장할 수 있기 때문에 냉장식품에서도 증식하며 식중독균으로 감염되어 리스테리아증 (listeriosis)을 일으킨다. 중독 증상은 섭취 1일~3일 후 고열, 두통, 구토에 이어 의식장애와 경련이 일어난다. 그러나 이러한 일반 식중독 증세인 위장계 증상보다 중추신경 질환으로 진행되는 것이 리스테리아증의 특징이다.

섭취된 리스테리아균은 장내 상피 M세포에 침입하여 수지상세포를 공격한다. 수지상세포는 병원균을 섭취하여 병원균의 항원을 MHC class II를 통해 자신의 세포 표면에 드러내어 면역 반응을 일으키며, 또한 면역작용에 필수적인 인터루킨-23(IL-23)을 생산하는 중요한 세포이다. 리스테리아균은 또한 면역세포를 피해 세포내 잠복하기도 하며 추진 작용으로 인근 세포로 이동도 가능하다.

이러한 방법으로 리스테리아균은 사람에서 수막뇌염, 수막염, 분만기 패혈증 및 기타 장애를 일으킨다. 리스테리아뇌막염(listeric meningitis)은 치사율이 70%에 이르고, 패혈증의 경우에는 50%에 이른다. 또한 신생아 뇌막염의 주요 원인균 3가지 중에 하나이고, 50세 이상에서 발생되는 뇌막염에서 2번째로 흔한 균이며, 림프종, 장기이식, 스테로이드로 면역 억제중인 환자에서 발생되는 세균성 뇌막염에는 가장 흔하게 발견되는 균이다. 리스테리아증은 특히 태아에 위험하다. 사람에 대한 자궁내 감염은 태반을 통과하여 유산, 사산 및 조산을 일으킨다. 출산시의 감염은 순환 및 호흡곤란, 설사, 구토 및 수막염을 일으킨다.

최근에는 호냉균인 리스테리아균에 의한 식중독이 증가하고 있어 미국에서 발생한 대규모 식중독 사건들로 인해 대중의 관심을 받게 되었고, 더 이상 요리를 하지 않고 먹는 간편 조리식품의 소비가 늘어나면서 이 균으로 인한 식중독 발생 위험성이 더 커지고 있다.

이 균은 치즈, 양배추, 아이스크림, 소시지, 멸균처리하지 않은 우유, 연치즈 등에서 발견된다. 따라서 식품의 냉장보관이 더 이상 안전하지 못하며, 멸균되지 않은 우유나 유제품, 익히지 않은 육류를 섭취하지 않도록 하여야 한다.

7) 아리조나균

아리조나균(*Salmonella arizona*)은 살모넬라균(*Salmonella enterica*)의 아종으로 통상 파충류 감염균이다. 이 균은 각종 동물에 널리 분포하며, 특히 뱀 중 50%, 쥐나 개구리는 약 1% 보균하고 있다. 또한 닭, 오리, 칠면조 등 가금류에도 많이 분포하며, 지렁이 등에서도 검출된다. 원인식품은 살모넬라와 비슷하며, 특히 가금류의 알과 그 가공품이다.

증상은 10~12시간의 잠복기를 거쳐 복통, 설사를 하며, 때로는 발열도 있다. 또한 복막염, 골수염, 뇌막염의 증상도 일으킬 수 있다.

8) 콜레라균

콜레라(*Vibrio cholerae*)는 식중독 세균보다는 경구감염병으로 분류하며, 급성 설사가 유발되어 중증의 탈수가 빠르게 진행되어 이로 인해 사망에 이를 수도 있는 제 1군 감염병으로 지정되어 있고, 우리나라에서는 16세기 이후 발생이 보고되고 있으며 과거에는 호열자(虎列刺)라고 하였다. 1946년 중국 광동에서 귀환한 동포에 의해 전국적으로 전파되어 15,509명이 발생해 10,081명이 사망하였다. 근래에는 거의 유행하고 있지 않지만, 2001년 유행하여 162명의 환자가 밝혀졌으며, 2004년 10명, 2005년 16명, 2006년 5명, 2007년 7명이 발생하였다. 그리고 동남아시아, 아프리카 등에서는 아직도 빈발하고 있어 2009년 짐바브웨에서 유행하여 콜레라 사망자가 3000여명에 이르기도 하였다.

콜레라균은 그람음성간균으로 콤마형(,)으로 편모를 가지며 활발하게 운동한다. 통성혐기성이며 협막 및 아포는 없다. pH 9.0~9.6에서 잘 자란다. 저항력은 약한 편이어서 60℃에서 30분, 3% 석탄산에서 5분, 햇빛에 1시간, 분변 중에서 1~2일이면 사멸된다. 그러나 저온에서는 저항성이 강해서 얼음 속에서 3~4일간 생존한다.

콜레라균은 맹독성의 장독소를 생성하는데, A 소단위(분자량 약 28,000달톤) 1분자와

B 소단위(분자량 약 11,000달톤) 5분자로 이루어진 분자량 약 84,000달톤의 6합체 단백질이다. 디프테리아 독소나 백일해 독소와 같이 소위 A-B구조를 하며 그 B 소단위(5합체)을 통해 동물세포의 세포막에 결합하고 A 소단위를 세포질에 보내 준다. A 소단위는 독소로서의 활성을 담당하는 분자이며 다시 A1 및 A2로 단편화한다. A1 단편에는 NAD의 ADP 리보오스 부분을 G 단백질(Gs나 Gt 등)의 α소단위의 알기닌 잔기로 전이시키는 ADP 리보실화의 효소 활성 기능이 있다. Gs 단백질이 ADP 리보실화가 되면 Gs 단백질이 갖는 GTP 가수분해 활성이 저하되어 표지분자인 아데닐산 고리화효소의 활성화를 지속시킨다. 그 결과, 세포 내의 고리형 AMP 농도가 증가하여 장 내에 다량의 수분이 누출되어 설사를 일으킨다.

콜레라의 잠복기는 10시간~5일인데 보통 1~3일이다. 증상은 쌀뜨물 같은 설사, 구토, 심한 탈수, 근육통, 체온의 저하 등이다. 심한 경우 하루 10~15L의 설사를 한다. 치료하지 않으면 치명률이 60%에 이른다. 환자의 배설물 1mL에는 10^6개의 균이 배설된다. 분변 환자의 토사물과 환자 및 보균자의 분변에 의한 음식물, 물의 오염이 감염원이 된다.

9) 시트로박터균

시트로박터균(Citrobacter freundii)은 그람음성소간균으로 주모성 편모가 있어 운동성이 있고, 통성혐기성균이다. 시트로박터균은 사람의 장내세균 중 하나이며, 포유동물, 조류, 파충류, 양서류 등에도 널리 분포하고 있다. 또한 토양, 물, 환자의 혈액, 수액, 객담 등에서 분리된다. 시트로박터 식중독의 잠복기는 1~24시간이며, 증상은 설사, 복통, 구토 등이고, 예후는 양호한 편이다.

(2) 독소형 식중독 세균

1) 황색포도상구균

황색포도상구균(Staphylococcus aureus) 식중독은 독소형 식중독 중 가장 빈번히 일어나는 식중독으로 황색포도상구균은 대표적인 화농균이기도 하며, 그람양성구균으로 아포나 편모가 없고 통성혐기성이며, 지적온도는 37℃이다. 내염성이 강해 염장햄 제품에도 생장할 수 있다.

황색포도상구균은 다른 세균과는 빈약한 경쟁자여서, 다른 세균들을 파괴하는 가공과정이 오히려 포도상구균의 빠른 성장을 유발할 수 있다는 점이다. 즉, 저온 살균한 우유는 경쟁 세균이 제거되어 황색포도상구균 생장에 더 유리할 수 있다.

황색포도상구균이 생성하는 6개의 장독소는 항원성에 따라 다음과 같이 확인되었다. A, B, C, D, E, G. 이들은 단일 사슬 폴리펩티드(239~296개 아미노산 잔기)인데, 물리적인 특성이 서로 다르다. 이 폴리펩티드 사슬은 열에 저항성이 커서 100℃에서 1시간 가열하여도 불활성화하지 않으며, 120℃, 20분 가열하여도 거의 파괴되지 않고, 200℃ 이상에서 30분 가열하여야 파괴된다.

이 장독소를 섭취한 후 섭취한 독소의 양에 따라 1~6시간, 평균 3시간 내에 증상이 일어나, 여러 세균에 의한 식중독 중 증상이 가장 빨리 일어난다. 증상은 급성위장염 증세로 일반적으로 메스꺼움, 구토, 복부경련, 설사 등이다. 다량 섭취한 경우에는 두통, 근육경련, 오한과 발열, 때로는 혈압강하도 일어난다. 회복은 증상의 경중에 따라 다른데, 평균 1~3일이며, 사망까지 이르는 경우는 드물다.

황색포도상구균 독소 생성 가능성이 높은 식품은 김밥, 도시락, 떡류, 나물, 샌드위치 등 손으로 만들고 가열하지 않는 식품과 육류 및 동물성식품, 우유 및 유제품이다.

황색포도상구균 독소는 내열성이 커서 조리과정으로 파괴되지 않으므로, 오염 방지에 가장 좋은 방법은 개인위생을 철저히 하고, 화농성 질환이 있는 사람의 조리 참여를 금지하고, 식품을 저온및 pH 4.5 이하로 보관하는 것이다.

2) 보툴리눔균

보툴리눔균(*Clostridium botulinum*)은 그람양성간균으로 주모성 편모를 가지며, 아포를 형성하는 편성혐기성균이다. 보툴리눔균의 생장온도는 [표 10-6]과 같이 상당히 넓다. 보툴리눔균이 생성하는 독소는 면역학적 특성에 따라 A, B, C, D, E, F, G, H의 8종이 알려져 있는데 이 중에서 사람에서 식중독을 일으키는 것은 A, B, E, F 및 H형의 5종이다 [표 10-7].

표 10-6 보툴리눔 독소 생성 보툴리눔균의 생장온도

–	*Clostridium botulinum* group				*C. baritii*	*C. butyricum*
	I	II	III	IV		
독소형	A, B, F	B, E, F	C, D	G	F	E
생장온도(℃)						
최적온도	35~40	18~25	40	37	30~37	30~45
최저농도	12	3.3	15	–	–	10

표 10-7 보툴리눔 독소와 주요 이환동물

독소형	이환동물	원인/검출 식품	분포
A	사람, 닭	통조림, 야채, 과일, 육제품	미국, 러시아
B	사람, 말, 소	육제품, 통조림, 야채	미국, 유럽
C	말, 소, 밍크	초식동물, 동물사체, 고래고기	미국, 일본, 남아공
D	소	동물사체	호주, 아프리카
E	사람	어류, 해양동물	미국, 캐나다, 일본
F	사람	간, 사슴고기	덴마크, 미국
G	–	–	스위스
H	사람	유아의 변	미국

보툴리눔균은 아포형성균으로 그 아포는 내열성이 강하여 100℃에서 30분 이상 가열하여야 파괴된다[표 10-8].

표 10-8 보툴리눔균 아포의 습열 저항성

Type	D값(분)			z값(℃)
	100℃	121℃	140℃	
A proteolytic	29.2	0.05~0.13	0.001	82~91
B proteolytic	10.5	0.13	0.002	110
B non-proteolytic	0.08	0.003	–	86~98
C midly or non-proteolytic	–	–	–	–
C Terrestrial	3.4	0.003	–	100~115
C Marine	0.6	0.0002	–	107~108
D Mildly or non-proteolytic	–	–	–	–
E non-proteolytic	0.03	0.0002	–	61~84
F proteolytic	8.8~17.8	0.14~0.22	0.003~0.004	93~121
F non-proteolytic	0.0001~0.0002	–	–	95~148
G proteolytic	1.1~1.3	0.14~0.19	0.02~0.04	209~293

보툴리눔 독소는 분자량 150,000달톤의 단백 복합체인데, 복합체는 위산과 펩신, 트립신, 키모트립신 등의 단백 소화효소에 대해 저항성을 갖는다. 섭취된 복합체는 십이지장에서 림프관을 거쳐 흡수되어 림프 내에서 복합체는 단백 분해효소에 의해 분자량 50,000달톤의 작은 단편과 분자량 100,000달톤의 큰 단편으로 잘려지는데, 두 단편은 이황화물 다리결합으로 완전히 분리되어 있지는 않는데, 이런 구조가 독성 발현에 중요하다.

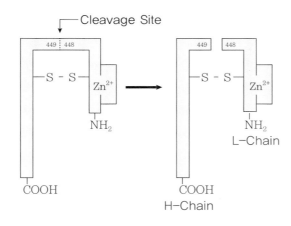

[그림 10-1] 보툴리눔 독소의 분리

보툴리눔 독소는 말초조직의 콜린 동작성 접합부의 시냅토솜에 결합하여 아세틸콜린의 방출을 억제하여, 결과적으로 신경-근 전달을 차단하여 마비를 일으킨다. 독소의 LD_{50}은 10pg/kg 정도로 추정되어 지구상에서 알려진 독소 중에서 가장 독성이 강하다. 보툴리눔 독소는 열에 약하여 80℃, 20분 또는 100℃, 수 분 내에 불활성화 된다.

보툴리눔 중독 초기증상은 독소 섭취 후 12~36시간 후 메스꺼움, 구토, 설사 등의 소화기증상이 일어나는데 발열은 없다. 초기증상에 이어 신경증상이 일어나는데, 권태감, 두통, 현기증이 일어나고 눈 장애(시력장애, 복시, 동공 산대, 빛 반사장애), 무력증, 얼굴 근육의 무력증, 말과 삼킴의 어려움 등이 일어난다. 중증의 경우 호흡근육과 횡격막의 신경마비를 초래해, 결국 호흡곤란으로 사망한다. 치료하지 않는 경우 사망률은 60%까지 이를 수 있으나, 항독소의 투여로 효과적으로 치료된다.

보툴리눔균은 혐기성 세균이므로 대부분의 보툴리눔 중독은 부적절하게 가공 처리 된 통조림, 캔 등의 밀봉식품, 가정에서 자가 밀봉한 혈액소시지, 야채류 등에서 일어난다. 수산식품과 연제품, 과일류와 향미료 등에서도 일어난다. 일본에서는 각종 수산물 절임식품이 E형 중독의 원인식품으로 판명되고 있다.

더불어 산도가 낮은 식품인 각종 야채 및 육류식품의 자가 제조 밀봉식품, 그리고 꿀에서 보툴리눔 균이 검출되므로 섭취에 주의하여야 한다. 우리나라에서는 순대, 각종 조림 및 효소식품에 대한 선호가 높고 밀봉용기의 사용 증대로 추후 요주의 대상이다.

보툴리눔균의 아포는 내열성이 강하고 생성하는 보툴리눔 독소는 맹독성이기 때문에 특히 주의가 필요하다. 그리고 독소는 100℃에서 파괴되므로 의심되는 음식은 섭취하기 전에 반드시 충분히 가열한 후 섭취하여야 한다.

① 보툴리눔 식중독 예방

보툴리눔 식중독 예방은 아포를 가열 및 파괴하거나 아포의 발아 억제 그리고 균의 생장 및 독소 생산을 억제하는 방법이다.

가. 산도가 낮은 야채식품, 육류 및 가금류의 캔이나 통조림, 병조림 등은 판매용과 자가 소비용 모두 적합한 가열 과정을 행해야 한다.

나. 부풀거나 상한 캔 식품, 밀봉 식품은 버려야 한다. 버릴 때는 재활용 통에 넣어서는 안 되며 사람이나 애완동물이 접근할 수 없도록 해야 한다.

다. 새거나 부풀거나, 손상되거나 깨진 용기의 식품은 맛을 보거나 섭취하지 말아야 한다.

라. 자가 밀봉한 저산성 식품은 먹기 전에 10분간 끓여야 한다. 고산지역에서는 추가로 고도 300m 당 1분씩 더 끓여야 한다.

마. 모든 남은 음식과 조리한 후 2시간 이내의 음식은 냉장 보관하여야 한다.

바. 야채, 육류 등의 저산성 식품을 자가 밀봉 저장한 식품이 보툴리눔 식중독의 가장 큰 원인 중 하나이다. 아포를 죽일 수 있는 116~121℃는 압력솥을 사용해야만 도달할 수 있음을 명심하여야 한다.

(3) 중간형(감염독소형) 세균

1) 세레우스균

세레우스균(*Bacillus cereus*)은 그람양성간균으로 주모성 편모가 있으며, 아포를 형성한다. 호기성이고 10~48℃에서 발육하며, 지적온도는 28~35℃이다. 아포는 내열성이어서 135℃에서 4분 가열에도 견딘다. 세레우스균은 장독소를 만드는데, 이 독소는 분자량 55,000~60,000달톤의 단백질로 이열성이어서 56℃에서 5분에 파괴된다.

세레우스균은 특히 전분식품에서 많이 검출된다. 설사형과 구토형이 있는데, 설사형은 양념을 사용한 식품으로 육류 및 야채의 수프, 푸딩이 주 원인식품이고, 구토형은 쌀밥,

볶음밥 등이 원인식품이다. 설사형은 잠복기가 8~20시간, 지속시간은 12시간이며, 구토형은 잠복기가 1~6시간, 지속시간은 12~24시간이다. 설사형의 주증상은 강렬한 복통과 수양성 설사이고, 메스꺼움, 구토, 두통, 발열 등을 나타내는데 증상이 경증이고 웰치균 식중독과 유사하다. 구토형은 메스꺼움, 구토가 주인데, 설사는 약 30%에서 일어나며, 복통도 있으며, 발열은 없다.

2) 클로스트리디움 퍼프린젠스균

클로스트리디움 퍼프린젠스균(*Clostridium perfringens*, 과거명 웰치균, *C. welchii*)는 토양, 물, 식품 등 자연계에 널리 분포하며 장 상주균이다. 창상감염 시 가스괴저의 원인균이기도 하다.

클로스트리디움 퍼프린젠스균은 그람양성간균으로 아포를 형성하며 편성혐기성균으로 생육 최적온도는 43~47℃이고 매우 빠르게 증식하여 분열시간은 10~12분이다. 클로스트리디움 퍼프린젠스균은 아포 형성 시에만 독소(장독소)를 생성하는데, 독소는 분자량 36,000달톤의 단순 단백질로 열에 약해 74℃에서 불활성화 된다.

클로스트리디움 퍼프린젠스균 식중독의 발병에는 10^7~10^8개 정도의 균이 있어야 한다. 내열성인 아포는 100℃에서 1~5시간까지 가열에 견딘다. 따라서 클로스트리디움 퍼프린젠스균 식중독은 생육을 가열한 후 식혀 방치하는 경우, 가열 시 산소가 빠져나가 혐기상태가 만들어져 혐기성균이 증식하는데 적합한 상태가 되고 살아남은 내열성 아포가 발아하기 시작하면서 독소를 생산한다.

클로스트리디움 퍼프린젠스균 식중독의 잠복기는 8~24시간, 평균 10~12시간으로, 식품으로 섭취된 균이 소장 상부에서 증식하면서 아포를 형성한다. 이때 아포의 발아와 함께 장독소가 방출되어 국소 모세혈관의 확장, 혈관 투과성의 증대, 연동운동항진 등을 일으키고, 복부경련을 수반한 수양성 설사를 초래한다. 메스꺼움과 구토가 일어나기도 하지만 발열은 없고, 중독 증상은 가벼워 24~48시간에 회복된다.

원인식품은 단백질 식품으로, 소고기가 주 감염식품이며 가금류, 어패류와 그 밖의 육제품이 오염원이다.

클로스트리디움 퍼프린젠스균 식중독 예방은 조리 시에는 충분한 가열로 균을 사멸하여야 하고, 한번 가열했던 음식은 냉장 보관하여 세균 증식을 억제하고, 재가열 섭취 시에는 충분히 가열하여 장독소를 파괴해야 한다.

(4) 그 밖의 식중독 세균

1) 장구균

장구균(Streptococcus faecalis)은 사람과 동물의 장 내 상주균으로, 특수한 화농이나 요로감염 외에는 비병원성인데, 식중독의 원인균으로도 작용한다. 저항성이 커 60℃, 30분 가열에 견디며, 40~45℃에서 발육하고, 식염농도 6.5%의 배지나 pH 9.6 배지에서도 잘 증식한다.

원인식품으로는 쇠고기, 크로켓, 코코넛 크림과 파이, 소시지, 치즈, 분유, 두부, 햄 등이다. 잠복기는 1~36시간, 평균 5~10시간이다. 주증상은 설사, 복통, 메스꺼움, 구토이며, 때로는 발열도 있다. 일반적으로 포도상구균 식중독과 유사하며, 1~2일에 회복된다.

2) 비브리오 패혈증균

비브리오 패혈증균(Vibrio vulnificus)은 비브리오 패혈증(괴저병균)을 일으키는데 주로 6~8월 중 발생하며 특히 7월에 가장 많이 나타난다. 괴저병균은 4℃ 이하에서는 활동이 정지하며 60℃ 이상에서는 사멸하는데, 알칼리성에서 잘 증식하고 3~6% 염도에서 증식하는 호염균이며 해안 갯벌에 분포하고 있다.

비브리오 패혈증은 원발성 패혈증과 상처 감염증의 두 가지가 있는데 양자 모두 잠복기는 약 12~20시간 정도이다. 원발성 패혈증의 경우, 오한, 감기·몸살 증세로 시작하여 열이 40℃까지 오르고, 다리 부분에 적갈색 수포가 생겨 둔부, 요부, 견부 등으로 옮겨지며, 심한 통증(사지통)이 일어난다. 또 피부 발적 및 괴저가 나타나는데, 병변은 결합 조직염 및 궤양이고 권태감, 미열과 오한, 두통을 반복하다가 괴저가 심해지면 2~3일내에 쇼크로 사망한다. 치사율은 약 50~70%이다. 특히 아미노산, 단백분해, 혈색소의 변질 및 지방의 변성 등으로 흑갈색의 반점이 생긴다.

원발성 패혈증은 근해산 어패류를 생식하면 중독되는데, 특히 우리나라에서는 바지락, 꼬막, 미더덕, 생굴, 낙지, 조개, 피조개, 홍어회, 방개 등이 주 원인식품이다. 균에 오염된 어패류를 생식하면 위장을 통하여 혈관에 이행되어 패혈증을 일으킨다.

상처 감염증은 해안에서 게, 조개껍질이나 생선 지느러미에 긁혀서 생긴 상처를 통해 바닷물에 있던 균이 침입하여 상처 부위에 부종과 홍반이 발생하는 것으로 패혈증은 일어나지 않고 증상이 급격히 진행되며 대부분의 경우 수포성 괴사가 생긴다.

비브리오 패혈증을 예방하는 방법은 간염, 간경화증 등 간 질환자, 알코올중독자, 당뇨병 환자, 노약자, 그 밖의 만성질환자 등은 6~9월에 어패류의 생식을 금하고, 어패류는

56℃ 이상으로 충분히 가열 후 섭취하며, 특히 음주를 많이 하고 간 질환이 있는 사람은 생선회를 먹지 않아야 한다. 상처가 있는 사람은 해수나 해산물의 접촉, 해수욕 등을 삼가 하여야 한다.

3) 알레르기 식중독

꽁치, 고등어, 정어리, 방어, 다랑어, 가다랑어, 날치 등 붉은 살 생선과 그 가공품을 먹고 단시간(1시간) 안에 일어나는 식중독으로, 증상이 안면홍조, 두드러기, 편두통, 명정감 등으로 알레르기와 매우 유사하여 알레르기 식중독이라 한다. 따라서 항원항체 반응에 근거하는 증상이 아니기 때문에 특이체질이 아닌 정상인이라도 일어난다.

원인물질은 히스타민으로 모르간균(*Proteus morganii*)이 히스티딘에 작용하여 히스타민을 생성하여 알레르기를 유발하는 것이 처음으로 밝혀졌다. 어육 1g 중에 히스타민이 4~10mg이면 중독이 일어나는데, 공존하는 바이오아민의 협동작용으로 증강된다.

알레르기 식중독은 주로 수산물에서 일어나는데, 섭취 후 1시간 정도 지나면 발병하나 빠른 경우에는 5분 내로 일어나기도 한다. 증상은 안면에 열이 나고 붉어지며 전신에 두드러기가 생긴다. 그 밖에 심한 두통, 오한, 발열, 구토, 설사가 일어나는데, 하루 이내에 회복되며 사망하는 경우는 매우 드물다.

모르간균은 pH 5에서 더욱 활발한데 이는 식초, 레몬주스 등은 이 균들을 더욱 활성화 시킬 수 있으며, 또한 베이킹소다 등을 사용하면 히스타민 생성을 줄일 수 있음을 시사하고 있다.

한편 식품과 관련 미생물에 따라 히스타민 이외에도 티라민, 카다베린, 푸트레신, 아그마틴, 아르케인 등 다양한 바이오제닉 아민이 생성된다[그림 10-2, 표 10-9]. 티라민은 도파민, 에피네프린 등의 카테콜아민 방출을 촉진하는데, 우울증과 파킨슨병 치료제로 사용하는 클로르질린, 데프레닐 등의 모노아민 산화효소 저해제(MAOIs)와 함께 섭취하면 고혈압성 위기를 초래할 위험이 있다. 티라민의 급성경구독성은 쥐에서 2,000mg/kg 이상으로 급성독성은 크지 않다. 카다베린과 푸트레신의 급성경구독성은 쥐에서 2,000mg/kg 이상으로 급성독성은 크지 않다. 그러나 푸트레신은 더 독성이 큰 스퍼미딘과 스퍼민으로 대사되기도 한다. 티라민, 카다베린, 푸트레신의 최대무작용량은 180mg/kg이다. 아그마틴은 매일 3.5g씩 3주간 섭취한 사람에서 설사와 메스꺼움을 일으킨다. 최근 혈압을 낮추고, 통증 완화, 신경보호 등을 한다고 스포츠 건강식품으로 알려지고 있다.

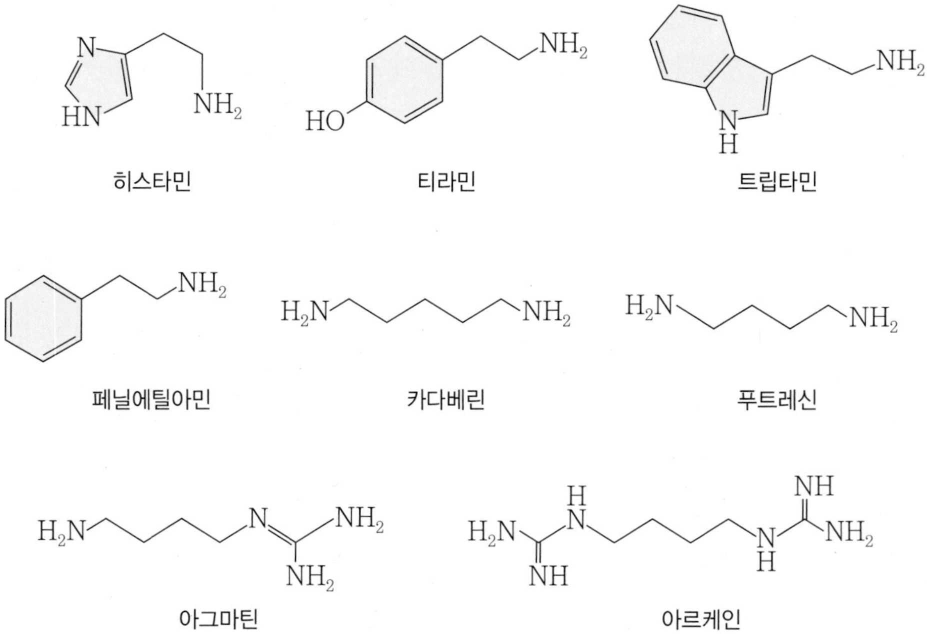

히스타민 티라민 트립타민

페닐에틸아민 카다베린 푸트레신

아그마틴 아르케인

[그림 10-2] 세균이 생성하는 각종 바이오제닉 아민류

표 10-9 미생물과 바이오제닉 아민

생성물질	원인 식품성분	관여 미생물
Histamine	Histidine	*Proteus morganii, E. coli, Cl. perfringens*
Tyramine	Tyrosine	*E. coli, Streptococcus faecalis*
Agmatine	Arginine	*E. coli*
Tryptamine	Tryptophan	*Candida*
Putrescine	Ornithine	*Proteus morganii, E. coli, Cl. perfringens*
Cadaverine	Lysine	*E. coli, Bacterium cadaveris, Cl. perfringens*
Ethylamine	Alanine	–
Isobutylamine	Valine	*Proteus vulgaris*
Isoamylamine	Leucine	*P. vulgaris*
Phenethylamine	Phenylalanine	*P. vulgaris*
Trimethylamine	Trimethylamine oxide	–

4) 바이러스 오염

식품과 관련된 바이러스는 노로바이러스, 로타바이러스, A형 간염바이러스, 엔테로바이러스, 칼리시바이러스, 레오바이러스, 아데노바이러스를 비롯하여 약 110가지가 알려져 있고 계속하여 새로이 추가되고 있다. 이러한 바이러스는 식품에 오염되어 식중독을 유발한다. 바이러스에 의한 식중독은 세균중독과는 다르게 미량으로도 발병하고, 항생제 등을 이용한 치료법이 무효하고, 2차 감염이 일어난다는 점이 다르다. 세균성 식중독과 바이러스성 식중독의 차이는 [표 10-10]과 같다. 그리고 대표적인 바이러스성 식중독의 원인과 증상은 [표 10-11]과 같다.

표 10-10 세균성 식중독과 바이러스성 식중독의 차이점

	세균	바이러스
특성	세균 자체 또는 세균이 만든 독소에 의해 발병	DNA 또는 RNA가 단백외각에 둘러싸여 있는 매우 작은 입자형
증식	온도, 습도, 영양분 등이 적당하면 증식	자체 증식 불가능, 반드시 숙주에 침입하여야 증식
발병량	일정량($10^2 \sim 10^6$) 이상의 균이 존재하여야 발병	미량($10^1 \sim 10^2$)으로도 발병
증상	설사, 구토, 복통, 구역질, 발열, 두통 등	구역질, 구토, 설사, 두통, 발열 등
치료	항생제 등으로 치료할 수 있으며 일부는 백신이 있음	특별한 치료법이나 백신이 없음
2차 감염	2차 감염되는 경우는 거의 없음	대부분 2차 감염됨

표 10-11 바이러스성 식중독의 원인 및 증상

병원체	잠복기	증상		오염원
		구토	열	
노로바이러스	24~48시간	일반적	드물거나 미약	식품, 물, 접촉감염, 분변
로타바이러스	1~3일	일반적	일반적	물, 비말감염, 병원 감염, 분변
A형 간염바이러스	1~2주	없음	일반적	분변, 물, 어패류
아스트로바이러스	1~4일	가끔	가끔	식품, 물, 분변
장아데노바이러스	7~8일	일반적	일반적	물, 분변

가. 노로바이러스

노로바이러스(norovirus)는 지름 30nm의 정이십면체로 컵 모양의 함몰구조가 있다. 유전자는 단일가닥 RNA로 2개의 유전자군(I과 II)으로 나누어진다. 노로바이러스는 열, 산, 유기용매, 염소 등에 매우 강하여 60℃ 가열, 5ppm의 염소처리로도 병원성을 잃지 않는다. 그래서 2003년 이후 우리나라 식중독 발생의 1, 2위를 차지하고 있다.

노로바이러스 섭취 후 24~48시간에 구역질, 복통, 설사가 일어나고 분변으로 바이러스가 대량으로 배출된다. 증상은 1~2일 후 치료하지 않고도 회복된다.

노로바이러스 식중독은 주로 겨울철에 자주 발생한다. 예방 대책은 손 씻기 등의 일반적인 예방법을 시행하고, 유행시기에는 식품을 충분히 가열조리(85℃에서 1분 이상)하여야 한다. 특별한 치료법이나 백신이 없다.

나. 로타바이러스

로타바이러스(rotavirus)는 지름 65~75nm의 정이십면체의 형태로 특징적인 외각과 중심핵의 3층으로 된 차바퀴와 비슷한 형태이다. 로타바이러스는 외각 단백에 대한 그룹 특이항원에 따라 A~G군으로 분류하며, 사람에게 감염되는 것은 A, B, C군이다. 유전자는 이중 RNA로 11개의 단편으로 되어 있다. 동결융해, 페놀, 포르말린, 염소, 에탄올 처리 등에 의해 외각이 손상되면 감염성을 잃는다.

감염경로는 분변이나 토사물을 통해 방출된 바이러스의 물이나 식품을 통한 경구감염이다. 섭취 후 1~4일의 잠복기를 거쳐 발열, 구토, 설사 등의 증상을 일으킨다. 선진국의 2세 이하 설사 환자의 30~50%를 차지하고, 개발도상국 영유아의 설사에 의한 사망 원인 중 큰 비중을 차지한다. 우리나라에서는 1월에서 4월경에 주로 발생하는데, 예방 대책으로는 손 씻기 등의 일반적인 예방법을 시행하며, 집단감염의 위험이 있는 경우에는 접촉에 의한 감염에 대해 예방책을 취하는 것이 바람직하다.

다. A형 간염바이러스

A형 간염바이러스(hepatitis A virus, HAV)는 단일 RNA 바이러스로 엔테로바이러스 속에 속하는데, 지름 27~30nm의 정이십면체로, 산, 열, 건조 등에 강하여 pH 1에서 8시간 처리하거나 60℃에서 10시간 처리로도 감염력을 잃지 않으며, 해수 및 지하수 중에서 장기간 생존한다.

A형 간염바이러스는 간에서 증식하고 담즙을 거쳐 분변으로 배출된다. 바이러스로 오염된 물, 식품을 통해 감염되면 1~2주 후 발열, 전신권태감, 근육통, 복통 등의 감기 유사 증상이 나타난다.

예방 대책으로는 주된 감염경로인 경구감염 예방을 위해 손 씻기를 권장한다. 유행지역에서는 생수를 음용하지 않는다. 예방법으로는 백신 접종, 항 HAV 감마글로불린 투여가 있다.

라. 그 밖의 바이러스

장아데노바이러스(enteric adenovirus)는 어린이 위장염의 5~20%를 차지하는데, 4세경이 되면 85%의 어린이가 면역을 획득한다. 감염 후 약 7일의 잠복기를 거쳐 장기간에 걸친 격심한 설사와 함께 발열, 구토와 상기도 염증을 수반한다. 예방 대책으로는 γ-글로불린에 의한 예방법이 있다.

아스트로바이러스(astrovirus)는 조그만 별모양의 구형 바이러스로 4세 미만 어린이 설사의 2~8%를 차지하는 것으로 추정되며, 감염 후 3~4일의 잠복기를 거쳐 오한과 설사, 두통, 구토, 복통, 발열을 동반한다. 우리나라에서는 가을부터 겨울에 걸쳐 매년 바이러스에 의한 영유아 장염이 유행한다. 예방 대책으로는 손을 깨끗이 씻고 사람의 분변을 위생적으로 처리(특히 유아의 기저귀를 갈아줄 때)하는 것이다. 칼리시바이러스(calicivirus)는 6~24개월 어린이를 감염하는데 약 3%를 차지한다. 6세가 되면 90% 이상의 어린이가 면역을 획득한다. 아스트로바이러스와 칼리시바이러스중독은 주로 유아원과 어린이집에서 발생한다.

스노우마운틴 바이러스(snow mountain virus, snow mountain agent)는 지름 27~32nm로 노로바이러스와 유사한데 스키리조트에 급성 위장염을 일으켜 1~4일간 수양성 설사, 구토, 복통을 일으켰다. 1984년 미국 뉴욕에서 학교급식을 한 1,860의 학생이 식중독을 일으키기도 하였다.

파보바이러스(parvovirus)는 수많은 어패류 식중독과 관련이 있는데 발생빈도에 대해서는 알려지지 않았다. 오염된 식품이나 물을 섭취하고 10~72시간 후에 약한 설사 증상이 일어나 3~9일간 지속되는데, 임상증상은 로타바이러스 위장염보다는 약하다.

4. 미생물 오염의 안전성 관리

미생물 오염에 의한 식중독은 전체 식품 관련 위해 요인 중 가장 큰 비중을 차지하고 있다. 또한 증상이 급성으로 많은 사람이 일시에 발병하는 특성이 있어, WHO를 비롯한 세계 각국도 가장 관심을 쏟는 식품 안전 분야이다.

미생물 오염은 미생물의 생육조건을 차단하거나 식품 보관 및 가공·조리 등의 취급 시간을 줄임으로서 그 위해성을 크게 줄일 수 있고, 최종 소비자 및 조리자의 안전의식 및 식품 관리능력이 매우 중요하므로 식품의 안전한 보관방법, 적절한 조리방법 등에 관한 대중 교육이 필요하다.

　우리나라 식품의약품안전처에서도 식품 규격을 정해 관리하고 있고, 일반 국민도 이해하기 쉽게 식중독지수 예보 제도를 시행하고 있다.

(1) 식품규격 중 식중독 세균 기준 설정

　우리나라에서는 식품규격에 식육 및 가공식품, 해산물을 함유한 즉석섭취식품·편의식품, 그리고 식품접객업소 식품에 대한 식중독 세균에 관한 기준을 설정하여 미생물 오염을 관리하고 있다.

　식육 및 그대로 섭취하는 가공식품의 미생물 기준은 살모넬라, 황색포도상구균, 장염비브리오균, 리스테리아균, 장출혈성 대장균, 캄필로박터균, 여시니아균 등 식중독균이 음성이어야 하고, 또한 식육 및 식육제품에 있어서는 결핵균, 탄저균, 브루셀라균이 음성이어야 한다. 그리고 바실러스균은 장류(메주 제외) 및 소스류, 복합조미식품, 김치류, 젓갈류, 절임식품, 조림식품에서 g당 10,000 이하, 웰치균은 장류(메주 제외), 고춧가루, 김치류, 젓갈류 등에서 g당 100 이하이다.

　즉석섭취식품·편의식품류 중 해산물을 함유한 식품의 미생물 기준은 장염비브리오균이 1g당 100 이하이다. 그리고 날로 먹는 식품은 살모넬라, 리스테리아균이 음성, 장염비브리오, 황색포도상구균은 g당 100 이하이어야 한다. 그리고 식품접객업소(집단급식소 포함)에서 조리된 식품은 살모넬라, 황색포도상구균, 리스테리아균, 대장균 O157:H7, 캄필로박터균, 여시니아균 등이 검출되어서는 아니 되며, 장염비브리오균, 웰치균은 g당 100 이하, 바실러스균은 g당 10,000 이하이어야 한다. 황색포도상구균은 g당 100 이하이어야 한다.

(2) 식중독 지수

　식중독 지수(food poisoning index)란 여름철 식중독을 예방하고 국민의 위생을 위하여 식품의약품안전처에서 개발한 정량적이고 수치적인 개념으로, 온도와 미생물 증식 기간의 관계를 고려하여 식중독 발생 가능성을 백분율로 나타낸 수치이다.

　최적조건에서 식중독을 유발시킬 수 있는 시간과 각각의 온도에서 식중독을 유발시킬 수 있는 시간에 대한 비율을 수치화 했다. 식중독 지수 100은 최적조건(40℃, pH 6.5~7.0, 수분활성도 1~0.99)에서 초기 균 수 1,000마리인 식품이 식중독을 발생시킬 수 있는 10^6개의 균수로 증식되는 시간이 3.5시간 소요됨을 뜻한다. 식중독 지수 80은 식중독이 발생하는데 걸리는 시간이 3.5시간을 0.8로 나눈 값, 즉 약 4.4시간 걸림을 뜻한다. 식중독 지수 50은 3.5시간을 0.5로 나눈 값, 즉 7시간이 소요된다는 뜻이다. 식중독 지수가 35~50이면 10시간 이내에 식중독이 발생 우려가 있으므로 식중독 주의를 예보하고, 지수 50 이상이면 7시간 이내에 식중독이 발생할 우려가 있으므로 식중독 경고를 예보한다. 발표되는 식중독 지수는 그날의 최고 온도를 기준으로 작성되므로 대량 급식시설에서는 작업장 내 온도를 감안하여 식중독 지수를 환산한다.

표 10-12 식중독 지수 예보

지수범위	주의사항
86 이상	3~4 시간 내 부패, 음식물취급 극히 주의, 식중독 위험
50~85	4~6 시간 내 부패, 조리시설 취급 주의, 식중독 경고
35~50	6~11 시간 내 식중독 발생 우려, 식중독 주의
10~35	식중독 발생 우려, 음식물 취급 주의

※ 특히 조리실의 온도는 상온보다 5℃ 이상이 높으므로 음식물이 상하기가 쉽기 때문에 음식물의 보관 등에 주의를 요하고 음식물의 저장, 운반 시에는 적정온도에서 취급하여 식중독을 예방하여야 한다.

(3) 위해요소 중점관리기준

위해요소 중점관리기준(hazard analysis and critical control point, HACCP) 간단히 해썹(HACCP)은 식품으로부터의 위해성을 줄이기 위해 위해요소 분석(hazard analysis)을 시행하여 중요관리점(critical control point)을 정해 위해요소를 체계적이고 지속적으로 관리하는 방법이다. HACCP은 1959년 미국항공우주국(NASA)이 100% 안전한 우주식량을 제조하기 위하여 원재료, 공정, 제조환경, 종사자, 보관, 유통에 이르기까지의 모든 과정에서 위해 가능성을 체계적으로 관리하는 방법을 정립한 데서 비롯되었다. 1993년에는 국제식품규격위원회(CODEX)가 식품안전성 확보수단으로 각국에 권고하기 시작하였고, 우리나라는 1995년 식품위생법에 식품위해요소 중점관리기준을 신설하였고, 1997년 어육제품에 적용하기 시작하여 2010년까지 총 878개의 HACCP 지정업체를 지정하였다.

현재 HACCP는 희망 업체에 대해 심사 후 승인해 주는 자율 인증제도 형식을 취하고 있으며 식육가공품(식육햄류, 소시지류), 어육가공품(어묵류), 냉동수산식품(어류, 연체류, 패류, 갑각류, 조미가공품), 유가공품(우유, 발효유, 가공치즈, 자연치즈), 냉동식품(기타 빵 및 떡류, 면류, 일반가공식품 중 기타가공품) 및 빙과류 등에 적용되고 있다.

(4) 안전한 조리 및 보관

미생물 오염으로 인한 식중독의 대부분은 가정이나 소규모 접객업소에서 발생한다. 따라서 일반 국민들의 식중독에 대한 이해도가 매우 중요하다. 미생물 오염을 줄이고 안전한 조리를 위한 WHO의 권장사항은 다음과 같다.

① 신선한 식품 재료를 사용하고, 생/과채류는 위해 미생물 등에 의한 오염이 있을 수 있기 때문에 적절한 방법으로 살균되거나 청결히 세척된 제품을 선택한다.

② 식중독 등을 유발하는 위해 미생물을 사멸시키기 위해서는 철저히 가열하여야 한다. 육류는 70℃ 이상 익혀야 하고, 냉동육은 해동한 직후에 바로 조리하여야 한다.

③ 조리한 식품을 실온에 방치하면 위해 미생물이 증식할 수 있으므로 조리한 음식은 가능한 신속히 섭취한다.

④ 조리한 식품을 4~5시간 이상 보관할 경우에는 반드시 60℃ 이상 혹은 5℃ 이하에 보관하여야 한다. 특히 먹다 남은 유아식은 보관하지 말고 버리도록 한다. 조리한 식품의 내부 온도는 냉각 속도가 느리기 때문에 위해 미생물이 증식될 수 있다. 따라서 많은 양을 한꺼번에 냉장고에 보관하지 말도록 한다.

⑤ 냉장 보관 중에도 위해 미생물의 증식이 가능하므로 70℃ 이상 3분 이상 재가열하여 섭취한다.

⑥ 가열 조리한 식품과 생식품이 접촉하면 조리한 식품이 오염될 수 있으므로 서로 섞이지 않도록 한다.

⑦ 손을 통한 위해 미생물의 오염이 빈번하므로 조리 전에는 반드시 손을 씻어야 한다.

⑧ 부엌의 조리대를 항상 청결하게 유지하여 위해 미생물이 음식에 오염되지 않도록 하여야 하며, 행주, 도마 등 조리 기구는 매일 살균, 소독, 건조하여야 한다.

⑨ 곤충, 쥐, 기타 동물 등을 통해 위해 미생물이 식품에 오염될 수 있으므로 동물의 접근을 막을 수 있도록 주의하여 식품을 보관하여야 한다.

⑩ 깨끗한 물로 세척하거나 조리하여야 하며 지하수는 살균·소독하거나 물을 끓여 사용하여야 하고 유아식을 만들 때에는 특히 주의하도록 한다.

제 11장

곰팡이 오염

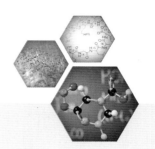

    곰팡이는 분류학적으로 균류(fungi)에 속하며 의약품으로 항생제처럼 우리에게 유용한 것을 만들기도 하지만, 독성이 매우 큰 곰팡이 독소(mycotoxin)를 생성하기도 한다. 식품에 기생하여 곰팡이가 만드는 항생물질도 물론 오염물질로 분류되지만, 여기에서는 논의하지 않는다.

1. 곰팡이 오염의 문제점

    아스페르길루스속, 페니실륨속, 푸사륨속 등이 곰팡이 독소를 생산하는 대표적인 곰팡이로 알려져 있으며, 현재 300종 이상의 곰팡이 독소가 알려져 있다. [표 11-1]에는 대표적인 곰팡이 독소와 원인 곰팡이를 나타내었다. 현재 우리나라에서 식품 중 잔류 허용치를 설정하여 규제하는 대표적인 곰팡이 독소는 [그림 11-1]과 같다.

표 11-1 곰팡이 독소와 원인 곰팡이

구분	곰팡이 독소	곰팡이	증상	식품
간장독	Aflatoxin	*Aspergillus flavus* *A. parasiticus*	간 장애, 간암	땅콩
	Sterigmatocystin	*A. versicolor* *A. nidulans*	간 장애, 간암	곡류
	Ochratoxin	*A. ochraceus*	간 장애, 신장장애	곡류 및 그 가공품
	Islanditoxin luteoskyrin	*Penicillium islandicum*	간 장애, 간암	쌀
	Rubratoxin	*P. rubrum*	간 장애	옥수수사료
신장독	Citrinin	*P. citrinum*	신장염	쌀
신경독	Maltoryzine	*A. oryzae var. microsporum*	중추신경장애	맥아사료
	Patulin	*Aspergillus clavatus,* *Penicillium expansum*	중추신경계 출혈	맥아사료
	Citreoviridin	*P. citreoviride*	중추신경장애	쌀
	Cyclopiazonic acid	*A. versicolor*	–	–
푸사리움 독소군	Zearalenone	*Fusarium graminearum*	발정증후군	옥수수
	Fumonisin	*F. moniliforme*	간암, 신장장애, 폐장애	옥수수
	Tricothecene	*F. tricinctum, F. nivale,* *F. roseum, F. solani,* *Trichoderma viride,* *Trichoderma roseum*	피부장애, 호흡기장애, 소화기장애	곡류
	Sporofusariogenin Epicladosporic acid Fagicladosporic acid	*F. trincintum* *Cladosporium epiphylum* *Cladosporium fagi*	식중독성 무백혈구증 (조혈조직장애)	보리 밀 수수
피부염	4,5′,8–Trimethyl psoralen 8–Methoxy psoralen	*Sclerotinia sclerotiorum*	광과민성피부염	셀러리
	Sporidesmin	*Pithomyces chartarum*	간 장애에 이어 광과 민성 안면피부염	목초
기타	Ergot alkaloids	*Claviceps purpurea*	소화기장애, 순환기장 애, 경련발작, 정신장애	보리 호밀
	Stachybotryotoxicosis 원인물질	*Stachybotrys atra*	중독증	목초
	Slaframine	*Rhizoctonia leguminicola*	유연증후군	붉은 클로버

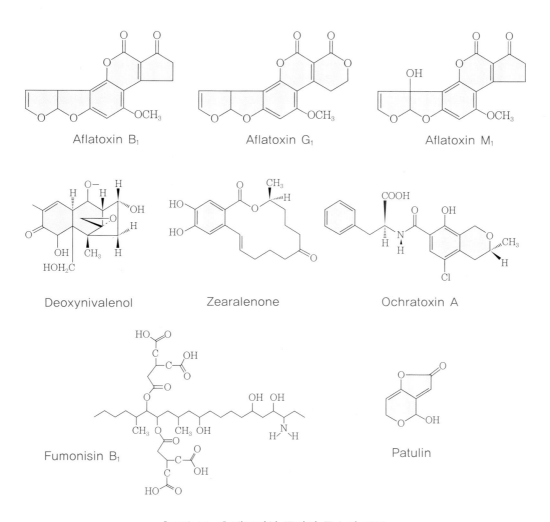

Aflatoxin B₁　　　　Aflatoxin G₁　　　　Aflatoxin M₁

Deoxynivalenol　　　Zearalenone　　　Ochratoxin A

Fumonisin B₁　　　　　　　　　　　　　Patulin

[그림 11-1] 대표적인 곰팡이 독소의 구조

　　곰팡이 오염은 1차적으로 농산물을 오염시켜 품질에 영향을 미칠 수 있다. 미국농업과학기술협의회(the council for agriculture science and technology, CAST)은 매년 전 세계 곡물의 25%가 이 곰팡이 독소에 오염되고 있다고 보고하였다. 곰팡이 독소는 농산물 생산량 감소, 가공비의 증대는 물론 축산업에도 다음과 같은 직접적인 피해를 주게 된다. 첫 번째로 사료 원료의 곰팡이 오염은 사료의 영양적 성분을 손실시키며, 사료적 가치를 떨어뜨린다. 두 번째로 곰팡이 독소의 오염은 가축의 성장률을 감소시키고, 사료 효율과 번식 능력을 떨어뜨린다. 세 번째로 곰팡이 독소를 함유하는 사료를 섭취한 가축으로부터 생산되는 축산물의 오염은 결국 소비자로부터의 불신을 초래하게 된다. 곰팡이 독소의 가축에 대한 주요 증상과 피해는 [표 11-2]와 같다.

표 11-2 곰팡이 독소의 가축에 대한 피해

곰팡이 독소	주요 증상	피해 정도		
		소	돼지	닭
아플라톡신	사료섭취 저하, 유생산량 감소, 면역력 저하, 간 손상 및 간암 유발	++++	++++	++++
제랄레논	외음부 질염, 체중저하, 산자수 감소, 산란율 저하	+++	++++	+
데옥시니발레놀	구토, 설사, 사료 거부, 체중감소, 유생산량 감소	+++	+++	+
오크라톡신	성장지연, 사료거부, 폐사율 증가, 신장 기능장애	−	+++	++
T-2 톡신	불규칙한 심장박동, 소화기 손상, 소의 4위 전위, 가금의 구강 병변	+++	+++	+++
푸모니신	폐부종, 간 및 신장의 병변	−	++	+

　곰팡이 독소가 특히 식품 안전에서 중요한 이유는 다음과 같다. 첫째, 곰팡이 독소는 쌀, 밀, 보리, 옥수수 등 주식 및 사료 원료에서 주로 발생하여 오염이 다양한 식품으로 확산되며 둘째, 이들 대부분을 수입에 의존하는 우리로서는 오랜 수송기간 동안 발생 가능성이 특히 높고 셋째, 수많은 곰팡이 독소의 완벽한 탐지가 어렵고 넷째, 곰팡이 독소 중에는 가열처리나 가공 중에도 파괴되지 않는 것이 많으며 다섯째, 다양한 오염식품을 통한 만성적인 폭로는 매우 일반적으로 일어날 우려가 있고 여섯째, 복합 오염과 발암성 곰팡이 독소는 미량일지라도 만성적인 섭취는 보건 위생상의 문제를 야기할 수 있다.

　따라서 곰팡이 독소 관리를 위해서는 원료 곡물 생산단계부터 축산 농장은 물론 소비자에 도달할 때까지 총체적인 관리가 필요하며, 국가의 체계적이고 완벽한 감시체계가 특히 요구된다.

2. 곰팡이 오염 각론

(1) 아스페르길루스속

1) 아플라톡신

　아플라톡신(aflatoxin)은 1960년 영국에서 칠면조가 대량으로 폐사하는 사건이 발생하였는데, 원인 물질로 아스페르길루스 플라부스(*Aspergillus flavus*) 곰팡이가 오염되어 생성한 아플라톡신이 확인되었다. 곧 이어 아플라톡신은 사람과 실험 동물에서 급성 독성 및 만성 독성이 강하고, 발암성 및 최기형성도 일으키는 것이 밝혀졌다.

아플라톡신 생성 곰팡이는 *Aspergillus flavus*, *A. parasiticus*로 이들은 곡류, 옥수수, 땅콩, 콩 등의 오염물로서 발견된다. 아플라톡신 구조를 공통하는 것으로는 B_1, B_2, M_1, M_2, G_1, G_2, B_{2a}, G_{2a}, R_0 등 총 17종이 알려져 있다[그림 11-2].

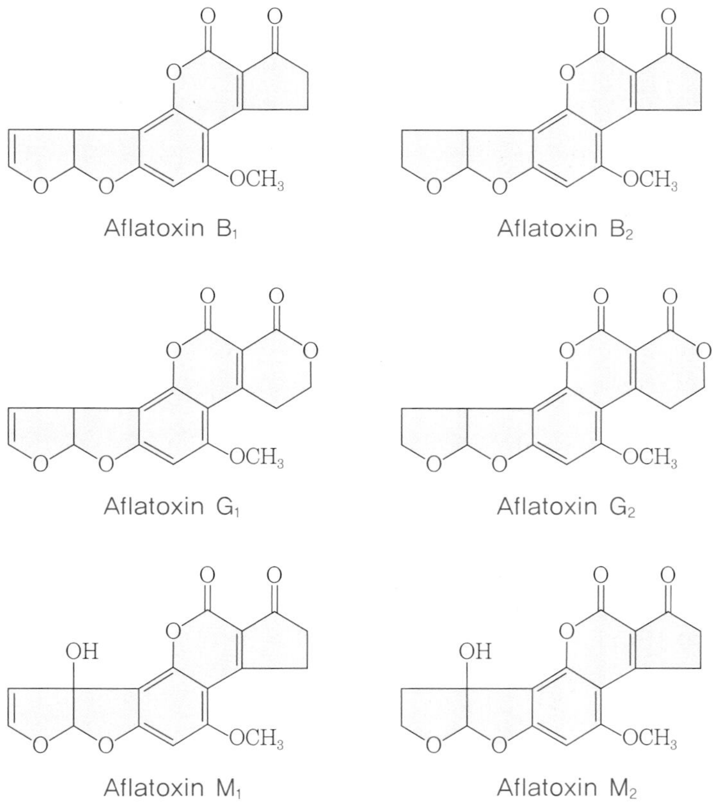

Aflatoxin B_1

Aflatoxin B_2

Aflatoxin G_1

Aflatoxin G_2

Aflatoxin M_1

Aflatoxin M_2

[그림 11-2] 주요 아플라톡신의 구조

아플라톡신 B_1과 B_2는 *Aspergillus flavus*와 *A. parasiticus* 모두가 생성하며, 아플라톡신 G_1과 G_2는 *A. parasiticus*가 생산한다. 아플라톡신 M_1은 아플라톡신 B_1의 대사산물로 모유에서 발견되고, 아플라톡신 M_2는 아플라톡신 B_2의 대사산물로 우유에서 발견된다.

아플라톡신의 급성 독성은 매우 크다[표 11-3]. 각 아플라톡신 유도체 중 아플라톡신 B_1이 급성 독성이 가장 크고, 그 다음으로 G_1, B_2, G_2 순이다. 2004년 4월 케냐에서 아플라톡신 오염 옥수수를 먹고 317명이 중독되어 125명이 사망하기도 했다.

표 11-3 여러 생물 종에 있어 아플라톡신의 LD_{50} 비교

생물 종	LD_{50}(아플라톡신 B_1, 경구, mg/kg)
오리	0.3~0.6
돼지	0.6
송어	0.8
개	1.0
기니피그	1.4~2.0
양	2.0
원숭이	2.2
쥐	5.5~17.9
병아리	6.3
마우스	9.0

아플라톡신은 강력한 간 독성 물질이며, 간암 유발 물질이다. 사료에 0.1ppm으로 80주 먹였을 때 간암 발생이 50% 이상 증가하여, 아플라톡신 B_1이 가장 강력한 간암 물질이라는 것이 밝혀졌다. 또한 아프리카에서의 역학 연구는 아플라톡신으로 오염된 농작물의 섭취와 간암 발생과는 상관성이 크다는 것을 보여 주고 있다.

국내에서도 각종 식품에서 많은 곰팡이 독소가 발견되지만, 그 중 가장 논란이 되고 있는 것은 아플라톡신이다. 특히 우리나라 사람들이 즐겨 먹는 장류에서 검출됨에 따라 그 논란은 더욱 증폭되었다. 대표적인 것은 고 이서래 교수 등(1983)의 연구이다. 그들은 메주, 된장, 간장 등의 조제 및 가열시간에 따른 아플라톡신의 함량을 측정하였는데, 메주에서 최고 8.5ppm까지 검출되었고, 된장을 가열 조리할 때에도 77%가 잔존하므로 아플라톡신으로 오염된 장류에 대해서는 특별한 주의를 요할 것을 주장하였다.

표 11-4 장류 제조 및 된장의 조리 중 아플라톡신 함량의 변화

	제조과정	아플라톡신 독성 당량 (메주 1kg당 mg)
메주	성형 직후	불검출
	40일 후	8.51
	일광 건조후	4.80

간장	분리 직후	0.22
	90일 숙성후	0.15
된장	분리 직후	4.92
	90일 숙성후	3.27

	가열시간(분)	아플라톡신 독성 당량 (메주 1kg당 mg)
된장국	0	3.72
	15	2.87
	45	2.76
된장찌개	0	5.33
	15	2.63
	45	2.63

*독성 당량 = B_1 + 0.215 B_2 + 0.464 G_1 + 0.106 G_2

[표 11-4]에서 보이는 검출량은 현재 우리나라의 식품(곡류, 두류 및 땅콩 단순가공품)의 허용기준인 10ppb의 수백 배에 달하는 엄청난 양이다. 우리나라 사람들에게 간암이 많은 원인으로 된장, 간장 등의 장류식품이 주목받고 있다. 따라서 장류의 아플라톡신의 오염 문제는 생성조건, 저감방안 등에 대한 보다 체계적이고 광범위한 연구가 필요하다. 식품의 아플라톡신 오염문제는 전 세계적인 이슈로 곰팡이 독소 중 가장 엄격하게 관리하고 있다[표 11-5].

표 11-5 아플라톡신의 허용 기준치

국가	독소	식품	기준 (μg/kg)
한국	Aflatoxin(B_1+B_2+G_1+G_2)	곡류, 두류, 땅콩, 견과류 및 그 단순가공품	15
	Aflatoxin B_1	곡류, 두류, 땅콩, 견과류 및 그 단순가공품	10
		영아용 조제식, 성장기용 조제식, 영·유아용 곡류 조제식, 기타 영·유아식	0.1
	Aflatoxin M_1	제조, 가공 직전의 원유 및 우유류	0.5
		조제유류(조제분유, 조제우유, 성장기용 조제분유, 성장기용 조제우유, 기타조제분유, 기타조제우유), 특수용도식품 중 유성분 함유제품	0.025

Codex	Aflatoxin($B_1+B_2+G_1+G_2$)	아몬드, 헤이즐넛, 피스타치오넛(가공)	10
		아몬드, 헤이즐넛, 피스타치오넛, 땅콩(비가공)	15
	Aflatoxin M_1	우유	0.5
미국	Aflatoxin($B_1+B_2+G_1+G_2$)	브라질넛, 피스타치오넛, 땅콩과 그 가공품	20
	Aflatoxin M_1	우유	0.5
일본	Aflatoxin B_1	땅콩 및 그 가공품	10
호주	Aflatoxin($B_1+B_2+G_1+G_2$)	땅콩 및 그 가공품	15
EU	Aflatoxin($B_1+B_2+G_1+G_2$)	땅콩, 견과류 및 그 가공품 (직접 섭취되거나 식품의 원재료로 사용되는 것)	4
	Aflatoxin B_1	땅콩, 견과류 및 그 가공품 (직접 섭취되거나 식품의 원재료로 사용되는 것)	2
	Aflatoxin M_1	원유, 시유 및 유제품 제조용 우유	0.5
		영아용 조제식 및 성장기용 조제식	0.025

2) 오크라톡신

오크라톡신(ochratoxin)은 아스페르길루스 오크라세우스(*Aspergillus ochraceus*)가 밀, 보리, 옥수수 등에 기생하여 생성하는 독소인데, A, B, C 3 종류가 있으며, 그중 A가 독성이 가장 강하다. 오크라톡신 A의 LD_{50}은 오리새끼에서 0.5mg/kg인데, B와 C는 A에 비해 독성이 약 1/10 정도이다. 오크라톡신은 강력한 신장 독성 물질이며, 간과 신장의 종양발생이 주목되고 있다. 독성 메커니즘으로 간의 탄수화물대사의 이상과 아미노아실-tRNA와의 경쟁에 의한 아미노아실 합성 효소의 저해 등이 알려져 있다.

오크라톡신은 또한 쥐, 햄스터, 마우스에서 강력한 최기형성 물질이어서, 두개안면의 이상을 초래하고, 마우스 태자의 뇌 괴사를 일으킨다. 또한 헤모글로빈 함량을 낮추고, 적혈구 숫자를 감소시키며, 성 발달을 지연시키고, 알 생산을 감소시킨다. 식품 중 오크라톡신 A의 기준은 [표 11-6]과 같다.

표 11-6 오크라톡신 A의 허용기준치

국가	식품	기준 (µg/kg)
한국	밀, 호밀, 보리, 커피콩, 볶은 커피	5
	인스턴트 커피	10
	메주	20
	고춧가루	7
	포도주스, 포도주스 농축액(농축배수로 환산하여), 포도주	2
	건조과실류	10
	영아용 조제식, 성장기용 조제식, 영·유아식	0.5
Codex	밀, 호밀, 보리	0.5
EU	곡류가공품(영유아용 제품 제외)	3
	곡류(비가공), 볶은 커피콩	5
	인스턴트 커피, 건조포도과실류	10
	영유아용 곡류가공품 및 이유식	0.5

* 참고: 식품공전, 2013.

3) 그 밖의 아스페르길루스속 곰팡이 생성 곰팡이 독소

아스페르길루스속(*Aspergillus*) 곰팡이는 아플라톡신, 오크라톡신 외에도 다양한 독소를 생성한다. 아스페르길루스속 곰팡이가 생성하는 대표적인 곰팡이 독소는 [표 11-7]과 같다.

표 11-7 아스페르길루스속 곰팡이 생성 곰팡이 독소

곰팡이	곰팡이 독소
A. chevalieri	Xanthocillin X
A. clavatus	Patulin
	Ascaldiol

A. flavus	Aflatrem
	Aspergillic acid
	Flavutoxin
	Cyclopiazonic acid
A. flavus, etc.	Aflatoxins
A. fumigatus	Kojic acid
	Fumitremorgins
	Fumagillin
	Helvoric acid
	Fumitoxins
A. glaucus	Erythroglaucin
	Physcion
A. multicolor	5,6-Dimethoxy-sterigmatocystin
A. niger	Malformins
A. ochraceus	Ochratoxins
	Viomellein
	Xanthomegnin
A. terreus	Citreoviridins
	Terretonin
A. versicolor	Sterigmatocystin
A. wentii	Emodin

(2) 페니실륨속

1) 파툴린

파툴린(patulin)은 아스페르길루스속, 페니실륨속, 비쏘클라미스속 곰팡이가 생성하는데 썩은 사과에 가장 많고 곡류, 야채 및 과일에 주로 함유되어 있다. 파툴린을 생성하는 곰팡이로는 아스페르길루스 클라바투스(*Aspergillus clavatus*), 아스페르길루스 테레우스(*A. terreus*), 아스페르길루스 기간테우스(*A. giganteus*), 페니실륨 파툴룸(*Penicillium patulum*), 페니실륨 그리세오풀붐(*P. griseofulvum*), 페니실륨 로케포르티(*P. roqueforti*) 등이 있다. 마우스에서 경구 LD_{50}은 35mg/kg이다. 급성중독 증세는 위장장애, 진전, 출혈성 폐부종, 간·비장·신장의 모세혈관 손상, 뇌수종 등이다. 파툴린의 발암성에 대해서 국제 암연구소(IARC)는 그룹 3(인체 발암성 미분류)로 분류하고 있다. 그리고 파툴린은 비교적 열에 안정하여 100℃에서 15분간 가열하여도 파괴되지 않는다. 식품 중 파툴린의 허용기준은 [표 11-8]과 같다.

표 11-8 식품 중 파툴린의 허용 기준치

국가	식품	기준(μg/kg)
한국	사과주스, 사과주스 농축액	50
	사과제품(영아용 조제식, 성장기용 조제식, 기타 영·유아식)	10
Codex	사과주스	50
일본	사과주스 및 원료용 사과즙	50
EU	사과주스가 함유된 음료	50
	사과	25
	유아용 사과제품	10

* 참고: 식품공전, 2013.

2) 황변미중독

페니실륨속의 페니실륨 시트리눔(*P. citrinum*), 페니실륨 이슬란디쿰(*P. islandicum*) 등에 의해 변색된 쌀을 먹고 중독을 일으키는 것을 황변미중독(yellow rice toxicosis) 이라고 한다[표 11-9].

1937년 타이완의 황변미에서 분리된 시트레오비리딘(citreoviridin)은 페니실륨 시트레오비리드(*P. citreoviride*) 유래의 신경독소로, 마우스에 대한 경구 LD_{50}이 29mg/kg이다. 시트레오비리딘은 페니실륨 시트리눔, 아스페르길루스 테레우스(*A. terreus*) 등에 의해서도 생성한다. 강한 신경독소로 상행성 마비를 일으키고 이어 호흡 곤란으로 사망한다.

페니실륨 이슬란디쿰은 속효성과 지효성의 두 종류의 독소를 만드는데, 속효성 독소는 수용성인 이스란디톡신(islanditoxin)이고, 지효성의 독소는 지용성인 루테오스키린

(luteoskyrin)이다. 이스란디톡신은 마우스 LD_{50}(피하)이 3.6mg/kg이고, 간 세포의 퇴화를 초래한다. 루테오스키린의 LD_{50}은 마우스에서 221mg/kg(경구)이다. 루테오스키린은 마우스와 쥐에서 간의 괴사, 지방간을 일으키고, 신장세포와 폐세포에 세포 독성을 나타내며, RNA 합성효소, 미토콘드리아 호흡과 인산화 반응을 저해한다. 또한 마우스에서 투여 용량에 따라 간 종양을 일으킨다.

시트리닌(citrinin)은 페니실륨 시트리늄이 생성하는데, 신장 및 간 장애를 일으킨다. 시트리닌의 마우스와 토끼에서의 LD_{50}은 각각 35mg/kg, 19mg/kg이다. 시트리닌은 쥐의 간에서 콜레스테롤과 중성지방 합성을 저해하고, 세뇨관 손상을 초래해 물의 재흡수를 방해한다. 황변미중독과 관련된 곰팡이 독소는 [표 11-9]와 같다.

표 11-9 황변미중독 관련 곰팡이 독소

생성 균주	생성 독소	중독증상/용도
Penicillium islandicum	Islanditoxin, Luteoskyrin	간 경화, 간 종양, 간암
	Cyclochlorotine	발암성(IARC Group 3)
P. notatum	Xanthocillin	항생제
P. citreoviride	Citreoviridin	호흡장애, 신경장애, 경련
P. globum, P. frequentans, Citromyces sp.	Citremycetin	항생제
P. rugurosum	Rugurosin	간암
P. patulum	Patulin	발암성(IARC Group 3)
P. citrinum	Citrinin	신장장애
A. terreus	Terreic acid	돌연변이
Aspergillus fumigatus	Fumagillin	혈관성장저해
	Gliotoxin	면역억제
	Helvolic acid	항생제

3) 루브라톡신

루브라톡신(rubratoxin)은 페니실륨 루브룸(Penicillium rubrum), 페니실륨 푸르푸로게눔(P. purpurogenum)이 생성한다. 루브라톡신의 경구 LD_{50}은 마우스에서 120mg/kg, 쥐에서 450mg/kg, 오리에서 60mg/kg, 병아리에서 83mg/kg이다. 루브라톡신은 특히 간 장애를 일으키고, 마우스에서 태자 독성과 최기형성이 있다. 태자독성은 임신 8∼10일경 치사율이 가장 커 0.5mg/kg로 90% 이상이 죽는다. 최기형성은 6∼14일경에 영향을 받는데, 특히 8일이 가장 민감하다. 두부, 눈, 귀, 신장 등의 이상이 가장 빈번하게 일어난다.

4) 그 밖의 페니실륨속 곰팡이 생성 곰팡이 독소

페니실륨속 곰팡이는 다양한 항생제뿐 아니라 곰팡이 독소를 생성한다. 페니실산(penicillic acid)은 페니실륨 베루코숨(*P. verrucosum*), 페니실륨 시클로피움(*P. cyclopium*), 페니실륨 마르텐시(*P. martensii*), 아스페르길루스 오크라세우스(*A. ochraceus*) 등이 생성하는데, 항생작용이 있어 특히 그람음성세균에 유효하며, 일부 그람양성세균도 저해한다. 마우스에서 경구 LD_{50}은 12mg/20g이다. 쥐와 마우스에 피하주사하면(일주일에 두 번씩 65주 투여) 육종을 유발한다. 이들은 비교적 열에 안정하여 100 ℃에서 15분간 가열하여도 파괴되지 않는다.

마이코페놀산(mycophenolic acid)은 페니실륨속의 여러 곰팡이(*P. brevicompactum*, *P. stoloniferum*, *P. viridicatum*, *P. roqueforti*)가 생성한다. 세균과 피부기생진균류에 대한 항생작용을 갖는다. 경구 LD_{50}은 마우스에서 2,500mg/kg, 쥐에서 700mg/kg이다. 면역 억제 작용이 탁월하여 조직 이식 부작용 억제제로 사용한다.

그 밖의 페니실륨속 곰팡이가 생성하는 곰팡이 독소는 [표 11-10]과 같다.

표 11-10 페니실륨속 곰팡이 생성 곰팡이 독소

곰팡이	곰팡이 독소
P. atrovenetum	β-Nitropropanoic acid
P. brevicompactum	Mycophenolic acid
P. chrysogenum	Penicillin
P. citreoviride	Citreoviridin
P. citrinum	Citrinin
P. crustosum	Penitrems
P. griseofulvum	Griseofulvin

P. islandicum	Cyclochlorotine
	Erythroskyrine
	Islanditoxin
	Luteoskyrin
P. jantinellum	Janthitrems
P. notatum	Xanthocillin X
P. oxalicum	Secalonic acids
P. paxilli	Paxilline
P. puberulum	Penicillic acid
P. roqueforti	Roquefortine
	PR toxin
P. rubrum	Rubratoxins
P. rugulosum	Rugulosin
P. urticae	Patulin
P. verruculogenum	Verruculogen
P. viridicatum	Rubrosulphin
	Brevianamide A
	Viomellein
	Viridicatin
	Viridicatumtoxin
	Cyclopenin
	Xanthomegnin
	Xanthoviridicatins

(3) 푸사륨속

1) 트리코테신

　트리코테신(trichothecene)은 푸사륨속(Fusarium), 트리코데르마속, 스타키보트리스속 등의 곰팡이가 생성하는 세스키테르펜 구조를 갖는 약 200종의 화합물인데, 구조에 따라 A~D의 4가지 형으로 구분한다[그림 11-3, 표 11-11]. 트리코테신은 강력한 급성독성, 피부독성, 골수 등의 조혈조직 장애, 소장점막 상피세포의 장애 등을 일으킨다.

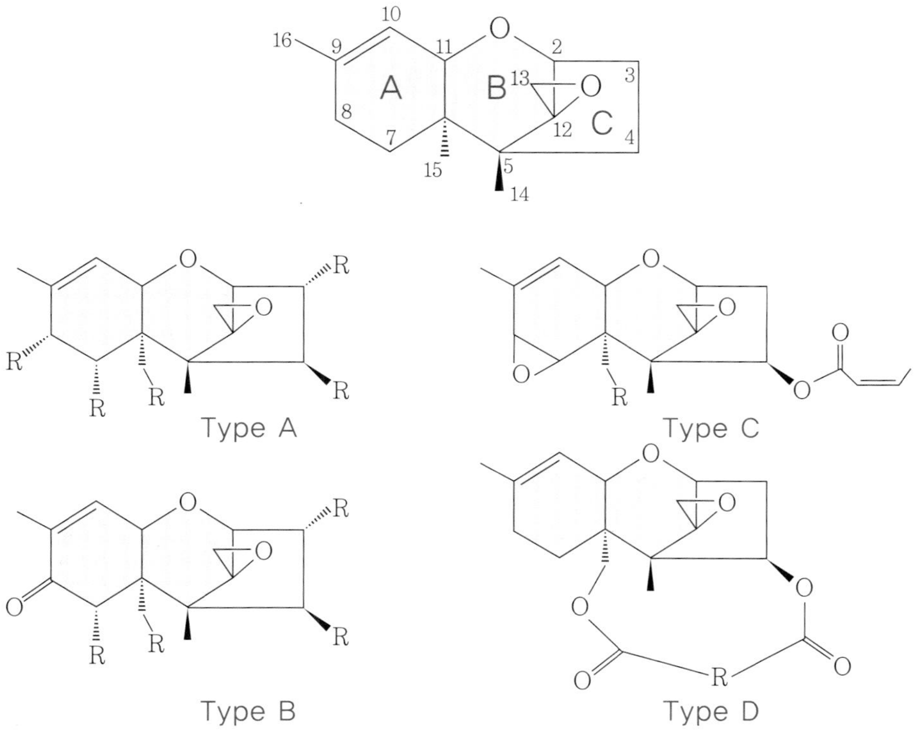

[그림 11-3] 트리코테신의 4가지 구조

표 11-11 주요 트리코테신 곰팡이 독소와 생성균

트리코테신		생성균주
종류	타입	
Trichodermol	A	*Myrothecium roridum*
Trichodermin	A	*Trichoderma viride, T. lignorum*
Trichodermadiene	A	*Myrothecium verrucaria*
Trichodermadienediol	A	*Myrothecium verrucaria*
Calonectrin	A	*Fusarium nivalis = F. calmorum*
Monoacetoxyscirpenol	A	*F. roseum*
4,15−Diacetoxyscirpenol = Anguidin	A	*F. equiseti, F. scirpi, F. tricinctum, F. solani*
Neosolaniol	A	*F. solani, F. sporotrichiella var. poae*
HT−2 toxin	A	*F. tricinctum*
T−2 toxin	A	*F. tricinctum, F. nivale, F. poae, F. solani, F. lignorum*
Acetyl T−2 toxin	B	*F. poae*
Trichothecolone	B	*Trichothecium roseum*
Trichothecin	B	*Trichothecium roseum*
Deoxynivalenol (DON, Vomitoxin)	B	*F. roseum*
Nivalenol	B	*F. nivale*
Crotocin	C	*Spicellum roseum*
Verrucarin A	D	*Myrothecium verrucaria, M. roridum*
Roridin A	D	*Myrothecium verrucaria, M. roridum*
Satratoxin H	D	*Stachybotrys chartarum, S. atra*
Baccharin	D	*Baccharis megapotamica*

식품의 곰팡이 오염에서 관심이 되는 것은 A형과 B형인데, A형 트리코테신(T−2 toxin, HT−2 toxin, diacetoxyscirpenol 등)이 B형 트리코테신(deoxynivalenol, nivalenol, 3− and 15−acetyldeoxynivalenol)보다 독성이 더 크다. 가장 대표적인 T−2 toxin의 마

우스에서 LD$_{50}$(복강)은 3.0mg/kg이다. 모노아세톡시시르페놀(monoacetoxyscirpenol)은 트리코테신 중 독성이 가장 강해 LD$_{50}$이 0.75mg/kg(마우스, 복강)이고, 구토작용이 강해 중독 후 30분 이내에 구토를 일으키고 기면을 초래하며 중증에서는 사망한다. 트리코테신의 가축에 대한 주요 영향은 사료 섭취 저하, 구토, 면역 저하이다. 데옥시니발레놀(보미톡신)이 가축사료 및 식품 중에 가장 널리 분포하므로 우리나라에서도 엄격하게 규제하고 있다[표 11-12].

표 11-12 데옥시니발레놀(DON, 보미톡신)의 허용 기준치

국가	식품	기준(μg/kg)
한국	영아용 조제식, 성장기용 조제식, 영·유아용 곡류 조제식, 기타 영·유아식	200
	시리얼류	500
	면류	750
	곡류 및 그 단순가공품(옥수수 및 그 단순가공품 제외)	1,000
	옥수수 및 그 단순가공품	2,000
EU	영유아용 곡류 가공품 및 이유식	200
	빵, 페이스트리, 비스킷, 스낵	500
	직접 섭취 곡류 및 곡류가루, 외피, 배아	750
	파스타	750
	비가공 곡류(듀럼밀, 옥수수, 귀리 제외)	1,250
	비가공 듀럼밀, 옥수수, 귀리	1,750

* 참고: 식품공전, 2013.

스타키보트리스속 곰팡이가 생성하는 사트라톡신은 가축에서 스타키보트리스중독증(stachybotrys toxicosis)을 일으킨다. 러시아에서 수천 마리의 말에 피해를 준 이 중독은 곰팡이로 오염된 건초를 먹어 일어났다. 급성중독은 쇼크 상태에 빠진 가축이 과도한 신경장애를 일으키거나 우울증 증세를 보이며, 발병 후 72시간 내에 사망한다. 만성중독은 제1기(2~3일)에는 침을 흘리고, 점막충혈, 입술부종이 일어나고, 제 2기(8~50일)에는 조혈기능장애가 시작되고, 제 3기에는 체온상승, 설사, 탈수, 맥박미약, 백혈구 감소 등의 전신쇠약에서 2차 감염으로 마침내 사망한다. 광범위한 장기출혈도 일어난다.

2) 제랄레논

　제랄레논(zearalenone)은 옥수수, 보리, 귀리, 수수 등에 감염된 곰팡이 *Fusarium graminearum*, *F. roseum*, *F. nivale*, *F. tricinctum* 등이 생성한다. 유사 관련물질로 제랄라놀(zearalanol), 쿠루벌라린(curvularin), 모노르덴(monorden) 등이 있다. 제랄레논의 급성독성은 경구로 20g/kg을 투여해도 쥐와 마우스에서 치사를 나타내지 않을 정도로 매우 약하지만, 자궁의 에스트로겐 수용체에 결합하여 에스트로겐 유사 생리활성을 가져 자궁과 유선의 비대, 외음부의 팽윤, 고환 위축, 질의 탈출 등 발정 증후군 증상을 보인다. 가축 특히 거위, 돼지의 생식력을 감퇴시킨다.

　제랄레논은 곡류 사료로 키운 육류, 달걀, 유제품에서도 발견되는데, 제랄레논은 유방암과의 관련성이 의심되고 있다. 최근 미국 뉴저지주의 9~10세 소녀를 대상으로 한 연구에서 78.5%의 요 샘플에서 제랄레논이 발견되었고 이들 소녀들의 가슴 발달이 빠르다는 것이 발표되었다. 우리나라를 비롯한 여러 국가에서 특히 옥수수 제품에 대해 제랄레논을 엄격히 규제하고 있고, 우리나라와 유럽연합의 식품 중 제랄레논 허용기준치는 [표 11-13]과 같다.

표 11-13　우리나라와 EU의 식품 중 제랄레논 허용기준치

국가	식품	기준(μg/kg)
한국	영아용 조제식, 성장기용 조제식, 영·유아용 곡류 조제식, 기타 영·유아식	20
	과자	50
	시리얼류	50
	곡류 및 그 단순가공품	200
EU	옥수수로 가공된 영유아용 제품	20
	옥수수 스낵 및 옥수수 시리얼	50
	곡류 및 곡류 가루, 외피, 배아	75
	비가공 곡류(옥수수 제외)	100
	비가공 옥수수	200

* 참고: 식품규격(2013)

3) 푸모니신

푸모니신(fumonisin)은 푸사륨 모닐리포르메(*Fusarium moniliforme*) 곰팡이가 옥수수 등에 기생하여 만드는 독소로 B_1, B_2, B_3 등 여러 이성체가 있는데, 그중 B_1이 가장 독성이 강하고 오염빈도도 가장 높다. 푸모니신은 동물에서 폐수종, 신장독성, 간암 등을 유발하며, 사람에서도 간암, 식도암 발생과 연관이 깊은 것으로 보고되어 있다. 푸모니신은 상처를 입은 옥수수와 옥수수의 부적절한 저장 시에 높은 농도로 발견되는데, 온도 18~23℃일 때 곰팡이 발생이 증대되고 독소 생산도 증대된다.

우리나라와 유럽 연합의 식품 중 푸모니신 허용기준치는 [표 11-14]와 같다.

표 11-14 각국의 식품 중 푸모니신 허용기준

국가			기준(μg/kg)
한국	Fumonisin B_1+B_2	옥수수를 단순 처리한 것이 50% 이상 함유된 곡류가공품 및 시리얼류, 팝콘용 옥수수가공품	1
		옥수수를 단순 처리한 것(분쇄, 절단 등)	2
		옥수수	4
미국	Fumonisin B_1+B_2+B_3	배아제거 건조가루 옥수수제품	2
		팝콘용 정제 옥수수	3
		건조가루 옥수수겨, 반죽용 정제 옥수수	4
		동물사료	1~50
EU	Fumonisin B_1+B_2	유아와 어린이용 식품(옥수수 가공식품)	0.02
		사람이 직접 소비하는 옥수수식품	0.4
		옥수수가루, 콘 그리트, 정제 옥수수기름	1
		비가공 옥수수	2

* 자료: 식품공전, 2013.

(4) 식중독성 무백혈구증

식중독성 무백혈구증(alimentary toxic aleukia, ATA)은 1913년 동부 시베리아 및 아무르지방에서 발생하였고, 그 후 1941~47년에 특히 빈발하여 40~80%의 치사율을 보였다. 추수한 후 야외에 방치한 곡식에 곰팡이가 번식하여 유독 대사산물이 생산된 것으로 추정되었다.

중독은 식품 섭취 후 수 시간 내에 발병하여 구강 및 소화기 이상을 호소하고, 위염, 메스꺼움, 구토를 수반하는 급성중독 증상을 나타내며, 중증인 경우에는 호흡곤란, 경련과 심부전을 일으키게 되며, 중증에서는 사망에 이른다. 아급성중독 시에는 초기에는 말초성 백혈구 감소, 과립 백혈구 감소, 림프구의 증가 등을 보이다가 잠복기(3~8주)를 지나 격렬한 증상을 수반하는 상태로 진행되어 구강의 괴사, 인두염, 비강, 구강, 소화관, 신장의 출혈, 백혈구의 극심한 감소, 림프구 비율의 증대, 혈구응고 지연 등이 일어나며, 전신의 저항력이 떨어져 2차 감염이 일어나기 쉽게 된다. 식중독성 무백혈구증의 원인 곰팡이와 독소는 [표 11-15]와 같다.

표 11-15 식중독성 무백혈구증의 원인균과 독소

원인균류	독소	중독증
Fusarium trincintum	Sporofusariogenin	ATA
Cladosporium epiphylum	Epicladosporic acid	ATA
Cladosporium fagi	Fagicladosporic acid	ATA

(5) 맥각균

맥각균(*Claviceps purpurea*)은 보리, 귀리 등에 잘 번식하는데, 이 곰팡이에 오염된 보리는 흑자색으로 변색되고 잘 부스러진다. 여기에 있는 곰팡이의 균핵을 맥각이라 하며 맥각중독을 일으킨다. 역사적으로는 994년 프랑스에서 약 4만명이, 1129년에는 유럽 전체에서 12,000명이 사망하는 맥각중독이 발생하였다. 당시 맥각중독에 걸리면 혈관 수축, 근육통, 사지 말단의 냉감이 일어나고, 중증에서는 괴사, 괴저, 수족의 절단 등을 초래하였는데, '성 안토니오의 불(Saint Anthony's fire)'이라고도 하였다. 성 안토니오 교단의 수사들이 잘 치료한다고 하여 순례자들이 모여들었는데, 순례하는 동안 오염지역을 떠나는 것이 하나의 피신방법이 되었을 것이다. 가축에서는 아직도 맥각중독이 종종 발생하고 있다.

맥각중독의 원인물질인 맥각 알칼로이드는 에르골린(ergoline)과 고리형 트리펩티드가 결합되어 있는데, 구성 트리펩티드에 따라 에르고타민(ergotamine), 에르고톡신(ergotoxine) 군으로 분류한다[그림 11-4]. 맥각 알칼로이드는 신경계에 영향을 미치며 혈관 수축작용이 있다.

맥각 알칼로이드의 급성중독은 구토, 설사, 복통을 일으키고, 혈관 수축작용으로 피부가 청백색으로 되고 손발이 차게 되는 것이 특징이다. 그 후 지각 장애 및 운동 장애가 일어

나고 시력에도 영향을 미친다. 증상이 심하면 맥박이 약해지고, 혈압 강하, 현기, 환각, 경련 등이 일어나며 마지막으로 의식불명 후 사망한다. 특히 임산부는 유산을 일으키기 쉽다. 만성중독은 경련형과 괴저형의 두 가지가 있는데, 장기간 소량 섭취 시 경련형이 많고, 다량 섭취 시에 괴저형이 많다. 어느 경우에나 초기증상은 구토, 두통, 연하 곤란, 감각 이상, 난청이 일어난다. 경련형은 정신장애를 일으키기도 하고, 괴저형은 손발이 심하게 아프고 말단부터 썩어 들어간다.

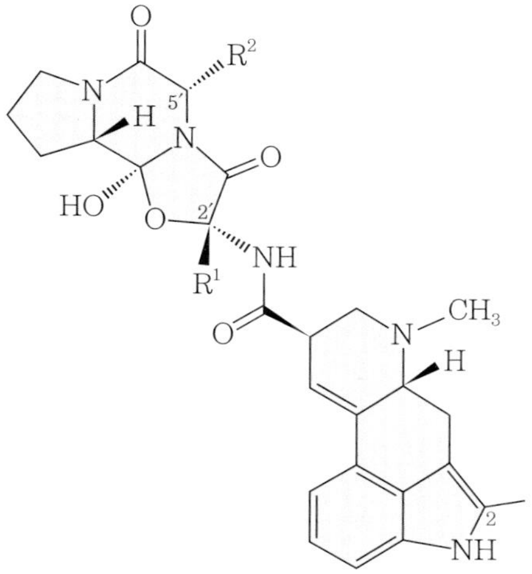

	명칭	R^1	R^2
Ergotoxine group	Ergocristin	$CH(CH_3)_2$	benzyl
	Ergocornine	$CH(CH_3)_2$	$CH(CH_3)_2$
	alpha-Ergocryptine	$CH(CH_3)_2$	$CH2CH(CH_3)_2$
	beta-Ergosine	$CH(CH_3)_2$	$CH(CH_3)CH_2CH_3$ (S)
Ergotamine group	Ergotamine	CH_3	benzyl
	Ergovaline	CH_3	$CH(CH_3)_2$
	alpha-Ergosine	CH_3	$CH_2CH(CH_3)_2$
	beta-Ergosine	CH_3	$CH(CH_3)CH_2CH_3$ (S)

[그림 11-4] 맥각 알칼로이드

3. 곰팡이 오염의 관리

우리나라는 여름철 고온다습하여 곰팡이 번식이 쉽고, 또한 대부분의 곡물을 수입에 의존하기 때문에 식품의 곰팡이 오염으로부터 자유롭지 못하다. 곰팡이 오염은 일반인이 육안으로 구별하기 어렵고 곰팡이 독소는 내열성이 강해 조리 과정에 파괴하기 어렵다. 따라서 곰팡이 오염을 최소한으로 줄이는 방법이 최선이며, 그러기 위해서는 식품 재배/생산, 가공, 저장 시 곰팡이 오염을 체계적으로 관리하는 것이다.

(1) 농작물의 수분 함량 관리

습도의 관리는 농작물의 곰팡이 오염을 예방하기 위한 가장 중요한 요소이다. 가장 간편하고 저렴한 방법은 보관 전에 수분 함량을 충분히 낮추는 것이다. 곰팡이 증식과 곰팡이 독소 생성을 최소화하기 위해서는 곡물을 수확한 후 48시간 이내에 수분 함량을 15% 이내로 낮추는 것이 필요하다.

곰팡이는 일반적으로 세균보다 수분 활성이 낮은 조건에서도 생장을 하는데, 아래 [표 11-16]에서 보는 바와 같이 주요 곰팡이 독소 생성 곰팡이는 비교적 높은 수분활성을 요구한다.

표 11-16 주요 곰팡이 독소 생성균의 생장조건

곰팡이	생성독소	온도(℃)	A_w
Aspergillus flavus, A. parasiticus	Afalatoxin	33	0.99
Aspergillus ochraceus	Ochratoxin	30	0.98
Penicillium verrucosum	Ochratoxin	25	0.90~0.98
Aspergillus carbonarius	Ochratoxin	15~20	0.85~0.90
Fusarium verticallioides, F. prolliferatum	Fumonisin	10~30	0.93
Fusarium verticallioides, F. prolliferatum	DON	11	0.90
Fusarium graminearum	Zearalenone	25~30	0.98
Penicillium expansum	Patulin	0~25	0.95~0.99

(2) 창고 환기 및 저온 보관

농작물을 안전하게 보존하기 위해서는 수분 함량과 온도를 최대한 낮게 유지하는 것이 바람직하다. 그러기 위해서는 창고 보관 시 환기에 유념하고, 냉장 보관하는 것이 바람직하다.

(3) 물리적 손상의 최소화

수확 단계 혹은 수확 후 단계의 곡물은 물리적 손상을 최소화하는 것이 좋다. 물리적 손상을 입은 농작물은 곰팡이의 침입 및 전파를 용이하게 하므로 물리적 손상을 최소화하여야 한다.

(4) 살진균제

살진균제를 이용하여 곰팡이 침투 및 곰팡이 독소 생산을 예방하는데, 살진균제 사용 시에는 반드시 용법에 따라 사용하여야 한다.

(5) 국가의 제도 확립 및 규제

곰팡이 오염으로 인한 농작물 생산의 감소는 경제적인 손실을 초래한다. 곰팡이 독소 생성 특정 곰팡이에 대한 저항성을 가지는 작물을 개발하는 방안이 시도되어야 한다. 또한 수입 식품 등에 대한 폭넓은 모니터링과 철저한 감시 방안이 구축되어야 한다.

(6) 식품 접객업 종사자 및 가정

일반인이 곰팡이 오염을 탐지하기는 현실적으로 어렵지만 곰팡이 핀 식품을 섭취하여서는 안 된다. 또한 곰팡이 오염을 발효로 착각하는 일이 없도록 하여야 한다.

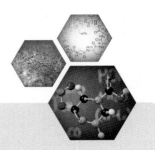

제 12장

식품제조 · 가공조리 시 오염

인류가 불을 사용하면서부터 안전하고 다양한 풍미가 가미된 식품을 섭취하게 되었고, 또한 식품가공기술의 발전과 더불어 신속하고 대량으로 새롭고 다양한 식품을 맛볼 수 있는 기회를 맞이하게 되었다. 그러나 한편으로는 식품제조 및 가공조리 시 유해한 물질이 생성되어 식품이 오염되기도 한다.

이들은 식품 이용 면에서는 간접 식품첨가물로 분류하기도 하지만, 2부에서 언급한 잔류물질로 분류하기에는 무리가 있어 식품 오염물질로 취급하여 다룬다. 그러나 식품 오염물질은 식품 이용 상 필요성이 없거나 거의 없는 것을 칭하는 의미가 강한데, 식품의 가공 및 조리는 식생활의 기본 행태이므로 단순히 식품 오염물질로 취급하기에도 다소 무리가 있다. 이런 이유로 식품제조 및 가공 · 조리과정 중에 원래 식품 성분에서 유래한다는 의미로 파생 식품 독성물질(derived food toxicants)이라 한다.

과도하게 가열·산화된 유지에는 과산화물이 생성되고 태운 육류에는 아미노산의 돌연변이 유발물질이 생성되어 발암 가능성을 높인다는 우려도 높다. 이 장에서는 식품제조 및 가공조리 시 생성되어 보건상 위해성이 높은 물질의 위해성과 안전성 관리 문제를 다룬다.

1. 식품제조 · 가공조리 시 생성물질

(1) 가열처리로 인한 생성물질

1) 유지의 가열산물

유지를 가열하면 가열산화 과정 중 다음과 같은 다양한 반응이 복합적으로 일어난다.

① 비요소부가물형성물질 생성 반응, ② 자동산화 반응의 1차 산물과 2차 분해산물, ③ 이중결합과 산소와의 직접적인 반응(지질과산화 반응), ④ 중합 반응, ⑤ 에스테르 분해에 의한 유리 지방산의 형성, 카르보닐 형성 등 이러한 가열산화 과정 중 식품안전에 가장 우려가 되는 것은 지질과산화 반응이다.

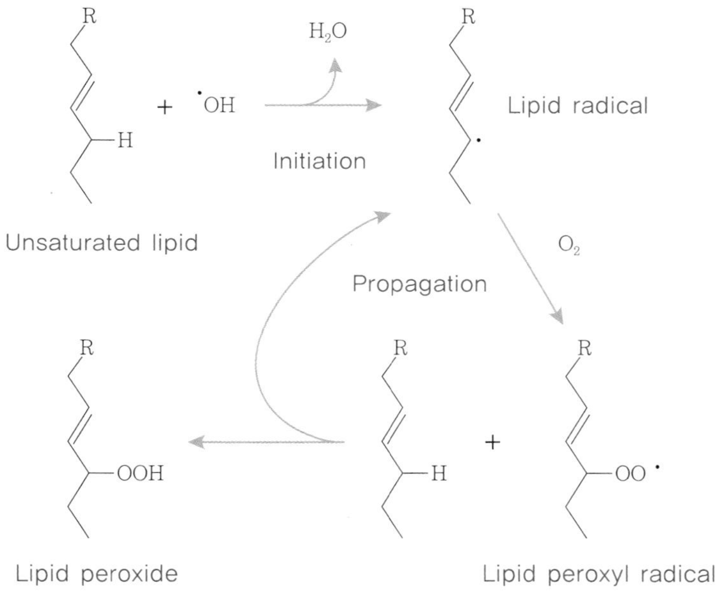

[그림 12-1] 지질과산화 반응

지질과산화 반응은 지질의 산화적 분해 과정을 말하는데, 자유라디칼이 지질에서 불포화지방산의 메틸렌($-CH_2-$)은 반응성 수소가 있어 · OH 라디칼에 의해 지질 라디칼이 되고, 다시 산소에 의해 지질과산화 라디칼이 된다. 지질과산화 라디칼은 불포화 지방의 수소와 결합하여 과산화지질을 생성하고 지질 라디칼이 다시 재생되어 또 다른 불포화지방산의 라디칼을 생성하게 된다. 이것이 지질과산화 반응이다[그림 12-1]. 다가 불포화 지방산은 메틸렌기가 많아 지질과산화 반응을 더 잘 일으킨다.

유지의 이러한 산패 과정은 가열 온도가 높을수록 또는 가열시간이 길수록 더욱 변화가 심해진다[표 12-1]. 가열시간이 길어짐에 따라 요오드가는 저하되고, 과산화물, 산가, 굴절률 및 점도는 크게 증가한다.

표 12-1 옥수수 기름의 가열시간에 따른 변화 (200℃)					
이화학적 성질	가열시간(시간)				
	0	8	16	24	48
요오드가	122	115	108	102	90.0
과산화물가	1.1	1.6	1.7	2.0	1.60
산가	0.20	0.42	1.23	1.44	1.4814
굴절률	1.4730	1.4760	1.4788	1.4797	7.55
점도	0.65	0.85	1.25	3.00	–

가열 산화된 유지를 실험동물에 투여하면 소화기관의 자극, 간장의 비대, 성장부진 등을 일으킨다. 가열 산화된 유지성분 중에서 가장 현저한 독성을 나타내는 것은 과산화물의 산화 분해 생성물로서, 휘발성 분해 생성물 즉, 카르보닐 화합물들이다. 고온에서 장시간 가열 산화된 산패 기름 중의 자유 라디칼은 세포 손상, DNA 손상, 동맥 경화증 및 발암성을 유발할 수 있다.

튀김용 식용유지의 반복사용으로 인한 안전성 문제는 사회적으로 큰 관심을 불러일으키고 있으며, 이는 식용유의 낭비를 막고 보건상의 위해성을 줄일 수 있는 매우 중요한 문제이다. 최근에 유지의 사용 중에 생기는 극성 화합물(total polar materials, TPM)을 측정하여 유지의 산패여부를 확인하는 방법이 개발되었다.

우리나라에서는 식품 중 식용유지의 안전성을 확보하기 위해 유탕·유처리 시에 사용하는 유지의 산가와 과산화물가를 규정하고 있다.

표 12-2 식품 중의 가열산물 기준		
식품	산가	과산화물가
일반규격 유탕·유처리 사용 유지 (라면 등 유탕면)	2.5 이하	50 이하
과자류	2.0 이하	–
유밀과	3.0 이하	–
튀김식품	5.0 이하	60.0 이하
규격 외 일반가공식품	(1) 식용유지가공품: 3.0 이하 (2) 참깨분 및 대두분: 4.0 이하 (3) 식용번데기 가공품 또는 　　유탕·유처리 식품: 5.0 이하	60 이하(식용번데기 가공품 또는 유탕·유처리 식품에 한함)

2) 다환 방향족 탄화수소

탄소와 수소를 함유하는 모든 물질(모든 생물체, 식품, 석유)을 태우거나 고열처리 하면 다양한 탄화수소 화합물(polycyclic aromatic hydrocarbon, PAH)이 생성된다. 그중 다환 방향족 탄화수소, 특히 벤조(a)피렌[benzo(a)pyrene]은 발암성이 강하여 담배연기, 공장 매연, 자동차 배기가스 등의 발암성 논란의 주역이며 폐지·폐목 등의 소각 금지도 벤조피렌 때문이다. 나무 연기에는 벤조(a)피렌 외에도 벤조(e)피렌, DMBA[dibenzo(a,h) anthracene], 크리센 등 다양한 다환 방향족 탄화수소가 발견되고 있다[그림 12-2].

벤조피렌은 각종 가열 가공·조리 식품에서 발견되는데 불에 직접 구운 육류, 바비큐, 생선, 훈제육 및 훈제 햄·소시지, 커피, 참깨 등 굽거나 볶은 식품은 물론 누룽지에서도 검출된다. 벤조피렌은 쥐나 햄스터에 투여하면 간이나 폐에서 일산소화효소계에 의해 대사 활성화 되어 DNA에 영향을 미쳐 암을 유발한다.

우리나라의 식품공전에는 다양한 식품 중의 벤조피렌 기준이 설정되어 있다[표 12-3]. 그러나 우리 식생활에서 굽거나 볶는 식품은 이루 헤아릴 수 없고 가정에서 조리하여 먹는 식품에서는 벤조피렌 기준을 적용할 수 없다. 따라서 벤조피렌 섭취를 줄이는 방법은 가급적 굽는 방법보다는 조림을 사용하고, 높은 온도로 태우지 말며, 다환 방향족 탄화수소는 지용성이 커서 식품 중의 지방 성분에 많이 함유되므로 숯불고기나 바비큐 등에서 지방은 가급적 섭취를 자제하는 것이 바람직하다.

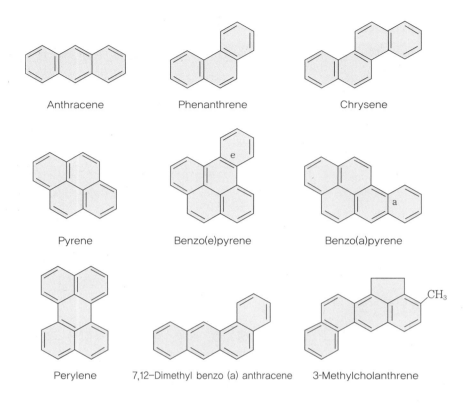

[그림 12-2] 다환 방향족 탄화수소

표 12-3 식품 중의 벤조피렌[benzo(a)pyrene] 기준

식품	기준(μg/kg)
조제분유, 성장기용 조제분유, 특수용도식품(영아용 조제식, 성장기용 조제식, 영·유아용 곡류조제식, 기타 영·유아식, 영·유아용 특수조제식품)	1.0
식용유지	2.0
어류	2.0
흑삼(분말 포함)	2.0
흑삼농축액	4.0
숙지황 및 건지황	5.0
연체류 및 갑각류	5.0
훈제어육	5.0
훈제식육제품 및 그 가공품	5.0
훈제건조어육	10.0
패류	10.0

3) 헤테로사이클릭 아민류

육류와 생선을 높은 온도(125~300℃)로 조리하면 근육의 아미노산, 크레아틴, 당이 반응하여 다양한 고리화합물이 생성되는데 이들을 헤테로사이클릭 아민(heterocyclic amines, HCA)이라고 하며, Trp-P-1, Trp-P-2, IQ, MeIQ 등 20여종이 알려졌다[그림 12-3]. 이들은 대부분 돌연변이 유발성과 발암성이 있다[표 12-4].

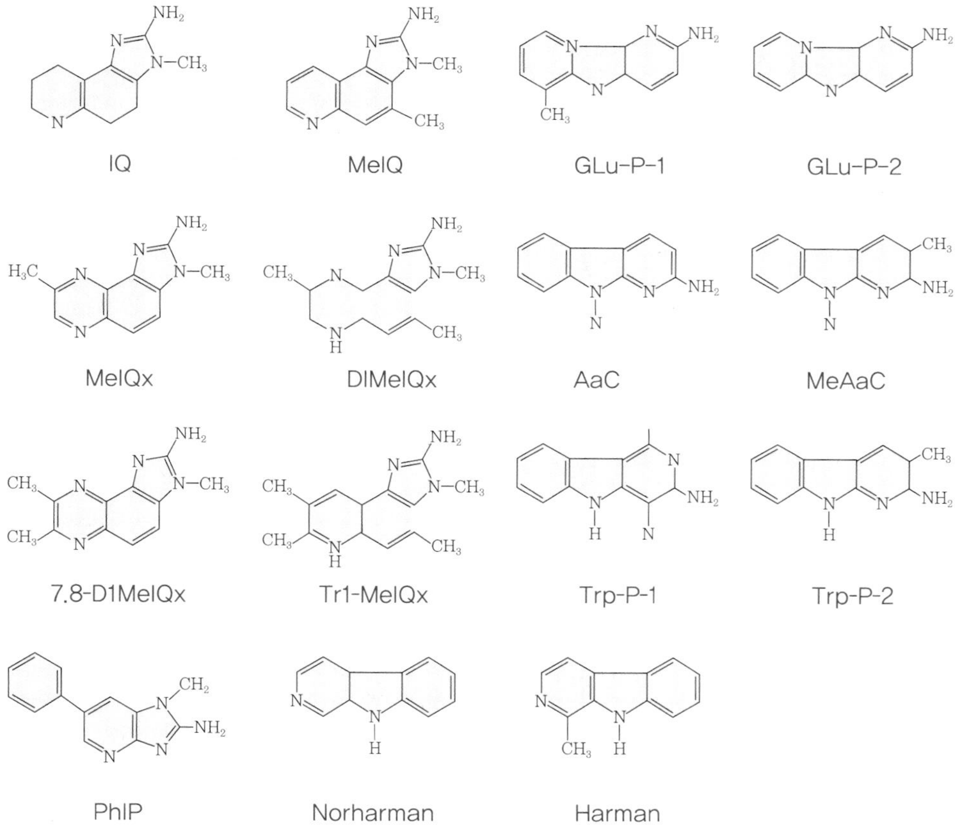

[그림 12-3] 헤테로사이클릭 아민류 구조

273

표 12-4 헤테로사이클릭 아민류의 발암성

약어	가열재료	발암성(IARC)	표적장기(설치류)
IQ	말린 정어리	Group 2A	간, 소장과 대장, 피부, 음핵선
MeIQ	말린 정어리	Group 2B	대장, 피부, 구강, 유선
MeIQx	소고기	Group 2B	간, 음핵선, 피부
4,8-DiMeIQx	소고기	–	–
7,8-DiMeIQx	소고기	–	–
8-MeIQx	소고기	–	–
PhIP	육류	Group 2B	유방암, 고환암
Trp-P-1	DL-트립토판	–	간
Trp-P-2	DL-트립토판	–	간
Glu-P-1	L-글루탐산	Group 2B	간, 혈관, 소장과 대장, 음핵선
Glu-P-2	L-글루탐산	Group 2B	간, 혈관, 소장과 대장, 음핵선
Phe-P-1	L-페닐알라닌	–	–
Orn-P-1	L-오르니틴	–	–
Aα C	대두글로불린	Group 2B	간, 혈관
MeAαC	대두글로불린	Group 2B	간, 혈관

대부분의 헤테로사이클릭 아민은 벤조피렌보다 독성이 크고, 헤테로사이클릭 아민 중 MeIQ, IQ, 8-MeIQx는 아플라톡신보다 돌연변이 유발성이 더 강하다. 장기간의 동물연구에서 PhIP는 쥐에서 결장암과 유선암을 일으킨다. 헤테로사이클릭 아민은 결장암과 대장암 발병과 관련성이 커서 유럽의 결장암 발병에서 7~9%를 차지한다고 추정된다. PhIP는 모유를 통해 아기에게 전달됨이 발견되었다.

IARC는 2007년 적색육, 가공육, 훈제품의 섭취를 줄이는 권고안을 발표하였지만, 현재 한국, 미국 등 대부분의 국가에서는 육류 중의 HCA 기준은 설정하지 않고 있다.

식품 가공·조리 중 헤테로사이클릭 아민류 생성을 최소한으로 줄이는 방법은 첫째, 식품을 직접 불에 굽지 말아야 하고 둘째, 불에 굽기 전에 전자레인지에서 미리 익혀 구워 직접 불에 닿는 시간을 줄이며 셋째, 고기나 생선을 구울 때는 자주 뒤집어 골고루 굽도록 하고 넷째, 탄 부분이나 구운 고기의 육즙을 먹지 말아야 한다.

4) 마이야르 반응 생성물질

마이야르 반응(Maillard reaction products, MRPs)은 식품의 가공, 조리에 있어서 바람직한 빛깔이나 향기를 생성하고 품질형성에 중요하지만 식품의 저장 중 반응이 진행하면 품질이 손실되게 될 뿐 아니라 건강상 바람직하지 못한 영향을 미치게 한다.

표 12-5 비효소적 갈변 반응

기전	산소요구	NH_2 요구	pH	온도	Aw
마이야르 반응	무	유	산/알칼리	중간	중간/높음
캐러멜화 반응	무	무	산/알칼리	높음	낮음
아스코르브산분해 반응	유/무	무	약간 산성	중간	중간/높음

아미노산의 아미노기와 환원당의 가열 시 마이야르 반응으로 프리멜라노이딘(premelanoidins)과 카르보닐아미노 축합산물(carbonylamino condensation product)을 만들고, 이것이 다시 아마도리 전위반응으로 N-치환 1-아미노-1-데옥시-2-케토스(1-Amino-1-deoxy-2-ketose)를 만드는데, 이것은 고온에서 산소와 물과 작용하여 리덕톤, 푸르푸랄, 고리 화합물, 그 밖의 산화물질 등을 만들게 된다. 이들은 간장과 장의 비대, 생식과 수유의 저하를 일으킨다. 특히 푸르푸랄들은 간 경화를 일으키고, 벤조피렌의 발암성을 증대시킨다. 리덕톤은 과민증, 기면, 현기증 등을 초래하는데, 몇 가지 대표적인 것들의 독성을 [표 12-6]에 나타내었다. 프리멜라노이딘에는 2,5-디메틸피라진(2,5-dimethylpyrazine), 2,5,6-트리메틸피라진(2,5,6-trimethylpyrazine) 등이 알려져 있다.

표 12-6 식품에서 만들어지는 리덕톤

리덕톤	LD_{50}(mg/kg, 마우스, 경구)
Dimethylaminohexose reductone	400
Morpholinohexose furfural	1,200
Anhydrodimethyl aminohexose reductone	300
Anhydropiperidino hexose reductone	900
Piperidino hexose reductone	1,200

5) N-니트로소피롤리딘

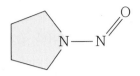

N-니트로소피롤리딘(N-nitrosopyrrolidine, NPYR)은 아질산
염 첨가 식품 또는 아질산염으로 오염된 식품 특히, 지방이 많은 음
식(베이컨)을 열로 조리할 때 생성된다. N-니트로소피롤리딘은 간
에서 사이토크롬 P450에 의해 대사적으로 활성화되어 4-옥소부탄
디아조히드록사이드(4-oxobutanediazohydroxide) 등을 형성하
는데, 이들은 DNA와 부가 생성물을 형성한다. 동물실험에서 N-니
트로소피롤리딘은 간 손상, 폐선종, 간암을 일으키고 임신 말기에

[그림 12-4]

N-니트로소피롤리딘

투여하였을 때 기형 유발 가능성을 나타낸다. 동물에 대한 발암성의 증거가 충분하고 인간
에게 암을 유발할 가능성이 있으므로 각별한 주의가 필요하다.

6) 아크릴아마이드

아크릴아마이드(acrylamide)는 폴리아크릴아마이드 제조 시 사용되는 물질로 아크릴아
마이드는 동물시험에서 발암성이 증명되어 IARC는 인체발암추정물질(그룹 2A)로 분류하
는 물질이다. 아크릴아마이드는 또한 과량에서 신경독성을 유발한다. 2002년 스웨덴 식
품규격청은 일부 식품을 고온 가열 시 아크릴아마이드가 생성된다는 것을 발표하였다. 가
열시간에 따라 아크릴아마이드 생성은 증대되고, 주로 포테이토칩, 프렌치프라이 등 전분
질 식품에서 많이 생성되는데 120℃ 이하에서는 생성되지 않는다. WHO와 FAO는 식품
중의 아크릴아마이드 수준은 우려할만하다고 결론짓고 아크릴아마이드 섭취로 인한 위해
성을 더 연구할 필요가 있음을 천명하였다.

미국 국립 암연구소는 가열시간을 줄이고, 튀기기 전에 감자를 데치거나 후건조(튀긴 후
열풍건조)하여 아크릴아마이드 함량을 줄일 것을 제안하였다.

미국 환경보호청(EPA)는 암 및 신경독성과의 관련성을 고려하여 음용수 기준을 설정하
고 있고, FDA는 식품과 접촉하는 잔류물질로서 규제하고 있으나, 식품 중의 아크릴아마
이드 수준에 대해서는 지침을 정하고 있지 않다.

식품 중의 아크릴아마이드 수준은 제조회사, 가열 시간, 가열 온도 등에 따라 달라지므
로 현재로서 할 수 있는 가장 좋은 방법은 지방을 적게 섭취하고 식이섬유, 과일, 채소를
많이 섭취하는 것이다.

(2) 훈제 시 생성물질

훈제는 나무를 태워 생기는 연기로 식품에 향미를 부여하고 식품의 보존성을 증대시킬 수 있는 방법이다. 그러나 나무 훈연 중에는 다양한 방향족 탄화수소, 알데히드, 염화메틸, 다이옥신, 푸란, 다환 방향족 탄화수소가 발견된다[표 12-7].

표 12-7 위해성이 우려되는 연기 중의 화학물질

화학물질	g/kg 나무
일산화탄소	80~370
휘발성유기화합물(VOCs)	7~27
알데히드류	0.6~5.4
푸란류	0.15~1.7
벤젠	0.6~4.0
알킬벤젠류	1~6
초산	1.8~2.4
포름산	0.06~0.08
질소산화물	0.2~0.9
황산화물	0.16~0.24
염화메틸	0.01~0.04
나프탈렌류	0.24~1.6
단핵방향족탄화수소	1~7
다환방향족탄화수소(PAH)	0.15~1
다이옥신	1×10^{-5}~4×10^{-5}
알루미늄	1×10^{-4}~2.4×10^{-2}
황	1×10^{-3}~2.9×10^{-2}
염소	7×10^{-4}~2.1×10^{-2}
크롬	2×10^{-5}~3×10^{-3}
브롬	7×10^{-5}~9×10^{-4}
납	1×10^{-4}~3×10^{-3}

* EPA Report, 1993.

훈연 시 400℃ 이상에서는 다환 방향족 탄화수소의 생성량이 온도에 따라 증가하고, 300℃ 이하에서는 전통적 훈제법보다 벤조피렌이 1/10로 감소된다. 이때 벤조피렌의 60~75%는 훈제 양고기의 표층에서 발견된다.

훈제 시 다양한 물질이 식품으로 이행될 수 있기 때문에 암과의 관련성이 관심거리가 되고 있다. 훈제 양고기나 생선을 주식으로 하는 아이슬란드에서는 위암의 발생률이 높고, 훈제식품이나 바비큐 섭취가 많은 폐경 부인에서 유방암 위험성이 높아진다는 연구 결과도 발표되었다. 전통적으로 바비큐를 즐기는 서구에서는 기준치를 정해 규제하지는 않으며, 미국 농무성은 훈제 육류를 정기적으로 섭취하지 말고 적당히 먹을 것을 권장하고 있다.

최근 우리나라에서도 가족들이 함께 가는 오토캠핑이 유행하고 있는데, 바비큐를 즐길 때 유념해야 할 일이다.

(3) 알칼리 및 산 처리 시 생성물질

1) 알칼리 처리

수산화나트륨(NaOH, 가성소다)은 강한 알칼리성 물질로 아미드 가수분해 반응(펩티드)와 에스테르 가수분해 반응(지방의 비누화 반응)으로 단백질과 지방을 잘 분해한다. 이를 이용하여 식품가공에 다양하게 사용되는데 대표적인 예는 다음과 같다.

① 단백질 용해(농축물 및 분리물 제조)
② 거품 형성, 현탁성, 안정성 등 특성을 갖는 단백질 제조
③ 아플라톡신 등의 파괴
④ 단백질 섬유를 실로 만들기 적합한 용액으로 만들 때
⑤ 과일 껍질 벗기기

그러나 강알칼리 처리 시에는 리시노알라닌(lysinoalanine)이 만들어지는데, 이것은 신석회증, 신장거대세포증을 일으킨다. 또한 알칼리 처리는 식품 중의 펙틴의 탈에스테르화 반응을 촉진하여 메탄올 생성을 촉진시키며, 식품의 갈변 반응을 촉진시킨다.

2) 산 처리

식품 가공에서 산 처리의 대표적인 예는 단백질을 가수분해하여 아미노산을 만드는 것이다. 산분해 간장(화학 간장, 아미노산 간장)이라고도 하며 단백질 원료(콩, 탈지대두)를 염산 등으로 가수분해하고, 수산화나트륨이나 탄산나트륨 등으로 중화시켜 얻은 아미노산액에

소금, 착색제(보통 캐러멜 색소), 조미료, 향미물질 등을 배합하여 만들어 아미노산 간장이라고 한다. 단백질 원료는 대두박을 주로 사용하나 동물성 단백질, 어단백, 번데기 등을 사용하기도 한다. 이때 염산과 글리세롤이 반응하여 3-MCPD(3-monochloropropane-1,2-diol), 1,3-DCP(1,3-dichloro-2-propanol) 등 유해물질이 생성된다.

3-MCPD는 쥐에서 발암성이 밝혀졌고 혈액-고환 장벽 및 혈액-뇌 장벽을 통과한다. 3-MCPD의 경구 LD_{50}은 쥐에서 152mg/kg이다.

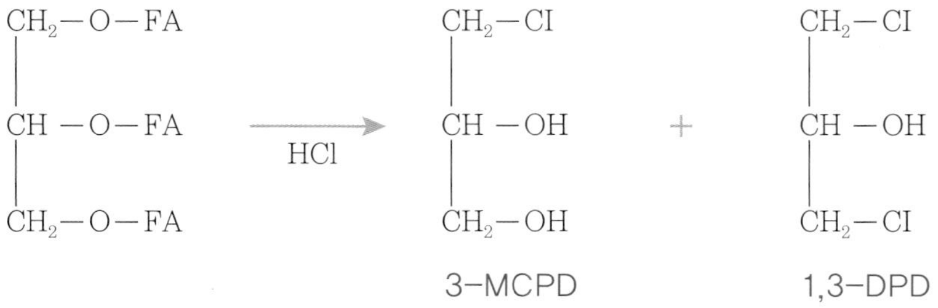

$$CH_2-O-FA \qquad CH_2-Cl \qquad CH_2-Cl$$
$$CH-O-FA \xrightarrow{HCl} CH-OH \quad + \quad CH-OH$$
$$CH_2-O-FA \qquad CH_2-OH \qquad CH_2-Cl$$
$$\text{3-MCPD} \qquad \text{1,3-DPD}$$

[그림 12-5] **3-MCPD와 1,3-DCP의 생성**

현재 EU, 오스트레일리아는 간장에서의 기준을 0.02mg/kg으로 정하고 있다. 우리나라에서는 1995년 간장파동으로 사회적인 문제가 되었고, 2002년부터 산분해 제품에 대해 3-MCPD 기준을 설정하였다.

표 12-8 산분해 제품의 3-MCPD 기준

대상식품	기준(단위:mg/kg)
산분해 간장, 혼합 간장(산분해 간장을 혼합하여 가공한 것)	0.3 이하
식물성 단백가수분해물(hydrolyzed vegetable protein, HVP)	1.0 이하(건조물 기준으로서)

(4) 용매추출 시 생성물질

식용 유지를 추출하거나 천연물의 유효성분을 용해·추출할 때는 물, 주정(에틸 알코올), 이산화탄소, 헥산, 글리세린, 프로필렌글리콜 등이 사용된다.

1) n-헥산

n-헥산(n-hexane)은 식물성 유지를 추출할 때 추출용매로 사용된다. n-헥산의 급성 독성은 쥐에서 경구 LD_{50}이 25,000mg/kg으로 독성이 매우 약하지만, 섭취하면 구토, 어지러움, 기관지 자극, 소화관 자극을 일으키고, 중추신경 장애를 초래한다. n-헥산은 시토크롬 P450 일산소화효소에 의해 2-헥사놀을 거쳐 2,5-헥산디올로 산화된다. 그리고 더 산화되어 2,5-헥산디온이 되는데[그림 12-6]. 이것은 신경독성물질로 팔과 다리가 얼얼하고 경련이 일어나고 이어 근육허약이 일어나는 다발성 신경염을 일으킨다. 중증의 경우 골격근의 위축과 조정능력과 시력 장애가 일어난다.

현재 n-헥산은 유지 추출에 광범위하게 사용되고 있지만, 점차 더 안전한 용매인 알코올류, 이소헥산, 헵탄, 부탄 등의 사용이 늘고 있다. 현재 우리나라 식품첨가물공전에는 헥산은 식용유지 제조 시 유지성분의 추출 목적과 건강기능식품의 기능성 원료 추출 또는 분리 등의 목적에만 사용이 허가되고 그 잔류량은 5mg/kg 이하여야 한다.

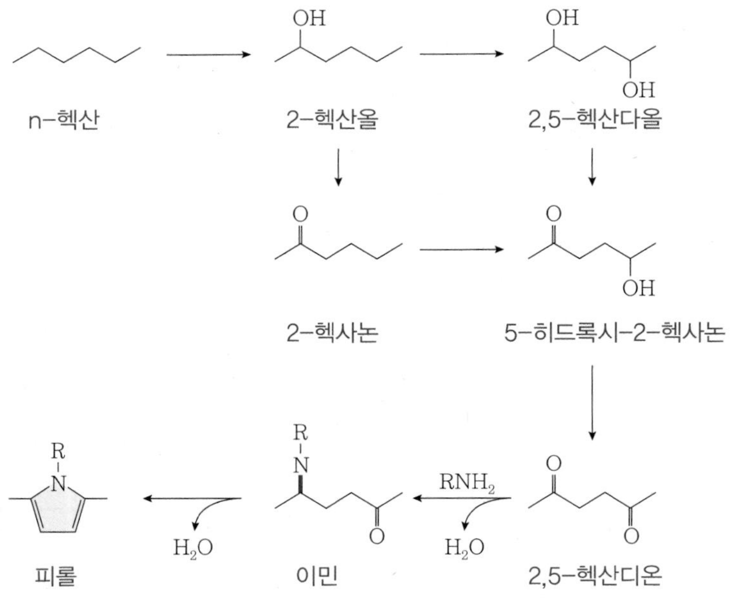

[그림 12-6] n-헥산의 대사

2) 그 밖의 유기용제 추출

트리클로로에틸렌으로 추출하고 남은 대두박을 먹인 소에서 출혈, 피하출혈, 재생 불량성 빈혈이 일어나는데, 원인물질은 S-(디클로로비닐)-L-시스테인으로 밝혀졌다. 이 물질은 또한 노 카페인 커피 제조 시 미숙 커피콩에서 트리클로로에틸렌으로 카페인을 추출·제거할 때도 만들어진다. 현재 우리나라는 커피원두의 추출용제는 물, 주정 또는 이산화탄소만을 허용하고 있다. 또한 디클로로에탄으로 추출 시 독성의 클로로콜린이 만들어지고, 클로로포름으로 유지를 추출하고 난 찌꺼기도 병아리에서 독성을 나타낸다.

3) 알코올 추출

우리나라에서 1992년 일부 생약-추출 의약품 및 분말 엑기스 차에서 메탄올(메틸 알코올)이 검출되어 사회문제화되기도 하였다. 엑기스를 만들 때 추출용매로 에탄올 대신 값이 싼 메틸 알코올을 사용하였기 때문이었다. 현재는 에틸 알코올만 허용되어 있다.

메틸 알코올은 알코올 발효 시 펙틴으로부터 생성되기 때문에 포도주, 매실주 등의 과실주에는 다량 함유될 수 있어 과실주는 1.0mg/mL, 기타 주류는 0.5mg/mL 이하로 기준이 설정되어 있다[표 12-9]. 애주가들이 집에서 담근 과실주 등을 먹고 머리가 아픈 경우를 자주 경험하는 것은 메탄올 때문이다.

메탄올중독은 급성으로는 두통, 현기증, 구토, 복통, 설사 등을 일으키고, 시신경에 염증을 일으켜 실명하는 경우가 많다. 중증인 경우에는 마취상태에 빠져 호흡장애, 심장쇠약 등으로 사망한다. 만성으로는 두통, 흉통, 신경염 등을 초래한다. 중독 원인은 메탄올이 포름산을 거쳐 맹독성의 포름알데히드를 생성하기 때문이다. 메탄올은 급성중독량은 5~10mL, 치사량은 30~100mL로 맹독성 물질이므로 취급에 각별한 주의가 필요한 물질이다.

표 12-9 주류 및 엑기스의 메탄올 기준

주류	mg/mL
탁주, 약주, 고량주, 맥주, 소주, 위스키, 일반증류주	0.5 이하
청주	0.3 이하
과실주, 브랜디, 리큐르, 기타 주류	1.0 이하
인삼 제품류	물 또는 에탄올만을 사용
엑기스차(쌍화차, 계피차, 오미자차, 당귀차, 두충차 등)	물 또는 에탄올만을 사용

* 식품공전, 2013.

(5) 저장·숙성 시 생성물질

1) 에틸카바메이트

1971년 포도주 제조 시 살균제로 사용하는 디메틸디카보네이트(dimethyl dicarbonate)와 발효 생성물인 암모니아가 반응하여 생성된다는 것이 밝혀졌고 현재도 EU, 미국의 FDA, WHO에서는 디메틸디카보네이트의 포도주 사용(200mg/L, 포도주)이 안전하다고 하고 있다. 우리나라에서 디메틸디카보네이트는 식품 첨가물로 허용되어 있지 않다.

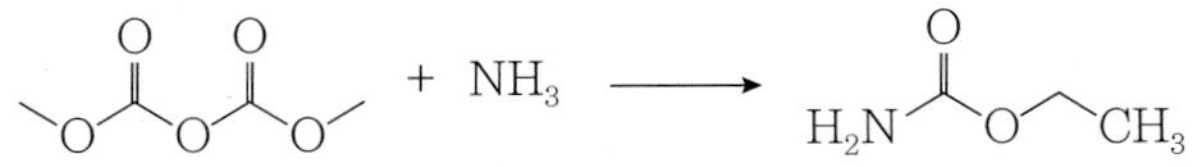

[그림 12-7] 디메틸디카보네이트로부터 에틸카바메이트의 생성

또한 1986년 캐나다에서 자두, 복숭아, 체리 등의 과실주에서 에틸카바메이트(ethyl carbamate, 우레탄)가 검출되어 국제적인 이슈가 되었고, 여러 발효식품(요구르트, 치즈, 간장, 포도주 등)에서도 검출된다. 발효과정 중 생성되는 요소, 시트룰린 등이 에탄올과 반응하여 에틸카바메이트가 생성되는 것으로 밝혀졌다. 이 반응은 높은 온도에서는 더 빠르게 일어나는데 따라서 브랜디, 위스키 등의 증류주에서 더 높은 농도로 발견된다. 또한 병입 후 가열하면 에틸카바메이트가 더 많이 생성된다.

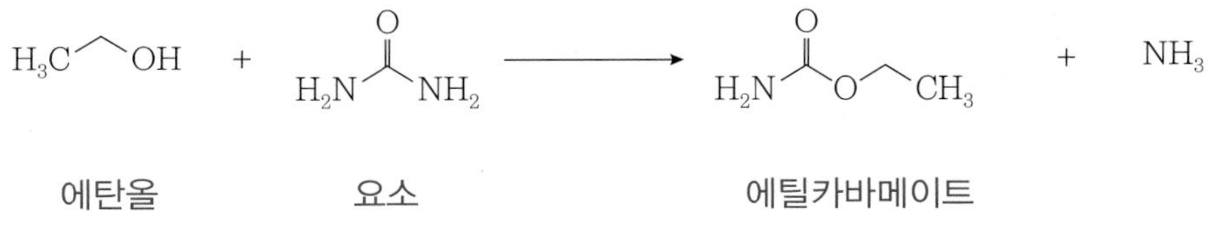

에탄올   요소   에틸카바메이트

[그림 12-8] 발효 중 포도주에서의 에틸카바메이트의 생성

에틸카바메이트는 IARC에서 인체발암추정물질(probably carcinogenic to humans, 그룹 2A)로 분류하고 있는 발암성 물질이다. WHO/FAO 합동식품첨가물평가위원회(JECFA)는 에틸카바메이트는 설치류에서 유전 독성 물질, 다장기 발암물질로 평가하고, 위해성이 나타날 것으로 예측되는 통계적 산출량인 기준용량(벤치마크용량) 수준을 0.3mg/kg/일로 설정하였다.

2) 벤젠

벤젠(benzene)은 휘발성 유기 화합물로 페인트, 세제, 플라스틱 제품 등 다양한 용도로 사용되는데 IARC는 벤젠을 인체발암물질(known to be carcinogenic to humans, 그룹 1)으로 분류하고 있다. 2012년 벨기에 보건과학연구소는 식품 중 존재하는 벤젠에 관한 조사 결과를 발표하였다. 455개의 식품의 벤젠 함량을 조사한 결과 시료의 58%에서 벤젠이 검출되었고 일부(6%)에서는 세계보건기구의 음용수 기준인 10μg/kg을 초과하였으며, 가장 높게 검출된 식품은 훈제생선 또는 훈제육제품, 밀봉 샐러드, 커피콩, 찻잎이었다. 또한 벤젠은 과일 음료, 간장 등의 보존료로 사용되는 안식향산의 탈탄산 작용으로도 생성된다.

현재 식품 중의 벤젠을 규제하지는 않고 있으며, 참고로 음용수 중의 기준은 [표 12-10]과 같다.

표 12-10 음용수 중의 벤젠 기준치 비교

	기준치(ppb, μg/kg)
WHO	10
한국	10
미국	5
캐나다	5
EU	1

(6) 제조·가공 중 생성물질

미국 국립과학아카데미(NAS)는 2002년 트랜스 지방에 대한 권고안을 발표하면서 첫째, 트랜스 지방은 동물성 지방이든 식물성 지방이든 필수 영양소가 아니며, 건강에 알려진 이로움이 없다. 둘째, 포화 지방과 트랜스 지방 모두 LDL을 증가시키는데, 트랜스 지방은 HDL도 낮추어 관상동맥질환의 위험성을 증대시켜 관상동맥질환에 있어서는 포화지방보다 더 나쁘다고 하였다.

트랜스 지방은 불포화 식용유를 수소화 과정으로 포화 경화유로 만드는 공정에서 부분 수소화되어 일부 생성된다. 따라서 식물성 쇼트닝, 마가린 그리고 이를 사용하여 만드는 스낵, 패스트푸드 등에 함유될 수 있다. 트랜스 지방의 유해성이 논란됨에 따라 돼지기름, 팜유, 완전 수소화한 유지가 대체되어 사용되고 있다. 또한 소, 양 등 반추동물의 위장에서 미생물의 작용으로 수소 첨가가 일어나 천연 트랜스 지방인 박센산(vaccenic acid)과 공액리놀레산(conjugated linoleic acid, CLA)이 생성되기도 한다.

세계보건기구(WHO)는 트랜스 지방 섭취량을 1일 섭취 열량의 1% 이하로 제한하고 있다. 따라서 하루 성인 남성 기준 2,500kal 중 2.8g 이하, 성인 여성 기준 2,000kal 중 2.2g 이하, 만 1~2세는 1.1g, 만 3~5세는 1.6g 이하를 권장하고 있다.

우리나라는 「식품위생법 시행규칙」에 의거, '식품 등의 표시기준'에 따라 2007년 12월 1일부터 가공식품 영양표시에 트랜스 지방의 표기를 의무화하였다. 다만 해당 식품의 1회 제공량 당 트랜스 지방이 0.2g 미만인 경우에는 0g으로 표시할 수 있도록 했다. 식용 유지의 탈취 공정이나 천연으로 존재하는 함량 및 트랜스지방에 대한 분석 기술을 고려한 것으로, 미국에서는 0.5g 미만을 0g으로 표시하고 있다. 식품을 구매하기 전에 영양표시기준을 확인하여 구입하는 것이 바람직하다.

(7) 조사처리 시 생성물질

조사처리 혹은 방사선 조사법은 열처리나 냉동할 수 없는 식품, 포장 식품 등을 방사선을 조사하여 식품을 보존하고 식중독 위험을 줄이며 해충의 번식을 억제하고, 종자 및 식품의 발아·숙성을 저해하는 방법이다[표 12-11].

방사선 조사식품의 안전성에 대한 우려가 제기되어 1950년대 이후 장기적인 대사에 대한 영향, 생식 독성, 돌연변이 유발성 등에 관한 수많은 동물연구가 진행되었다. γ-선 조사로 식품 중에 지질과산화물, 아크롤레인, 크로토날, 리덕톤 등이 생성되지만, 이 물질들은 가열 등 여타의 식품처리로도 생길 수 있다. 다만 방사선 조사 시 지방산의 방사능분해산물인 2-알킬사이클로부타논(2-alkylcyclobutanones, 2-ACBs)[표 12-12]의 생성과 위해성에 대해서는 논란이 되고 있지만, WHO, FAO, IAEA 등 국제기구에서는 방사선 조사식품은 안전하다는 결론이다.

표 12-11　식품의 방사선조사 처리

저선량 (1kGy 미만)		중선량(1~10kGy)		고선량(10kGy 이상)	
용도	선량(kGy)	용도	선량(kGy)	용도	선량(kGy)
발아억제	0.03~0.15	육류 변질 지연	1.5~3.0	포장육 살균	25.0~70.0
과일숙성억제	0.03~0.15	육류 병원균 억제	3.0~7.0	즙 생산 증대	–
해충/기생충 억제	0.07~1.00	양념류 위생 제고	10.0	재수화 개선	–

표 12-12 방사선 조사식품 중 2-ACBs

	지방산	2-ACB
C 10:0	Capric acid	2-hexyl-cyclobutanone(2-HCB)
C 12:0	Lauric acid	2-octyl-cyclobutanone(2-OCB)
C 14:0	Myristic acid	2-decyl-cyclobutanone(2-DCB)
C 16:0	Palmitic acid	2-dodecyl-cyclobutanone(2-dDCB)
C 16:1	Palmitoleic acid	2-(dodec-5'-enyl)-cyclobutanone(2-dDeCB)
C 18:0	Stearic acid	2-tetradecyl-cyclobutanone(2-tDCB)
C 18:1	Oleic acid	2-(tetradec-5'-enyl)-cyclobutanone(2-tDeCB)
C 18:2	Linoleic acid	2-(tetradeca-5', 8'-dienyl)-cyclobutanone(2-tD2eCB)
C 18:2	Linolenic acid	2-(tetradeca-5' 8' 11'-trienyl)-cyclobutanone(2-tD3eCB)

* Adapted from Sommers et al (2007)

방사선 조사처리 시 이용 목적에 따라 사용하는 선량이 다르다. 현재 고선량은 미국 FDA에서 허용하고 있지 않고, 우리나라에서도 허용되지 않는다. [표 12-13]은 현행 우리나라의 식품별 조사처리기준이다.

표 12-13 식품별 조사처리기준

품목	조사목적	선량(kGy)
감자, 양파, 마늘	발아억제	0.15 이하
밤	살충·발아억제	0.25 이하
생버섯 및 건조버섯	살충·숙도조절	1 이하
난분	살균	5 이하
곡류, 두류 및 그 분말	살균·살충	5 이하
전분	살균	5 이하
건조식육	살균	7 이하
어류, 패류, 갑각류 분말	살균	7 이하
된장, 고추장, 간장분말	살균	7 이하
건조채소류	살균	7 이하
효모·효소식품	살균	7 이하
조류식품	살균	7 이하
알로에 분말	살균	7 이하
인삼(홍삼 포함) 제품류	살균	7 이하

건조향신료 및 이들 조제품	살균	10 이하
복합조미식품	살균	10 이하
소스류	살균	10 이하
침출차	살균	10 이하
분말차	살균	10 이하
환자식	살균	10 이하

* 식품공전, 2013.

국제식품규격위원회 및 우리나라에서는 방사선 조사 식품에 대해서 식품의 포장 및 용기에 '조사처리식품(treated with radiation)'이라는 문구 또는 방사선 조사식품 마크를 표시하도록 규정하고 있다.

2. 식품제조 및 가공 · 조리 중 생성 오염물질의 안전성

식품의 가공 · 조리는 식품을 보다 안전하고 다양한 풍미의 식품을 섭취하게 하는데 반해 원료식품에는 없던 새롭고 때로는 유해한 물질을 생성하기도 한다. 트랜스 지방이나 방사선 조사식품과 같이 식품생산단계에서 일어나는 경우 제도적으로 관리하기가 용이하지만, 굽거나 태워서 생기는 다환 방향족 탄화수소나 헤테로사이클릭 아민 등은 일반 가정에서 일어나는 경향이 강할 뿐 아니라 개인의 기호와 관련이 큰 문제이므로 제도적으로 규제하는 것은 어렵다.

현대인은 다양한 식품 세계를 풍요롭게 즐길 권리가 있고, 또 그에 따르는 위해 요인도 충분히 인식하여 자신과 가족의 건강을 확보해야 하며, 섭취 식품도 가능하면 자극이 적은 식사를 하여야 할 것이다. 현대를 현명하게 사는 방법 중 하나는 식품 포장에 있는 표시를 확인하고 취사선택할 수 있는 것이다.

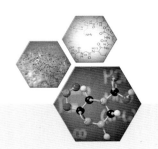

제 13장

중금속 오염

중금속은 사전적 의미로는 비중 4.0 이상의 무거운 금속을 말하지만, 환경 오염이나 식품 오염 문제를 다루는 데 있어서는 비소와 같은 반금속, 베릴륨 같은 알칼리토금속도 포함한다. 또한 영양학에서는 칼슘, 철, 아연 등과 함께 붕소, 불소, 염소 등도 무기질 영양소로 구분하므로 중금속이라는 의미는 인체에는 필요성이 입증되지 않은 금속 원소 및 무기 원소를 포함하는 매우 넓은 의미라고 할 수 있다. 그래서 최근에는 중금속이라는 범주를 따로 정하지 않고 넓은 의미로 화학물질 오염, 화학물질중독이라는 용어를 쓰고 있다.

우리 인체에서 영양적으로 필요하다고 인정되는 원소는 24종이고 탄소, 수소, 산소, 질소, 황을 제외하면 모두 19종이 된다[표 13-1]. 또한 유해 중금속이라는 정의는 없지만 '수질 및 수생태계 보전에 관한 법률'에서 수질 오염물질로 정해진 것과 '대기환경보전법'에서 대기 오염물질로 정해진 것을 기준으로 보면, [표 13-1]의 아래쪽에 위치하는 원소는 인체에 전혀 필요 없는 유해 중금속이라 할 수 있다.

표 13-1 금속 원소의 영양적/독성학적 분류

무기질 (영양소)	권장량 설정	나트륨, 칼슘, 염소, 인, 마그네슘, 철, 아연, 요오드, 구리, 셀레늄, 니켈, 망 간, 몰리브덴, 불소, 붕소	대기 오염물질/수질 오염물질
			철, 아연, 구리, 셀레늄, 니켈, 망간
	필요성 인정*	비소, 크롬, 실리콘, 바나듐	비소, 크롬, 바나듐
유해중금속		스트론튬, 우라늄, 게르마늄, 리튬, 루 비듐, 은, 티타늄, 탈륨, 지르코늄 등	카드뮴, 납, 수은, 베릴륨, 알루미늄, 안티몬, 주석, 텔루륨, 바륨, 베릴륨

* U.S. RDA 참조
** 필요량은 극히 미미하고, 식품, 물, 대기로 필요량은 충분히 충족되어 권장량은 설정하지 않음

1. 중금속 오염의 특징

중금속은 식품뿐 아니라 음용수, 대기 오염 등 다양한 경로로 우리 체내로 들어오는데, 식품의 중금속 오염은 식품의 수확 · 저장 · 가공 · 포장과정 중 우발적으로 일어나기도 하지만, 대부분 오염된 수계환경 및 오염토양에서 재배 · 채취하는 데 기인하므로 식품 외적 요인이 중요하다는 점이다. 그리고 중금속은 생체 내에서 대사되지 않고 특별한 배설기구도 없으며, 일부는 생체에 고농도로 농축된다.

(1) 중금속의 흡수 · 배설

물이나 식품으로 섭취된 중금속은 무기질의 물리 · 화학적 특성, pH, 킬레이트제, 장내 세균 등에 의해 영향을 받는다. 대부분의 중금속은 공장에서 흡수가 제일 잘 된다. 연령에 따라서는 신생아에서 흡수가 제일 잘 되고, 연령이 증가함에 따라 흡수율은 급격히 떨어져 신생아는 성인에 비해 100배 이상 흡수율이 높다. 중금속의 주 배설경로는 요와 대변이다. 카드뮴, 비소(+5), 안티몬(+5), 바나듐, 셀레늄 등의 주 배설경로는 요이고, 수은, 납, 크롬, 주석, 코발트, 니켈, 구리, 아연, 지르코늄 등의 주 배설경로는 담즙을 통한 대변이다.

(2) 중금속의 유해성

중금속은 단백질이나 핵산에 결합하거나, 세포막에 결합하여 세포의 투과성을 변화시키기도 한다. 금속들 중 돌연변이 유발성이 가장 큰 것은 6가 크롬인데, 금속들의 돌연변이

유발성이 큰 순서는 다음과 같다.

크롬 〉 베릴륨 〉 비소 〉 니켈 〉 수은 〉 카드뮴 〉 납

동물 연구를 바탕으로 최기형성은 카드뮴이 가장 크고, 비소, 니켈, 크롬 순이다.

2. 중금속 오염 각론

(1) 납

납(lead, Pb)은 인류가 가장 오래전부터 사용한 금속 중 하나로 약 6,000년 전부터 사용되었고, 천연에서는 방연석(PbS), 황산연($PbSO_4$), 백연석($PbCO_3$) 등으로부터 얻는다. 납은 페인트, 납 용융, 제련, 배터리, 인쇄, 크레파스, 유약 등 다양하게 사용된다. 백납은 수백연광이라 하여 화장품 제조에 많이 사용되기도 하였다.

미국에서 가정용 백색 페인트는 1955년 이전에는 50% 이상의 납을 함유하였으나 1971년 1%로 낮추었고, 1977년 이후로는 0.06%로 제한하였다. 페인트에 사용되는 납 화합물은 주로 크롬산납($PbCrO_4$, 황색)과 탄산납($PbCO_3$, 백색)이다. 미국에서 가정용으로는 사용이 금지되었지만 아직도 도로 표시용 페인트로 사용되고 있다. WHO는 페인트의 납 성분 사용을 중단할 것을 촉구하고 있다.

식품을 통한 납의 일일섭취량은 평균 약 $300\mu g$로 추산된다. 납의 오염원으로는 음용수, 과일과 채소가 대표적이다. 음용수 중 납의 허용량은 우리나라의 경우 0.01mg/L이다. 대기환경기준은 $0.5\mu g/m^3$ 이하이다.

성인은 섭취한 무기납의 약 10%를 흡수하지만, 어린이들은 50%까지 흡수한다. 식사 중의 칼슘, 철, 아연, 비타민 C 결핍은 납의 흡수를 증대시킨다. 혈중 납은 주로 간과 신장으로 수송되며, 뼈에 축적되거나 배설되기도 한다. 사람에서 혈중 납의 반감기는 약 한 달이지만, 뼈에서 축적된 납의 반감기는 약 20년이다. 또한 신장의 납은 연령이 올라감에 따라 증가한다.

어린이들은 혈액-뇌 장벽이 완전하지가 않아 납중독으로 인한 뇌손상에 더욱 취약하다. 납은 뇌의 회백질과 핵에 농축하는데, 해마에서 가장 높고, 소뇌, 대뇌피질, 수질 순이다. 또한 임신 중에는 모체의 혈중 납이 태반을 통과하여 태아에게 전이되는데, 특히 태아는 납중독에 감수성이 크므로, 임신 중에는 납중독에 각별히 유의하여야 한다. 국제암연구소(IARC)는 무기납화합물을 인체발암추정물질(그룹 2A)로 분류하고 있다.

납의 만성중독 증세는 피로, 체중감소, 소화기 이상, 지능저하, 사지마비, 시력장애 등이 일어나고, 뇌 조직에 친화성이 있어 불면증, 불안, 위장 증상이 일어나고 중증인 경우에는 섬망, 환각, 경련, 혼수, 사망까지 일으킨다. 납중독의 영향은 크게 조혈계, 중추신경계, 신장에 대한 것이다.

납은 δ-아미노레불린산 탈수효소(δ-Aminolevulinic acid dehydratase, ALAD)를 저해하여 포르피린과 헴의 생합성을 방해해서 소적혈구성 빈혈, 혈색소 감소성 빈혈, 적혈구 수명 단축 등 조혈계에 큰 영향을 미친다.

혈중 납 농도가 성인에서 $100 \sim 120 \mu g/dL$ 어린이에서 $70 \sim 100 \mu g/dL$에 이르면 납뇌질환이 일어난다. 가장 심각한 것은 어린이의 납뇌질환으로 뇌부종, 내피세포 손상, 신경교증, 소상괴사, 신경퇴화, 진전, 정신박약을 일으키고 25%의 경우는 사망한다. 또한 생존한 어린이의 반 이상이 정신박약, 간질발작을 일으킨다. 낮은 농도의 만성적인 납중독은 어린이의 시각, 운동능력, 감각, 청각의 결함 및 흥분성과 연관이 깊다.

납중독 후 가역적인 세뇨관 기능이상, 재흡수 이상 등 만성 신장염이 일어나기도 한다.

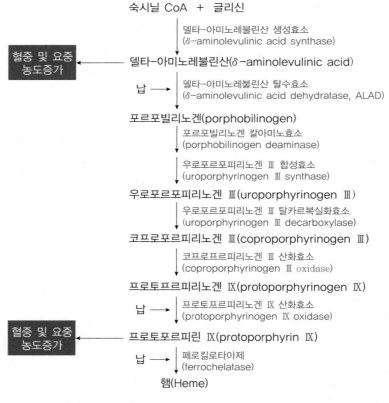

[그림 13-1] 납의 포르피린과 헴 합성 저해작용

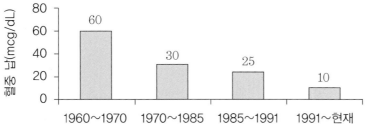

[그림 13-2] 미국의 어린이 혈중 납 기준치 강화

미국은 1970년 이래로 전국가적으로 납 오염 저감 사업을 추진하고 어린이의 납중독을 예방하기 위해 혈중 허용기준치를 계속적으로 낮추고 있다[그림 13-2]. [표 13-2]는 납 오염으로 인한 위해성을 줄이기 위한 여러 정부기관의 납 기준치와 규제 조치를 나타내고 있다.

표 13-2 · 미국의 납 기준치와 규제

기관	대상	수준	비고
CDC	혈액	10μg/dL	개인 관리 기준
OSHA	혈액	40μg/dL, 60μg/dL	기준 치료대상
ACGIH	혈액	30μg/dL	허용농도(TLV)
OSHA	대기(작업장)	50μg/m^3, 30μg/m^3	PEL(8-hr average), 행정조치기준(action level)
CDC/NIOSH	대기(작업장)	100μg/m^3	권장폭로기준(REL, 강제 아님)
ACGIH	대기(작업장)	150μg/m^3, 50μg/m^3	TLV/TWA 비산납, TLV/TWA 비산납 이외
EPA	대기환경	0.15μg/m^3	NAAQS: 3개월 평균
EPA	주거지역	400ppm, 1200ppm	놀이터, 놀이터 이외
EPA	음용수	15μg/L, 0μg/L	기준치, 목표기대치: MCLG
FDA	식품	다양	다양한 행정조치기준
CPSC	페인트	600ppm(0.06%)	어린이 장난감은 새 기준 적용
DHUD	페인트	1.0(mg/cm^2)	제거

* 참고: US ATSDR(Agency for Toxic Sunstances & Disease Registry, 미국 독성물질 · 질병등록국)

(2) 카드뮴

카드뮴(cadmium, Cd)의 공업적 용도는 합금제조, 전기도금, 배터리, 베어링, 용접, 도료 등 다양하고, 주요 배출원은 아연 제련과 비료, 슬러지, 쓰레기 소각과 화석연료의 연소이다.

식품 중 카드뮴은 육류·어류·과일에는 1~50μg/kg, 곡류에는 10~150μg/kg 함유되어 있고, 가축의 간과 신장, 조개, 가리비, 굴 등의 어패류에 특히 많은데, 100~1,000μg/kg까지 함유하고 있다. 카드뮴은 벼에 특히 잘 흡수된다.

카드뮴의 소화관 흡수율은 약 5~8%로 낮은 편이나, 칼슘 및 철 결핍, 저단백 식사 시에는 카드뮴 흡수가 증대되고, 혈중 페리틴 농도가 낮은 경우에도 카드뮴 흡수를 증대시킨다. 반면에 아연은 카드뮴 흡수를 저하시킨다.

정상 성인의 혈중농도는 1μg/100mL 미만이다. 카드뮴은 축적성이 매우 커 생물학적 반감기가 10년 이상 되는 대표적인 독성 중금속이다. 장기간의 폭로 시 표적 장기는 신장인데, 카드뮴은 단백뇨를 유발하고 골 조직에서는 칼슘과 인 대사의 불균형을 초래해 골다공증을 일으킨다. 카드뮴은 주로 대변으로 배설된다.

카드뮴은 적혈구와 알부민에 결합하여 수송되는데, 메탈로티오네인과도 약간 결합한다. 메탈로티오네인은 저분자량의 단백질로 간과 신장에서 합성되며, 카드뮴에 의해 그 합성이 유발된다. 카드뮴은 메탈로티오네인과의 복합체(Cd-MT)로 신장으로 수송되어 요로 배설되는데, Cd-MT는 다시 재흡수 되고 거기에서 카드뮴은 다시 유리형 카드뮴이 된다. 이러한 방법으로 카드뮴의 생체 내 반감기는 20~30년 정도로 길어지게 되므로, 낮은 수준이라도 만성 폭로는 결국에는 독성 수준까지 축적을 일으키게 된다[그림 13-3].

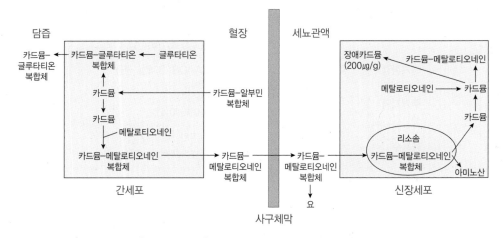

[그림 13-3] 카드뮴의 신장독성 유발 기전

대표적인 카드뮴중독사건은 일본의 이타이이타이병이다. 이 병은 일본의 도야마현 진쓰 우강 상류에 있는 아연 제련소의 폐광석에서 카드뮴이 용출된 물을 벼 재배의 관개용수로 사용하는 하류에 사는 주민들에서 발생하였다. 1961년부터 문제가 되어 20여 년에 걸쳐 258명이 중독되고 128명이 사망하였는데, 특히 중년 여성에서 다발하였으며, 신장장애, 골연화증으로 인한 심한 요통과 관절통, 보행 이상, 빈혈 등의 증상이 나타났다.

또한 카드뮴은 실험동물에서 신장, 간, 폐를 손상하는데, 신장에 대한 영향으로 요 중 카 드뮴 증대, 단백뇨, 아미노산뇨, 당뇨 등을 초래한다. 카드뮴의 뼈에 대한 영향은 신장 손 상에 이은 칼슘·인의 대사 교란과 비타민 D 대사에서의 변화로 일어나게 된다.

카드뮴은 실험동물에서 정소의 손상에 이어 출혈, 정원세포의 괴사, 정세관의 파괴, 고 환의 위축, 중증에서는 라이디히 세포의 종양을 일으킨다. 카드뮴은 또한 배자독성, 최기 형성, 돌연변이 유발성, 발암성이 확인되었다.

미국 환경보호청(EPA)는 카드뮴의 물에서의 참고치(reference dose, RfD)를 5×10^{-4} mg/kg/day, 식품에서의 참고치는 1×10^{-3}mg/kg/day로 설정하였다. 이 참고치는 카드 뮴의 만성 섭취로 신장에서의 카드뮴 농도가 $200 \mu g/g$이 되는 것을 고려한 것이다.

WHO는 카드뮴의 먹는 물의 수질기준을 0.003mg/L, 한국과 미국은 0.005mg/L로 설 정하고 있다.

(3) 수은

수은(mercury, Hg)은 오래 전부터 의약품, 화장품, 도료 등에 사용한 금속 중의 하나 로, 고대인은 동굴 벽에 색칠하기 위해 붉은 진사를 사용하였으며 이집트에서 미라를 만드 는데 수은을 사용하기도 하였다. 수은은 현재 과학기기 및 계측기기, 플라스틱 제조의 촉 매, 살균제, 의약품, 배터리, 화장품, 형광램프 등 매우 다양하게 사용되고 있다. 매년 30,000~150,000톤의 수은이 지각과 해양의 탈기과정으로 대기로 방출되고 약 20,000 톤의 수은이 산업과 화석연료의 연소로 대기와 물로 방출된다고 추산하고 있다.

중요한 세 가지 수은 형태는 무기 수은, 수은 염, 유기 수은이다. 유기 수은은 미생물이 수은 염에 작용하여 만들어지는데, 대표적인 것은 메틸 수은이다.

$$Hg^{2+} + 2R\text{-}CH_3 \rightarrow CH_3HgCH_3 \rightarrow CH_3Hg$$
$$Hg^{2+} + R\text{-}CH3 \rightarrow CH_3Hg^+ \rightarrow CH_3HgCH_3$$

수은의 가장 독특한 특징은 먹이사슬을 따라 100,000배까지 농축되는 것인데, 먹이사 슬의 최상위에 있는 대형어류에서 가장 농축이 심해진다.

무기 수은과 유기 수은은 그 도입 및 흡수경로가 서로 다르다. 경구로 섭취된 무기 수은은 10% 미만만이 소화관으로 흡수되며 주로 신장과 간에 농축된다. 그러나 메틸 수은은 지용성이 커 소화관에서 흡수가 잘 일어나고 폐로도 흡수가 잘 되며 주로 중추 신경계 및 태아 조직에 농축된다. 이러한 농축의 결과 수은의 체내 반감기는 약 70일로 상당히 길다. 요와 머리카락의 수은 농도는 폭로와 침착 정도의 지표로 사용된다.

유기 수은은 중추 신경에 농축되어 주로 신경계 장애인 지각 이상, 시각 장애, 청각 장애, 눌어증, 운동실조 등을 일으킨다. 그에 반해 무기 수은은 신장에 농축되어 신장조직에 심각한 손상이 일으킨다. 수은은 근위세뇨관 세포막의 −SH에 결합하여 나트륨의 재흡수를 방해함으로써 이뇨작용을 발휘하므로 1960년대까지 수은제 이뇨제들이 사용되었지만, 심각한 신장독성을 유발하므로 사용 금지되었다.

표 13-3 ⬡ 어패류 중의 수은 농도 (1990~2010, 미국)

어종	평균 수은 농도(PPM)	어종	평균 수은 농도(PPM)
옥돔(멕시코만)	1.450	잉어	0.110
황새치	0.995	청어	0.084
상어	0.979	송어(민물)	0.071
농어	0.448	게	0.065
전갱이	0.368	폴록	0.031
은대구	0.361	오징어	0.023
참치(신선/냉동)	0.340	연어(신선/냉동)	0.022
가자미	0.241	정어리	0.013
아귀	0.181	굴	0.012
바닷가재	0.168	대합	0.009
도미	0.166	새우	0.009
옥돔(대서양)	0.144	연어(캔)	0.008
눈가오리	0.137	가리비	0.003
대구	0.111	−	

* Source of data: FDA 1990−2010, "National Marine Fisheries Service Survey of Trace Elements in the Fishery Resource"

대표적인 수은중독사건은 일본에서 발생한 미나마타병이다. 일본 구마모토현 미나마타 시에 있는 신일본 질소 주식회사는 플라스틱 제조 시 촉매로 사용하는 수은을 1950년대 초부터 인근 해역에 방류하였다. 1950년대 말부터 이 지방 사람들에서 이상한 신경증상을 호소하는 사람들이 늘기 시작하고 1985년까지 총 437명이 사망하였다. 중독 원인은 방류된 수은이 미생물에 의해 독성이 더욱 강한 메틸 수은이 되어 먹이사슬을 따라 생선과 어패류에 농축된 것을 어민들이 먹었기 때문이었다. 중독 증상으로 보행 장애, 수족 마비, 중추신경계 이상 등이 일어나고 사망에 이르렀다.

(4) 비소

비소(arsenic, As)는 유리, 섬유, 염료, 화학공업, 황산제조공업, 비료제조공업 등 다양하게 사용되어 환경에 광범위하게 오염을 일으킨다.

비소는 해조류와 어패류 등 해산물에 다량 함유되어 있어 새우 10~170ppm, 홍합 10~120ppm, 굴 3~7ppm, 어류 2~50ppm 함유한다.

섭취된 무기 비소의 대부분이 흡수된다. 사람에서 무기 비소의 체내 반감기는 10시간인데, 메틸화된 비소는 30시간이다.

비산염(arsenate, As[V])은 아비산염(arsenite, As[III]), 비산으로 변환되고 다시 메틸기가 결합하여 메틸비산 등으로 대사된다. 섭취된 비산염은 주로 요로 배설되는데 51%는 디메틸비산, 21%는 메틸비산, 27%는 무기비산염 형태로 배설된다[그림 13-4]. 무기 비소 화합물은 유기 비소 화합물보다 독성이 더 크므로 비소의 메틸화 과정은 해독기전이 된다. 비소는 피부박리나 땀으로도 배출된다.

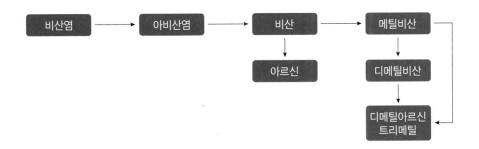

[그림 13-4] 비소의 생체변환

비산(arsenic acid, H_3AsO_4)의 경구 LD_{50}(토끼)는 6mg/kg, 아비산(arsenious acid, H_3AsO_3)의 경구 LD_{50}(토끼)는 20mg/kg으로 맹독성 물질이다.

급성 비소중독증상은 발열, 식욕감퇴, 구토, 탈수증상 뒤에 복통, 체온저하, 혈압저하, 경련, 혼수상태에 이어 사망하는데, 치사량은 100~300mg이다. 또한 간 비대, 흑피증, 용혈, 혈뇨, 황달 등도 일어난다.

만성중독량은 0.2~0.4ppm으로 중독 증상은 피부가 청동색으로 되며 손발 피부에 각화 현상이 일어나고, 구토, 복통, 빈혈, 체중감소, 신장염을 일으키는데, 황달이 특징적이다. 비소에 중독되면 손톱에 미스선(Mee's line: 손톱을 가로지르는 흰 선)이 생기므로 손톱의 생장과 그 선의 거리를 비교하여 폭로 시간을 알 수 있다. 또한 고농도의 비소가 머리카락, 손톱 및 피부에서 검출된다.

비소 식중독 사건은 1955년 일본 모리나가 비소우유중독사건이 가장 유명하다. 우유의 산도를 안정화하기 위한 제2인산나트륨 중에 아비산이 3~9% 함유되어 총 12,344명의 어린이가 중독되고 그 중 138명이 사망하였다. 주요 증상은 신경 장애와 장기 손상이었다.

타이완과 아르헨티나에서 비소 함량이 많은 음용수(0.9~3.4mg/L)로 인하여 비소중독 사건이 일어났는데, 흑족을 일으켰다. 우리나라 수질기준은 0.01mg/L 이하이다.

(5) 크롬

크롬(chromium, Cr)은 지각에 풍부한 금속으로 도금, 합금, 피혁 가공, 크롬 염료, 페인트, 요업 등의 산업폐수나 폐기물에 함유되어 있다. 식품과 물의 크롬은 주로 3가 크롬(Cr^{+3})이고, 직업적인 폭로는 주로 6가 크롬(Cr^{+6})이 주를 이룬다.

섭취한 크롬의 약 10%는 소화관으로 흡수된다. 크롬(III)의 LD_{50}는 1900~3300mg/kg으로 급성독성은 그리 크지 않다. 그러나 크롬(VI)의 LD_{50}는 50~150mg/kg이고 인체에 발암 및 돌연변이를 일으키는 유전 독성 물질로 잘 알려져 있다. 섭취된 크롬은 간, 비장, 골수, 신장에 높은 농도로 분포하는데, 크롬(VI)은 산화력이 강해 신장, 간, 혈구세포 등에 손상을 일으켜, 용혈, 간 손상, 급성 세뇨관 괴사를 초래한다. 체내에서 크롬(VI)은 크롬(III)으로 환원되어 세포 안으로 들어가 DNA 손상을 일으킨다. 그러나 크롬(III)은 요로 배설이 잘 되어 만성적인 체내 축적은 일으키지 않는다.

환경 오염 문제에 있어서 크롬은 유해 중금속으로 엄격히 관리되고 있는 중금속이지만, 영양적으로 크롬은 영양적으로 필요성이 인정되어 일일섭취기준이 설정되어 있으며, 최근에는 건강기능식품으로의 사용이 관심이 되고 있다.

미국은 크롬의 일일영양섭취기준으로 성인 남자 35*μ*g, 성인 여자 25*μ*g을 설정하였다. 크롬의 급원은 육류, 현미 등 곡류, 동물의 내장, 난황, 버섯, 브로콜리, 견과류 등이다.

또한 크롬은 고혈당, 인슐린 저항성 및 고지혈증을 개선시키고 체지방 질량을 개선시킬 목적으로 제2형 당뇨환자 등에게 건강기능식품으로 많이 선전되고 있다. 크롬(III)은 피콜린산크롬(chromium picolinate)이 가장 많이 이용되고 있으며, 염화크롬, 니코틴산크롬 (chromium nicotinate), 구연산크롬(chromium citrate)도 사용되고 있다. 그러나 크롬 보충의 이러한 효과에 대해서 반론도 있다. 다량의 피콜린산크롬은 DNA 손상의 위험을 증가시키는 유전독성을 나타내는 것으로 일부 보고되고 있다.

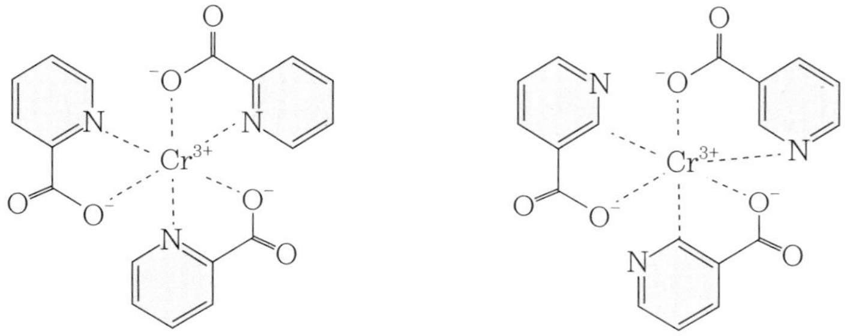

[그림 13-5] 피콜린산크롬(좌)과 니코틴산크롬(우)의 구조

(6) 주석

식품 중에서 주석(tin, Sn)의 함량이 많은 식품은 통조림 식품이다. 특히 통조림 주스의 경우가 용출되기 쉽다. 주석의 유기염인 알킬화주석 화합물은 수용성이며, 인체에 흡수되기 쉽다. 디알킬, 트리알킬, 테트라알킬 등의 세 가지 치환체들이 있으나 트리 및 테트라 알킬 치환체들이 독성이 강한 편이며, 신경장애를 일으킨다.

주석의 급성중독 증상은 복통, 어지러움, 발한, 호흡곤란, 배뇨장애가 일어난다. 만성중독 증상은 우울증, 간 손상, 면역계 이상, 염색체 손상, 적혈구 파괴, 신경장애(화를 잘 내고, 수면장애, 기억상실, 두통 등)가 일어난다.

1963년 8월 일본에서는 수학여행 중이던 학생들이 캔 과즙을 먹고 96명이 구토, 설사, 복통을 일으킨 중독사고가 발생하였는데, 주석이 300~500ppm 용해되어 있었다. 1965 년에는 과일 통조림을 먹고 828명의 중독사고가 일어났고 이때 주석이 158ppm을 함유되어 있었다.

현재 우리나라에서는 병·통조림식품, 다류, 커피, 음료류, 탄산음료류, 인삼홍삼음료 등의 주석 함량을 150mg/kg 이하(산성 통조림은 200mg/kg 이하)로 규제하고 있다.

(7) 셀레늄

셀레늄(selenium, Se)은 비금속 원소로, 황화물 광상으로부터 납, 구리, 수은, 니켈 생산 시 부산물이다. 셀레늄은 전자, 유리, 안료, 고무산업에서 많이 사용되고, 사료첨가제로도 사용되고 있다.

셀레늄 및 셀레늄 화합물은 셀레늄산염(selenate, Se^{+6}), 아셀레늄산염(selenite, Se^{+4}), 원소 셀레늄(Se^0), 셀레늄화물(selenide, Se^{-2}) 등 다양하고, 셀레늄산염은 상당히 가용성인 반면 아셀레늄산염 및 원소 셀레늄은 거의 불용성이다.

식품이나 물에 있는 셀레늄의 90% 이상이 십이지장에서 잘 흡수되고, 특히 간과 신장에 축적한다. 셀레늄은 태반을 통해 태아에도 전달되고, 유즙에서도 발견된다.

단일 투여된 아셀레늄산염은 흡수된 양의 15~40%가 처음 1주일간 요로 배설되고, 나머지는 103일의 반감기로 배설된다. 셀레노메티오닌의 반감기는 234일이다. 정상 상태에서는 요 중 농도는 대변의 두 배 정도이고 요 중 농도는 폭로의 지표 역할을 한다.

셀레늄은 땀과 호기로도 배설된다. 셀레늄은 체내에서 메틸 유도체로 대사되어 일부 호기로 배출되는데 마늘 냄새를 낸다.

셀레늄은 적혈구 내의 글루타티온 과산화효소 중 셀레노시스테인의 형태로 발견된다. 글루타티온 과산화효소는 과산화물을 환원시켜 막 지질, 단백질, 핵산 등을 산화적 손상으로부터 보호하는 역할을 하는 중요한 효소이다. 이러한 셀레늄의 영양적 필요성이 대두되면서 한국과 미국에서는 셀레늄의 영양섭취기준(dietary reference intakes, DRIs)이 성인 남성 기준 하루 55μg으로 설정되었다.

그러나 셀레늄의 일일섭취량은 주로 식품으로 섭취하는데, 지리적인 특성에 따라 일일 섭취량은 50~300μg으로 추정된다. 그리고 셀레늄의 유익한 범위는 매우 좁아 0.1ppm 이하에서는 셀레늄 결핍증이 일어나지만, 5ppm 이상에서는 독성이 나타나고 과잉의 셀레늄은 피부, 심장혈관계, 폐 손상을 유발하므로 과한 셀레늄 섭취는 자제하여야 한다.

셀레늄중독은 대개 셀레늄 농도가 높은 지역의 식물을 섭취하거나 셀레늄-건강기능식품에 섭취로 일어난다. 중독 증상은 치아 착색, 피부 발진, 위장장애, 권태, 모발과 손톱의 부분적인 손실 등이다. 과잉의 셀레늄을 섭취한 가축에서 '알칼리증'이 일어나, 활동력 부족, 탈모, 불임, 발굽위축, 절름발이, 빈혈을 초해한다. 간의 지방간, 괴사도 빈번히 보인

다. 또한 셀레늄은 수정능의 저하, 선천적인 이상을 초래하며, 배자독성과 최기형성이 있다고 추정된다.

우리나라의 먹는 물 기준은 0.01mg/L 이하, 염지하수의 경우에는 0.05mg/L 이하로 규정하고 있다.

(8) 망간

망간(managanese, Mn)은 합금, 건전지, 전선, 세라믹, 유리, 염료, 비료, 용접봉, 산화제, 사료 첨가물, 연료 첨가물 등으로 사용된다. 망간은 필수 영양소로서 인산화 반응, 콜레스테롤과 지방산 합성 반응에 관여하는 효소의 보조 인자이다. 이러한 망간의 영양적 필요성이 대두되면서 미국에서는 망간의 영양섭취기준이 성인 남성 기준 하루 2.3mg으로 설정되었고, 우리나라는 충분 섭취량으로 남성의 경우 4.0mg으로 설정하였다.

망간은 모든 도시 공기, 물에서 발견되지만, 주로 식품으로 섭취된다. 채소, 곡류의 눈, 과일, 견과류, 차, 양념류에 풍부하여 일일 섭취량은 2~9mg에 달하는 것으로 추정된다.

섭취한 망간의 소화관 흡수율은 5% 미만으로 거의 흡수가 안 되며 췌장, 간, 신장, 장 등 미토콘드리아가 풍부한 기관에 농축되고, 생물학적 반감기는 37일이다. 망간은 혈액-뇌 장벽을 잘 통과하므로 뇌 안에서의 반감기는 더욱 길어진다. 망간은 담즙으로 배설되어 장으로 흡수되는데, 주 배설경로는 대변이다.

장기간 낮은 농도의 망간에 노출된 사람들이 손 움직임이 느려지고 신경 이상 등을 일으키는 증상을 망간중독증이라 하는데, 심하면 중추신경 장애로 시상핵과 담창구가 심각하게 손상되고 간경화도 보인다. 만성 망간중독으로부터 회복은 매우 느리다.

망간중독증은 망간으로 오염된 물을 장기간 섭취할 때도 일어난다. 베트남의 홍강 삼각주(The red river delta)가 오염되어 약 65%의 우물이 비소와 망간, 셀레늄, 바륨 농도가 높아 국제적인 관심을 불러일으키고 있다.

(9) 코발트

코발트(cobalt, Co)는 대개 구리의 부산물로 얻어지며, 합금, 영구자석, 촉매로서 페인트 건조제와 염료 생산 등에 이용된다.

코발트는 비타민 B_{12}(cyanocobalamin)의 구성 성분으로 필수 미량원소로 간주되지만 무기질로 섭취하는 것이 아니고 비타민으로 섭취하여야 한다. 비타민 B_{12}의 우리나라 성인 남녀의 일일 섭취권장량은 2.4µg이다.

코발트의 식품을 통한 일일섭취량은 5~50μg인데, 음용수 중의 함유량은 0.1~5.0μg/L 범위이다. 코발트염은 경구섭취 후 흡수가 매우 잘 되며, 섭취한 코발트의 약 80%가 요로 배설된다. 15%는 장간순환을 하며 대변으로, 나머지는 유즙과 땀으로 배설된다.

염화코발트(II)의 쥐에서의 경구 LD_{50}은 80mg/kg이다. 과량의 코발트를 섭취한 후 일어나는 독특한 반응은 다혈구혈증이다. 또한 고농도로의 만성 섭취는 갑상선종을 초래하는데, 토양과 수질에 코발트가 높은 지역에서 갑상선종 발생률이 높게 나타난다. 어린이들에게 빈혈 치료용으로 3~4mg/kg 투여 시 갑상선종이 유발되기도 한다.

코발트 과잉 섭취는 또한 심근질환을 초래하기도 하는데, 특히 맥주의 거품방지제로 코발트를 1ppm 사용한 맥주를 많이 마시는 사람에서 발견된다.

IARC는 염화코발트를 인체발암추정물질(그룹 2B)로 분류하고 있다.

(10) 알루미늄

알루미늄(aluminium, Al)은 지각에서 가장 많은 금속으로(8.1%), 비중이 작고 장력강도가 커서 파이프, 화장품, 제산제, 그릇, 정수과정의 침전제 등 다양한 용도로 사용된다. 식품에는 평균 10~50mg/kg 정도 함유되어 있고 하루 섭취량은 약 80mg으로 추산된다.

섭취된 알루미늄은 소화관에서 10% 미만이 흡수된다. 알루미늄은 위장에서 흡수되는데 있어 칼슘, 마그네슘, 불소 등과 경쟁한다. 따라서 칼슘과 마그네슘이 결핍되면 알루미늄의 흡수를 증대시키고 산성식품 및 음료는 알루미늄의 흡수를 촉진한다.

흡수된 알루미늄은 순환계로 들어가 골격, 간, 근육 등의 조직에 분포되고, 혈액-뇌 장벽을 잘 통과하여 뇌의 회백질에 고농도로 축적된다. 알루미늄과 신경독성 간의 상관관계가 있음을 지적해주는 연구가 여럿 있다. 즉, 고양이, 개, 토끼 등에서 알루미늄은 진행성 뇌질환과 관련이 있어 운동공조능력 감퇴, 학습 및 기억장애를 유발한다. 또한 노인에서 고농도의 혈중 알루미늄이 시각-운동 공조능력의 장애와 장기 기억 감퇴와의 관련성이 제기되고 있다.

투석 치매 환자의 근육, 뼈, 뇌 회백질 등에 알루미늄 농도가 높다는 점에서 알루미늄중독과 투석치매와 관련성이 의심되고 있다. 정상 뇌의 알루미늄 양보다 10~20배를 초과하면 신경 증상이 나타나기 시작한다.

알루미늄은 칼슘의 흡수를 방해하므로 고농도의 알루미늄은 미숙아나 성장지연 아동에서 뼈 형성에 장애를 초래할 수 있다.

(11) 그 밖의 중금속

1) 우라늄

우라늄(uranium, U)은 자연에서 ^{238}U(99.3%), ^{235}U(0.7%), ^{234}U(0.05%)로 존재한다. 체내에서 우라늄은 6가의 우라닐 이온(UO_2^{2+})의 형태로 중탄산 이온 및 단백질과 복합체를 형성한다.

우라늄은 중금속으로서의 독성과 방사능 원소로서 독성이 위해 요인이다. ^{238}U는 반감기가 45억년으로 길어 중금속으로서의 독성을 발휘하고, 반면에 ^{235}U는 방사능 원소로 큰 위해요인이 된다.

식품, 물, 공기를 통한 우라늄 섭취는 수mg 정도에 지나지 않는다. 섭취한 우라늄의 1%만이 혈액으로 흡수되는데, 혈장에서 중탄산우라닐이 되어 골격으로 수송되거나 신장에서 배출된다. 혈중 우라늄의 약 70%는 24시간 내에 신장을 통해 요로 배설되고 일부는 폐로 배출된다.

중탄산염 형태의 우라늄은 사구체에서 여과되는데, 근위세뇨관이 산성화되면 중탄산염은 해리되어 우라닐 이온은 다시 세뇨관 상피세포막에 결합·부착한다. 뒤이어 상피세포가 손상되어 심각한 신장 손상을 초래하여 알부민, 포도당 등의 요 배출이 증대된다.

2) 스트론튬

스트론튬(strontium, Sr)은 원자번호 38번의 원소로, 칼슘, 마그네슘과 같은 알칼리토금속에 속한다. 자연에 15번째로 풍부한 원소이며 동식물 모두에 존재하는데, 특히 어패류에 풍부하다. 인체에는 약 320mg 들어 있는데, 99%가 뼈에 존재한다.

스트론튬은 체내 대사에서 칼슘을 대체하기도 한다. 스트론튬의 독성은 상당히 낮은 편이어서 염화스트론튬($SrCl_2$)의 쥐에서의 경구 LD_{50}은 2,250mg/kg이다.

스트론튬-90(^{90}Sr)은 반감기가 28.9년인 방사성 동위원소로 우라늄이나 플루토늄의 핵분열에서 생성되며, 원자력 발전소 사고나 대기권 핵실험 때 넓은 지역으로 퍼져 지상으로 떨어진다. 이는 식물에 의해 흡수되고, 이를 먹은 가축의 체내로 들어오며, 이들 오염된 채소와 육류 섭취를 통해 사람에게 들어온다. 이렇게 사람의 몸에 들어오면 뼈에서 Ca을 대체하여 ^{90}Sr이 축적되고, 이 방사선에 의해 골수암이나 백혈병 등에 걸릴 위험이 커진다. 국제적으로 대기권 핵 실험을 중단시킨 주된 이유가 바로 이러한 ^{90}Sr 낙진 때문이다.

스트론튬 화합물인 라넬산스트론튬(strontium ranelate)은 골 형성을 촉진하고, 골 밀도를 높이며, 골절을 줄이는 효과가 있어 골다공증 치료제로 사용되기도 한다.

3) 안티몬

안티몬(antimony, Sb)은 방염제, 합금 등으로 사용된다. 성인에는 약 7~9mg 들어 있는데, 약 25%는 뼈에, 약 25%는 혈액 중에 있다.

오염화안티몬의 LD_{50}(쥐, 경구)는 1,115mg/kg이고 8시간 허용농도는 $0.5mg/m^3$이다. 안티몬의 급성중독은 구토, 작열감, 설사를 일으키고 만성적으로는 간 손상과 혈액장애를 초래한다. IARC와 EPA는 발암물질로 분류하지 않고 있다.

식품 중의 안티몬의 함량에 대해서는 별로 알려진 것이 없으나, 법랑이나 캔에 저장한 식품에 상당량의 안티몬이 이행될 수 있다. 안티몬은 PET 제조에 촉매로 사용되는데, PET 중의 안티몬은 끓이거나 전자레인지에서 가열할 때 특히 용출이 잘 되므로 식품안전상 큰 관심이 되고 있다. 또 영국에서 PET병에 담은 과일주스에서 안티몬이 EU의 음용수 기준인 5g/L를 훨씬 초과한 44.7g/L이 발견되기도 하였다. 또한 페트병의 생수를 장기간 방치하면 기준을 초과하는 안티몬이 용출할 위험이 있다. WHO의 먹는 물 기준은 20ppb, 미국은 6ppb이다. 우리나라는 아직 안티몬 수질기준을 설정하고 있지 않다.

4) 바륨

바륨(barium, Ba)은 모든 생물에 존재하지만 특히 해조류와 어패류에 많다. 브라질 땅콩에 특히 많이 들어 있는데 3,000~4,000ppm 정도 들어 있다. 미국인의 하루 추정 섭취량은 약 270~1,290μg이다.

섭취한 바륨은 약 2%만이 흡수되어 거의 흡수가 안 된다. 성인에는 약 22mg 들어 있는데 약 66%가 뼈에 존재하며, 눈에는 0.21~1.1ppm 들어 있다.

바륨 화합물은 LD_{50}(쥐)이 탄산바륨 630mg/kg, 염화바륨 118mg/kg, 초산바륨 921mg/kg으로 비교적 독성이 강하며, 탄산바륨은 살서제로도 사용된다. 바륨은 칼륨통로에 작용하여 설사와 위장자극, 근육자극제로 작용하고, 고농도에서는 신경계에 작용하여 부정맥, 진전, 불안감, 호흡곤란, 마비를 일으킨다. 또한 눈, 면역계, 심장, 호흡계에도 작용한다. 미국의 먹는 물 기준은 2ppm이다.

5) 게르마늄

체내 게르마늄(germanium, Ge) 함량에 대해서는 알려진 바가 없으나, 혈중농도는 약 0.5ppm이다. 식품으로의 하루 섭취량은 약 1.5ppm인데 요로 1.4ppm, 대변으로 0.1ppm 배설된다. 마우스에 물 중 5ppm으로 투여하면, 여러 장기에 고농도로 농축되는데, 특히 비장에 농축된다.

이산화 게르마늄은 쥐의 경구 LD$_{50}$이 2,000mg/kg 이상으로 독성이 매우 약한 편이지만, 유기 게르마늄이 무기 화합물보다는 독성이 더 크다. IARC는 게르마늄은 발암물질로 분류되지는 않는다. 또한 이산화 게르마늄은 PET 제조에 촉매제로 사용된다.

근래 게르마늄의 효과에 대해서 항암작용, 강장작용 등이 제기되고 있지만, 아직까지 그 효과에 대해서는 확실한 증거는 없다. 각종 건강기능식품, 게르마늄 함유 식품으로 사용되고 있지만, 미국 FDA는 건강기능식품으로 사용되는 무기 게르마늄은 지방간을 일으키는 등 건강에 위해를 끼칠 가능성이 있다고 결론짓고 있다. 또한 게르마늄의 시트르산 및 젖산염은 만성적으로 신장 기능이상, 지방간, 말초신경질환을 초래한다. 최근에는 게르마늄 화합물인 프로파게르마늄이 만성간염치료, 암 치료에도 효과가 좋다고 선전되고 있다.

3. 중금속 오염의 안전성 관리

식품의 중금속 오염을 관리하는 문제는 중금속의 정의와 사용이 매우 광범위하므로 정부 내 여러 부처가 관련되는 문제이다. 예로 페인트 사용으로 인한 납의 오염은 페인트의 규격을 정하는 산업통상자원부, 그리고 생산 및 사용을 관장하는 고용노동부, 환경부, 농림수산식품부, 해양수산부, 식품의약품안전처, 한국소비자원, 국토교통부 등 범정부적인 문제가 된다.

현재 우리나라에서는 '수질 및 수생태계 보전에 관한 법률'의 수질 오염물질, '대기환경기본법'의 대기 오염물질로 중금속 배출을 관리하고 있다. 그리고 먹는 물은 '먹는 물 관리법', '먹는 물 수질기준 및 검사 등에 관한 규칙' 등으로 관리하며, 식품은 '식품안전기본법', '식품위생법', 그리고 '식품의 기준 및 규격(이하 식품공전)' 등으로 관리하고 있다.

우리나라의 식품공전에서는 '중금속에 대한 규격이 따로 정하여지지 않은 식품은 10mg/kg을 초과하여서는 아니 된다.'라고 정하고 있다. 그리고 농산물과 축산물에 대해서는 납과 카드뮴 기준이 설정되어 있다[표 13-4].

표 13-4 우리나라의 농산물과 축산물의 중금속 기준

	대상 식품	납(mg/kg)	카드뮴(mg/kg)
농산물	곡류(현미 제외)	0.2 이하	0.1 이하(쌀, 밀은 0.2 이하)
	서류	0.1 이하	0.1 이하
	콩류	0.2 이하	0.1 이하(대두는 0.2 이하)
	과일류	0.1 이하 (사과, 귤, 장과류는 0.2 이하)	–
	엽채류 (결구 엽채류 포함)	0.3 이하	0.2 이하
	엽경채류	0.1 이하	0.05 이하
	근채류	0.1 이하	0.1 이하(양파는 0.05 이하)
	과채류	0.1 이하(고추, 호박은 0.2 이하)	0.05 이하(고추, 호박은 0.1 이하
	버섯류	양송이버섯, 느타리버섯, 새송이버섯, 표고버섯, 송이버섯, 팽이버섯, 목이버섯에 한한다	
		0.3 이하	0.3 이하
	참깨	0.3 이하	0.2 이하
축산물	가금류고기	0.1 이하	–
	돼지간	0.5 이하	0.5 이하
	돼지고기	0.1 이하	0.05 이하
	돼지신장	0.5 이하	1.0 이하
	소간	0.5 이하	0.5 이하
	소고기	0.1 이하	0.05 이하
	소신장	0.5 이하	1.0 이하
	원유 및 우유류	0.02 이하	–

그리고 가공식품에 있어서는 식용유지류에는 납과 카드뮴 기준이 설정되어 있고, 영·유아용 조제식 등에는 납 기준이 설정되어 있다[표 13-5]. 또한 캡슐류에 대해서는 비소 1.5ppm 이하, 병·통조림 식품, 다류, 커피, 음료류, 탄산음료류, 인삼·홍삼음료 등에 대해서는 주석 150mg/kg 이하(단, 산성 통조림은 200mg/kg 이하)로 설정되어 있다.

표 13-5 가공식품의 중금속 기준

대상식품	납(mg/kg)	비소(mg/kg)
식용유지류	0.1 이하	0.1 이하
영아용 조제식, 성장기용 조제식, 영·유아용 곡류조제식 등	0.01 이하	–

식품공전에서 수산물은 납, 카드뮴뿐 아니라 수은 오염이 우려되므로 수은 항목이 설정되어 엄격히 규제하고 있으며, 식염에는 비소 함량도 규제하고 있다[표 13-6]. 그리고 수질 및 수생태계 보전에 관한 법률 시행령에서는 체내 총 수은이 0.3mg/kg 이상인 어패류의 섭취를 금지하고 있다.

표 13-6 수산물의 중금속 기준

대상 식품		중금속(mg/kg)				
		납	카드뮴	수은	메틸수은	비소
어류	민물 및 회유어류	0.5 이하	0.1 이하	0.5 이하	–	–
	해양어류		0.2 이하		–	–
	심해성어류		–	–	1.0 이하	–
연체류		1.0 이하 (낙지는 2.0 이하)	2.0 이하 (낙지는 3.0 이하)	0.5 이하	–	–
갑각류	일반	1.0 이하	1.0 이하	–	–	–
	꽃게류	2.0 이하	5.0 이하	–	–	–
해조류		–	0.3 이하 김, 조미김	–	–	–
식염		2.0 이하	0.5 이하	0.1 이하	–	0.5 이하

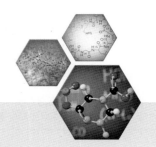

제 14장

방사능 오염

방사능 물질이란 원소의 원자핵이 불안정하여 방사선을 방출하며 스스로 붕괴되어 안정된 다른 원자핵으로 변환되는 물질을 말한다. 방사선 중에서 이온화 방사선은 생체에 작용하여 DNA 절단·변형 등을 일으켜 돌연변이나 대사변화를 초래하므로 식품 중 방사능 물질의 오염은 커다란 식품위해요인이 된다.

우리는 천연에 존재하는 방사능 물질과 우주선에서 유래하는 미약한 방사선에 노출되고 있다. 음용수와 식품에도 천연방사성 핵종인 ^{40}K, ^{226}Ra 등에서 유래하는 방사능이 검출된다. 이와는 별도로 핵폭발시험에 의한 방사성 핵종, 원자력 발전소와 핵연료 재처리시설에서 배출되는 배기, 배수 및 폐기물 등에 의한 오염이 우려되고 있다. 원자력 발전소의 사고는 식품 오염을 유발하는데, 1986년 4월 소련의 체르노빌에서의 사고는 커다란 식품 오염 문제를 일으켰다. 또한 1993년 10월 러시아가 핵폐기물을 동해에 무단 투기하여 커다란 국제 문제화되기도 하였다. 최근 2011년 3월 11일 일본 도호쿠 대지진에 이어 발생한 후쿠시마 원자력 발전소의 핵연료 용융과 수소 폭발로 이어져 다량의 방사성 물질이 누출되었다. 이는 향후 국내의 환경 및 식품 오염의 문제를 지속적으로 야기할 가능성이 크다.

방사능의 위해성을 결정하는 요인은 첫째, 방사능 물질의 양(radioactivity, Ci) 둘째, 방사능 물질이 방출하는 이온화 방사선의 종류와 특성 셋째, 방사능 물질의 반감기 넷째, 피폭 부위이다.

1. 이온화 방사선

이온화 방사선은 물질에 작용하여 직·간접적으로 이온화를 일으키는 방사선을 일컫는다. 이온화 방사선에는 X-선, γ선 등의 전자파와 α입자, β입자, 전자, 중성자(neutron), 양전자(positron), 양성자(proton) 등의 입자선이 있다.

(1) 이온화 방사선의 종류

① **X-선:** 원자의 핵 외부에서 기원한다. X-선 장치는 진공 중에서 고전압을 걸어 발생시킨다.

② **γ선:** 불안정한 핵이 안정성을 얻기 위하여 에너지를 방출하는 것에 기원한다. 에너지가 가장 풍부한 전자파로 투과력이 커서 신체를 관통한다. 간접적인 이온화를 일으킨다.

③ **α입자:** 헬륨(He) 원자핵으로 두 개의 양성자와 두 개의 중성자로 구성되어 있다. 우라늄, 플루토늄, 라듐, 토륨 등의 무거운 원소의 방사능 붕괴로 만들어진다. 두 개의 양전하가 있어 이온화 능력이 매우 강하므로, 섭취하거나 흡입하였을 때는 제일 문제가 된다. 크기가 커서 투과력은 약해, 공기 중에서는 1~8cm, 피부에서는 0.1mm 통과한다.

④ **β입자:** 원자의 핵에서 중성자가 양성자로 변환되면서 만들어지는 전자(e)로, β입자의 붕괴 방출은 일반적으로 양성자에 대한 중성자의 비가 큰 원자에서 일어난다. α입자보다 이온화 능력은 작고 투과력은 크다. 피부를 약 2.0cm 통과한다.

⑤ **양전자:** 전자와 질량은 같으나 양전하를 띠고 있다. 핵에서 양전자의 방출은 양성자로부터 중성자로의 변환으로 일어나는데, 양성자에 비해 중성자의 비가 작은 불안정한 원자에서 잘 일어난다.

⑥ **중성자:** 하나의 전자와 하나의 양성자로 구성된 입자이다. 질량으로 인해 운동에너지가 크고, 전하를 띠지 않으므로 투과력은 크다. 수소원자의 핵과 충돌하면 양성자를 방출해 이온화를 일으킨다. 투과력이 강해 조직 깊숙이에서 이온화한다.

⑦ **양성자:** 수소 원자핵으로 전하량은 +1이다. 조직에서 중성자들의 작용으로 만들어진다. 전하와 질량이 있어 강력한 이온화 능력을 갖는다.

(2) 반감기

　방사성 핵종은 끊임없이 붕괴하면서 방사선을 방출한다. 방사선의 방출 즉, 방사능 붕괴 속도는 다음과 같은 식으로 붕괴되므로 각 핵종에 따라 예측가능하며 해당하는 일정한 값을 갖는다.

$$N = N_0 e^{-\lambda t}$$

　여기서 N_0는 최초 핵종의 원자 수이고, N은 일정 시간 t가 경과한 후에 남아 있는 핵종의 원자 수이며, λ는 방사성 핵종마다 독특한 특정 상수로 붕괴상수라고 한다. 핵종 원자의 50%가 붕괴하는데 걸리는 시간을 물리적 반감기(T_r)라고 한다.

　체내에서는 방사성 핵종은 방사능 붕괴로 줄어들 뿐 아니라, 생체대사, 배설 등으로도 줄어든다. 따라서 체내 방사능 원소의 제거 속도는 그 방사능 반감기뿐 아니라 생물학적 반감기에 좌우되기 때문에 유효 반감기(effective half-life)가 더욱 중요해진다. 물리적 반감기(T_r), 생물학적 반감기(T_b), 유효 반감기(T_{eff}) 사이에는 다음과 같은 관계식이 성립한다.

$$T_{eff} = \frac{T_r \times T_b}{T_r + T_b}$$

　방사능 핵종에 따라 반감기는 큰 차이가 난다[표 14-1]. 또한, 신체 장기에 축적되는 정도에 따라 생물학적 반감기는 전신에서의 반감기와는 다를 수가 있다. 예를 들면, 요오드(I_2)는 갑상선에서의 생물학적 반감기는 138일이지만, 신장에서는 7일, 뼈에서는 14일이다.

표 14-1 생물학적으로 중요한 방사성 핵종의 반감기

핵종	반감기		
	물리적 반감기	생물학적 반감기	유효 반감기
^{3}H	12.3년	12일	12일
^{14}C	5,600년	10일	10일
^{24}Na	15시간	11일	14시간
^{32}P	14일	260일	14일
^{55}Fe	3년	1,700일	820일
^{65}Zn	245일	2,000일	220일
^{90}Sr	28년	36년	16년

^{131}I	8일	138일	8일
^{137}Cs	30년	70일	70일
^{239}Pu	24,000년	180년	180년

2. 방사선 단위

국제 방사선 단위 SI(international system)는 국제방사선방호위원회(international commission on radiological protectionI, CRP)에서 권장하는 단위이다. 종래 사용되던 큐리(curie), 뢴트겐(roentgen), 라드(rad), 렘(rem)을 각각 베크렐(becquerel, Bq), 쿨롱(coulomb/kg), 그레이(gray, Gy), 시버트(sievert, Sv)로 대신 사용할 것을 권장하고 있다.

(1) 베크렐

베크렐(becquerel, Bq)은 방사능(radioactivity)의 단위로 1베크렐은 1초당 하나의 원자핵이 붕괴하는 것을 의미한다(1Bq=1disintegration/sec). 세슘-137 1g의 방사능 양은 3.215×10^{12} Bq이다. 방사성 동위원소에 따라 g당 방사능의 양은 정해져 있다. 예전에 사용되던 큐리(Ci)와의 관계는 1Bq =~2.703 x 10^{-11} Ci 이다.

(2) 흡수선량(그레이, Gy)과 선량률

방사선 조사 시 물질(m)에 전해지는 평균 에너지(e)를 흡수선량(absorbed dose)이라고 정의한다.

$$D = e/m$$

여기서 D = 흡수선량
e = 물질에 축적된 평균에너지
m = 질량

흡수선량의 단위는 그레이(gray, Gy)이며 1J/kg이다. 예전 단위인 rad는 100erg/g이다. 따라서 100rad=1Gy가 된다.

흡수선량이 폭로선량(exposure, 조사선량)과 혼동하여 사용되기도 하는데, 폭로선량은 γ선과 광자에 대해 공기 중에서만 정의되며, 단위는 Coulomb/kg(공기)이다. 폭로선량의 예전 단위는 Roentgen인데, 1Roentgen은 2.58×10^{-4} Coulomb/kg과 같다.

선량률(dose rate)은 단위 시간당 흡수선량이다. 예를 들면, 테크네튬-99m(^{99m}Tc)로 갑상선을 검사할 때는 갑상선에 전달되는 선량률인 테크네튬-99m의 반감기가 6시간이므로 시간이 경과함에 따라 크게 감소한다. 이런 경우 갑상선에 대한 위해성과 직접 관련되는 것은 시간당 선량률을 합한 총 흡수선량이다. 한편 천연 ^{40}K로부터의 선량률은 모든 세포에서 일생동안 거의 일정하므로, 연선량률(annual dose rate)로 나타내기도 한다.

(3) 등가선량

단위중량 당 그 흡수선량이 같더라도 방사선에 따라 생물학적인 영향은 달라진다. γ 선에 대한 각 방사선의 가중치는 [표 14-2]와 같다. 이와 같이 표준화한 흡수선량을 등가선량(dose equivalent, 선량당량)이라고 하며 단위는 시버트(Sievert, Sv)를 사용한다.

$$H = DQ$$

여기서　H = 등가선량(Sievert)
　　　　 D = 흡수선량(Gray)
　　　　 Q = 방사선가중치

표 14-2　여러 방사선의 방사선 가중치

방사선 종류	방사선 가중치
광자, 전자(X-선, γ 선, β 입자)	1
양성자 및 하전 파이온	2
α 입자, 핵분열 파편, 중이온	20

(4) 유효선량

신체의 방사선 피폭이 균일 또는 불균일하게 생겼을 때, 피폭된 장기·조직에서 흡수된 등가선량을 상대적인 방사선 감수성의 상대치(조직하중계수)로 가중하여 모두 합산한 것을 유효선량(effective dose)이라 하는데, 이는 피폭선량이라고도 표현할 수 있다.

'원자력안전법'에서는 일반인의 경우 피폭 선량한도를 연간 1mSv로 정하고 있다. 일반적으로 병원에서 엑스레이를 1회 촬영할 경우 피폭선량이 0.01~0.1mSv 정도이다.

유효선량 E는 인체 장기 T의 등가선량을 HT, 조직하중계수를 wT라고 할 때, 유효선량 [Sv]) E = Σ(장기 T 의 등가선량 [Sv])H_T × (장기 T의 조직하중계수) w_T로 정의한다. 다

시 말해,

$$유효선량 = \Sigma(그 \ 장기의 \ 등가 \ 선량 \times 그 \ 장기의 \ 조직하중계수)$$
$$= H_{생식선} \times W_{생식선} + H_{적골수} \times W_{적골수} + (\ \ ) + (\ \ ) + (\ \ )....$$

이 된다.

여기서 조직하중계수는 각 조직과 장기에서의 방사선의 영향도(방사선 감수성)의 지표가 되는 계수로 각 조직과 장기가 얼마나 방사선의 영향을 받기 쉬운가 하는 정도이다. ICRP이 권고하는 각 조직과 장기별 조직하중계수는 [표 14-3]과 같다.

표 14-3 조직하중계수

조직 · 장기	조직하중계수		
	ICRP103(2007년)	ICRP60(1990년)	ICRP23(1977년)
생식선	0.08	0.20	0.25
적골수	0.12	0.12	0.12
폐	0.12	0.12	0.12
결장	0.12	0.12	–
위	0.12	0.12	–
유방	0.12	0.05	0.15
갑상선	0.04	0.05	0.03
간장	0.04	0.05	–
식도	0.04	0.05	–
방광	0.04	0.05	–
골표면	0.01	0.01	0.03
피부	0.01	0.01	–
타액선	0.01	–	–
뇌	0.01	–	–
기타 조직 · 장기	0.12	0.05	0.30
계수합계	1.00	1.00	1.00

(5) 유효선량계수

일반적으로 장기·조직이 받는 등가선량을 직접 측정하기는 어렵기 때문에 방사선 업무 종사자 등의 외부 피폭의 실효선량은 개인선량측정기의 측정 결과를 계산식을 이용해 산출하지만, 내부 피폭의 경우는 유효선량계수(effective dose coefficient, 실효선량계수) [표 14-4]를 이용하여 산출한다. 각 방사성 원소도 그 화학 형태에 따라 피폭선량은 다르고, 또 흡입이나 경구 섭취의 차이로도 달라지므로 환산계수는 큰 차이가 있다. 단위는 mSv/Bq이다.

표 14-4 유효선량계수

핵종	환산계수
삼중수소 ^3H	1.8×10^{-8}
요오드 ^{131}I	$1.1 \sim 2.2 \times 10^{-5}$
세슘 ^{137}Cs	$1.3 \times 10^{-5} \sim 6.7 \times 10^{-6}$
플루토늄 ^{239}Pu	$9.0 \times 10^{-6} \sim 3.2 \times 10^{-2}$

* ICRP, 1994. Dose Coefficients for Intakes of Radionuclides by Workers. ICRP Publication 68. Ann. ICRP 24 (4).

예, Bq를 mSv로 변환할 경우
- 최근 후쿠시마현 인근 히타치시에서 재배한 시금치에서 kg당 54,000Bq의 방사성 요오드 131이 검출되었음.
- 이 오염된 시금치를 매일 50g 섭취 시 연간 인체에 노출되는 방사선량은 21.7mSv 수준이 된다.

계산식: $54,000Bq/kg \times 0.05kg/day \times 365day/year \times 2.2 \times 10^{-5} = 21.7mSv$

(6) 예탁선량

체내에 들어온 방사성 물질은 인체의 대사·배설 기능 및 방사성 붕괴에 따라 방사능이 감쇠될 때까지는 체내에서 방사선을 방출이 계속된다(내부 피폭). 체내에 오래 체류하는 방사성 동위원소의 경우 피폭이 긴 기간에 이르게 되므로 장래 받을 방사선량을 미리 평가하기 위하여, 방사성 물질을 섭취한 시점에 그 방사성 물질이 체내에 잔류하는 동안의 누적 방사선량을 각 장기별로 실효선량으로 평가하는 것을 예탁선량(committed effective dose, 예탁실효선량)이라 한다. 덧붙여 선량의 누적 계산을 하는 기간은 성인은 50년, 어린이는 70년 기간을 사용된다. 내부 피폭에 의한 피폭은 장기간에 걸치므로, 전 생애에 걸친 보건상의 유해성을 평가 할 때는 예탁선량을 사용한다.

(7) 연간섭취한도

연간섭취한도(annual limit on intake, ALI)란 1년간 섭취 및 흡입으로 인한 내부피복으로 근로자의 예탁선량이 1년간 20mSv에 이를 수 있는 방사성 핵종의 방사능의 양이다[표 14-5]. 일반인은 연간 1mSv를 적용하므로 표의 값의 20분의 1값을 적용한다.

표 14-5 핵종별 연간섭취한도

방사능 핵종	연간섭취한도(ALI, Bq)	연간섭취한도(양)
Plutonium-239	8.0×10^4	30μg
Neptunium-237	1.82×10^5	7mg
Americium-241	1.00×10^5	0.8μg
Curium-244	1.67×10^5	0.06μg
Technetium-99	3.13×10^7	40mg
Iodine-129	1.82×10^5	30mg
Cesium-135	1.00×10^7	0.2g

3. 이온화 방사선의 출처

(1) 자연 방사선

우리들은 외계로부터의 우주선, X-선 등에 의한 자연 방사선에 늘 폭로되고 있고, 대부분의 토양, 암석, 석탄 등에는 우라늄(^{238}U)과 토륨(^{232}Th)이 1~5ppm 함유되어 있으며, 또 이들은 대기 중의 천연 방사성 핵종의 대부분을 차지한다. 라돈(^{222}Rn, 반감기 3.82일)은 우라늄 채광 및 가공, 건축자재, 천연가스, 담배연기 등에서 발견되는데, 대기 중의 라돈(^{222}Rn) 함량은 고도, 위도, 기압, 기습, 계절, 환기속도 등에 좌우되는데, 해발 1,800m에서는 2배로 증대된다.

또한 텔레비전 세트, 공항 검사대, 전자 현미경, 건축자재 등에서도 방사선이 나온다. 이러한 폭로로 미국인은 연간 약 0.04~0.05mSv 폭로된다고 추정되고 있다. 이중 대부분은 건축자재에 천연적으로 존재하는 방사성 핵종 때문이다. 비행기 여행은 우주선에 의한 폭로는 증대시키지만, 대기 중으로 전파되는 핵종에는 오히려 덜 폭로된다.

먹는 물은 수원에 따라 지각 중의 방사능 물질로 오염이 일어날 수 있다. 충북 괴산 지역 지하수에서 우라늄, 라돈 등이 초과 검출되고 있다.

(2) 원자력 발전

2014년 현재 우리나라에서는 총 25기의 원자력 발전소가 운전 중에 있으며, 설비용량은 1,872만 kW로 미국, 프랑스, 일본, 러시아, 독일에 이은 세계 6위의 규모이다. 그리고 원자력 발전량은 국내 총 발전량의 34.1%를 차지하고 있고, 추가 건설 중에 있어 원자력 발전은 향후 계속 늘어날 전망이다.

원자력 발전에서 핵분열 시 다양한 방사성 핵종이 만들어진다. 망간(^{54}Mn), 코발트(^{56}Co, ^{60}Co), 철(^{59}Fe), 스트론튬(^{89}Sr, ^{90}Sr), 크립톤(^{95}Kr), 지르코늄(^{95}Zr), 니오븀(^{95}Nb), 루비듐(^{103}Ru, ^{106}Ru), 요오드(^{130}I, ^{131}I), 제논(^{131}Xe, ^{133}Xe), 세슘(^{134}Cs, ^{137}Cs), 바륨(^{140}Ba), 세륨(^{144}Ce), 프라세오디뮴(^{144}Pr), 플루토늄(^{239}Pu) 등이다. 이중에서 크립톤(^{85}Kr), 제논(^{131}Xe, ^{133}Xe) 등과 같은 가스상 및 휘발성 방사성 핵종은 감마선의 외부 피폭을 일으키며, 나머지는 표면에 침착하여 외부 피폭 혹은 먹이사슬을 타고 내부 피폭을 일으킨다.

또한 원자로의 온배수를 통해 배출되는 방사성 핵종은 삼중수소(^{3}H), 코발트(^{60}Co), 망간(^{54}Mn), 아연(^{65}Zn), 철(^{59}Fe), 크립톤(^{85}Kr) 등이다. 이러한 방사능은 극히 미량이지만 온배수의 배출량이 막대하므로 수생 생물의 먹이사슬에서 수만 배까지 농축되어 식품을 오염시킬 수 있다.

원자력 발전 배출 방사성 핵종 중 환경 및 인체 건강에 가장 우려되는 것은 삼중수소(^{3}H), 스트론튬(^{90}Sr)과 세슘(^{137}Cs), 요오드(^{131}I), 크립톤(^{85}Kr)이다.

삼중수소(^{3}H, 반감기 약 12년)는 소량 생기지만, 제거 방법이 없어 냉각수로 들어가 결국 해수를 오염시킨다(99%). 약 1%는 대기로도 방출된다.

스트론튬(^{90}Sr)은 β 선을 방출하는데, 그 화학적 특성이 칼슘과 비슷하여 소화관에서 흡수도 잘 되며, 뼈에 침착되어 골수조직의 조혈기능장애를 일으킨다. 게다가 스트론튬은 반감기가 28년을 매우 길고, 유효 반감기도 16년이어서 배설이 매우 느리다.

세슘(^{137}Cs)은 반감기가 30년이고, 유효 반감기는 70일이며, 화학적 특성이 칼륨과 비슷해 전신에 분포되며, β 선을 방출하는데, 특히 생식세포와 근육에 크게 영향을 미친다.

요오드(^{131}I)는 휘발성이 커서 쉽게 누출될 수 있으나 반감기가 8일로 짧다. 요오드는 갑상선에 침착되어 갑상선 장애를 초래한다.

크립톤(^{85}Kr)은 식물의 표면에 침착하여 식육과 유즙을 통해 오염된다.

(3) 핵실험 및 핵폭탄

핵폭발로 생성되는 방사능 핵종 중에서 인간의 폭로에 기여하는 것으로는 스트론튬(^{89}Sr, ^{90}Sr), 지르코늄(^{95}Zr), 루비듐(^{103}Ru, ^{106}Ru), 요오드(^{131}I), 세슘(^{137}Cs), 세륨(^{141}Ce, ^{144}Ce) 등이다. 플루토늄(^{239}Pu)도 상당량 존재하지만, 그 용해성 때문에 낙진으로부터의 주 기여물질은 아니다. 낙진방사선의 일차적인 폭로는 γ 선으로 먹이사슬로 들어가고, β 선은 피부에 폭로된다. 2006년 2월 북한의 1차 핵실험 이후 2009년 5월 2차 실험, 2013년 2월 3차 실험을 강행하고 있는 것은 장래 우리 식품의 방사능 오염 가능성을 높이고 있다.

(4) 산업용 및 의료 · 연구용

우리 생활주변에는 다양한 방사성 핵종과 방사선발생장치들이 이용되고 있다. 한국 원자력연구원에서는 각종 방사성 동위원소[코발트(^{60}Co), 탄소(^{14}C), 이리듐(^{192}Ir) 등 10여 종의 방사성 동위원소와 산업용 방사선원]를 생산하는데, 국내 의료계 및 산업계에서 활용하고 있다.

다양한 방사선 발생장치가 연구용 및 진단용으로 사용된다. 연구용 방사선 발생장치에는 엑스선 발생장치, 사이클로트론, 신크로트론, 신크로사이클로트론, 선형가속장치, 베타트론, 반 · 데 그라프형 가속장치, 콕크로프트 · 왈톤형 가속장치, 변압기형 가속장치, 마이크로트론, 방사광 가속기, 가속이온주입기 등이 있다. 진단용 방사선 발생장치는 진단용 엑스선 장치, 진단용 엑스선 발생기, 치과진단용 엑스선 발생장치, 전산화 단층 촬영장치(X-선 CT), 양전자 방출 전산화 단층 촬영장치(PET), 유방 촬영용 장치 등이 있다.

산업용 및 의료 · 연구용 방사선에 대해서는 방사선 및 방사성 동위원소 이용진흥법, 방사성 폐기물 관리법, 생활주변 방사선 안전관리법, 진단용 방사선 발생장치의 안전관리에 관한 규칙, 동물 진단용 방사선 발생장치의 안전관리에 관한 규칙 등이 제정되어 관리하고 있다.

(5) 석탄의 연소과정

대기 중의 방사선의 상당량은 화석연료 특히 석탄의 연소과정으로 방출된다. 석탄에는 1~5ppm의 우라늄-238(^{238}U)와 1~5ppm의 토륨-232(^{232}Th)가 들어 있다. 이들은 석탄 재에서 약 10배로 농축된다. 1백만 KW의 화력발전소로부터 연간 우라늄 약 23kg, 토륨 46kg 방출된다고 추정되고 있다. 이러한 이유로 석탄을 사용하는 화력발전소는 잘 관리되고 있는 원자력발전소에 버금갈 정도로 방사능을 누출시키고 있다는 주장도 있다.

4. 방사선의 생물 영향

(1) 방사선의 작용 메커니즘

방사선은 물질을 이온화하고 자유라디칼을 생성시키는데, 세포내의 물 분자가 라디칼과 이온으로 변화하고, DNA나 효소에 흡수되어 세포분열을 방해하거나 돌연변이를 일으킨다.

1) 이온화 작용

방사선의 이온화 능력은 방사능 원소의 원자번호, 전자밀도 등에 의하여 결정된다.

$$H_2O \rightarrow H^+ + OH^- + e^-$$
$$e^+ + H^+ \rightarrow H$$

또한 산소에 작용하여 자유라디칼을 형성하기도 한다.

$$e^+ + H^+ + O_2 \rightarrow HO_2$$

2) 자유라디칼 형성

$$HOCH_2CH_3 \rightarrow OHCH\text{-}CH_3 + H_2O$$
$$\downarrow O_2$$
$$\text{중합 · 산화}$$

알코올에 작용하여 자유라디칼을 생성함으로써 단백질의 -SH, -S-S-를 산화시켜 단백질과 지방의 사슬을 파괴하고 분자간 교차결합을 형성시키며, 핵산 염기의 변화, 핵산의 절단 등을 초래한다.

(2) 방사성 핵종의 흡수

방사성 핵종으로 오염된 식품이나 물을 섭취하면 방사능 물질은 무기질 및 중금속의 흡수와 유사한 양식으로 흡수된다. 위장에서 흡수되는 방사능 물질의 양은 핵종의 물리적·화학적 형태, 식사요인 등에 따라 달라진다. 세슘(^{137}Cs)은 위장에서 거의 전부 흡수되는 반면 세륨(^{144}Ce)은 거의 흡수되지 않고, 스트론튬(^{90}Sr)은 식사 중 칼슘과 인이 많을 때는 흡수가 저해된다.

(3) 생체영향

방사선에 대한 감수성은 생체조직에 따라 다르지만, 대개 왕성하게 분열·증식하는 조직(상피조직, 조혈조직, 생식세포 등)이 크게 손상 받는다. 생체에 미치는 영향은 생체 흡수율과 방사선의 전리작용, 투과력에 따라 다르지만 대개 α 선 > β 선 > γ 선의 순서로 영향이 크다.

1) 초기 및 중기 영향

① 급성 전신증상

급성 전신폭로는 원자력 발전소 사고, 원자폭탄이나 우주비행 등에서 일어날 수 있다. 높은 흡수선량(약 0.5Gy 이상)의 방사선에 폭로될 때는 급성 전신증상이 일어나는데, 전신폭로 후 약 한두 시간이 지나면, 위장 증상과 신경근 증상이 나타나기 시작하여 식욕감퇴, 메스꺼움, 구토와 설사가 가 일어나고 무감각, 서맥, 발열, 두통도 일어난다.

더 높은 흡수선량(10~50Gy)에서는 전구증상 후에 치명적인 위장 증상으로 바뀌며, 낮은 선량에서는 잠복기를 거쳐 혈액학적 증상이 나타난다.

급성 방사선 피폭 시 대표적인 임상증상은 중추신경계, 위장, 조혈조직에 대한 증상이다. 흡수선량이 증가함에 따라 조혈조직이 먼저 손상을 입고, 위장, 중추신경계 순서로 손상되는데, 전신 흡수선량이 50Gy 이상이면 신경퇴화와 심장혈관계 퇴화로 수 분~48시간 내에 사망한다. 전신 흡수선량이 10~50Gy일 때는 5~10일내에 사망하는데, 혈변과 위장 점막 파괴로 사망한다. 0.5~10Gy의 선량은 골수 손상과 관련된 증상(조혈 증상)을 초래하는데, 특히 골수의 줄기세포와 림프구가 크게 손상되어 림프구수가 크게 줄어들고 뒤를 이어 호중구와 혈소판수도 감소한다.

② 급성 국소증상

신체 일부에 급성 폭로되는 경우는 대개 방사선 항암치료 시 일어난다. 흡수선량 5Gy는 홍반, 피부건조·박리, 탈모, 생식장애가 일어난다.

남녀 모두의 생식세포는 방사선에 민감하다. 남성에서 0.1~1Gy의 급성 선량은 선량에 비례해서 정자수를 감소시키는데, 이것은 서서히 회복되지만 5Gy의 선량은 영구 불임을 일으킨다. 여성에서 5Gy는 난모세포가 파괴되어 영구 불임이 일어나고, 난소 상피세포도 파괴되어 성 호르몬 생산이 저해된다.

X-선, γ 선, β 선, 중성자와 같은 이온화 방사선에 눈의 수정체가 폭로되면 백내장이 되는데, 흡수선량에 비례하여 발병기간이 짧아지며, 6Gy 미만에서는 백내장에 걸리지 않는다.

2) 후기 영향

이온화 방사선의 가장 현저한 후기 신체영향은 암 발생이다. 방사선 피폭으로 여러 가지 암 발생 위험이 커지는데, 백혈병을 유발하는 것은 분명하게 입증되었고, 골수성 백혈병과 급성 백혈병이 대표적이다. 원자폭탄 피폭 후 생존자에 대한 연구 결과 백혈병의 발병은 피폭되는 나이와 상관이 커서 피폭 시 10세 미만의 어린이가 가장 민감하며, 10~19세에서는 감수성이 적어지고, 20세 이후에서는 다시 증가하여 50세 이상에서는 매우 민감하다.

이온화 방사선 피폭으로 또한 갑상선암, 골격종양, 유방암, 폐암 등이 일어난다.

3) 유전 독성

이온화 방사선은 유전자 돌연변이와 염색체 이상을 일으키는데, 생식세포가 돌연변이되거나 염색체 이상이 일어나면 결국 비정상적인 자손으로 이어지게 된다.

4) 태아 장애

태아는 발생 초기단계인 2주~18주 사이에 특히 방사선에 민감하다. 미국 NCRP는 배아·태아의 선량한도로 매월 0.5mSv를 정하고 있다. 피폭선량에 따른 태아에 대한 정확한 데이터는 없지만 방사선의 태아에 대한 영향은 유산, 최기형성, 정신박약, 성장부진, 소아 백혈병 유발 등이다. 한편 미국 CDC는 흉부 X선을 500회 찍은 것과 같은 선량(0.1~0.6mSv×500)을 받은 태아의 일생동안 암 위험도의 증가는 2% 미만이라고 하고 있다.

5. 방사능 오염의 안전성 관리

(1) 선량한도 기준

원자력 안전법에서는 자연 방사선량과 진료를 위하여 피폭하는 방사선량을 제외하고 사람의 신체의 외부 또는 내부에 피폭하는 방사선량을 피폭 방사선량이라 하고, 외부에 피폭하는 방사선량과 내부에 피폭하는 방사선량을 합한 피폭 방사선량의 상한 값인 선량한도를 [표 14-6]와 같이 정하고 있다.

표 14-6 선량한도

구분		방사선 작업 종사자	수시 출입자 및 운반 종사자	일반인
유효선량한도		연간 50mSv를 넘지 않는 범위에서 100mSv	연간 12mSv	연간 1mSv
등가선량한도	수정체	연간 150mSv	연간 15mSv	연간 15mSv
	손·발 및 피부	연간 500mSv	연간 50mSv	연간 50mSv

* 원자력안전법 시행령 [시행 2015.1.1.] [대통령령 제25747호, 2014.11.19., 일부개정]

(2) 식품의 방사능 오염에 관한 기준

식품의 방사능 오염에 관련되는 주요 방사능 핵종은 [표 14-7]과 같다.

표 14-7 식품 오염관련 주요 방사성 핵종 및 그 성질, 표적장기, 주목농도

핵종	방사선	유효반감기(일)	표적장기	주목농도(pCi/l)
^{60}Co	β, γ	86.4	소화관	5×10^4
^{90}Sr	β	16(년)	뼈	1×10^2
^{95}Zr	β, γ	22.9	소화관	6×10^4
^{106}Ru	β	120	소화관	1×10^4
^{131}I	β, γ	8	갑상선	2×10^3
^{137}Cs	β, γ	70	전신	2×10^4
^{144}Ce	β	51.6	뼈	1×10^4
^{226}Ra	α	180	뼈	1×10
^{239}Pu	α	180(년)	뼈	5×10^3

* 주목농도는 음용수 중의 농도로 최대허용농도의 1/10을 나타낸다.

2011년 3월 일본 원전 사고 이후 식품의약품안전처와 농축산식품부는 일본산 수입식품에 대해 방사능 검사를 강화하고 있고, 현행 우리나라의 식품 중의 방사능 잠정 허용기준은 [표 14-8]과 같다.

표 14-8 식품 중의 방사능 허용기준

핵종	대상식품	기준(Bq/kg, L)
요오드(^{131}I)	영아용 조제식, 성장기용 조제식, 영·유아용 곡류 조제식, 기타 영·유아식, 영·유아용 특수조제식품	100
	유 및 유가공품	100
	기타 식품	300
세슘(^{134}Cs + ^{137}Cs)	기타 식품	370

(3) 먹는 물의 방사능 오염 관리

방사능 오염은 식품뿐만 아니라 먹는 물로의 섭취가 큰 비중을 차지한다. 우리나라는 일본 후쿠시마원전 오염수 누출 사고 이후 분기별로 요오드-131, 세슘-134, 세슘-137, 우라늄을 검사하고 있으나 법정항목은 아니고 일반에게 공표하고 있지 않으며, 내부 피폭이 가장 우려되는 알파 입자와 라돈에 대해서는 검사하지 않고 있어 먹는 물 수질에 대한 우려를 불식시키지 못하고 있다. 다만, 바닷물을 이용하는 염지하수 및 먹는 해양 심층수에 대하여 [표 14-8]과 같이 세슘-137, 스트론튬-90, 삼중수소-3에 대하여 기준을 설정하였다.

알파입자(알파선)는 투과력이 약해 신체 조직에 오랫동안 손상을 준다. 알파선을 내는 방사성 물질은 우라늄(^{238}U), 라듐(^{226}Ra), 라돈(^{222}Rn), 폴로늄(^{210}Po), 아메리슘(^{241}Am)이 대표적이다. 식품 안전면에서는 식품이나 물의 알파 입자 농도는 X-선이나 γ-선보다 더욱 주요한 의미를 가진다.

표 14-9 한국과 미국의 먹는 물 방사능 기준

물질명	최대 허용 농도	비고
미국		
알파 입자	15 피코큐리/L (pCi/L)	555mBq/L
베타 입자 및 광자 방출기	4밀리렘/년	0.04mSv/년
라듐 226 및 라듐 228 (합)	5pCi/L	185mBq/L
우라늄	30ug/L	지자체별 반기항목
한국(염지하수 및 먹는 해양 심층수에 한함)		
세슘(Cs-137)	–	4.0mBq/L 이하
스트론튬(Sr-90)	–	3.0mBq/L 이하
삼중수소(^{3}H)	–	6.0Bq/L 이하

(4) 향후 방사능 관리의 중요성

2011년 3월 일본 후쿠시마 원자력 발전소의 핵연료 용융과 수소 폭발로 이어져 다량의 방사성 물질 누출 사고는 향후 국내의 환경 및 식품 오염(특히 수산물)의 문제를 지속적으로 야기할 가능성이 크다. 또한 중국, 일본, 한국 등 동아시아에서 원자력발전소가 크게 늘어나고 있으며 북한의 잇단 핵실험으로 장차 식품의 방사능 오염 가능성이 크게 증대되고 있다.

일본에서 주로 수입되는 농수축산물은 물론 우리나라에서 수확하는 농림 축산물, 수산물, 그리고 먹는 물에 대하여 보다 철저한 안전대책을 마련해야 할 것이다.

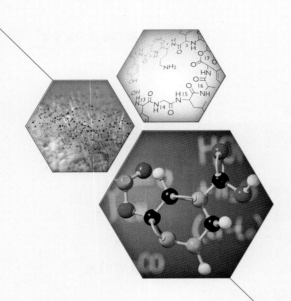

식품독성학

제 5부
식품독성학의 응용

제 15장

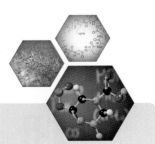

독성 시험법

　어떤 물질이 독성이 있는지, 또는 어떤 상태에서 독으로서 작용하는지, 또 독 작용의 특성은 무엇인지를 규명하려면 과학적으로 입증된 독성 평가를 하여야 한다. 그리고 독성 평가를 법적 규제나 법적인 목적으로 사용하려면 시험설비, 시험계획 및 실시, 시험결과 보고서의 작성, 시험조직의 관리 등을 규정한 비임상시험관리기준(good laboratory practice, GLP)에 따라 행하여야 한다.
　독성 평가를 수행하는 데는 실험동물을 사용하는데 최근에는 동물대체 시험법으로의 전환이 확대되고 있다.

1. 독성 시험법의 필요성

　식품의 안전성 확보의 가장 중요한 원칙은 어떠한 경우에도 인체에 대한 위해나 독성이 없어야 한다는 것이다. 왜냐하면, 식품은 연령, 성별, 노약자 등 섭취대상 및 섭취량에 제한이 없고 장기간 섭취되기 때문이다.
　일반적으로 동식물에서 유래하는 식품 원료의 사용여부를 판단하는 원칙은 충분한 식용 근거자료가 있고 알려진 독성이나 부작용이 없는 경우에 해당하는 식품원료는 사용가능한 것으로 판단한다. 그러나 식품으로서의 식용 근거를 입증하기 어려운 경우 공인기관의 급성 또는 아만성 독성 시험자료 등 안전성을 입증할 수 있는 제출 자료를 검토하여 식품원료 사용가능여부를 판단하게 된다.

식품의 안전성을 확보하기 위해서는 먼저 식품에 존재하는 유해성분의 독성 평가가 이루어져야 한다. 그러나 다양한 식품 및 식품첨가물 등 식품 관련 화학물질이 엄청나게 많아짐에 따라 이들의 독성 평가 문제는 각국 정부는 물론 국제적인 공통 과제가 되었다.

2. 화학물질별 독성 시험법

 국민건강 및 환경을 보호하기 위하여 각국은 각 나라 실정에 적합한 독성물질 관리프로그램을 운영하여 독성물질의 관리체계를 확립하고 있다. 그리고 물질의 용도 및 위해 가능성에 따라 요구되는 안전성 시험 자료는 달라지는데, 영국의 예는 [표 15-1]과 같고 GPL 기준에 따라 수행되어야 한다.

표 15-1 영국의 안전성 시험 항목 및 데이터 요구

시험항목	동물용 의약품	농약	식품 첨가물	사료 첨가물	화장품	산업화학 물질
물리화학시험	○	○	○	○	○	○
독성시험	○	○	○	○	○	○
변이원성시험	○	○	○	○	○	○
환경독성시험	X	○	X	X	X	○
생물축적	X	○	X	X	X	○
잔류물시험	○	○	X	○	X	○
수계 및 자연생태계 영향시험	X	○	X	X	X	○
분석 및 임상화학시험	○	○	○	○	X	○
기타	–	○	–	○	–	–

* O: GLP시험요구, X: GLP 요구되지 않음

3. 독성 시험법

독성시험은 일반 독성시험과 특수 독성시험으로 나누는데, 일반 독성시험은 단회투여 독성시험(급성 독성시험)과 반복투여 독성시험(아급성 독성시험 및 만성 독성시험)으로 구분하며, 특수독성시험은 특수한 유형의 독성을 상세히 조사하는 것으로 생식·발생독성시험, 유전 독성시험, 항원성 시험, 면역 독성시험, 발암성 시험, 국소 독성시험, 국소내성시험, 흡입독성시험 등이 있다.

전통적으로 독성을 평가하는 가장 간단한 방법은 시험물질을 두 종류 이상의 동물에 투여하여 급성시험에서 반수치사용량(LD_{50})을 구하고, 만성시험에서 조직 등의 병리적 이상을 조사하고 그 결과를 외삽법으로 인간에 대한 유해성을 추정하는 것이다. 그러나 다수의 동물을 희생함으로써 동물복지의 관점에서 지탄을 받게 되어 대체 시험법으로 바뀌었다.

독성 시험법은 국가 및 규제기관마다 용어, 방법, 기간, 투여용량 등이 상이한데, 현재 우리나라의 식품첨가물, 건강기능식품, 화장품 및 약 등의 독성시험에 관해서는 약사법에 의거한 의약품등의 독성 시험기준(식품의약품안전처 고시)[표 15-2], 농약에 관해서는 농약관리법에 의거한 농약 및 원제의 등록기준(농촌진흥청 고시)[표 7-15], 기타 화학물질의 등록 및 평가 등에 관한 법률에 의거한 화학물질의 시험방법에 관한 규정(국립환경과학원 고시)으로 정해져 있다. 이 책에서는 식품 안전성과 관련이 많은 의약품등의 독성 시험기준을 중심으로 설명한다.

표 15-2 의약품 등의 독성시험의 구분

시험분야	시험항목
독성시험	1. 단회투여 독성시험(설치류/비설치류/영장류) 2. 반복투여 독성시험(설치류/비설치류/영장류) 3. 생식 · 발생 독성시험 　　가. 수태능 및 초기배발생 시험 　　나. 출생전 · 후발생 및 모체기능 시험 　　다. 배 · 태자발생 시험(설치류/비설치류) 4. 유전 독성시험 　　가. 체외 염색체 이상 및 소핵시험 　　나. 체내 염색체 이상 및 소핵시험 　　다. 기타 유전독성 시험 5. 항원성 시험 　　가. 아나필락시스쇼크 반응 시험 　　나. 수동피부 아나필락시스 반응 시험 　　다. 피부감작성 시험 6. 면역 독성시험 　　가. 세포매개성면역 시험 　　나. 체액성면역 시험 　　다. 대식세포기능 시험 　　라. 자연살해세포기능 시험 7. 발암성 시험 8. 국소독성 시험 　　가. 피부자극 시험 　　나. 안점막자극 시험 9. 국소내성 시험 10. 단회투여흡입 독성시험 11. 반복투여흡입 독성시험 12. 기타독성 시험 　　가. 광독성 시험 　　나. 광감작 시험
변이원성시험	1. 복귀 돌연변이 시험 2. 기타 변이원성 시험
분석시험	1. 독성동태 시험 중 분석시험 2. 기타분석시험
기타시험	1. 혈액 및 조직병리학적 시험 2. 의존성 시험 3. 안전성약리 시험 　　가. 중추신경계에 대한 영향 평가시험 　　나. 심혈관계에 대한 영향 평가시험 　　다. 호흡기계에 대한 영향 평가시험 4. 기타 국제적으로 인정하는 시험

* 비임상시험관리기준, 식품의약품안전청 고시 제 2012–121호(2012.12.18)

(1) 단회투여 독성시험

단회투여 독성시험(single dose toxicity study)은 급성독성시험이라고도 하며 시험물질을 시험동물에 단회투여(24시간 이내의 분할 투여하는 경우도 포함)하였을 때 단기간 내에 나타나는 독성을 질적·양적으로 검사하는 시험을 말한다.

시험물질을 포유동물에 단회투여하고 그 후 시험물질의 일반상태 변화를 주된 지표로 하여 시험물질의 독성을 질적 및 양적으로 평가함과 동시에, 반복투여시험의 용량 설정을 위한 정보를 얻는 것을 목적으로 하는 시험이다.

급성 독성시험의 가장 큰 목적의 하나는 반수치사량(LD_{50})을 구하여 치사율을 추정하는 것인데, LD_{50}은 독성물질을 시험동물에 직접 투여할 때 일정조건에서 폭로된 동물의 50%가 사망하는 양이다. 그러나 LD_{50} 시험은 통계적으로 유의성 있는 결과를 얻기 위해서는 많은 수의 동물이 필요하고 LD_{50} 시험 결과는 동물종, 계통, 성별, 연령 등에 따라 크게 다르므로 그 결과를 사람에게 그대로 적용하기가 어렵다는 비판을 받아왔다.

단회투여 독성을 평가하는 종래의 방법은 시험동물의 사망을 시험 종료시점으로 하였지만, 1984년 영국독성학회(British toxicology society, BTS)는 사용하는 실험동물의 숫자를 줄이는 고정용량법을 제안한 이후 이제는 공식적인 시험법으로 이용되고 있다. 고정용량법은 정해진 고정용량 5, 50, 300, 2,000mg/kg을 단계적으로 투여하여 시험동물의 독성영향을 평가하는 시험법이다.

단회투여 독성시험의 시험방법은 2종 이상의 동물(1종은 설치류, 다른 1종은 토끼 이외의 비설치류)에 개략의 치사량을 구하기에 적절한 단계로 투여용량을 설정하고, 시험물질을 단회 또는 24시간 내 분할투여한 후 14일간 관찰한다. 관찰 내용은 일반증상관찰, 사망률, 체중측정, 부검 시 육안 소견, 조직병리학적 검사 등이다.

(2) 반복투여 독성시험

반복투여 독성시험(repeated dose toxicity study)은 시험물질을 실험동물에 반복투여하여 중·장기간 내에 나타나는 독성을 질적·양적으로 검사하는 시험으로 확실중독량(reliable toxic dose), 최소중독량(lowest observed adverse effect level, LOAEL), 그리고 무독성량(no observed adverse effect level, NOAEL, 최대무작용량)으로 투여한다. 2종 이상의 동물(1종은 설치류, 다른 1종은 토끼 이외의 비설치류)에 시험물질을 임상 사용 예상기간과 임상 시험 단계에 따라 투여한 후[표 15-3], 일반상태의 관찰, 체중측정,

사료 섭취량 측정, 물 섭취량, 안과학적 검사, 병리학적 검사(육안 관찰, 장기중량 측정, 병리조직학적 검사), 임상병리학적 검사(요 검사, 혈액학적 검사, 혈액 생화학 검사), 회복성 시험 등을 시행한다.

표 15-3 임상 1상 및 임상 2상 시험을 위한 반복투여 독성시험의 최소 투여기간

임상시험기간	시험항목	
	설치류	비설치류
단회투여	2주~4주	2주~4주
~ 2주	2주~4주	2주~4주
~ 1개월	1개월	1개월
~ 3개월	3개월	3개월
~ 6개월	6개월	6개월
6개월 이상	6개월	만성

* 단기사용(1주 이내) 또는 생명을 위협하는 질환치료를 목적으로 하는 생물공학의약품의 경우, 2주 반복투여독성시험을 수행할 수 있다.
** 비설치류에 있어서는 9개월의 반복투여독성시험을 고려한다.

(3) 생식 · 발생 독성시험

생식 · 발생 독성시험(reproductive and developmental toxicity studies)은 시험물질이 사람의 생식 · 발생과정에 있어서 어떠한 영향을 미치는 지에 관해 정보를 얻기 위한 동물시험이다. 얻어진 시험결과는 사람에게 외삽 하여 사람의 안전성 평가에 활용된다.

1) 수태능 및 초기배 발생시험

수태능 및 초기배 발생시험(capabilities for fertility, early embryo development and implantation study)은 암 · 수 동물에 대하여 교배 전부터 교미, 착상까지 시험물질을 투여하여 나타나는 독성 및 장애를 검사한다. 암컷에서는 성주기, 수정, 난관 내 이동, 착상 및 착상 전 단계의 배자발생에 미치는 영향을 검사한다. 수컷에서는 생식기관에 대한 병리조직검사에서 검출되지 않는 기능적인 영향(성적 충동, 부고환 내 정자성숙 등)을 검사한다.

수컷은 교배 전 4주 동안, 교배기간, 교배 후부터 정소 검사 시기까지 반복투여하고, 암컷은 교배 전 2주 동안, 교배기간부터 착상시기까지 반복투여하며, 관찰은 동물의 교배 전

투여기간, 교배기간, 교배 후 기간에 걸쳐 관찰한다. 암·수 동물의 공통 관찰항목은 일반 증상관찰, 사망률, 체중측정, 교미행동관찰, 부검 시 육안 소견, 조직병리학 검사(필요시 실시)이고, 수컷은 고환의 조직병리 검사, 고환 및 정관내의 정자검사, 정자의 운동성 및 기형률 검사이며, 암컷은 성주기, 난자의 수정률 검사, 수정란의 배 발생률 검사, 착상률 검사로 나뉜다.

2) 출생 전·후 발생 및 모체기능시험

출생 전·후 발생 및 모체기능시험(developmental study of the embryos/fetuses)은 암컷의 착상부터 이유까지 시험물질을 노출시켜 임신/수유기의 암컷과 수태산물 및 출생자의 발생에 미치는 독성을 검사하는 것이다. 시험동물에 착상부터 차세대 시험동물의 이유기까지 시험물질을 반복투여하고, 차세대 동물이 성숙할 때까지 관찰한다. 실험 후 관찰은 일반증상 관찰, 사망률, 체중측정, 임신기간, 착상률, 신생자 체중측정, 신생자의 형태이상, 이유 전/후 생존율, 신생자의 성장 및 신체적 발달, 신생자의 행동이상 관찰, 부검 시 육안 소견 등이다. 현재까지 기능검사는 거의 행동검사에 방향이 맞추어져 왔으나, 규정되어 있는 특정한 검사방법은 없다.

3) 배·태자 발생시험

배·태자 발생시험(developmental study of the embryos/fetuses)은 착상부터 경구개가 폐쇄되는 시기까지 암컷에 시험물질을 투여하고, 이때 임신동물 및 배·태자의 발생에 미치는 영향을 검사하는 것으로, 시험동물에 착상부터 경구개 폐쇄되는 시기까지 시험물질을 반복 투여한다. 관찰은 분만 1일전까지 계속한다. 관찰 사항은 일반증상관찰, 사망률, 체중측정, 황체 수, 생존 태자 수 사망 배·태자 수 확인, 착상 후 초기 배자사망 확인, 태자의 성비검사, 태자의 개체 체중, 태자의 이상, 태반의 육안 관찰, 부검 시 육안 소견 등이다.

(4) 유전독성시험

유전독성시험(genetic toxicity studies)은 시험물질이 유전자 또는 유전자의 담체인 염색체에 미치는 상해작용을 검사하는 시험이다. 유전독성시험에는 시험계와 지표에 따라 다양한 방법이 있으나, 지표의 차이에 따라 유전자 돌연변이(gene mutation), 염색체 이상(chromosomal aberration), DNA에 대한 상해성 또는 그 수복성(DNA damage or repair), 기타 크게 4개의 군으로 나눌 수 있다. 어느 방법이든지 시험관 내(*in vitro*)계와 생체 내(*in vivo*)계가 있다.

1) 복귀돌연변이 시험

복귀돌연변이 시험(bacterial reverse mutation study)은 히스티딘 요구성 살모넬라 균과 트립토판 요구성 대장균을 이용하여 시험물질에 의한 복귀돌연변이 유발성 여부를 평가하기 위한 시험이다. 시험물질을 대사활성계의 존재와 부재 하에 처리하며 48시간 후에 균주 상태를 관찰하고 콜로니를 계수한다.

박테리아를 이용한 복귀돌연변이시험에 최소한의 5개 균주[*Salmonella typhimurium* TA98, *Salmonella typhimurium* TA100, *Salmonella typhimurium* TA1535, *Salmonella typhimurium* TA1537 또는 TA97 또는 TA97a, *Salmonella typhimurium* TA102 또는 *E. Coli* WP2 uvrA 또는 *E. Coli* WP2 uvrA(pKM101)]를 사용하여 5단계 이상의 용량단계를 설정하여 시험물질을 투여한 다음 관찰 후 판정한다. 복귀돌연변이 시험 시 사용하는 양성대조물질은 [표 15-4]와 같다.

표 15-4 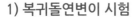 복귀돌연변이 시험을 위한 양성 대조물의 예

시험균주의 종류		S9작용	
		유	무
살모넬라균	TA98	2AA B[a]P	AF2 2NF 4NQO
	TA100	2AA B[a]P	AF2, ENNG NaN3, 4NQO, MMS
	TA1535	2AA	ENNG NaN3
	TA1537	2AA B[a]P	9AA ICR191
	TA97, TA97a	2AA B[a]P	9AA ICR191
	TA102	Sterigmatocystin 2AA, B[a]P	MMC
대장균	WP2uvrA WP2urA/pKM101	2AA	AF2, ENNG MMS, 4NQO

* ENNG: N-Ethyl-N'-nitro-N-nitro-quanidine, 4NQO: 4-Nitroquinoline-N-oxide
AF2: 2-Aminofluorene, 2NF: 2-Nitrofluorene, 9AA: 9-Aminoacridine
NaN3: Sodium azide, MMS: Methyl methanesulfonate, 2AA: 2-Aminoanthracene
B[a]P: Benzo[a]pyrene, MMC: Mitomycin C

2) 체외 염색체 이상 시험

체외 염색체 이상 시험(chromosomal aberration study)은 사람 및 포유류의 배양세포를 이용하여 화학물질의 염색체 이상 유발 유무와 유발 정도를 검사하는 시험이다. 염색체 이상은 염색체수의 변화(이수성, 배수성)와 형태의 변화(구조이상)를 일컫는데, 시험물질을 대사활성계의 존재와 부재 하에 처리하여 24시간 후에 세포의 상태, 염색체 이상 유무, 슬라이드 판독 등을 관찰한다.

3) 체외 마우스 림포마 TK 시험

체외 마우스 림포마 TK 시험은 마우스 림포마 L5178Y 세포를 이용하는 포유동물세포 유전자 돌연변이 시험법으로 화학물질 등에 의한 유전자 돌연변이를 검출하는데 이용된다. L5178Y 마우스 림포마 세포이며 Thymidine kinase(TK)의 돌연변이를 최종지표로 L5178Y −3.7.2C TK+/−가 TK−/−로 전환되어 나타나는 Trifluorothymidine(TFT) 저항 돌연변이체, 큰 집락과 작은 집락의 형성을 관찰하여 유전독성의 특성을 파악한다. 시험물질을 대사활성계의 존재와 부재 하에 3~6시간 처리한 후에 세포의 생존율, 돌연변이 유발률, 큰 집락과 작은 집락의 형성을 관찰한다.

4) 설치류를 이용하는 소핵시험

소핵시험(micronucleus test)은 설치류 골수 중의 다염성 적혈구에 출현하는 소핵을 지표로 하여 시험물질의 염색체 이상 유발성을 생체 내(in vivo)에서 평가하는 것이다. 시험물질을 단회 또는 2회 이상 투여한 후 24시간(또는 16, 48, 72시간)째 골수를 채취하여 일반증상, 체중, 소핵 유발성을 측정·관찰한다.

(5) 항원성 시험

항원성 시험(antigenicity test)은 약물이나 오염물질이 체내에서 항원으로 작용하여 나타나는 면역원성 유발여부를 검사하는 시험으로, 시험물질에 대한 쇼크나 알레르기 반응 유발 여부 등을 검사하는 면역 독성시험이다. 아나필락시스 쇼크 반응 시험, 수동 피부 아나필락시스 반응 시험, 피부감작성 시험 등이 이에 해당한다.

1) 아나필락시스 쇼크 반응 시험

아나필락시스 쇼크 반응 시험(active systemic anaphylaxis study)은 시험물질에 의한 쇼크사를 예지하는 목적의 시험으로, 기니피그를 사용하여 아나필락시스 쇼크를 행하여 전신 반응을 관찰하는 시험이다. 시험물질을 감작 시에는 반복적으로 피하투여하고 야기 시에는 정맥투여 한 후 일반증상, 체중, 사망률, 부검 시 육안소견, 아나필락시스 쇼크 반응 등을 측정 · 관찰한다.

2) 수동 피부 아나필락시스 반응 시험

수동 피부 아나필락시스 반응 시험(passive cutaneous anaphylaxis study)은 감작시킨 기니피그에서 채취된 혈청 또는 혈장 중의 약물특이적인 세포 친화성 항체를 정상 기니피그를 이용하여 검출하는 시험이다. 시험물질을 감작 시에는 피내투여하고, 야기 시에는 정맥투여 한 다음 30분 후에 청색 반응을 측정하고 그 크기가 5mm 이상일 때 양성으로 판정한다. 양성 판정된 기니피그의 혈청을 채취하여 수동피부 아나필락시스 반응을 측정한다.

3) 피부감작성 시험

피부감작성 시험(skin sensitization study)은 인체 피부에 대한 알레르기 유발 가능성을 검토하기 위하여 기니피그에서 피부알레르기 반응 유 · 무를 평가하는 시험(면역보조제 사용하는 시험법과 사용하지 않는 시험법으로 분류)이다. 기니피그에 피내투여와 경피투여로 감작시킨 후, 2주 지난 다음 야기되는 일반증상, 체중, 사망률, 야기 후 피부 반응 등을 측정 · 관찰한다.

(6) 면역독성 시험

면역독성 시험(immunotoxicity study)은 반복 투여독성 시험 등의 결과 면역기능 및 면역장기의 이상이 의심될 경우 세포매개성 면역시험 및 체액성 면역시험에 대하여 각 1종 이상의 시험을 실시하며, 필요시 대식세포기능시험이나 자연살해세포 기능시험을 추가로 실시한다.

시험방법은 세포매개성 면역실험, 체액성 면역시험, 대식세포기능시험, 자연살해세포 기능시험 [NK cell(자연살세포) 활성시험]등이 있다.

세포매개성 면역시험으로는 concanavalin A, phytohemagglutinin 및 특이항원에 대한 세포 유약화 시험과 혼합 백혈구 배양시험과 난백알부민, tuberculin, *Listeria* 등 T 림프구 의존 항원에 의한 지연형 과민 반응시험 등이 있다. 체액성 면역시험(T-dependent antibody forming cell response)은 면역기능을 종합적으로 측정할 수 있는 시험법으로 T-세포, B-세포, 대식세포기능이 모두 필요한 면역 반응으로 이 중 한 가지

기능만 떨어져도 전체적으로 반응이 낮게 나오므로 면역 기능을 측정하는 방법으로 가장 많이 사용되고 있다. 시험법으로는 비장세포의 플라그 형성시험, T림프구 의존성 항원에 대한 항체의 혈중농도 시험, T림프구 비의존성 항원인 lipopolysaccharide(LPS)에 대한 항체의 혈중농도 시험, LPS에 대한 세포 유약화 반응시험 등이 있다. 대식세포기능시험으로 Listeria monocytogenes에 대한 탐식 작용시험, YAC-1 세포에 대한 세포독성시험(마우스의 경우이며 사람의 경우는 K562 세포를 사용함), Carbon clearance시험 등이 있다. 자연살해세포 기능시험[NK cell(자연살세포) 활성시험]은 마우스의 경우 YAC-1 세포에 대한 세포독성시험이며, 사람의 경우는 K562 세포를 사용한다. NK cell은 평소에 체내를 순환하면서 바이러스에 감염된 세포나 종양세포들을 제거하는 감시기능을 하는 세포로 T-세포, B-세포와 함께 중요한 림프구세포이다. NK cell 기능시험은 약물을 투여한 동물에서 얻은 비장 세포나 혈액세포들과 YAC-1 세포와 같은 암세포를 섞어 주었을 때 이들 암세포를 제거하는 활성을 측정하여 약물이 NK cell 활성에 미치는 영향을 측정하는 시험이다.

(7) 발암성 시험

발암성 시험(carcinogenicity Study)은 시험물질을 시험동물에 장기간 투여하여 암(종양)의 유발여부를 질적, 양적으로 검사하는 시험으로 1종의 설치류에 대한 장기투여 발암성시험과 1종의 추가시험으로 한다. 1종의 설치류에 대한 장기투여 발암성 시험에 사용되는 동물종은 확실한 근거가 없는 경우에는 쥐가 권장된다.

단기, 중기 설치류 시험계는 종양발생을 지표로 한 생체 내 시험으로 설치류의 개시-촉진 모델, 형질전환 설치류를 사용한 발암모델, 신생아 설치류를 사용한 발암모델이 있다. 발암성 시험에서 이용할 투여량을 결정하기 위하여 발암성 예비시험을 실시할 수 있다. 다만, 충분히 신뢰할만한 시험결과가 있는 경우 다음 시험의 전부 또는 일부를 생략할 수 있다.

(8) 국소독성 시험

국소독성 시험(local irritation study)은 시험물질이 피부 또는 점막에 국소적으로 나타내는 자극을 검사하는 시험으로서 피부자극시험 및 안점막자극 시험으로 구분한다. 피부자극시험은 젊고 건강한 백색 토끼 6마리 이상을 사용하여 시험물질을 털 깎은 등 부위의 피부에 도포 후, 24시간, 72시간이 지난 다음 관찰 후 피부 반응 평가표에 따라 1차 피부자극지수를 구하고 그 값으로 피부자극성을 평가한다.

안점막자극 시험은 젊고 건강한 백색 토끼를 사용하여, 24시간 전에 미리 안검사를 실시하여 안구, 각막 손상 등을 확인하고, 대조군(시험물질을 처치하지 않은 한쪽 눈)과 투여군(시험물질을 처치한 한쪽 눈)으로 나눈 후 시험물질을 투여 한 다음 1, 2, 3, 4, 7일에 안구, 각막, 홍채, 결막 부종, 배출물 등을 관찰하고 안점막 자극 평점표를 작성하여 시험물질의 안점막 자극을 평가한다.

(9) 국소내성 시험

국소내성시험(local tolerance test)은 시험물질이 실험동물에서 주사 부위에서 나타내는 임상·병리학적 반응을 검사하는 시험으로 시판되는 제형 혹은 유사한 제형을 사용하여 주사부위의 임상·병리학적 평가를 실시한다. 그러나 단회 혹은 반복투여 독성시험에서 임상에 적용되는 조성 및 제형에 대하여 주사 부위변화를 병리학적으로 검사하였다면 별도의 국소내성 시험은 생략될 수 있다.

(10) 흡입독성 시험

흡입독성 시험(inhalation toxicity study)은 기체, 휘발성 물질, 증기 및 에어로졸 물질을 함유하고 있는 공기를 실험동물에 흡입 투여하여 나타나는 독성을 검사하는 시험으로 4~6시간 단회 투여하는 단회투여 흡입독성 시험과 6시간씩 주당 5일로써 90일간 투여하는 반복투여 흡입독성 시험으로 분류한다.

(11) 어류 급성독성 시험

화학물질의 수서생물에 대한 영향을 평가하는 방법으로 어류에 대한 화학물질의 급성 영향을 평가하는데 목적이 있다. 어류를 일정 조건에서 시험물질에 노출시킨 후 24시간, 48시간, 72시간, 96시간 경과 시점의 치사율을 기록하여 어류의 50%를 치사시키는 농도(LC_{50})를 구하는 것이다. 96시간 동안 먹이를 주지 않는다. 이때 시험물질의 적절한 농도범위를 알기 위하여 예비시험(농도설정시험)을 실시하고, 그 결과에 기초하여 본시험을 실시한다. 원칙적으로 시험조건에서 시험물질의 수용해도 자료 및 적절한 정량분석 방법을 확보하는 것이 필요하다. 또한 물질의 구조식, 순도, 물과 빛에서의 안정성, 해리상수(pKa), 옥탄올/물 분배계수(P_{OW}), 증기압 및 생분해성 시험 결과 등은 본 시험에 있어서 매우 중요한 정보이다.

4. 동물 대체 시험법 동향

국제간 무역에 있어 국제 공조를 꾀하기 위해 화학물질의 분류 및 표시를 통일하기 위한 화학물질에 대한 분류·표시 국제조화 시스템(GHS)이 시행되고, 그에 따른 통일된 독성 시험법 지침서와 동물애호의 관점에서 동물실험 대체법이 채택되고 있다.

(1) 화학물질에 대한 분류·표시 국제조화 시스템

1992년 리우의 UN 환경개발회의(UNCED)에서 화학물질에 대한 분류·표시 국제조화 시스템(Global harmonized system of classification and labelling of chemicals, GHS)를 추진하기로 결정하였다. 그 후 UN 관계 전문가들의 노력으로 2002년 UN은 지속가능개발세계정상회의에서 2008년까지 OECD 가입국가에 대하여 GHS를 도입하기로 결정한 바 있다. 이에 따라 우리나라도 2013년 화학물질의 등록 및 평가 등에 관한 법률(화학물질 등록평가법)을 제정하였다. GHS에서는 위험물질 표시의 통일안 및 유해·위험성 분류 기준도 통일안을 제시하고 있다. GHS의 급성독성 구분 기준은 독성물질을 $LD_{50} \leq 5mg/kg$, $5 < LD_{50} \leq 50mg/kg$, $50 < LD_{50} \leq 300mg/kg$의 세 단계로 구분하고 있다.

(2) 독성시험에 관한 OECD 지침

OECD는 단회투여 독성시험에 사용되는 동물 수를 줄이기 위해 기존 OECD TG 401 급성경구시험을 폐지하고, OECD 지침인 TG 420, TG 423, TG 425을 제시하였다. 그리고 GHS 분류지침에 따라 독성 등급을 정하는데 있어 2008년 TG 425(up-and-down procedure, 업다운법) 지침을 만들어 권장하고 있다. 업다운법은 LD_{50} 시험 시 2일 이내에 사망을 초래하는 물질에 있어 사용되는 동물의 수를 대폭 절감할 수 있는 방법이다. 급성독성시험 시 대다수 동물은 1~2일 이내에 사망하기 때문에, 한 번에 1 마리에 투여하며 다음 동물에 투여하기 전에 1~2일 동안 그 동물을 관찰하고, 그 동물이 살아남은 경우는 투여량을 증가시켜 다음 동물에 투여하고, 죽은 경우에는 투여량은 줄이는 방법이다. 생존한 동물은 계속해서 합계 7일간 사망 여부를 관찰할 것은 권장하며, 암컷이 일반적으로 더 민감하기 때문에 암컷만을 사용할 것을 권장하고 있다. 업다운법에서는 LD_{50} 초기 예상치가 LD_{50}의 2배수 이내에 들 때는 6~10마리만이 필요하다. 그러나 이 방법은 2일 이후에 사망이 일어나는 시험물질에는 권장될 수 없다.

또한 OECD는 시험관 내 시험을 권장하기 위해 2004년 시험관 내(*in vitro*) 시험계획 및 관리를 위한 GLP 기준 적용 및 해석을 용이하게 하고자 '시험관 내(*in vitro*) 연구에 있어서 GLP 이론의 적용' 지침을 만들었다.

(3) 동물대체 시험법

유럽연합 집행위원회는 2007년 4월부터 연간 1톤 이상 생산·유통되는 화학물질의 등록·평가·허가·제한 제도(registration, evaluation, authorization of chemicals, REACH)를 시행하고 충분한 독성 자료가 없는 약 30,000가지 물질에 대한 독성평가를 일차적으로 요구하였다. 따라서 기존 독성 시험법을 대체할 적절한 대체 독성 시험법의 개발 및 검증 필요성이 대두되었다.

1) 유럽 동물 대체 시험법 검증센터

유럽 동물 대체 시험법 검증센터(European centre for the validation of alternative methods, ECVAM)는 실험에 사용되는 동물의 수를 줄이고, 고통을 경감시키고자하는 3R(replacement, reduction, refinement)의 개념에 따라, 동물실험을 대체 연구, 시험법 개발을 통해 동물실험을 점진적으로 줄이면서 화학물질 등의 제조, 수송, 사용 안전성을 확보하고자 적절한 시험법을 평가하는 유럽 내 협력 조율한다.

2) 미국 동물 대체 시험법 검증 관련부처 협의회

미국 동물 대체 시험법 검증 관련부처 협의회(Interagency coordinating committee on the validation of alternative methods, ICCVAM)는 실험동물의 수를 더욱 더 줄이는 새로운 독성 시험법을 개발·검증하여 규제기관에서 인정할 수 있는 시험법 확립을 추진하고 있다.

3) 일본 동물 대체 시험법 검증센터

일본 동물 대체 시험법 검증센터(Japanese center for the validation of alternative methods, JACVAM)는 시험관 내(*in vitro*) 독성시험 연구, 새로운 독성시험 검증 및 평가 위원관리, 국내·외 협력 체계 구축한다. 시험관 내 독성시험 연구, 새로운 독성시험 검증 및 평가 위원관리, 국내·외 협력 체계 구축한다.

4) 한국 동물 대체 시험법 검증센터

한국 동물 대체 시험법 검증센터(Korean center for the validation of alternative methods, KoCVAM) 2009년 식품의약품안전처 식품의약품안전평가원 내 설치된 동물 대체 시험법 검증센터로 새로운 동물 대체 시험법의 국제검증연구와 전문평가 보고서 작성 및 가이드라인 개발 등을 추진한다. 동물 대체 시험법 분야의 국제조화를 목적으로 2009년 결성된 동물 대체 시험법 국제협력(International cooperation on alternative test method, ICATM)에 2011년 가입하였다.

제 16장

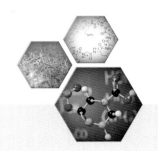

식품의 안전성 확보

　우리의 생활이나 의식주 변화에 있어 식생활은 가장 보수적으로 변화하여 식생활의 전통성이 특히 강조되고 있고, 비과학적인 식품에 관한 이론·사상도 상존하고 있으며, 지난 수십 년 동안 새로운 식품 및 가공기술의 도입과 더불어 조리의 간편화 추세로 현대인의 식생활은 다양한 화학물질에 노출을 피할 수 없게 되었다. 사람이 안전한 먹거리를 먹을 권리는 헌법에 언급되지도 않는 가장 기본적 권리이다. WHO에서는 식품의 안전성을 '의도된 용도에 따라 식품이 조리되거나 섭취되었을 때 소비자에게 해를 일으키지 않는다는 확신이 보장되는 것'이라 정의하고 있고, 경제개발기구(OECD)도 '섭취할 때 위해가 발생하지 않을 합리적 확실성이 있으면 그 식품은 안전하다.'고 하고 있다. 절대적인 안전성이 보장되는 식품은 없지만 가능한 한 식품의 안전성을 확보하기 위해 먼저 식품안전 위해요인을 살펴보고, 이에 따른 위해성 관리 방법과 행정규제, 그리고 위해성 홍보 방안에 대해서 살펴본다.

1. 식품안전 위해요인

식품안전 먹거리 위해요인은 사회적 위해요인과 물질적 위해요인으로 나누어 볼 수 있다.

(1) 사회적 위해요인

1) 역사적·사상적 위해요인

식품은 약과 구분되고, 식품은 식품 위생법, 약은 약사법으로 다루어져야 하는데, 아직도 민간에서는 음식과 약이 같다고 치부하고 있는 경우가 많다. 민주주의 국가에서 국민들이 원하는 것은 이루어져야 하는 것이 당연하지만, 그것이 비과학적이고 맹신적인 때는 전문가 집단이나 행정당국에서 시정해줘야만 한다. 식품에 관한 엄청난 과학적 지식이 축적된 21세기에 이러한 자연주의적이고 신비주의적인 사상의 난무는 식품안전에 큰 위협이 되고 있다.

① 음양오행설

음양오행설은 중국에서 기원전 4세기 초 전국시대에 여러 가지 현상들을 설명하는 틀로 사용되기 시작하여 한대가 되면서 정립되었고, 우리나라에 전래된 것은 삼국시대로 추정되며 현재에 이르기까지 사회 전반에 상당한 영향력을 행사하고 있어 정치, 사회, 문화는 물론 우리네 식생활에까지 큰 영향을 미쳤다. 그 예로 '오행에 관하여 그 첫째는 수이고, 둘째는 화, 셋째는 목, 넷째는 금, 다섯째는 토이다. (중략) 토는 씨앗을 뿌려 추수를 할 수 있게 하는 성질이 있다. 젖게 하고 방울져 떨어지는 것은 짠맛을 내며, 타거나 뜨거워지는 것은 쓴맛을 낸다. 곡면이나 곧은 막대기를 만들 수 있는 것은 신맛을 내고, 단단해지는 것은 매운맛을 내고, 키우고 거두어들일 수 있는 것은 단맛을 낸다.' 즉, 우주의 사물을 다섯 가지로 나누게 되어 음식의 색깔·냄새·맛 등에 적용했다.

아직도 '푸른색의 시금치, 붉은 고추, 노란색의 달걀지단, 흰색의 도라지, 검은색의 버섯 등 다섯 가지 색깔의 음식을 한꺼번에 먹을 수 있는 잡채, 비빔밥 등은 우리나라 전통 오행사상에 기반을 둔 진짜 건강식품'이라는 말이 회자되고 있는 현실이다.

② 동의보감

우리네 먹거리에 지대한 영향을 준 또 하나는 1610년 허준이 지은 의학책인 동의보감이다. 당시 중국의학에 의존하던 의학에서 탈피해 조선시대 초기부터 전해온 향약 의학을 발전시켜 우리나라의 독자적인 것으로 당시 최고로 치던 의학책이다. 동의보감은 질병을 다루는 의학책이지 일반인을 위한 식품에 관한 책이 아니다.

③ 사상의학

1894년 이제마가 동의수세보원에서 처음으로 창안하여 발표하여 우리나라만의 독창적인 의학이론으로 평가 받고 있지만, 이미 국제적으로는 현미경·세균이 발견되고 분석·합성화학의 발달, 전자기학 시대가 열리고 있었다.

2) 금전 만능주의

인간의 도구화와 인간성의 상실 등으로 인하여 사람의 생명이 경시되고, 이익 극대만을 위한 불량·부정식품의 생산, 수입, 판매하는 행위는 지나친 자본주의, 금전 만능주의가 팽배한데 원인이 있다고 할 수 있다. 금전 만능주의의 문제점을 극복하고 인간성 회복과 개인의 복지를 추구하기 위하여 경제적 측면에서 뿐만 아니라 윤리적 측면에서의 노력들이 필요하다.

3) 상업 언론

현대인은 각종 언론 매체의 홍수 속에 살고 있다. 지상파 방송, 민간 방송, 종합편성채널, 유선 방송(케이블 TV), IPTV(인터넷 프로토콜 텔레비전) 등 각종 방송 매체와 신문, 잡지, 사보 등의 인쇄 매체, 그리고 인터넷 등 바야흐로 현대사회는 정보의 홍수시대인 것이다. 또한 가십성, 토픽성 기사는 SNS 등을 통해 급속도로 와전되어 확산되고 일부 시민들은 이를 맹목적으로 신뢰하고 있기도 하다.

이러한 영향으로 많은 사람들이 식품의 기본 목적인 영양 섭취를 이해하지 못하고, 식품을 마치 몸에 좋은 '약'으로 섭취하고 있는 실정이다. 언론의 자유를 앞세워 상업 언론들이 대중의 관심을 끌고 말초신경을 자극하는 내용을 경쟁적으로 보도하는 것은 지양되어야 하며, 언론인들의 성숙한 자세와 사회에 대한 배려가 전제되어야 한다.

(2) 물질적 위해요인

식품안전의 물질적 위해요인의 원인 및 위해 유발 주체 및 관리주체는 [표 16-1]과 같다. 물적 위험은 일차적으로 식품 관련 정부 부서, 식품 관련 종사자, 소비자 등이 관련되어 있으며, 과학적, 기술적인 노력으로 획기적으로 줄일 수 있다. 원래부터 식품 중에 있거나 저장·보관 중에 일어나는 위해요인은 식품 생산자와 소비자 모두에서 유발될 수 있다. 그러나 최종 식품 중의 곰팡이 독소는 생산자와 행정 당국의 철저한 관리로만 제거할 수 있는 문제이다. 마찬가지로 식품 이용과 관련되어 일어나는 식품첨가물이나 잔류농약 문제도 소비자는 위해 유발과는 관련이 없다.

물질적 위해요인으로부터 안전을 확보하기 위해서는 국가의 역할이 가장 중요하다. 물질적 위해요인은 행정 당국의 생산자에 대한 철저한 안전교육과 지도감독으로만 해결될 수 있고, 소비자에 의해 유발되는 위해요인에 대해서는 전 국민에 대한 충분한 홍보와 교육이 있어야 해결될 수 있다.

표 16-1 식품안전의 물리적 위해요인

유래	위해요인	원인물질(균)	위해 유발/관리 주체		
			식품 생산자	국가	소비자
식품 자연발생	미생물	병원성대장균, 살모넬라균, 장염비브리오, 세균성이질, 황색포도상구균, 보툴리눔균	○	○	○
		노로바이러스, 로타바이러스	○	○	○
	식물성독소	감자, 시안배당체(죽순, 매실, 은행), 피마자, 독초 (옻, 고사리 등)	○	○	○
	동물성독소	복어, 독꼬치, 기름치, 조개독 등	○	○	○
	버섯독소	독버섯	×	○	○
	곰팡이 독소	곰팡이 독소(아플라톡신, 오크라톡신, 제랄레논 등)	○	○	×
식품이용 관련	식품첨가물	보존료(방부제), 살균제, 표백제 등	○	○	×
	잔류농약	유기인계-, 유기염소계-살충제, 제초제, 살균제	○	○	×
	동물용 의약품	항생제, 성장촉진 호르몬제	○	○	×
	식품접촉물질	포름알데히드, 페놀, 납, 내분비교란물질(DEHP, 비스페놀A) 등	○	○	×
	식품가공·조리	다환방향족탄화수소(벤조피렌), 헤테로사이클릭아민	○	○	○
환경 오염	중금속	수은, 납, 카드뮴, 비소 등 중금속	○	○	×
	방사능물질	세슘 137, 요오드 131, 스트론튬 90	○	○	×
특수성	식품알레르겐	난류, 우유, 메밀, 땅콩, 대두, 밀, 고등어, 게, 새우, 돼지고기, 복숭아, 토마토, 아황산류	○	○	○

물질적 위해요인 중 알레르기 문제는 특이한 경우에 해당된다. 즉, 알레르기는 일반독성과는 달리 감작성이 있는 사람에서 극미량으로도 일어날 수 있으며, 천연식품뿐 아니라 식품 첨가물, 동물용 의약품 등 다양한 물질에 의해 유발되므로 소비자 자신이 관리 주체가 된다. 모든 식품은 단백질, 탄수화물 등 고분자로 구성되어 있으므로 모든 식품이 알레르기를 유발할 수 있으며, 식품 첨가물, 농약, 동물용 의약품 등 수많은 물질이 알레르기를 일으킬 수 있다. 다만 행정 당국에서는 알레르기를 잘 일으키는 대표적인 식품 성분을 표시하도록 하고 있을 수밖에 없다. 현재 우리나라는 '식품 등의 표시기준'에서 알레르기를 유발하는 것으로 알려져 있는 난류, 우유, 메밀, 땅콩, 대두, 밀, 고등어, 게, 새우, 돼지고기, 복숭아, 토마토, 아황산류 등 13품목에 대해 포장에 표시하도록 하여 소비자들이 식품을 선택하는데 도움이 되도록 하고 있다. 따라서 소비자는 식품 등의 표시기준에 있는 식품성분 및 식품첨가물 등의 정보를 반드시 읽어보고 자신의 건강에 대한 위해요인을 확인하도록 하여야 한다.

2. 식품의 위해요인 관리

(1) 현행 규제방법

1) 규제 접근법

미국을 비롯한 대부분의 국가의 식품 관련–규제기관은 일반 독성물질과 발암물질에 대한 규제방법을 구분하여 접근하고, 일반 독성물질에 대해서는 '일일섭취허용량(ADI)'을 설정하여 규제하는데, 일일섭취허용량은 동물실험에서 얻어진 최대무작용량을 사람에 대한 안전계수를 적용하여 설정하고, 일일섭취허용량보다 낮은 수준으로의 폭로는 '안전' 하다고 간주한다. 그리고 일일섭취허용량을 기준으로 하고 국민의 식품 섭취량을 감안하여 각각의 식품 중의 잔류 허용량을 설정하여 생산자들이 관리할 수 있도록 하고 있다.

그러나 발암물질의 발암성은 양적으로는 측정·판단할 수 없어 대부분의 규제기관에서는 동물연구에서 암을 일으킨다는 것이 확인된 물질은 인간에 있어서도 발암물질이라고 간주하여 규제하고 있다. 그러나 거의 모든 식품에는 극미량의 발암물질이 있으므로 단순히 그러한 접근으로는 합리적인 관리가 불가능하므로 합리적으로 가능한 한 낮은 합리적 최저치 개념을 이용하여 규제하고 있다.

1958년 미연방 식품·의약품 및 화장품법(FDC Act)의 식품첨가물 수정안의 490(C)조에 명기된 '델라니 조항'에서는 암을 유발하는 것으로 판명되는 물질은 안전한 식품 첨가물이라고 할 수 없다고 하여 발암성 물질의 식품에서의 사용을 규제하였다. 그러나 1962년 동물사료에 사용하는 약품이 비록 발암물질이라고 하더라도 그 사료로 키운 동물의 가식부에 그 약품이 잔류하지 않을 경우 그 약품을 동물사료에 사용할 수 있다는 일부 수정안이 발표되었다. 따라서 천연식품에 함유된 발암물질에는 허용수준(tolerance level)을 설정하여 델라니 조항을 보완하고 있다. 예를 들면, 아플라톡신은 옥수수에 20ppb까지 허용되고 있다.

2) 섭취 허용량/잔류량 설정 규제

식품 첨가물, 농약, 동물용 의약품, 용기·포장에서 유래하는 물질 등은 식품에서의 사용 여부, 사용량, 그리고 독성을 실험적·과학적으로 확인할 수 있으므로, 실험동물에서 장기간에 걸친 만성독성시험으로 최대무작용량을 구하고, 그 값을 FAO/WHO에서 인정하는 각 물질에 대한 안전계수(100~250)로 나누어 그 양을 사람에 대한 일일섭취허용량(ADI)으로 정한다. 그리고 일일섭취허용량, 그 물질이 들어 있는 식품의 평균추정 식품 섭취량, 목적하는 효과를 발휘하는 최소량을 고려한 그 물질의 첨가율 또는 잔류량 등을 고려하여 각 식품에 사용하는 물질의 허용량 혹은 잔류량을 설정한다.

어떤 물질의 일일섭취허용량[mg/kg(체중)]은 사람이 일생동안 아무런 장애 없이 섭취할 수 있는 양인데, 최대무작용량을 안전계수(대개 100)로 나눈 값이다.

$$\text{ADI(mg/kg, 사람의 체중)} = \frac{\text{NOAEL(mg/kg, 실험동물의 체중)}}{\text{안전계수(대개 100)}}$$

이 안전계수는 동물실험 데이터를 사람에 적용하는데 있어서 감수성의 차이 등 여러 가지 불확실성을 보정하기 위한 것으로 물질에 따라 안전계수는 다르게 설정한다[표 16-2].

표 16-2 ● WHO 독성학적 결과치

대상물질	최대무작용량(쥐) (mg/kg/일)	안전계수	ADI(μg/kg)
Hexachlorobenzene(1969)	1.25	2,000	0.6
Dieldrin(1970)	0.025	200	0.1
DDT(1969)	0.05	10	5

ADI, 성인 체중(60kg), 식품계수(food factor: 매일 소비하는 그 식품의 양) 등을 고려하여 1인당 일일최대섭취허용량(maximal permissible intake per day, MPI)과 식품 중의 최대잔류허용량(maximal permissible level, MPL)을 산정한다. 즉,

$$\text{MPI} = \text{ADI} \times 60 \ (\text{mg/일로 나타냄})$$

$$\text{MPL} = \frac{\text{MPI}}{\text{식품계수}} \ (\text{mg/kg 또는 ppm으로 나타냄})$$

야채, 육류, 음료 등과 같이 소비량이 많은 식품 성분은 같은 오염물질이라 하더라도 각 식품성분의 섭취에 대한 기여도를 고려하여야 한다. 식품 i의 식품계수를 F_i[즉, 평균 식사(1.5kg) 중의 식품 i의 분획], 그 식품 중의 잔류허용량을 T_i라고 하면, 전체 농약 섭취에 있어 식품 i의 기여도는 $T_i F_i \times 1.5$이다. 따라서 전체 섭취식품의 총합은 다음과 같다.

$$\text{TMRI(mg/일)} = \sum_{i=1}^{n} T_i F_i \times 1.5$$

이론적인 최대 잔류물질 섭취량(theoretical maximum residue intake, TMRI)은 잔류물질의 최대 섭취량인데, 일일최대섭취허용량(MPI)을 초과하여서는 아니 된다.

여기서 식품의 일일소비량은 비사용자들 때문에 낮게 되므로 전체 인구의 평균으로 계산해서는 안 된다. WHO/FAO에서는 상위 10%의 소비자가 섭취하는 양을 기준으로 한다. 일상 식품의 식품계수의 산정은 그리 어려운 문제는 아니다. 미국인은 매일 약 0.4kg의 채소와 과일, 0.5kg의 우유와 유제품, 0.02kg의 치즈, 0.2kg의 곡류, 0.2kg의 육류를 섭취한다고 간주한다.

우리나라의 경우 농약의 일일최대섭취허용량은 성인 체중(50kg)을 고려하여 산정한다. 식품 중의 최대잔류허용량은 해당 식품의 섭취량을 고려하여 산정되는데, 이는 국가나 사회에 따라 그 식품의 섭취량이 달라지기 때문에 나라마다 다르게 설정된다.

$$\text{잔류허용량(ppm)} = \frac{\text{1일섭취허용량} \times \text{국민평균체중(50kg)}}{\text{1일 1인 식품(농산물) 평균 섭취량}}$$

여기서 간과해서는 안 될 사항이 있다. 첫째, 최대잔류허용량은 국민들의 평균 섭취량으로 산정되므로 예를 들어 들깻잎 성분 중 농약인 클로르피리포스(chlorpyrifos)의 최대잔류허용량이 1.0ppm이라면, 비록 들깻잎 중의 농약성분이 잔류허용량 미만이라 하더라도

들깻잎을 선호하는 사람은 과량의 농약을 섭취할 가능성이 있게 된다. 둘째로는 체중 50kg을 기준으로 산정된 것이므로 어린이나 청소년은 과다 섭취할 가능성이 있게 된다. 셋째로는 한 가지 식품에 대한 잔류허용량이므로 일반적으로 여러 식품군을 복합적으로 섭취하는 경우에는 모두 합산하여야 하므로 이 경우에도 1일 섭취 허용량을 초과할 가능성이 있게 된다. 예를 들어, 농산물과 식육을 함께 섭취했을 때, 클로르피리포스의 경우 각각 농산물과 식육 잔류허용기준을 동시에 고려해야한다 [표 16-3, 표 16-4].

표 16-3 **클로르피리포스의 농산물 중 잔류허용기준**   (식품의약품안전처, 2012.2)

식품명	ppm	식품명	ppm	식품명	ppm
가지(eggplant)	0.2	밀(wheat)	0.1	옥수수(corn)	0.1
감(persimmon)	0.5	밀가루(wheat flour)	0.02	완두콩(pea)	0.2
감자(potato)	0.05	바나나(banana)	0.25	은행(gingko nut)	0.2
고구마(sweet potato)	0.05	밤(chestnut)	0.2	자두(plum)	1.0
고추	0.5	배(pear)	0.5	자몽(grapefruit)	0.3
[green & red epper(Fresh)]		배추(korean cabbage)	0.2	차(tea)	2.0
귀리(oat)	0.1	버섯류(mushrooms)	0.05	참깨(sesame seed)	0.5
기타감귤류	0.5	보리(barley)	0.1	참외(korean melon)	0.5
(other citrus fruits)		복숭아(peach)	0.5	체리(cherry)	0.5
기타곡류(other cereal grains)	0.1	사과(apple)	1.0	케일(kale)	1.0
기타과실류(other fruits)	0.5	살구(apricot)	1.0	키위(kiwifruit)	2.0
기타채소류(other vegetables)	0.01	생강(ginger)	0.01	토란(taro)	0.01
기타콩류(other beans)	0.1	셀러리(celery)	0.05	토마토(tomato)	0.5
당근(carrot)	0.5	수박(watermelon)	0.5	파(welsh onion)	0.01
대두(soy bean)	0.3	수수(sorghum)	0.1	파인애플(pineapple)	0.5
들깻잎(perilla leaves)	1.0	시금치(spinach)	0.01	파파야(papaya)	0.5
딸기(strawberry)	0.5	쌀(rice)	0.1	포도(grape)	1.0
땅콩(peanut)	0.5	아몬드(almond)	0.2	피망(sweet pepper)	0.5
레몬(lemon)	0.3	아보카도(avocado)	0.5	피칸(pecan)	0.2
마늘(garlic)	0.5	아스파라거스(asparagus)	0.5	해바라기씨(sunflower seed)	0.5
망고(mango)	0.5	양배추(cabbage)	0.1		
매실(korean plum)	1.0	양상추(lettuce)	0.1	호도(walnut)	0.2
메밀(buckwheat)	0.1	양파(onion)	0.5	호밀(rye)	0.1
멜론(melon)	0.5	오렌지(orange)	0.3	호박(squash)	0.1
면실(cotton seed)	0.05	오이(ucumber)	0.1		
모과(quince)	0.5				
무(뿌리)[radish(root)]	2.0				

* 주: 표에서 보는 바와 같이 국민들의 평균섭취량을 기준으로 함으로 섭취빈도가 낮은 식품과 높은 식품의 잔류 허용기준은 0.01 ppm에서 2.0 ppm까지 200배의 차이가 난다.

표 16-4 클로르피리포스의 식육 중 잔류허용기준			(식품의약품안전처, 2012.2)
식품명	ppm	식품명	ppm
가금류고기(poultry meat)	0.01(f)	소신장(cattle kidney)	0.01
가금류부산물(poultry by-product)	0.01	양고기(sheep meat)	1.0(f)
돼지고기(pig meat)	0.02(f)	양부산물(sheep by-product)	0.01
돼지부산물(pig by-product)	0.01	유(milk)	0.02
소간(cattle liver)	0.01	알(egg)	0.01
소고기(cattle meat)	1.0(f)		

이렇게 계산된 잔류허용량은 법적인 허용량이지 최적량은 아니므로 가능한 한 더 적게 사용하여 잔류량을 최대한 낮게 유지하는 것이 바람직하다. 또한 개인적으로 식품 잔류물질의 독성으로부터 회피하는 방법의 하나는 똑같은 종류, 같은 계통의 식품을 장기적으로 계속 섭취하지 않는 것이 위해 방지에 상당히 유효하고, 소극적이지만 자신을 방어하는 수단이 된다.

3) 발암물질의 규제

① 발암물질 규제의 문제점

발암성을 증명하는 실험은 실험동물에 시험물질을 최대내성용량(maximum tolerated dose, MTD)으로 2년간 먹인 실험으로 얻어지는데 실험동물에서 통계적으로 유의성 있는 종양 활성의 증가가 있으면 발암성이 입증된 것으로 간주한다. 오염중독사고 등에 폭로된 사람의 발암 위험성의 증대가 발견되거나 유전독성시험에서 돌연변이 유발성이 확인되면 발암물질로 간주된다. 따라서 화학물질이 돌연변이 유발성이거나 DNA와 부가물을 만들거나, 혹은 동물에서 용량에 따라 암을 유발하게 되면, 그 화학물질은 발암물질이라고 간주된다.

그러나 발암작용이 암의 진행을 바꾸는 인자(촉진물질과 저해물질) 등에 따라 달라지고, 개시물질보다 촉진물질과 저해물질이 위해 결정인자인 경우도 많고, 또 개시물질이 없더라도 어떤 촉진작용의 자극으로 종양이 증대되기도 한다. 예를 들면, 단백질 식품 또는 고열량 식품의 섭취는 자연종양의 발생을 증대시킨다. 따라서 간단히 발암물질이라고 정의하기에는 여러 가지 제약요인이 있다는 점이다.

또한 현실적으로 ① 거의 모든 식품 자체를 금지하기 전에는 미량의 발암물질을 배제할 수가 없다는 점, ② 이들을 규제함으로써 일어나는 식품공급의 차질, ③ 발암물질에 대한 많은 자료들이 공중보건상의 우선순위와 일치하지 않는다는 점 때문에 발암물질 규제의 제한이 되고 있다.

② 발암물질의 정량적 위해성 평가

암은 폭로 후 곧 발생하지 않고 그 존재가 확인되기까지는 수 개월에서 수 년이 걸리기 때문에, 식품 안전 규제기관은 정책을 정하는 기본으로 정량적 위해성 평가(quantitative risk assessment, QRA) 개념을 채택하고 있다.

정량적 위해성 평가 과정은 네 단계로 이루어진다. 첫 번째는 유해성 확인으로 위해요소가 인체 내 독성을 나타내는 잠재적 특성을 과학적으로 확인하는 과정이다. 발암물질에 대한 QRA에 있어 가장 중요한 문제는 발암성 여부, 암 유발 조직 또는 세포 부위가 중요하다. 두 번째는 유해성 결정으로 동물 독성자료, 인체 독성자료 등을 토대로 위해요소의 안전을 담보하는 인체노출 허용량 등을 정량적·정성적으로 산출하는 과정이다. 위해요소의 용량–반응 관계를 설정하여 안전량을 산출하는데, 미량의 발암물질에 대해서는 수학적 모델을 적용하여 산출한다. 세 번째는 노출 평가로 식품 등의 섭취를 통하여 노출되는 위해요소의 정량적·정성적 분석 자료를 근거로 안전한 인체 노출수준을 산출하는 과정이다. 노출 시 가장 크게 영향을 받는 취약 부위에서의 노출 평가가 특히 중요하다. 네 번째는 위해성 결정으로 위험성 확인, 위험성 결정 및 노출 평가의 결과를 토대로 위해성을 산출하여 현 노출수준이 건강에 미치는 유해 영향 발생 가능성을 판단하는 과정이다. 위해성이 크다고 결정되면 적절한 규제방법을 강구하게 된다.

그러나 발암성 문제는 아직도 과학적인 면보다는 감정적 또는 정치·사회·경제적인 견지에서 다루어지고 있다. 그리고 발암물질에 있어 발암성 역치에 대한 논란이 계속되고 있다.

문제는 현재의 QRA가 많은 가정을 내포하고 있고, 그 중 많은 것이 증명할 수 없거나 조사할 수 없다는 점이다. 그리고 어떤 가정을 택하느냐에 따라 10배 이상의 차이가 나기도 하고, 가정을 채택하는 데는 정책적인 면도 많이 고려된다.

③ 위해/이익 평가

식품 첨가물, 농약, 동물용 의약품 등의 위해성 데이터가 대개 실험동물이나 시험관 실험에서 얻어졌기 때문에 그 결과를 사람에게 그대로 적용할 수 있느냐 하는 점 때문에 위해성 평가는 단순하지 않다. 또한 이들의 유용성을 일방적으로 평가하기도 단순하지 않다. 동물실험에서 발암물질이라 하더라도 사람에서 일상적인 섭취로 그 물질로 인한 발암성을 입증하는 데는 수십 년이 소요되므로, 이러한 문제를 극복하기 위하여 위해/이익(risk/benefit) 개념이 필요하게 된다. 즉, 성분 A가 발암물질이라고 인정이 될 경우, 비록 그것이 식품 품질 향상에 필수적이라고 해도 그 물질은 사용할 수 없게 된다. 그러나 성분

B는 대부분의 사용자들이 필수 성분이라 생각하고, 일부 발암 가능성을 가진 경우, 성분 B를 전혀 사용할 수 없는 것이 아니고 일부 사용하면서 지속적으로 안전성 여부를 검토하여 계속 사용 여부를 결정하는 것이다. 따라서 위해/이익을 결정하는 데는 첫째, 소비자에게 예상되는 위해성, 둘째, 소비자들의 욕구와 필요성, 셋째, 식품 공급의 필요성과 공중보건과의 관계, 넷째 경제적인 요인, 다섯째 규제 방법의 실효성 등의 요인이 고려될 수밖에 없게 된다.

(2) 섭취 허용량 설정 불가 물질의 안전성

1) 섭취 허용량 설정 불가 물질의 관리

천연 독성물질 그리고 곰팡이 독소, 식품가공·조리 시 생성되는 물질, 중금속 등의 식품 오염물질은 현재에 이르러 우리의 식생활 환경으로 유입하는 수는 엄청나게 증가하였고 오염 유발 원인이 다양하며, 그리고 아직도 미확인된 천연물질의 수가 확인된 수에 비하면 훨씬 많다. 그러므로 이러한 물질에 대한 독성평가와 규제는 현재의 사고와 방법으로는 무리이기 때문에, 이들에 대한 안전성 평가는 독성학적 연구를 확장하여야 할 필요성과 함께 일반적인 보건문제와 관련해서 고려할 수밖에 없다.

이러한 천연 독성물질이나 식품 오염물질의 안전성 평가는 사용자가 식품에 첨가하는 화학물질과는 크게 다르다. 그 이유로는 ① 계절, 지리적 위치, 특정 유전형에 따라 오염물질의 출현이 다르고, ② 시험할 수 있는 오염물질의 양을 얻는데 드는 어려움과 비용, ③ 특정 오염물질만을 선별하여 동정하기가 어렵고, ④ 오염으로 인한 역학적인 데이터가 부족하며, ⑤ 적절한 독성 데이터가 부족하다는 점이다. 이와 같은 이유로 천연 독성물질과 식품 오염물질의 양을 규제하는 것은 훨씬 더 어려우므로 위해성이 커서 국민 보건에 특히 우려되는 것에 대해서는 허용 최대농도를 설정하는 '행정조치기준(action level)'이 설정된다. 행정조치기준은 더 정확한 독성 데이터가 얻어지면 기준이나 법규로 바뀌게 된다.

섭취 허용량 설정 불가 물질은 식품 안전 전담 부서만의 노력으로는 관리되지 않는다. 현행 식품의약품안전처는 물론이고 농축산식품부, 해양수산부, 환경부 등의 협력이 절실히 요구되고, 식품의 생산자·가공업자·식품접객업소 종사자는 물론 각 가정에서도 관심과 동참이 병행되어야 한다.

2) 섭취 허용량 설정 불가 물질의 안전성 확보

천연 독성물질 그리고 곰팡이 독소, 식품가공·조리 시 생성되는 물질, 중금속 등의 식품 오염물질의 저감 방법은 오염경로에 따라 달라진다. 천연 독성물질을 인위적으로 줄이는 방법은 특별히 없고, 정부 당국의 지속적인 홍보만이 식품위해로부터 국민들의 안전 확보가 가능하다. 곰팡이 독소와 같은 경우에는 생산, 가공, 저장 등의 개선으로 저감할 수 있고 가정에서의 발생은 정부의 적극적인 홍보가 필요한 분야이다. 토양이나 물을 통해 식품으로 들어오는 오염물질은 우선 토양 오염과 수질 오염을 엄격히 규제하여야 하며, 오염된 물을 관개용으로 사용금지하고, 오염된 물에서 수확한 수산물의 수확을 금지하고, 중금속을 함유한 하수처리장 슬러지의 비료로의 사용을 규제하고, 오염된 토양에서의 경작을 금지함으로써 줄일 수 있다. 세균이나 세균 독소의 경우도 생산, 가공, 저장 등의 개선으로 저감할 수 있다.

식품 오염물질의 규제에 있어 곤란한 예는 전통이나 개인적 기호성과 맞물려 있을 때이다. 된장 등 곰팡이 발효 식품 중의 아플라톡신이나 대표적인 알레르기 유발식품인 옻닭 등의 판매에 대한 규제 문제는 우리나라 식품행정의 최대의 당면 문제 중의 하나이다. 따라서 식품 오염물질에 대한 규제는 다양한 경제적 사정, 기술적 가능성, 독성학적 위해성 평가, 국민정서 등에 좌우된다.

3) 미생물 식중독 예방

식품의 미생물 오염은 토양, 물, 공기, 동물, 곤충, 가공 및 포장설비뿐 아니라 식품가공 및 조리 종사자에 의해서 일어난다. 미생물 오염으로 인해 세균성 식중독뿐 아니라 각종 감염병의 원인이 되는데, 이러한 미생물 오염식품으로 인한 질병을 예방하는데 있어 가장 역점을 두어야 할 곳은 식품접객업소와 가정이다. 식품접객업소 종사자와 일반인은 전반적인 식품지식이 부족하고 적절한 식품 취급법이 미숙하다는 점이다. 조리 시 미생물 오염에 기여하는 주요 문제는 ① 조리한 식품의 부적절한 냉각, ② 한번 장만한 후 부적절한 보관, ③ 불완전한 조리, ④ 질병 감염자의 조리, ⑤ 부적절한 재가열, ⑥ 부적절한 고온 보관, ⑦ 조리한 식품과 조리하지 않은 식품의 교차 오염, ⑧ 부적절한 기구세척 등이다. 이러한 미생물에 의한 식중독을 예방하는 방법은 행정당국의 지속적인 홍보·교육뿐이다.

(3) 새로운 식품과 생물공정의 평가

식품 생산이나 가공에서의 새로운 기술혁명, 생물공학의 발전으로 신규 식품 첨가물, 농약, 동물용 의약품, 식품 등의 수가 기하급수적으로 늘고 있으며, 새로운 조사처리방법, 식자재 및 포장재는 물론이고 건강기능식품, 유전자변형 식품 등의 등장은 식품 안전성에도 새로운 문제가 제기되고 있다. 대표적인 새로운 제품이나 가공법은 다음과 같다.

① 전통식품을 새롭게 가공하거나 구성하는 것들: 스테비올배당체, 폴리덱스트로스
② 식품으로는 비전통적이지만 그것에 대한 인간의 경험은 있는 것: 프락토올리고당
③ 비전통적인 원료로부터 구성되는 식품들: 스피루리나, 트랜스지방, 디메틸설폰
④ 식품의 기능적·심미적 특성을 증진시키는 화학적 합성품: 아스파탐
⑤ 유전자 조작으로 만든 생물체로부터 얻거나 생물체로 구성된 식품: 유전자변형식품

이들 새로운 식품이나 가공기술로 안전성 평가에 새로운 도전이 생겨 전통적인 독성학적인 평가기법에도 풀어야 할 여러 가지 문제가 생겼다. 예를 들면 어느 시점까지 전통적인가 하는 문제이다. 즉, 감자와 토마토는 전통식품인가? 등 이밖에도 새로운 식품의 안전성 평가에 있어서 식사의 영양적인 균형을 유지하면서 용량과 노출을 확대해야 하는 문제이다. 전통적인 안전성 평가법은 탄수화물, 단백질, 지방의 특성을 갖지만 영양적인 가치는 없는 새로운 식품을 평가하는 데 있어서 100배의 안전계수를 얻기 위한 시료를 동물에 먹이기는 사실상 불가능하다. 앞으로 이러한 식품이 다량 영양소 또는 전통적인 식품을 대체한다고 가정하면, 새로운 평가법이 필요하다. 또한 행동이나 감정과 같은 비정량적인 효과를 평가하는 방법에도 더욱 중점을 두어야 한다.

1) 건강기능식품

우리나라는 물론 미국, 일본, EU 등은 일반식품이 아니고, 의약품도 아닌 건강기능식품, 건강식품, 건강보조식품 등 다양한 이름으로 불리는 새로운 식품군의 정의와 범위에 대해 새로운 도전에 봉착하였다. 우리나라는 미국의 개념을 대폭 수용해서 2002년 8월 건강기능식품에 관한 법률을 제정하였다.

현행 건강기능식품에 관한 법률에 의하면 건강기능식품이란 인체에 유용한 기능성을 가진 원료나 성분을 사용하여 제조(가공을 포함)한 식품을 말하며, 기능성이란 인체의 구조 및 기능에 대하여 영양소를 조절하거나 생리학적 작용 등과 같은 보건 용도에 유용한 효과를 얻는 것을 말한다고 하고 있다. 즉, 식품의약품안전처는 기능성과 독성을 평가하여 기능성 원료를 인정하고 있으며 이런 기능성 원료를 가지고 만든 제품은 모두 '건강기능식품'이다. 기능성 원료로는 고시된 원료와 개별인정 원료로 구분하는데, 2014년 1월 현재 고시된 원료는 영양소(비타민 및 무기질, 식이섬유 등) 등 약 83여 종의 원료가 등재되어

있고, 개별인정 원료는 히알루론산, 도라지추출물, 키토산, 게르마늄 효모, 크레아틴, 알로에추출물, 디메틸설폰 등 154종의 기능성 원료가 있다.

건강기능식품의 등장은 식품 섭취의 본래 목적에 기능성이라는 새로운 지평을 여는 계기가 됨과 동시에 소비자 선택권을 강조한 나머지 식품 및 건강에 대한 지식이 많지 않은 일반인들에게 기능성을 의약품의 효능으로 오해하게 하는 등 각종 혼란을 초래하는 계기가 되고 있다.

2) 유전자 변형 식품

미국 FDA는 유전자 변형 식품(새로운 식물체 변종)에 새로운 단백질을 합성하기 위해 도입된 DNA는 GRAS로 간주하며, 판매 후 안전성 감시에 의해 규제받는데, FDA가 1992년 연방관보를 통해 유전자 변형 식품(새로운 식물체 변종)의 안전성 평가 시 주안점을 [표 16-5]와 같이 천명하고 있다.

표 16-5 유전자변형식품(새로운 식물체 변종)의 안전성 평가 시 고려할 점

숙주 및 공여종의 특성으로 알려진 기지독성물질
식품알레르겐의 전이될 가능성
식품섭취 목적이 되는 중요 영양소의 농도 및 생물이용성
새로 도입된 단백질의 안전성 및 영양적 가치
변성전분이나 변성유지의 특성, 조성 및 영양적 가치

3. 식품안전 관련 기구

(1) 국제기구

FAO/WHO 합동식품규격 사업단에서는 2003년 국제식품규격(codex alimentarius)을 발표하는데, 이것은 식품안전의 지침 역할을 한다. 국제식품규격은 제 1단계로부터 제 8단계까지의 단계를 밟아 회원국의 의견을 조정하여 설정된다. 총 9개의 일반주제 분과위원회와 16개의 품목 분과위원회, 5개 지역조정위원회 및 1개의 ECE/Codex 전문가 합동모임의 하부기관으로 구성되어 있으며, 규격의 범위는 식품 표시, 식품 첨가물, 잔류농약, 조사식품 등의 일반규격, 개별식품규격, 위생취급규범, 제조취급규범과 분석 시료채취방법에 걸쳐 있고 현재 약 240의 규격이 설정되어 있다. 설정된 국제식품규격에 관해서는

위원회사무국에서 회원국에 수락할 것을 권고하며 각국에서는 각각의 국내관계법규에 비추어 수락 여부를 판단하여 사무국에 통보한다. 수락할 수 없는 경우는 규격 적합식품의 국내에서의 자유로운 유통여부, 현행 국내 규격과의 상이점을 밝혀야 한다.

(2) 미국의 식품안전 관련 기구

1) 미국 국가 독성학 프로그램

미국 국가 독성학 프로그램(The national toxicology program, NTP)는 1979년 미국 보건복지부장관이 보건복지부 내의 독성학 연구 및 검사 활동을 종합하고 독성 가능성이 있는 화학물질에 관한 정보를 규제기관, 연구기관 그리고 대중에게 제공 및 독성학에서의 과학적인 근거를 강화하기 위해 창설하였다. 국가독성학프로그램은 독성/발암성에 관한 동물 분석을 설계하고, 수행하고, 해석하는데 있어 세계적인 효시가 되었다.

국가 독성학 프로그램은 국립보건원(NIH)의 국립환경보건연구원(NIEHS), 질병관리예방본부(CDC)의 국립직업안전보건연구원(NIOSH), 그리고 식품의약품청(FDA)의 국립독성연구센터(NCTR) 등 독성학 관련 기구들로 구성되어 있다. NIH의 국립암연구소(NCI)는 창설 멤버였는데 국립암연구소의 발암성 생물검정계획이 1981년 국립환경보건과학연구소S로 이관됨에 따라 현재는 NTP 집행위원회 회원으로만 남아 있다.

국가 독성학 프로그램의 의장은 국립환경보건과학연구소의 소장이 겸임한다. 프로그램 관리는 NTP 실행위원회에서 하는데, 실행위원회는 연방 보건 연구 기관 및 규제기관의 장들로 구성되어 있다. 과학적 관리는 국가 독성학 프로그램 과학 고문 위원회와 기술보고서 검토 소위원회에서 하고 있다.

2) 미국 식품의약품청

미국 식품의약품청(US FDA)은 우리나라의 보건복지부에 해당하는 미국 보건후생부의 산하 기관으로 독립된 행정기구로 미국 내에서 생산되는 식품, 의약품, 화장품, 의료기기뿐 아니라 수입품과 일부 수출품의 효능과 안전성을 주로 관리하고 있다. 예를 들어 치료약이나 기구는 순도, 안전성, 효능에 대한 FDA 기준을 충족해야만 시판이 가능하다. FDA는 1938년 식품·의약품 및 화장품에 대한 법률이 제정된 뒤 독립행정기구로 국민보건의 책임당국이 되었다. FDA는 전 세계적으로 매우 엄격하고 신중한 시판 승인 결정을 내리는 것으로 유명하기 때문에 세계적으로 공신력을 인정받고 있다. FDA는 2013년 현재 산하에 커미셔너 사무국(OC), 식품·동물용 의약품국(OFVM), 글로벌 규제·정책국, 의료

용품 · 담배국(OMPT), 운영국(OP) 등 5개국으로 구성되어 있다. 그리고 산하에 국립독성
연구센터(NCTR)를 두어 독성의 생리학적 메커니즘을 규명하는 기초연구, 응용 연구, 위
해성평가 방법의 개발 등을 한다.

3) 미국의 식품 안전 관련 주요 법규

① 연방 식품 · 의약품 및 화장품법

미국 식품 · 의약품청(Federal food, drug and cosmetic act, FDCAFDA)에서 관장하
는데, 식품 첨가물과 화장품 성분의 한계를 설정하고, 인간과 동물용 약물의 안전성 지침
을 마련하며, 제조자에게 그 안전과 효능에 관한 자료의 제출을 요구한다. 또한 각 제품
에 필요한 독성시험을 규정하는 권한을 갖는다. 이 법안에는 그 유명한 델라니 조항이 들
어 있는데, 이 조항에서는 사람이나 동물에서 어떤 농도에서라도 암을 일으키는 식품 첨가
물은 안정하다고 할 수 없고 따라서 그 사용을 금지한다고 하고 있다. 이 법은 또한 FDA
로 하여금 GRAS를 설정, 수정하고 GLP 규정을 만드는 권한을 부여하고 있다.

② 연방 살충제 · 살균제 및 살서제법

연방 살충제 · 살균제 및 살서제법(Federal insecticide, fungicide and rodenticide
act, FIFRA)은 환경보호청(EPA)가 관장하는데 미국에서 사용되는 모든 농약(그 밖의 농
업용 화학물질도 포함)을 규제한다.

③ 독성물질 규제법

EPA에서 관장하는 독성물질 규제법(Toxic substances cotrol act, TSCA)은 FIFRA
등에서 취급하는 물질을 제외하고 산업, 환경, 그 밖의 거의 모든 화학물질을 망라하고 있
는 메머드법이다. EPA는 유해하다고 인정되는 물질의 생산을 규제 또는 중지시킨다. 생산자
는 새로운 물질을 제조하려고 할 때, 생산을 증대시키려고 할 때에는 신고를 해야 한다.

④ 소비자 제품 안전법

소비자 제품 안전법(Consumer product safety act, CPSA)은 소비자 제품의 안전성
을 지키기 위해 1972년에 제정되었으며 미국 소비자안전위원회에서 관장한다.

⑤ 수질 보호법

수질 보호법(Clean water act, CWA)은 EPA에서 관장하며 도시하수 처리시설의 운용,
도시 및 산업 배출수 등을 규제한다. 또한 배출기준을 마련하고 독성 오염물질을 규정한다.

⑥ 청정 대기법

청정 대기법(Clean air act, CAA)은 EPA에서 관장하는데 대기에 관한 여러 가지 기준, 규칙 등을 정한다.

⑦ 안전 음용수법

안전 음용수법(Safe drinking water Act, SDWA)은 먹는 물의 안전관리를 위하여 1974년 제정되었으며 EPA에서 관장한다. 단, 병에 든 생수는 FDA에서 관장한다.

(3) 유럽 식품 안전청(European food safety authority, EFSA)

2002년에 설립되어 이탈리아의 파르마에 소재하고 있다. 유럽연합 내의 식품 안전성에 영향을 미치는 모든 요인에 대해 전문가들에 의한 위해성 평가를 하고 그 안전성 등에 관한 과학적인 정보를 제공한다. 대상은 식품 자체뿐 아니라 농작물과 축산물 생산에 사용되는 농약, 동식물의 건강 관리, 사료나 가공 식품 제조에서 사용되는 첨가물, 식품과 직접 접촉하는 제조 가공장치와 용기·포장, 식품 검사, 식품에 관한 표시, 건강기능식품의 위해성이나 수입식품의 안전성에 관한 것 등 식품의 생산에서 소비자로 이어지는 모든 과정에 걸쳐 매우 폭넓다.

(4) 우리나라

식품의 안전을 확보하기 위해서는 국가의 역할이 가장 중요하다. 우리나라는 2008년 국무총리실 산하에 식품안전정책위원회를 두고 식품 안전법을 제정하여 범정부적으로 식품 안전정책의 수립·조정 등에 관한 기본적인 사항을 규정하고 있다.

식품의 위생 안전을 다루는 중앙행정기관으로는 식품의약품안전처·농림수산식품부·보건복지부·환경부·농촌진흥청 및 한국소비자원·국립농산물품질관리원·국립수의과학검역원 등이 있고, 시·도에는 위생과와 위생계, 보건환경연구원 등이 있다.

그리고 식품 위생안전에 관한 법률로 '식품위생법'을 위시하여 '건강기능식품에 관한 법률', '어린이 식생활 안전관리 특별법', '축산물위생관리법' 등 약 20종이 있다.

1) 식품 위생법

식품으로 인한 위생상의 위해를 방지하고 국민보건의 향상과 증진에 기여하기 위하여 1962년 제정되었는데, 첨가물과 화학적 합성품에 관해 규정하고 있다. 식품 중의 농약, 중금속 등 잔류물질의 기준을 정하여 규제하고 있으며 우리나라 식품 안전의 중심적인 역할을 하는 법이다.

2) 농약 관리법

농약의 적정한 관리를 목적으로 하며 농림축산식품부에서 관장한다. 농약의 안전 사용기준과 독성의 구분에 따른 취급제한 기준을 정하여 식품 중의 잔류농약을 간접적으로 규제하고 있다.

3) 사료 관리법

가축 사료뿐 아니라 사료 첨가물을 규제한다.

4) 비료관리법

비료의 품질을 보전하고 원활한 수급과 가격 안정을 통하여 농업생산력을 유지·증진시키며 농업환경을 보호함을 목적으로 한다.

5) 먹는 물 관리법

먹는 물의 수질과 위생을 합리적으로 관리하며 먹는 물 수질기준 및 검사 등에 관한 규칙에서 먹는 물 속의 위해인자의 한계를 설정하고 있다.

6) 농수산물 품질 관리법

농수산물의 적절한 품질관리를 통하여 농수산물의 안전성을 확보하고 상품성을 향상하며 공정하고 투명한 거래를 유도함으로써 농어업인의 소득 증대와 소비자 보호에 이바지하는 것을 목적으로 하며, 농산물우수관리, 농수산물 이력추적관리, 농수산물 지리적 표시, 유전자 변형 농수산물 등에 관한 사항을 규정하고 있다.

7) 축산물 위생 관리법

축산물의 위생적인 관리와 그 품질의 향상을 도모하기 위하여 가축의 사육·도살·처리와 축산물의 가공·유통 및 검사에 필요한 사항을 정함으로써 축산업의 건전한 발전과 공중위생의 향상에 이바지함을 목적으로 하며, 식육, 우유, 식육 가공품 등을 관장한다.

8) 감염병의 예방 및 관리에 관한 법률

국민 건강에 위해가 되는 감염병의 발생과 유행을 방지하고, 그 예방 및 관리를 위하여 필요한 사항을 규정함으로써 국민 건강의 증진 및 유지에 이바지하는 것을 목적으로 하는데, 물과 식품 매개 전염병인 제1군 감염병, 인수공통 감염병을 규정하고 있다.

9) 동물용 의약품 등 취급규칙

동물용 의약품의 승인에 관한 규격기준을 정하여 식품 중의 잔류물질을 간접적으로 규제한다.

10) 보건범죄 단속에 관한 특별조치법

부정 식품 및 첨가물, 부정 의약품 및 부정 유독물의 제조나 무면허 의료행위 등의 범죄에 대하여 가중처벌 등을 함으로써 국민보건 향상에 이바지 하고자 한다.

11) 수질 및 수생태계 보전에 관한 법률

수질 오염으로 인한 국민건강 및 환경상의 위해를 예방하고 하천·호소 등 공공수역의 수질 및 수생태계를 적정하게 관리·보전함으로써 국민이 그 혜택을 널리 향유할 수 있도록 함과 동시에 미래의 세대에게 물려줄 수 있도록 한다.

12) 대기 환경 보전법

대기 오염으로 인한 국민건강 및 환경상의 위해를 예방하고 대기환경을 적정하게 관리·보전함으로써 모든 국민이 건강하고 쾌적한 환경에서 생활할 수 있게 한다.

13) 화학물질 관리법

화학물질로 인한 국민건강 및 환경상의 위해를 예방하고 화학물질을 적절하게 관리하는 한편, 이로 인하여 발생하는 사고에 신속히 대응함으로써 화학물질로부터 모든 국민의 생명과 재산 또는 환경을 보호하는 것을 목적으로 한다. 유독물질, 허가물질, 제한물질, 금지물질, 사고대비물질, 유해화학물질 등 독성 및 유해성에 따라 분류하고 있다.

14) 해양환경 관리법

선박 및 해양시설 등에서 해양에 배출되는 기름·유해 액체물질 등과 폐기물을 규제하고, 해양의 오염물질을 제거하여 해양환경을 보전함으로써 국민의 건강과 재산을 보호한다.

15) 폐기물 관리법

폐기물을 적정하게 처리하여 자연환경 및 생활환경을 청결히 하고, 폐기물의 재활용을 촉진함으로써 환경보전과 국민생활의 질적 향상에 이바지함을 목적으로 1991년 제정되었다.

16) 건강기능식품에 관한 법률

건강기능식품의 안전성 확보 및 품질 향상과 건전한 유통·판매를 도모함으로써 국민의 건강 증진과 소비자 보호에 이바지함을 목적으로 2002년 제정되었다.

17) 어린이 식생활 안전관리 특별법

어린이들이 올바른 식생활 습관을 갖도록 하기 위하여 안전하고 영양을 고루 갖춘 식품을 제공하는 데 필요한 사항을 규정함으로써 어린이 건강증진에 기여함을 목적으로 2008년 제정되었다.

18) 가축 전염병 예방법

가축의 전염성 질병이 발생하거나 퍼지는 것을 막음으로써 축산업의 발전과 공중위생의 향상에 이바지함을 목적으로 1982년 제정되었으며, 2002년 전면 개정되었다.

19) 소비자 기본법

소비자의 권익을 증진하기 위하여 소비자의 권리와 책무, 국가·지방자치단체 및 사업자의 책무, 소비자 단체의 역할 및 자유 시장 경제에서 소비자와 사업자 사이의 관계를 규정하는 법률로 한국소비자원의 설립 근거가 되는 법이다.

20) 학교 급식법

학교 급식 등에 관한 사항을 규정함으로써 학교 급식의 질을 향상시키고 학생의 건전한 심신의 발달과 국민 식생활 개선에 기여함을 목적으로 하며, 식재료의 품질관리기준이 설정되어 있다.

4. 위해성 홍보 및 안전교육

국민 모두가 먹거리로부터 행복해지고 우리의 식품산업이 발전하기 위해서는 식품안전 선진국으로 가야한다. 자동차 안전에 대해 유아시절부터 신호등 건너기 등을 가르치는 것과 비유하면 우리네 식품안전에 대한 개념, 조치사항, 교육 및 홍보 수준은 너무 초라하다. 구제역, 조류독감(AI) 등이 거의 매년 발생하는데 어떤 위해성이 있는지, 그에 따른 정부의 대응은 어떻게 하고 있는지, 타국에서는 어떻게 대응하는지 등에 대해서는 언급하지 않고 손을 잘 씻어라, 충분히 가열해서 먹으라고 하는 정도일 뿐이다.

(1) 국가 및 행정당국이 할 일

식품안전을 확보하기 위해서는 무엇보다 정부의 강력한 의지가 필요하다. 2013년 식품 의약품안전청이 식품의약품안전처로 승격되어 식품의 건전성과 안전성을 확보하기 위하여 관계 법령을 정비하고, 생산자에 대한 지도·감독을 강화하며 대국민 홍보에도 심혈을 기울이고 있다. 또한 과학적으로 타당한 안전성 평가기술을 지속적으로 개발하고 있다. 식품 생산에 있어서도 GMP, HACCP 등이 정착하는 단계에 이르고 있다. 그러나 식품안전은 시스템의 문제로 끝나는 것이 아니다. 안전 시스템의 구축과 더불어 전 국민의 의식 변화가 수반되어야 균형 잡힌 안전 사회가 구현될 것이다.

식품 첨가물 및 농약, 동물용 의약품에 대해서는 사용자가 분명하므로 규제하기도 용이한 편이고 안전관리도 비교적 적절하게 수행되고 있다. 그러나 전통식품·천연식품에 대해서는 독성 유무가 밝혀지지 않은 것이 많고, 전통과 어우러진 민간 약 등과 혼재하는 경우가 있어 법적으로 규제하기는 쉽지 않다. 미국 FDA도 이러한 천연식품의 독성에 대해서는 규제보다는 사용상의 주의와 권고에 주력하고 있다. 현재 우리나라의 경우 아직도 식약동원이라는 전통적 개념이 뿌리 깊게 퍼져 있고, 각종 건강식품과 건강기능식품, 생약및 민간약이 어우러져 천연식품의 안전성에 대해서는 행정 당국도 효과적인 규제 방법을 찾지 못하고 있다.

국가 정보의 실질적 공개가 중요하다. 농림축산식품부나 식품의약품안전처에 접속하여 식품정보를 검색해보면 안전하다는 점만을 강조하고 어떤 위해성이 있는지, 그에 따른 대응은 어떤 것이 있는지에 대해서는 언급하고 있지 않다. 이것은 마치 자동차 사고가 빈발하고 있는데도 자동차는 안전하다는 것만 선전하고, 자동차 안전에 필요한 사항에 대해서는 전혀 알려주지 않는 것과 같다. 또한 식품의약품안전처의 식품 첨가물 사이트에 접속하여 보면 식품첨가물의 이름, 규격, 사용한도만 나타내고 있다. 그 식품 첨가물의 용도 및 사용상의 부작용 등은 일절 표시하지 않고 있다. 초등학생도 이해할 수 있게 하여야 하고 링크를 찾아 더 많은 정보에 접근할 수 있도록 해야 한다.

새로운 제도, 기술 및 식품에 대한 막연한 거부감을 표명하는 소비자들의 알 권리와 선택권을 속 시원히 해결할 수 있도록 하는 것이 진정한 소통이며 부정불량식품은 전 국민적 감시를 통해서만 근절될 수 있다.

(2) 식품가공업자와 식품접객업소 종사자

식품 안전성 확보를 위해서는 특히 식품 관련 종사자들의 의식개혁이 필요하다. 국민의 먹거리를 담당한다는 사명감과 자부심과 함께 최선을 다할 수 있어야 한다. 식품 종사자들은 자신이 취급하는 식품의 법적인 위치는 무엇인지, 무엇을 지켜야 하는지, 소비자에게는 어떤 식품과 이미지를 제공해야 하는지 등을 충분히 인식하여야 한다. '먹는 콜라겐'을 파는 사람들이 콜라겐은 먹으면 모두 아미노산으로 소화분해 된다는 사실도 모르고 팔거나, 건강기능식품을 팔면서 부작용이 나면 체질 운운하면서 넘어가려고 하는 비과학적인 자세로는 자신의 사업은 물론, 우리의 식품 산업의 미래는 밝을 수가 없다.

식품 접객업소 종사자는 자신이 취급하고 있는 식품의 식품학적, 영양적 특성을 이해하여야 한다. 식품의 무슨 성분이 너무 가열하면 안 되는지는 알아야 하고, 별 근거도 없는 각종 기능성만을 강조하여 이익만을 추구하려 해서는 전문인의 자세가 되지 않음을 알아야 한다.

사회 전반에 전문성이 강조되는 시대에 식품 접객업소 종사자의 일정 자격을 부여하는 제도도 고려해봐야 한다. 거의 모든 국민이 운전면허를 취득하는 시대임을 감안하면 수많은 사람의 건강과 안전을 담당하는 전문인에게 이 정도의 자격은 필요하다. 당장의 시행이 국민적 저항과 비용 및 기간 등의 사회·경제적인 문제를 수반하므로 어려우면 일정 규모 이상의 접객업 종사자에게 일정 자격을 요구하는 방향으로 바뀌어야 한다. 또한 현행 식품위생교육도 형식적이고 의례적인 수강만으로는 미흡하며 체계적이고 내실 있는 교육과 함께 평가제를 거치게 해야 한다.

모든 식품 관련 종사자들은 식재료는 농수산물 품질관리법에 의거 농산물우수관리제도(GAP) 인증, 이력추적관리, 지리적 표시를 준수한 제품인지, 위해요소중점관리기준(HACCP) 적용 사업장 제품인지 등을 확인하여 안전하고 신선한 재료를 사용하도록 해야 한다.

외식이 늘고 간편한 식사를 추구하는 시대적 경향에 따라 다양한 화학물질의 사용량이 급증하고, 새로운 기술이 적용된 식품이 개발됨에 따라 소비자는 제품에 대한 의구심이 커지고 있다. 더구나 소비자는 매스컴의 자극적이고 편향적인 정보를 여과 없이 받아들일 수 있으므로 식품 관련 종사자들은 이를 해소하기 위해서 전문성을 갖추려는 노력을 기울여야 한다. 식품의 안전을 확보하고 소비자의 신뢰를 받기 위해서는 식품 생산·가공·유통 과정에 대한 정보가 충분히 공개되어야 한다.

(3) 소비자의 식품안전 의식 생활화

현대를 살아가는 소비자는 식품으로 인한 위해성을 줄이고 건강하고 즐거운 식생활을 유지하려면 기본적인 식품·영양학적 지식을 습득하고, 최소한의 식품위생 및 안전에 관한 지식을 가져야 하며, 식품으로 인한 위해요소를 충분히 인지하고, 식품 구입 시에는 식품 및 건강기능식품 등의 라벨 확인 방법을 숙지하여 생활화 하여야 하며, 식품의 보관·조리 방법 및 개인위생 등에도 적절한 안전 조치를 할 수 있는 선진적인 시민의식을 갖추어야 한다. 세계보건기구(WHO)는 건전한 식품을 확보하고 식품 매개성 질환의 발생을 예방하는 데 도움이 되도록 식품 취급에서 지켜야 할 기본적인 원칙을 제시하고 있다. 식품의 안전한 조리를 위한 WHO의 10대 원칙(WHO's ten golden rules for safe food preparation)은 다음과 같다.

① 안전하게 가공된 식품을 선택할 것
② 충분히 가열 조리할 것
③ 조리된 식품은 즉시 섭취할 것
④ 조리된 식품은 주의하여 보관할 것
⑤ 일단 조리되었던 식품은 충분히 재가열할 것
⑥ 생식품과 조리된 식품의 접촉을 피할 것
⑦ 손을 자주 씻을 것
⑧ 조리대를 청결하게 유지할 것
⑨ 식품을 곤충, 쥐, 기타 동물이 접근하지 못하도록 할 것
⑩ 안전한 물을 사용할 것

식품은 수많은 성분을 함유하고 있고, 다양한 형태 및 용도로 사용될 뿐 아니라 개인적, 사회적, 종교적, 역사적 인식이 뒤엉켜 있기 때문에 식품 안전 확보를 위해서는 행정당국의 규제만으로는 달성하기가 어렵다. 안전한 먹거리가 보장되는 사회를 만들려면, 학계는 먹거리의 위험요인을 파악하고 정확하게 규명하여야 하며, 국가는 위험요인을 통제하기 위한 수단을 마련하여 시행하여야 하며, 언론은 공정한 자세로 국민들에게 알려야 하고, 국민은 사명감과 성숙된 시민의식을 가지고 지속적인 감시를 하여야 하며, 범사회적인 공통의 합의점을 찾아야 한다.

식품안전 확보는 국민의 안전과 건강을 지키는데 기본일 뿐 아니라 우리 식품의 우수성을 재발견함으로써 우리의 정체성을 확보하며, 또 우리의 우수한 식품 문화와 식품 산업이 세계로 뻗어나가는데 가장 기본적인 요건이다.

참고문헌

- Acute Oral Toxicity: Fixed Dose Procedure, OECD Test Guideline 420. 2002.
- Acute Oral Toxicity: Up-and-Down Procedure, OECD Test Guideline 425. 2008.
- Barceloux, D. G., Medical Toxicology of Natural Substances : Foods, Fungi, Medicinal Herbs, Plants, and Venomous Animal. John Wiley & Sons , 2008.
- Brown, K. L., Control of bacterial spores, British Medical Bulletin 56.158-171, 2000.
- Chronic Toxicity Studies, OECD Test Guideline 452 (2009)
- Coats, J. R., Insecticide Mode of Action, Academic Press, Inc., New York, 1982.
- Cole, R. J. and Cox, R. H., Handbook of Toxic Fungal Metabolites, Academic Press, New York, 1981.
- Concon, J. M., Food Toxicology: Principles and Concepts, Contaminants and Additives. Marcel Dekker Inc., 1988.
- Coulombe Jr, R.A. and Sharma, R.P., Clearance and excretion of intratracheally and orally administered aflatoxin B_1 in the rat. Food Chem. Toxicol. 23: 827-830. 1985.
- Crone, A.V.J., Hamilton, J.T.G., and Stevenson, M.H. Effects of storage and cooking on the dose response of 2-dodecylclobutanone, a potential marker for irradiated chicken. J. Sci. Food Agric. 58:249-252. 1992.
- Cupp, M. J. & Karch, S. B., Toxicology and Clinical Pharmacology of Herbal Products, Humana Press, 2000.
- Daniel, C. R., K. L. Schwartz, J. S. Colt1, L. M. Dong1, J. J. Ruterbusch, M. P. Purdue1, A. J. Cross, N. Rothman, F. G. Davis, S. Wacholder, B. I. Graubard, W. H. Chow1 and R. Sinha1. Meat-cooking mutagens and risk of renal cell carcinoma. British Journal of Cancer 105: 1096-1104. 2011.
- Elisa V Bandera, Urmila Chandran, Brian Buckley, Yong Lin, Sastry Isukapalli, Ian Marshall, Melony King, Helmut Zarbl. Urinary mycoestrogens, body size and breast development in New Jersey girls. Sci Total Environ. Volume 409, Issue 24, Pages 5221-5227, 2011.
- EPA Report, A Summary of the Emissions Characterization and Noncancer Respiratory Effects of Wood Smoke, EPA-453/R-93-036. 1993.
- Faist, V.1., Erbersdobler, H.F., Metabolic transit and in vivo effects of melanoidins and precursor compounds deriving from the Maillard reaction. Ann Nutr Metab. 45(1): 1-12. 2001.
- Fawell, J. K., and Hunt, S., Environmental Toxicology: Organic Pollutants, Ellis Horwood Limited, Chichester, 1988.
- Finley, J. W., and Schwass, D. E., Xenobiotics in Foods and Feeds, American Chemical Socity, Washington, D. C., 1983.
- Greim, H. & Snyder, Robert L., Toxicology and Risk Assessment : A Comprehensive

Introduction, John Wiley & Sons Inc, 2008.

- Guthrie, F. E. and Perry, J. J., Introduction to Environmental Toxicology, Elsevier North Holland, Inc., New York, 1980.

- Hardin, J. W. and Arena, J. M., Human Poisoning from Native and Cultivated Plants, 2nd ed., Duke Univesity Press, Durham, 1974.

- Hathcock, J. N., Nutritional Toxicology, Vol I, II, III, Academic Press, Inc., New York, 1982, 1987, 1989.

- Hauschild, A. H. W., R. Hilsheimer, K. F. Weiss, and R. B. Burke. Clostridium botulinum in honey, syrups, and dry infant cereals. J. Food Prot. 51:892-894. 1988.

- Helferich, E. & Winter, C. K., Food Toxicology, CRC Press. New York, 2000.

- Hirono, I., Naturally Occuring Carcinogens of Plant Origin. Kodansa, Tokyo, 1987.

- Hodgson, E. and Levi, P. E., A Textbook of Modern Toxicology, Elsevier Scientific Publishing Co., Inc., New York, 1997.

- Hook, J. B., Toxicology of the Kidney, Raven Press, New York, 1981.

- Huckle and Millburn, 1990, p. 177.

- ICRP, 1994. Dose Coefficients for Intakes of Radionuclides by Workers. ICRP Publication 68. Ann. ICRP 24 (4).

- Klaassen, C. D., Casarett & Doull's Toxicology, The Basic Science of Poisons, 7th ed., McGraw-Hill Companies, Inc., 2008.

- NAS, Toxicants Occurring Naturally in Foods, 2nd ed., Washington, D.C., 1973.

- NCRP Report No. 116 - Limitation of Exposure to Ionizing Radiation (Supersedes NCRP Report No. 91) 1993.

- Omaye, S. T. Food and Nutritional Toxicology, CRC Press, New York, 2004.

- Repeated Dose 28-Day Oral Toxicity Study in Rodents, OECD Test Guideline 407. 2008.

- Sanders, C. L., Toxicological Aspects of Energy Production, Macmillan Publishing Company, New York, 1986.

- Source of data: FDA 1990-2010 , "National Marine Fisheries Service Survey of Trace Elements in the Fishery Resource"

- Sommers, C. H., Delince, H., Smith, J. S. & Marchioni E. Toxicological Safety of Irradiated Foods. Chapter 4 in: Food Irradiation Research and Technology (eds CH Sommers & X Fan), Blackwell Publishing, Ames, Iowa, USA. 2007.

- Steck, S. E, Gaudet, M. M., Eng, S. M., Britton, J. A., Teitelbaum, S. L., Neugut, A. I., Santella, R. M., Gammon, M. D.. Cooked meat and risk of breast cancer--lifetime versus recent dietary intake. Epidemiology. 18(3): 373-82. 2007.

- Tao, S. H. & Bolger, P. M. Hazard Assessment of Germanium Supplements. Regulatory Toxicology and Pharmacology 25 (3): 211-219. 1997.

- Taylor, S. L., and Scanlan, R. A., Food Toxicology: A Perspective on the Relative Risks.,

Marcel Dekker, Inc., New York, 1989.

- Tila, H.P., H.E. Falke, M.K. Prinsena, M.I. Willemsa, Acute and subacute toxicity of tyramine, spermidine, spermine, putrescine and cadaverine in rats. Food and Chemical Toxicology, 35, 337-348. 1997.
- Tnu Pssa, Principles of Food Toxicology, Second Edition, CRC Press. 2013
- Watson, R. R., Nutrition, Disease Resistance, and Immune Function, Marcel Dekker, Inc., (1984).
- WHO, International Programme on Chemical Safety, Poisons Information Monograph 858.
- EPA Report, 1993.
- WHO, International Programme on Chemical Safety, Poisons Information Monograph 858. Clostridium Botulinum.
- Yamaura Y, Fukuhara M, Takabatake E, Ito N, Hashimoto T. Hepatotoxic action of a poisonous mushroom, Amanita abrupta in mice and its toxic component. Toxicology 38 (2): 161-73. 1985.

- 기구 및 용기포장의 기준 및 규격 식품의약품안전처고시 제2014-27호. 2014
- 김옥경, 박인숙, 방우석, 범봉수, 임용숙, 장재선, 채기수, 하상철, New 식품위생학, 지구문화사, 2011.
- 김정원, 강희진, 서성희, 김근형, 건강한 식품선택을 위한 식품라벨 꼼꼼 가이드, 2012. 우듬지.
- 농약 및 원제의 등록기준, [농촌진흥청고시 제2014-36호, 2014.11.28., 일부개정]
- 농약공업협회(1991), "일본의 벼농사용 제초제", 농약과 식물보호, 9-10월호, pp. 65
- 농촌진흥청 농업과학기술원, 한국의 버섯: 식용버섯과 독버섯 원색도감 , 김영사. 2008.
- 대한화학회 화학술어위원회, 무기화합물 명명법, 대한화학회, 1982.
- 대한화학회 화학술어위원회, 우리말 효소명명법, 도서출판 종로, 1987.
- 대한화학회 화학술어위원회, 유기화합물 명명법, 대한화학회, 1981.
- 대한화학회 화학술어위원회, 화학술어집, 제 4개정 증보판, 대한화학회, 1993.
- 박택규 역, 우리가 먹는 화학물질, 전파과학사, 1976.
- 비임상시험관리기준, 식품의약품안전청 고시 제 2012-121호. 2012.
- 사료 등의 기준 및 규격 [농림축산식품부고시 제2014-106호, 2014.12.8.]
- 석순자, 김양섭, 김완규, 서장선, 정미혜, 독버섯도감, 푸른행복, 2011.
- 송형익, 윤정의, 채기수, 이치영, 이웅수, 식품위생학, 지구문화사, 1987.
- 식품의약품안전처, 식품첨가물공전. 2012.
- 식품의약품안전처, 식품공전, 2013.
- 식품의 기준 및 규격(식품의약품안전처 고시 제 2013-233호) 2013.11.12.
- 식품의약품안전처 고시 제2014-174호, 2014. 10. 21
- 식품첨가물의 기준 및 규격(고시 제 2012-34호)
- 신동화, 오덕환, 우건조, 정상희, 하상도, 식품위생안전성학, 한미의학, 2014.
- 오재호 ; 권찬혁 ; 전종섭 ; 최동미 , 식품 중 잔류동물용 의약품의 안전관리. 한국환경농학회지. 28(3) : 310-325. 2009.

- 위해평가 방법 및 절차 등에 관한 규정, 식품의약품안전처 고시 제2013-36호(2013. 4. 5, 개정)
- 의약품등의 독성시험기준, 식품의약품안전청 고시 제2012-86호, 2012.08.24.
- 이서래, 식품의 안전성 연구, 이화여자대학교 출판부, 1993.
- 이서래, 식품안전성, 자유아카데미, 2008.
- 임경수, 김원학, 손창환, 식물독성학, 군자출판사, 2010.
- 조재현, 이태성, 김보민, 황병호, 버섯의 유독물질. J. Forest Sci., 26: 37-51. 2010.
- 정희곤, 식품위생학
- 통계청
- 최석영, 식품 오염, 울산대학교 출판부, 1994.
- 하영득, 이삼빈, 식품독성학, 도서출판 효일, 2005.
- 今關六也, 大谷吉雄, 本鄕次雄, 日本のきのこ 增補改訂新版, 山と溪谷社. 2011.
- 澤村良二, 濱田 昭, 早津彦哉, 衛生化學.公衆衛生學, 南江堂, 東京, 1984.
- Murphy, S.D.(1986), pp. 529-530. 정희곤(1989), 식품위생학, p. 115.

〈국외 식품안전 관련 사이트〉

- ATSDR: Toxicological Profile for Lead http://www.atsdr.cdc.gov/toxprofiles/TP. asp?id=96&tid=22
- Chemical Compound Review : Orellanin 2-(1,3-dihydroxy-4-oxo- pyridin-2-yl)-1,3... http://www.wikigenes.org/e/chem/e/89579.html
- EU EFSA(, European Food Safety Authority) www.efsa.europa.eu/
- Guidance for Industry: Preparation of Food Contact Notifications for Food Contact Substances: Toxicology Recommendations. http://www.fda.gov/Food/GuidanceRegulation/GuidanceDocumentsRegulatoryInformation/ucm081825.htm
- National Cancer Institute, Chemicals in Meat Cooked at High Temperatures and Cancer Risk. http://www.cancer.gov/cancertopics/factsheet/Risk/cooked-meats
- http://www.nucleonica.net/wiki/index.php/Annual_Limit_of_Intake_%28ALI%29
- Nerdygaga.com : The Poison Mushroom http://www.nerdygaga.com/3513/the-poison-mushroom/
- North American Mycological Association : Mushroom Poisoning Syndromes http://www.namyco.org/toxicology/poison_syndromes.html
- North American Mycological Association : Toxicology Committee Annual Reports. Thirty-Plus Years of Mushroom Poisoning: Summary of the Approximately 2,000 Reports in the NAMA Case Registry. http://www.namyco.org/toxicology/tox_report_30year.html
- Pathogen profile dictionary: Listeria monocytogenes http://www.ppdictionary.com/bacteria/gpbac/listeria.htm
- Phytonutrients sorted by name(Pflanzeninhaltsstoffe sortiert nach Namen) http://www.giftpflanzen.com/formelname.html 독성분별 버섯독소

- US United States Department of Agriculture http://www.usda.gov/wps/portal/usda/usdahome 미국 농무성
- US Food Safety and Inspection Service http://www.fsis.usda.gov/wps/portal/fsis/home 미국 농무성 식품안전검사국(FSIS)
- US FDA 미국 식품의약품청 http://www.fda.gov/food/foodborneillnesscontaminants/ buystoreservesafefood/ucm255180.htm
- WHO, Poisons Information Monographs Archive (PIMs, 1989~2002) http://www.inchem.org/ pages/pims.html
- 日本 産業医科大学 医学部 微生物学教室, 大腸菌属 http://www.uoeh-u.ac.jp/kouza/biseibut/ lecture/ecoli.html
- 日本厚生労働省 自然毒のリスクプロファイル http://www.mhlw.go.jp/topics/syokuchu/poison/
- 日本厚生労働省 血清毒 http://www.mhlw.go.jp/topics/syokuchu/poison/animal_det_06.html
- 日本厚生労働省 http://www.mhlw.go.jp/

〈국내 식품안전 관련 사이트〉

- GAP(우수농산물 인증제도) 정보 서비스 http://www.gap.go.kr
- 국립농산물품질관리원 www.naqs.go.kr
- 국립수산과학원 http://www.nfrdi.re.kr
- 농림축산검역본부 www.qia.go.kr
- 농림축산검역본부 동물용 의약품관리시스템 http://medi.qia.go.kr/homep/index.jsp
- 농림축산식품부 www.mafra.go.kr
- 농산물이력추적시스템 팜투테이블 www.farm2table.kr
- 농식품안전정보서비스 www.foodsafety.go.kr
- 농촌진흥청 www.rda.go.kr
- 미국 방사선방호위원회 NCRP http://www.ncrponline.org/
- 식품안전정보서비스 식품나라 (http://www.foodnara.go.kr/foodnara/index.do)
- 식품안전정보원 http://www.foodinfo.or.kr/
- 식품의약품안전처 (http://www.mfds.go.kr/index.do)
- 식품의약품안전처 식품안전소비자신고센터(http://www.kfds.go.kr/cfscr/index.kfda)
- 식품첨가물정보 http://www.mfds.go.kr/fa/index.do)
- 축산물안전관리인증원 www.ihaccp.or.kr
- 한국동물용 의약품판매협회 http://www.kapma.or.kr
- 한국바이오안전성정보센터 http://www.biosafety.or.kr/
- 한국소비자원 http://www.kca.go.kr/ 소비자 신고 (전화: 02-3460-3000)
- 한국작물보호협회/작물보호제 도우미/중독증상과 치료법 http://www.koreacpa.org/korea/bbs/board. php?bo_table=3_4
- 해양수산부 www.mof.go.kr

약어해설

- 1,3-DCP : 1,3-Dichloro-2-propanol, 1,3-디클로로-2-프로판올
- 2-ACBs : 2-alkylcyclobutanones, 2-알킬사이클로부타논
- 3-MCPD : 3-Monochloropropane-1,2-diol 산분해간장의 독성물질
- 4,8-DiMeIQx : 2-Amino-3,4,8-trimethylimidazo [4,5-f] quinoxaline, 헤테로사이클릭아민의 일종
- 7,8-DiMeIQx : 2-Amino-3,7,8-trimethylimidazo [4,5-f] quinoxaline, 헤테로사이클릭아민의 일종
- ACGIH : American Conference of Governmental Industrial Hygienists, 미국산업위생사협회
- ADI : Acceptable daily intake, 일일섭취허용량
- ALI : Annual limit on intake, 연간섭취한도
- ATSDR : Agency for Toxic Sunstances & Disease Registry, 미국 독성물질 · 질병등록국
- BBI : Bowman-Birk inhibitor 보우만-버크 저해제
- BHA : Butylated hydroxyanisole, 부틸히드록시아니솔
- BHC : Benzene hexachloride, 벤젠헥사클로라이드
- BHT : Butylated hydroxytoluene, 부틸화 히드록시톨루엔
- Bq : Becquerel 베크렐
- CAA : Clean Air Act, 미국 청정대기법
- CDC : Centers for Disease Control and Prevention, 미국질병관리본부
- CPSA : Consumer Product Safety Act, 미국 소비자제품안전법
- CPSC : Consumer Product Safety Commission, 미국 소비자제품안전위원회
- CWA : Clean Water Act, 미국 수질보호법
- DDT : Dichloro-diphenyl-trichloroethane 디디티
- DDVP : Dimethyl-2,2-dichlorovinylphosphate; Dichlorvos, 일종의 유기인계 농약
- DEHP : Diethylhexyl phthalate, 디에틸헥실프탈레이트
- DHEA : Dehydroepiandrosterone 데히드로에피안드로스테론
- DHUD : Department of Housing & Urban Development, 미국 주택도시개발부
- ECVAM : European Centre for the Validation of Alternative Methods, 유럽동물대체시험법검증센터
- EFSA : European Food Safety Authority, 유럽식품안전청
- EPA : Environmental Protection Agency, 미국 환경보호청
- FAD : Flavin adenine dinucleotide, 조효소
- FAO : Food and Agriculture Organization of the United Nations, UN 식량농업기구
- FDA : The Food and Drug Administration, 미국 식품의약품청
- FDCA : Federal Food, Drug and Cosmetic Act, 미연방 식품 · 의약품 및 화장품법
- FIFRA : Federal Insecticide, Fungicide and Rodenticide Act, 미연방 살충제 · 살균제 및 살서제법
- FMO : Flavin-containing monooxygenase, FAD 함유 일산소화효소
- GHS : Global Harmonized System of classification and labelling of chemicals, 화학물질에 대한 분

류 · 표시 국제조화 시스템
- GLP : Good Laboratory Practice, 비임상시험관리기준
- GMP : Good Manufacturing Practice 적정제조기준, 우수제조기준
- GO : Office of Global Regulatory Operations and Policy, 미국 FDA 글러벌규제 · 정책국
- GRAS : Generally recognized as safe 일반적으로 안전하다고 인식하고 있는
- Gy : Grey 그레이, 흡수선량 단위
- HACCP : Hazard Analysis and Critical Control Point, 위해요소 중점관리기준
- HCA : Heterocyclic amines, 헤테로사이클릭아민류
- IARC : International Agency for Research on Cancer 국제암연구소
- ICATM : International Cooperation on Alternative Test Method, 동물대체시험법 국제협력
- ICCVAM : Interagency Coordinating Committee on the Validation of Alternative Methods, 미국 동물대체시험법검증 관련부처협의회
- ICRP : International Commission on Radiological Protection, 국제방사선 방호위원회
- IQ : 2-Amino-3-methylimidazo [4,5-f] quinoline, 헤테로사이클릭아민의 일종
- IQx : 2-Amino-3-methylimidazo [4,5-f] quinoxaline, 헤테로사이클릭아민의 일종
- KoCVAM : Korean Center for the Validation of Alternative Methods, 한국 동물대체시험법검증센터
- LD_{50} : Lethal dose of 50%, 반수치사량
- LSD : Lysergic acid diethylamide 강력한 환각제
- MAO : Monoamine oxidase 모노아민산화효소
- MeAαC : 2-Amino-3-methyl-9H-pyrido [2,3-b] indole, 헤테로사이클릭아민의 일종
- MeIQ : 2-Amino-3,4-dimethylimidazo [4,5-f] quinoline, 헤테로사이클릭아민의 일종
- MeIQx : 2-Amino-3,8-dimethylimidazo [4,5-f] quinoxaline, 헤테로사이클릭아민의 일종
- MEOS : Microsomal ethanol-oxidizing system, 미크로솜 에탄올 산화효소계
- MU : Mouse Unit
- MPI : Maximal permissible intake per day, 일일최대섭취허용량
- MPL : Maximal permissible level, 최대잔류허용량
- MSG : Monosodium glutamate 모노소듐글루타메이트
- mSv : milli Sievert 밀리시버트
- MTD : Maximum tolerated dose, 최대내성용량
- NADPH : Nicotinamide adenine dinucleotide phosphate 조효소
- NCI : National Cancer Institute, 미국립암연구소
- NCRP : National Council on Radiation Protection and Measurement, 미국립 방사선 방어 및 선량측정 위원회
- NCTR : National Center for Toxicological Research, 미국립독성연구센터
- NIEHS : National Institute of Environmental Health Sciences, 미국 국립환경보건연구원
- NIOSH : National Institute of Occupational Safety & Health, 미국립직업안전보건연구원
- NOAEL : No Observed Adverse Effect Level, 최대무작용량, 무독성량, 무해용량, 무영향관찰용량

- NTP : The National Toxicology Program, 미국 국가독성학프로그램
- OC : Office of the Commissioner, 미국 FDA 커미셔너 사무국
- OECD : Organization for Economic Cooperation and Development, 경제협력개발기구
- OFVM : Office of Foods and Veterinary Medicine, 미국 FDA 식품·동물용 의약품국
- OMPT : Office of Medical Products and Tobacco, 미국 FDA 의료용품·담배국
- OP : Office of Operations, 미국 FDA 운영국
- Orn-P-1 : 4-Amino-6-methyl-1H-2,5,10,10b-tetraazafluoranthene, 헤테로사이클릭아민의 일종
- OSHA : Occupational Safety and Health Administration, 미국직업안전보건청
- PAH : Polycyclic aromatic hydrocarbon, 다환방향족 탄화수소
- PCB : Polychlorinated binphenyl 다염화비페닐
- PET : Poly(ethyleneterephthalate), 폴리에틸렌테레프탈레이트
- Phe-P-1 : 2-Amino-5-phenylpyridine, 헤테로사이클릭아민의 일종
- PhIP : 2-Amino-1-methyl-6-phenylimidazo [4,5-b] pyridine, 헤테로사이클릭아민의 일종
- ppm : Parts per million, 백만분의 1
- QRA : Quantitative Risk Assessment, 정량적 위해평가
- REACH : Registration, Evaluation, Authorisation of Chemicals, 화학물질의 등록·평가·허가·제한 제도
- RfD : Reference Dose 참조(기준)용량
- Risk/Benefit 위해/이익
- RNA : Ribonucleic acid, 리보핵산
- SDWA : Safe Drinking Water Act, 미국 안전음용수법
- Sv : Sievert 시버트, 흡수선량당량 단위
- TCDD : 2,3,7,8-Tetrachlorodibenzo-p-dioxin 다이옥신
- TEPP : Tetraehtyl pyrophosphate, 유기인계 농약의 일종
- TMRI : Theoretical maximum residue intake, 이론적 최대 잔류물질 섭취량
- Trp-P-1 : 3-Amino-1,4-dimethyl-5H-pyrido [4,3-b] indole, 헤테로사이클릭아민의 일종
- Trp-P-2 : 3-Amino-1-methyl-5H-pyrido [4,3-b] indole, 헤테로사이클릭아민의 일종
- TSCA : Toxic Substances Cotrol Act, 미국 독성물질규제법
- UDPGA : Uridine diphosphate glucuronic acid, 우리딘 2인산 글루쿠론산
- URE : Unit Risk Estimate, 단위 위해도 추정치
- WHO : World Health Organization, 세계보건기구

찾아보기

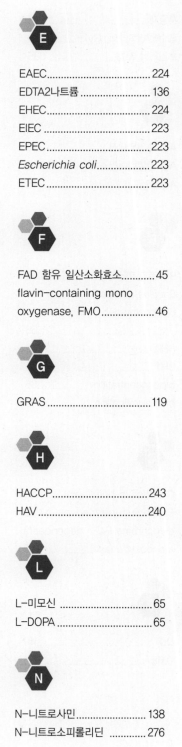

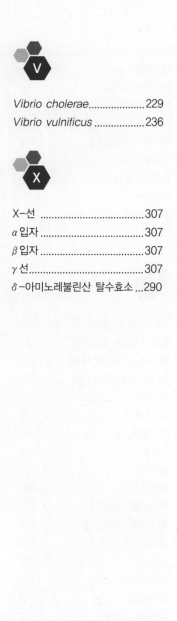

저자소개

최석영

- 1979년 　　　　서울대학교 약학대학 제약학과 학사
- 1984년 　　　　한국과학기술원(KAIST) 생물공학과 박사(독성학 전공)
- 1985년 　　　　울산대학교 식품영양학과 교수
- 2005~2008년 　울산대학교 생활과학대학 학장
- 현재 　　　　　울산대학교 생활과학대학 식품영양학과 교수

강소은

- 2003년 　　　　울산대학교 생활과학대학 식품영양학과 학사
- 2009년 　　　　울산대학교 생활과학대학 식품영양학과 박사(식품영양생리 전공)
- 2006~2014년 　대구보건대학교, 울산대학교 외래강사
- 2011~2012년 　울산대학교 생활과학연구소 객원연구원
- 현재 　　　　　HELP-U center(울산 건강교육 생활실천 센터) 대표
　　　　　　　　울산대학교 생활과학대학 식품영양학과 겸임교수

식품독성학

발 행 일	2015년 8월 20일 초판 발행 2021년 3월 15일 초판 2쇄 발행
지 은 이	최석영 · 강소은
발 행 인	김홍용
펴 낸 곳	도서출판 **효일**
디 자 인	에스디엠
주 소	서울시 중구 다산로46길 17
전 화	02) 928-6643
팩 스	02) 927-7703
홈 페 이 지	www.hyoilbooks.com
E m a i l	hyoilbooks@hyoilbooks.com
등 록	2001년 10월 8일 제2019-000146호
I S B N	978-89-8489-392-4

값 26,000원